U0163503

西北大学名师大家学术文库

高鸿论著集

《高鸿论著集》编委会 编

西北大学出版社
·西安·

图书在版编目(CIP)数据

高鸿论著集/《高鸿论著集》编委会编. -- 西安:
西北大学出版社,2022.2
ISBN 978 - 7 - 5604 - 4550 - 2

Ⅰ.①高…　Ⅱ.①高…　Ⅲ.①电化学分析—文集
Ⅳ.①O657.1 - 53

中国版本图书馆 CIP 数据核字(2020)第 121180 号

高鸿论著集

GAO HONG LUNZHUJI

编　　者	《高鸿论著集》编委会
出版发行	西北大学出版社
地　　址	西安市太白北路 229 号
网　　址	http://nwupress.nwu.edu.cn
E - mail	xdpress@ nwu.edu.cn
邮　　编	710069
电　　话	029-88302590
经　　销	全国新华书店
印　　装	陕西博文印务有限责任公司
开　　本	787 毫米 × 1092 毫米　1/16
印　　张	27
字　　数	388 千字
版　　次	2022 年 2 月第 1 版　2022 年 2 月第 1 次印刷
书　　号	ISBN 978 - 7 - 5604 - 4550 - 2
定　　价	198.00 元

本版图书如有印装质量问题,请拨打电话 029 - 88302966 予以调换。

序　言

　　西北大学是一所具有丰厚文化底蕴和卓越学术声望的综合性大学。在近 120 年的发展历程中,学校始终秉承"公诚勤朴"的校训,形成了"发扬民族精神,融合世界思想,肩负建设西北之重任"的办学理念,致力于传承中华灿烂文明,融汇中外优秀文化,追踪世界科学前沿。学校在人才培养、科学研究、文化传承创新等方面成绩卓著,特别是在中国大陆构造、早期生命起源、西部生物资源、理论物理、中国思想文化、周秦汉唐文明、考古与文化遗产保护、中东历史,以及西部大开发中的经济发展、资源环境与社会管理等专业领域,形成了雄厚的学术积累,产生了中国思想史学派、"地壳波浪状镶嵌构造学说""侯氏变换""王氏定理"等重大理论创新,涌现出了一批蜚声中外的学术巨匠,如民国最大水利模范灌溉区的创建者李仪祉,第一座钢筋混凝土连拱坝的设计者汪胡桢,第一部探讨古代方言音系著作的著者罗常培,中国函数论的主要开拓者熊庆来,五四著名诗人吴芳吉,中国病理学的创立者徐诵明,第一个将数理逻辑及西方数学基础研究引入中国的傅种孙,"曾定理"和"曾层次"的创立者并将我国抽象代数推向国际前沿的曾炯,我国"汉语拼音之父"黎锦熙,丝路考古和我国西北考古的开启者黄文弼,第一部清史著者萧一山,甲骨文概念的提出者陆懋德,我国最早系统和科学地研究"迷信"的民俗学家江绍原,《辩证唯物主义和历史唯物主义》的最早译者、第一部马克思主义哲学辞典编著者沈志远,首部《中国国民经济史》的著者罗章龙,我国现代地理学的奠基者黄国璋,接收南海诸岛和划定十一段海疆国界的郑资约、傅角今,我国古脊椎动物学的开拓者和奠基人杨钟健,我国秦汉史学的开拓者陈直,我国西北民族学的开拓者马长寿,《资本论》的首译者侯外庐,"地壳波浪状镶嵌构造学说"的创立者张伯声,"侯氏变换"的创立者侯伯宇等。这些活跃在西北大学百余年发展历程中的前辈先贤们,深刻彰显着西北大学"艰苦创业、自强不息"的精神光辉和"士以弘道、立德立言"的价值追求,筑铸了学术研究的高度和厚度,为推动人类文明进步、国家发展和民族复兴做出了不可磨灭的贡献。

在长期的发展历程中,西北大学秉持"严谨求实、团结创新"的校风,致力于培养有文化理想、善于融会贯通、敢于创新的综合型人才,构建了文理并重、学科交叉、特色鲜明的专业布局,培养了数十万优秀学子,涌现出大批的精英才俊,赢得了"中华石油英才之母""经济学家的摇篮""作家摇篮"等美誉。

2022 年,西北大学甲子逢双,组织编纂出版《西北大学名师大家学术文库》,以汇聚百余年来做出重大贡献、产生重要影响的名师大家的学术力作,充分展示因之构筑的学术面貌与学人精神风骨。这不仅是对学校悠久历史传承的整理和再现,也是对学校深厚文化传统的发掘与弘扬。

文化的未来取决于思想的高度。渐渐远去的学者们留给我们的不只是一叠叠尘封已久的文字、符号或图表,更是弥足珍贵的学术遗产和精神瑰宝。温故才能知新,站在巨人的肩膀上才能领略更美的风景。认真体悟这些学术成果的魅力和价值,进而将其转化成直面现实、走向未来的"新能源""新动力"和"新航向",是我们后辈学人应当肩负的使命和追求。编辑出版《西北大学名师大家学术文库》正是西北大学新一代学人践行"不忘本来、面向未来"的文化价值观,坚定文化自信、铸就新辉煌的具体体现。

编辑出版《西北大学名师大家学术文库》,不仅有助于挖掘历史文化资源、把握学术延展脉动、推动文明交流互动,为西北大学综合改革和"双一流"建设提供强大的精神动力,也必将为推动整个高等教育事业发展提供有益借鉴。

是为序。

《西北大学名师大家学术文库》编辑出版委员会

目 录

---

* 为尊重高鸿先生原作,书中论文均采用影印版。

第 一 部 分

悬 汞 电 极 理 论

—— 1 ——————————————————————————

悬汞电极的研究

恒电位伏安法悬汞电极扩散电流方程式的验证[*]

高　鸿　　赵龙森　　邹爱民

〔作者按语〕

　　这个研究课题是从教学中产生的。作者高鸿在向学生讲授极谱分析时遇到了一个问题：悬汞电极是极谱分析中常用的电极，悬汞电极上的扩散电流公式是极谱学的一个重要公式，这个公式在理论上早已推导出来了，但无实验验证，极谱学的权威著作都断定这个理论公式无法用实验验证，这无疑是个很大的缺陷。作者分析了过去验证工作失败的原因后指出：不是公式不能验证，而是验证者选择的电极反应不合适。他们选择了合适的电极反应，对公式进行了全面的验证，解决了极谱学中长期没有解决的问题（论文 1，2）。

序　　言

　　在恒电位的情况下，悬汞电极上的极限扩散电流遵守静止球面电极扩散电流的方程式：

$$i_t = nFADC\left(\frac{1}{r} + \frac{1}{\sqrt{\pi Dt}}\right) \tag{1}$$

　　虽然方程式（1）的推导在理论上早已解决了[1]，但是在一般情况下，由于球面电极表面的密度梯度对于浓度梯度的干扰，所以过去所作的、旨在验证这一方程式的实验[2]是失败的。因此，有些学者[1][3]就断定静止球面电极上的扩散电流理论是无法验证的。从理论的角度来看，方程式（1）显然是很重要

---

　[*]　原文发表于南京大学学报（化学版），1，57（1962）。后转载于高等学校自然科学学报（化学化工版），1，14（1964）。

的，这样一个方程式得不到验证，总是一个缺陷；其次，悬汞电极的使用日益频繁，悬汞电极上的扩散电流理论的研究其实际意义日益重要。最近 Shain 及 Martin[4] 重新讨论了这个问题。他们不但进行了理论上的处理，而且作了实验工作。可惜，在他们所使用的电极反应的情况下，产生密度梯度的因素仍然存在，扩散电流仍然受到对流的影响，虽然他们在加电压后比较短的时间（1～25s）测定电流以减弱对流的干扰作用，但是这却带来另一困难：在太短的时间内测定电流，由于突然加上电压，汞滴表面张力变化所产生的汞滴表面的轻微运动，又会造成另一种对流作用，因此实验结果仍然是不够理想的。

在看到他们的工作以前，我们已经进行了这方面的工作，并且取得了比较满意的结果。我们选择的电极反应从根本上消除了产生密度梯度的可能性，可以在电解后长达 1200s 的时间测定电流。

Laitinen 及 Kolthoff[2] 的实验工作之所以没有取得成功，是由于他们所选择的电极反应（$K_4Fe(CN)_6$ 的氧化）仍然不能排除密度梯度的影响。虽然 $[Fe(CN)_6]^{4-}$ 在电极上的氧化仅仅是 1 个电子的转移：

$$[Fe(CN)_6]^{4-} \longrightarrow [Fe(CN)_6]^{3-} + e \qquad (反应 1)$$

而且溶液中又存在着大量的 K^+，反应（1）似乎不会造成密度的变化，但是由于 $[Fe(CN)_6]^{4-}$ 及 $[Fe(CN)_6]^{3-}$ 都是高价离子，实际上它们都是受 K^+ 包围的，因此，可以说，铁氰离子与 K^+ 离子是以结合得比较疏松的"分子"的形式存在的。过去，这种看法的根据是不够充分的，因为在氧化的过程中，生成结构复杂的铁氰化合物不是绝对不可能的[5]。我们在平面电极上的实验结果（见实验部分）证实了 Laitinen 及 Kolthoff 的看法[2]：在这里密度梯度仍然是存在的。我们选择了下列电极反应：

$$[Co(en)_3]^{3+} + e \longrightarrow [Co(en)_3]^{2+} \qquad (反应 2)$$

并且使用了含有大量 Cl^- 的底液（en 代表乙二胺），在这里两种电极（图1，甲和乙）产生不同的结果。这就有力地证明了：就在反应（2）这种表面上看起来绝不会产生密度梯度的情况下，密度梯度仍然是存在的。$[Co(en)_3]^{3+}$ 绝不会生成更复杂的离子，这种不同形式的电极产生的差异，只能用这些钴-乙二胺络离子不是完全以离子状态存在而是以结合得很疏松的 $Co(en)_3Cl_3$ "分子"形式存在来解释，因此用金属络离子的电极反应在静止球面电极上仍然难以避免密度梯度的影响。

为了比较彻底地消除密度梯度的影响，从而更有力地验证方程式（1），我们选择了抗坏血酸（维生素 C）的氧化反应作为电极反应：

$$C_6H_8O_6 \longrightarrow C_6H_6O_6 + 2H^+ + 2e \qquad (反应 3)$$

抗坏血酸的分子量为 176.12，在缓冲溶液中，电极反应引起的密度梯度是可以忽略的。

由方程式（1）简化得：

$$i_t = K_1 + K_2 \frac{1}{\sqrt{t}} \qquad (2)$$

式中

$$K_1 = nFADC\left(\frac{1}{r}\right) \qquad (3)$$

$$K_2 = nFAD^{\frac{1}{2}}C\frac{1}{\sqrt{\pi}} \qquad (4)$$

当去极剂的浓度 C 为一定时，$i_t \sim \dfrac{1}{\sqrt{t}}$ 成线性关系，该直线在 i_t 轴上的截距即为 K_1；当 t 一定时，根据方程式（1）可以计算 i_t 值。

实　验　部　分

仪器、试剂、方法及技术

仪器：记录 $i\sim E$ 曲线及 $i\sim t$ 曲线时，均使用手录式极谱仪，分流器的电阻、电流计的灵敏度、电流计的内阻等均经过精确测定[6]。电流计的灵敏度为 2.49×10^{-8} A/mm，在校正抗坏血酸的浓度时使用了 V301 型光录式极谱仪，测定 $i\sim t$ 曲线时用停表计时。

电极：平面电极如图 1 甲、乙所示。玻管全长约 12cm，内径约 3mm，在距离一端管口约 3cm 处焊一平面铂片，其面积约为 7mm²，管内装汞及导线。

悬汞电极由一根长约 12cm 的玻管制成（图 1 丙），玻管一端封入一段细铂丝，管端磨平，并以放大镜检查有无缝隙。随后在稀硝酸中浸泡，取出用水洗涤，再放于新配的 5%FeSO₄ 溶液中浸泡，取出用水冲洗后，置于饱和 Hg(NO₃)₂ 溶液中（用 HNO₃ 酸化），在外加电压 1V 下，以饱和甘汞电极为阳极，电解镀汞 2min，使管端铂丝表面上有一薄层汞。然后从汞滴电极收集汞滴悬上。由汞滴质量 m 及汞的密度求汞滴半径 r 及汞滴面积 A：

$$m = 13.6 \times \frac{4}{3}\pi r^3; \quad A = 4\pi r^2$$

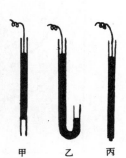

图 1　电极

试剂：所用试剂绝大部分为 G.R. 或 A.R. 试剂，C.P. 试剂均经过纯化，试剂的纯度经过检查。Co(en)₃Cl₃ 溶液直接用 Co(en)₃Cl₃（固体）配制，抗坏血酸的底液采用邻苯二甲酸氢钾-草酸溶液，此系根据 Gilliam[7] 的方法配制。

抗坏血酸在滴汞电极上的氧化波

重复 Gilliam 的工作得下列结果：

1. 在邻苯二甲酸氢钾-草酸底液中，抗坏血酸在滴汞电极上的氧化反应不是可逆反应，与其它文献[8]所指出的相符合。浓度增加时半波电位向正的方向移动（图 2）。

2. 在该底液中抗坏血酸的扩散系数[7] D 值为 5.7×10^{-6}cm²/s，用手录式极谱仪实测结果，D 值为 5.8×10^{-6} cm²/s（25℃）。测定时，电流取平均值（即电流计指针最大偏转与最小偏转的平均值）并使用下列方程式：

$$\bar{i}_d = 605nD^{\frac{1}{2}}Cm^{\frac{2}{3}}t^{\frac{1}{6}}\left(1 + \frac{17D^{\frac{1}{2}}t^{\frac{1}{6}}}{m^{\frac{1}{3}}}\right) \tag{5}$$

3. 在所使用的浓度范围（0.25～2mmol/L）内，波高与浓度成正比。

4. 在上述底液中，抗坏血酸仍然不是很稳定的，虽然，

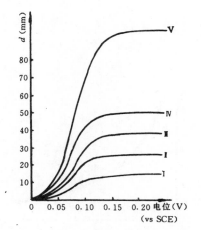

图 2　抗坏血酸在滴汞电极上的氧化波
（Ⅰ）$C=0.25$mmol/L　（Ⅱ）$C=0.50$mmol/L
（Ⅲ）$C=0.75$mmol/L　（Ⅳ）$C=1.00$mmol/L
（Ⅴ）$C=2.00$mmol/L

在测定的过程中浓度改变不大，同一浓度的溶液几次测定结果的再现性是比较好的。但是，两天以后，

波高有很显著的降低。抗坏血酸的分解与浓度有关。在实验过程中先配成较浓的溶液放置二三天，然后校正其浓度，再稀释至不同浓度备用。因为利用抗坏血酸溶液在悬汞电极上测定 $i \sim t$ 曲线时，新配溶液所得数据不够稳定，放置后的溶液，所得结果的精密度与再现性均较好。因此，必须使用新配的溶液校正放置溶液的浓度。校正办法是在测定曲线前，用 V301 光录式极谱仪比较两溶液所得波高（滴汞电极），然后根据新配溶液浓度计算放置溶液的浓度。

平面电极上的 $i \sim t$ 曲线

图 3 至图 6 为抗坏血酸溶液、$K_4Fe(CN)_6$ 溶液及 $Co(en)_3Cl_3$ 溶液在两种不同类型的铂平面电极上

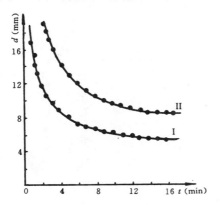

图 3　抗坏血酸溶液在平面电极上的 $i \sim t$ 曲线
$C = 5mmol/L$　$E = 0.30V$　（vs SCE）
Ⅰ．甲型电极　Ⅱ．乙型电极

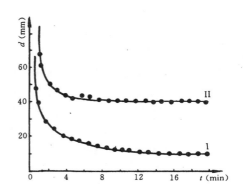

图 4　$K_4Fe(CN)_6$（0.1mol/L KCl）溶液在平面
电极上的 $i \sim t$ 曲线
$C = 5mmol/L$　$E = +0.80V$　（vs SCE）
Ⅰ．甲型电极　Ⅱ．乙型电极

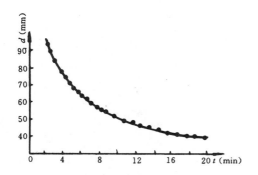

图 5　$Co(en)_3Cl_3$（0.1mol/L KCl 0.1mol/L en）溶液
在甲型电极上的 $i \sim t$ 曲线
$C = 5mmol/L$　$E = -0.80V$　（vs SCE）

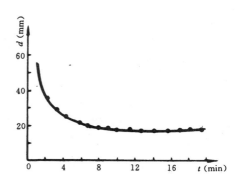

图 6　$Co(en)_3Cl_3$ 溶液在乙型电极上的
$i \sim t$ 曲线（其它条件同图 5）

的 $i \sim t$ 曲线，电极电位均在产生极限扩散电流的电位。$K_4Fe(CN)_6$ 在甲型电极上氧化时，所产生的密

度梯度不产生对流运动，$i \cdot \sqrt{t}$ 之值为一常数，符合线性扩散的方程式[2]。$i \sim t$ 曲线如图 4（Ⅰ）所示。在乙型电极上，密度梯度产生对流，$i \cdot \sqrt{t}$ 之值不为常数，$i \sim t$ 曲线中电流很快达到稳定数值（图 4 Ⅱ）。这两种曲线有很显著的差异。Co(en)$_3$Cl$_3$ 在平面电极上的还原反应有类似情况，乙型电极上有对流效应。$i \sim t$ 曲线中电流很快达到稳定值。抗坏血酸则不同，在两种电极上，有相同类型的曲线，电流没有达到稳定值，表示电极反应在电极表面不产生明显的密度梯度。因此，抗坏血酸的电极反应可以用来验证悬汞电极上的扩散电流方程式。

抗坏血酸在悬汞电极上的 $i \sim t$ 曲线

在悬汞电极上实测的 $i \sim t^{-\frac{1}{2}}$ 曲线如图 7 所示，在每一曲线上实测的数值和根据方程式（1）及（3）计算而得的理论值列于表 1，$t = \infty$ 时的实验数值由直线在 i 轴上的截距求得。可以看出，不论是在 $t = \infty$ 时或 t 等于其它数值时，实测值与理论值符合的程度都是很好的，误差一般在 3% 左右，最大误差 7.5%，最小误差 0.4%。

在实验过程中，必须非常细心才能得到比较准确的实验结果。如果在测定某一数值时，电解池系统稍有振动使电极表面的扩散层发生轻微搅动，就会出现电流达到稳定数值（图 7 Ⅱ）的情况。这种情况和密度梯度造成的对流所发生的影响相似。作者曾经测定 Co(en)$_3$Cl$_3$（在 0.1mol/L KCl 以及 0.1mol/L en 底液中）在悬汞电极上的 $i \sim t^{-\frac{1}{2}}$ 曲线。这时，当 t 数值较大时（$t > 150s$），电流达到稳定数值。i_t 之值高于理论值，说明密度梯度所造成的对流运动干扰扩散电流的正确测定。

在测定过程中必须注意盐桥中盐类的扩散作用对电极表面溶液产生的搅动效应。在本实验中，使

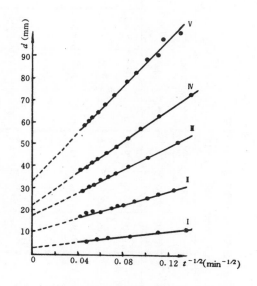

图 7　抗坏血酸在悬汞电极上的 $i \sim t^{-\frac{1}{2}}$ 曲线

1mm = 2×2.49×10^{-8}A

（Ⅰ）$C = 0.208$mmol/L　（Ⅱ）$C = 0.542$mmol/L
（Ⅲ）$C = 0.972$mmol/L　（Ⅳ）$C = 1.32$mmol/L
（Ⅴ）$C = 1.86$mmol/L

C 为抗坏血酸的浓度（校正值）

用了饱和 KNO$_3$ 溶液盐桥（动物胶及其它有机物质会使悬汞电极表面沾污，KCl 盐桥也不适用，因 Cl$^-$ 会产生干扰），盐桥插入电解池的一端必须低于悬汞电极，并且要离开悬汞电极远一些；同时盐桥另一端所在的甘汞电极，其溶液的水平面必须与电解池溶液的水平面相同。

讨　论

实验结果证明：选择适当的电极反应以消除密度梯密的干扰作用，可以验证悬汞电极上的扩散电流的方程式。在电解开始后 1200s 所测得的电流值与理论值相符合一事，说明在所选择的电极反应（抗坏血酸的氧化）的情况下，密度梯度的影响是完全可以忽略的。因此，认为对称球面上的扩散电流理论完全无法用实验来证明是不妥当的。

表 1　抗坏血酸在悬汞电极上的值与理论值的比较

$E=+0.2\text{V}$　　$r=0.647\text{mm}$　　$A=5.52\text{mm}^2$　　$D=5.7\times10^{-6}\text{cm}^2/\text{s}$　　$t=25.0\,℃$

t(min)	C(mmol/L)	1.86			1.32			0.972			0.542			0.208		
		理论值	实验值	百分误差%	理论值	实验值	百分误差%	理论值	实验值	百分误差%	理论值	实验值	百分误差%	理论值	实验值	百分误差%
1	0.129	4.94			3.50	3.38	−3.4	2.58	2.54	−1.6	1.44	1.49	+3.5	0.55	0.53	−3.6
2	0.0913	3.98	4.11	+3.3	2.83	2.72	−3.9	2.08	2.05	−1.4	1.16	1.20	+3.5	0.45	0.43	−4.4
3	0.0816	3.56	3.61	+1.4	2.52	2.43	−3.6	1.86	1.83	−1.6	1.04	1.08	+3.9	0.40	0.38	−5.0
4	0.0645	3.30	3.37	+2.1	2.34	2.25	−3.9	1.72	1.70	−1.2	0.96	1.00	+4.2	0.37	0.36	−2.7
5	0.0577	3.12	3.18	+1.9	2.22	2.13	−4.1	1.63	1.61	−1.2	0.91	0.95	+4.2	0.35	0.34	−2.9
6	0.0526	2.99	3.04	+1.7	2.13	2.03	−4.7	1.57	1.56	−0.6	0.87	0.91	+4.6	0.34	0.33	−2.9
7	0.0488	2.90	2.94	+1.4	2.06	1.97	−4.4	1.50	1.49	−0.7	0.85	0.88	+3.5	0.33	0.32	−3.0
8	0.0456	2.82	2.84	+0.7	2.01	1.93	−4.0	1.47	1.45	−1.4	0.82	0.85	+3.7	0.32	0.31	−3.1
9	0.0430	2.75	2.77	+0.7	1.95	1.87	−4.1	1.44	1.43	−0.7	0.80	0.83	+3.8	0.31	0.30	−3.2
10	0.0408	2.69	2.71	+0.7	1.91	1.83	−4.2	1.41	1.39	−1.4	0.79	0.82	+3.8	0.30	0.29	−5.3
15	0.0333	2.49	2.50	+0.4	1.77	1.70	−4.0	1.30	1.29	−0.8	0.73	0.76	+4.1	0.28	0.27	−3.6
20	0.0280	2.39	2.38	−0.4	1.70	1.62	−4.7	1.25	1.23	−1.6	0.70	0.73	+4.3	0.27	0.26	−3.7
∞	0	1.66	1.59	−4.2	1.20	1.11	−7.5	0.87	0.85	−2.3	0.48	0.50	+4.2	0.19	0.18	−5.2

但是由于抗坏血酸氧化反应本身的不可逆性质，只能用它来验证极限扩散电流的方程式（$\theta=0$ 的情况），要验证极谱波上任一电位下的扩散电流的方程式（$\theta\neq0$ 情况）还必须找寻更合适的电极反应，这一工作正在进行。

参 考 文 献

〔1〕 I. M. Kolthoff and J. J. Lingane, Polarography, 2nd Ed., 1, 30～34 (1952)

〔2〕 H. A. Laitinen and I. M. Kolthoff, J. Am. Chem. Soc., 61, 3344 (1939)

〔3〕 G. W. C. Milner, The Principles and Application of Polarography and Other Electroanalytical Processes, Longmans Green and Co., 36 (1957)

〔4〕 I. Shain and K. J. Martin, J. Phy. Chem., 65, 254 (1961)

〔5〕 H. J. Emeléus and J. S. Anderson, Modern Aspects of Inorganic Chemistry, D. Van Nostrand, 137 (1944)

〔6〕 高鸿等编著,《仪器分析》,高等教育出版社,186 (1956)

〔7〕 W. S. Gilliam, Ind. Eng. Chem. Anal. Ed., 17, 217 (1945)

〔8〕 Т. А. Крюкова, С. Н. Синякова, Т. В. Арефьева, Полярографический Анализ, Москва, 729, 460 (1957)

———2————————————————————————————

悬汞电极的研究

静止球面电极恒电位伏安法扩散电流方程式的验证[*]

高 鸿　　张长庚

在前文中[1]，作者曾评论恒电位伏安法中静止球面电极扩散电流理论公式的验证问题。对电极反应 $O+ne \rightleftharpoons R$ 而言，当 O 与 R 均溶解于电解质溶液时，还原反应的瞬时扩散电流遵守下列方程式[2~4]

$$i_t = \frac{nFD_OC_O}{1+\sqrt{\dfrac{D_O}{D_R}}\theta}\left[\frac{1}{\sqrt{\pi D_O t}} + \frac{1}{r_O}\right] \tag{1}$$

式中

$$\theta = \frac{f_R}{f_O}\exp\left[\frac{nF}{RT}(E-E^\circ)\right] = \frac{C^\circ_O}{C^\circ_R} \tag{2}$$

C°_O 及 C°_R 依次为电极表面 O 及 R 的浓度，C_O 为溶液本体中 O 的浓度，其他符号具通常的意义。

作者曾指出[1]，过去所作的旨在验证公式 (1) 的实验的失败[3,5]，以及近年来人们反复进行这一验证工作仍不能取得比较满意的结果[4,6,7]，是由于所选择的电极反应不很合适，不能从根本上消除对流效应的后果。根据这一想法，利用抗坏血酸的氧化反应进行验证工作，在长达 1200s 的时间内得到良好结果[1]。但是，由于电极反应的不可逆性，验证工作只能在 $\theta=0$ 的情况下进行，还不能对公式 (1) 进行全面的验证。

在缓冲容量较大的缓冲溶液中，苯醌-氢醌体系的电极反应呈可逆反应。苯醌的分子量 (108.09) 也足够大，因此，这电极反应不会产生显著的密度梯度，可用以全面验证公式 (1)。实验结果证实，上述的设想正确，在长达 1200s 范围内，在不同电位下，实验结果均与理论相符。

---

* 原文发表于化学学报，31 (2) 229 (1965)。后选登于英文版中国科学 Scientia Sinica，15(3) 336 (1966)。

实　验　部　分

仪器

　　线路：记录 $i\sim t$ 曲线及 $i\sim v$ 曲线时均使用手录式极谱仪（图1），十进位电阻箱 R_H，R_K 的各电组均经校正，检流计的灵敏度、内阻都经精确测定。检流计的灵敏度为 1.41×10^{-8}A/mm，周期为 1.9s，在测定中使用的 R_H，R_K 及 R_g 之总电阻值与检流计之临界阻尼相等（为 15000Ω）。时间用停表记录。在测定 $i\sim t$ 曲线前不能使 K_2 闭合，否则将会得出不正确的结果。

　　使用的其他仪器尚有 593-2 型 pH 计（±0.02pH 单位），UJ-1 型电位差计（±1mV），及 TC-24 型超级恒温器，所有实验均在 25±0.02℃ 进行。

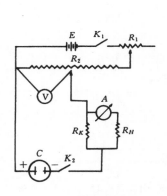

图 1　极谱仪的线路

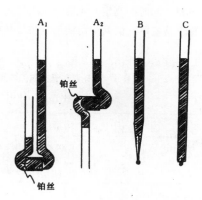

图 2　不同类型的电极

　　电极：使用的平面电极见图 2 中 A$_1$ 及 A$_2$。玻管内径约 4mm，在距管口 3cm 处焊一铂片，其有效面积为 0.124cm²，系借测定已知浓度的亚铁氰化钾氧化的瞬时扩散电流 i_t，由公式

$$A = \frac{i_t(\pi t)^{1/2}}{nFD^{1/2}C} \tag{3}$$

计算获得[3]。该平面电极是由用磨口玻璃衔接可以转动的两部分组成。图中阴影部分用汞充满，用铂丝使两部分接通。磨口部分用氯硅烷处理，使之具憎水薄膜。这种平面电极可同时用于由上至下的扩散（图 2A$_1$），也可以用于由下至上的扩散（图 2 A$_2$），因此，它适用于检查电极表面是否存在由密度梯度产生的对流运动。

　　悬汞电极 B 及 C 按照前文[1]的方法制备，所用的铂丝直径为 0.47mm，已校正被铂丝侵占的汞球面积，校正后的汞滴面积为 2.50mm²。C 型电极有较显著的屏蔽效应，因此，在实验中均使用 B 型电极。全部实验均以饱和甘汞电极为参考电极。

　　电解池：电于苯醌挥发性较强，在通氮排氧时，苯醌可能随气流逸出。为防止电解质溶液中苯醌浓度的改变，使用特别设计的电解池（图 3）。电解池用饱和硝酸钾盐桥联接，电解池恒温至 25±0.02℃。氮气经纯化，并在恒温槽预热后通入电解池中。

试剂

苯醌：经蒸汽浴升华提纯，熔点与文献记录相符。

磷酸氢二钠：三级试剂，在重蒸馏水中重结晶两次。

其他试剂：亚铁氰化钾、硝酸钾、氯化钾、柠檬酸均系二级试剂。氢醌为三级试剂，这些试剂经检查合格，故未再纯化。

所有实验用的底液均用 pH 7.0 的 Mcllvaine 缓冲溶液（由磷酸氢二钠和柠檬酸组成），按已知方法[8]配制。

苯醌溶液稳定性的检查

苯醌在紫外光照射下产生光化学变化[9]，为检查苯醌溶液的稳定性，在不同时间测定有光照（室内反射光线）和无光照（溶液置于暗室中）的两组溶液的极谱波高度，所得结果列于表1。

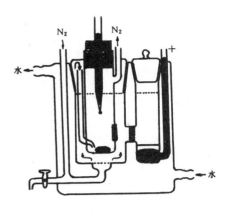

图 3 电解池

表 1 有光照与无光照的苯醌溶液的极谱波高度随时间的变化

C_Q：0.6667mmol/L $m^{2/3}t^{1/6}=1.76mg^{2/3}s^{-1/2}$（在 $E=-0.15V$）

	有　光　照				无　光　照			
时间（min）	0	30	90	155	0	200	260	550	610
电流（μA）	5.84	5.55	5.44	5.30	5.84	5.84	5.86	5.86	5.84

从表1可见有光照时，试剂瓶中的苯醌溶液有逐渐分解的趋势。而保存在暗室中的溶液在 10 小时内无此现象。实验时将苯醌溶液置于棕色瓶内，保存于暗室中。

苯醌-氢醌体系可逆性的检查

在缓冲容量较大的缓冲溶液中，苯醌-氢醌反应是可逆的[8b,10]。由于在 $\theta\neq 0$ 时验证公式（1）须先肯定电极反应是可逆反应，因此对该体系的可逆性进行复查。为此测定氧化波、还原波及综合波的半波电位，所得结果依次为+0.044，+0.044 及+0.045V（溶液的 pH=6.92），与理论值相一致[3b]。证明电极反应的可逆性良好。

平面电极上的 $i_t \sim t$ 曲线

为检查苯醌的还原反应在电极表面是否造成明显的密度梯度，故测定平面电极上的 $i_t \sim t$ 曲线（图4）。从图4可见在 A_1 型或 A_2 型电极上，所得结果与理论值相一致。这表明苯醌的还原反应在电极表面不产生明显的密度梯度，极谱电流完全受扩散速度所控制，电极表面无对流运动。图5为平面电极上的 $i_t \sim t^{-1/2}$ 图，所得直线延伸通过原点（当 $t\to\infty$ 时，$i=0$）。利用图5的斜率可以计算苯醌的扩散系数，其值为 $1.70\times10^{-5}cm^2s^{-1}$，与滴汞电极上所得结果一致。

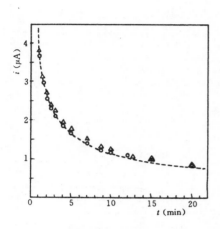

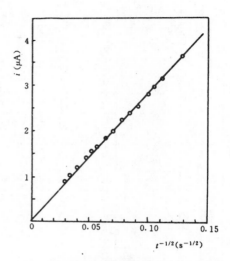

图 4　苯醌溶液在平面电极上的 $i_t \sim t$ 曲线
图中 "△" 及 "○" 分别代表 A_1 型及 A_2 型电极
所获的实验点，虚线为由公式 (3) 所计算的理论值
C_Q：0.5160mmol/L　$E = -0.20V$

图 5　苯醌溶液在平面电极上的 $i_t \sim t^{-\frac{1}{2}}$ 曲线

静止球面电极扩散电流公式的全面验证

由方程式 (1) 知 $i_t \sim t^{-\frac{1}{2}}$ 图为一直线，该直线在 i_t 轴上的截距 i_∞ 相当于 $t = \infty$ 时的扩散电流，因此，

$$i_\infty = nFAD_OC_O \frac{1}{r_0} \cdot \frac{1}{\left[1 + \sqrt{\dfrac{D_O}{D_R}}\theta\right]} \tag{4}$$

由方程式 (1) 及 (4) 得[11]：

$$\frac{i_t}{i_\infty} = \frac{r_0}{\sqrt{\pi D_O t}} + 1 \tag{5}$$

这说明 i_t / i_∞ 与浓度及电位无关，要全面验证静止球面电极上的扩散电流理论公式，可直接验证公式 (1)，或验证公式 (5)。但是，由于电路中的 $i \cdot r$ 降不易校正，以外加电压直接代替电极电位计算 θ 值可能会引起误差，因此，利用式 (5) 比式 (1) 可以得到更好的结果。不同浓度的苯醌溶液在不同电位下 (图 7 左) 在悬汞电极上所得的实验结果见图 6 及图 7 (右)，i_t / i_∞ 的理论值与实验值的比较列于表 2。可见在长达 1200s 的时间范围内，实验值与理论值相符，证明式 (5) 〔或式 (1)〕正确。直接验证公式 (1) 也取得颇好结果 (数据从略)。

电流与浓度的关系

为进一步证明式 (1) 的正确性，在给定 t 时，在较大的浓度范围内验证扩散电流与浓度的关系。实验结果见表 3。如将表中浓度数值对相应电流作图，直线通过坐标原点。实验值与理论值相符。

表2　不同浓度的苯醌溶液在不同电位下在悬汞电极上还原值 $i_t/i_{t\infty}$ 理论值与实验值的比较

$r_0=0.0465cm$　$D=1.70\times10^{-5}cm^2/s$（由平面电极测得）

浓度 mmol/L

外加电压(V) $r(s)$	$i_t/i_{t\infty}$ 理论值	1.295 +0.049 i_t	实验值	误差%	1.295 +0.037 i_t	实验值	误差%	1.295 +0.020 i_t	实验值	误差%	1.295 −0.20 i_t	实验值	误差%	0.2498 −0.20 t	实验值	误差%	0.7773 −0.20 i_t	实验值	误差%	1.943 −0.20 i_t	实验值	误差%	2.588 −0.20 i_t	实验值	误差%
60	1.82	0.95	1.73	−5.0	1.90	1.81	−0.5	3.14	1.91	+5.0	3.97	1.85	+1.6	0.76	1.81	−0.5	2.50	1.85	−0.5	5.92	1.77	−2.7	7.83	1.68	−7.7
90	1.67	0.89	1.62	−3.0	1.76	1.68	+0.6	2.89	1.76	+5.3	3.59	1.68	+0.6	0.70	1.67	0	2.26	1.67	0	5.36	1.60	−4.1	7.19	1.53	−8.3
120	1.58	0.84	1.53	−3.1	1.66	1.58	0	2.75	1.68	+6.3	3.37	1.58	0	0.66	1.57	−0.6	2.11	1.56	−1.3	5.08	1.52	−3.7	6.87	1.45	−8.2
150	1.52	0.82	1.49	−1.9	1.59	1.52	0	2.61	1.59	+4.6	3.29	1.54	+0.7	0.64	1.52	0	2.00	1.48	−2.6	4.89	1.46	−3.9	6.71	1.44	−5.2
180	1.47	0.79	1.44	−2.0	1.54	1.47	0	2.53	1.54	+4.7	3.20	1.49	+1.4	0.62	1.48	+0.7	1.94	1.44	−2.0	4.77	1.42	−3.4	6.56	1.41	−4.1
220	1.43	0.77	1.40	−1.4	1.49	1.42	−1.4	2.42	1.48	+3.5	3.15	1.45	+1.2	0.61	1.45	+1.5	1.87	1.39	−2.8	4.61	1.38	−3.5	6.45	1.38	−3.5
240	1.41	0.77	1.40	−0.7	1.47	1.40	−0.7	2.36	1.44	+2.1	3.10	1.43	+1.4	0.60	1.43	+1.3	1.84	1.36	−3.5	4.55	1.36	−3.5	6.37	1.36	−3.5
270	1.39	0.76	1.38	−0.7	1.45	1.38	−0.7	2.33	1.42	+2.2	3.05	1.42	+2.2	0.60	1.43	+1.3	1.84	1.36	−3.5	4.55	1.36	−3.5	6.37	1.36	−3.5
300	1.37	0.75	1.36	−0.7	1.42	1.35	−1.4	2.30	1.40	+2.2	2.98	1.39	+1.4	0.58	1.38	+0.7	1.80	1.33	−2.9	4.43	1.32	−3.7	6.24	1.33	−2.9
360	1.33	0.73	1.33	0	1.39	1.32	0	2.22	1.35	+1.5	2.94	1.37	+3.0	0.56	1.33	0	1.76	1.30	−2.2	4.34	1.30	−2.2	6.11	1.31	−1.5
420	1.31	0.71	1.29	−1.5	1.35	1.29	−1.5	2.17	1.32	+0.7	2.86	1.34	+2.3	0.54	1.29	−2.3	1.75	1.30	−0.7	4.27	1.28	−2.3	6.03	1.29	−1.5
480	1.29	0.70	1.27	−1.5	1.33	1.27	−1.5	2.11	1.29	0	2.78	1.30	+0.7	0.53	1.26	−0.8	1.73	1.28	−2.3	4.23	1.26	−2.3	5.94	1.27	−1.5
540	1.27	0.69	1.25	−1.6	1.29	1.23	−3.1	2.07	1.26	−0.8	2.76	1.29	+1.6	0.53	1.26	−0.8	1.71	1.27	0	4.17	1.25	−1.5	5.86	1.26	0.7
600	1.26	0.68	1.24	−1.6	1.27	1.21	−4.0	2.04	1.24	−1.6	2.74	1.28	+1.5	0.52	1.24	−1.6	1.69	1.25	−0.8	4.12	1.23	−2.4	5.78	1.24	−1.5
720	1.24	0.67	1.22	−1.6	1.25	1.19	−4.0	2.00	1.22	−1.6	2.71	1.27	+2.4	0.51	1.22	−1.6	1.66	1.23	−0.8	4.06	1.21	−2.4	5.69	1.22	−1.6
900	1.21	0.66	1.20	−0.8	1.23	1.17	−3.3	1.96	1.20	−0.8	2.61	1.22	+0.8	0.49	1.18	−2.5	1.62	1.20	−1.6	4.00	1.19	−1.6	5.60	1.20	−0.8
1200	1.18	0.64	1.14	−3.4	1.19	1.13	−4.2	—	—	—	2.52	1.17	−0.8	—	—	—	1.57	1.16	—	3.93	1.17	−0.8	5.50	1.18	0
∞	1	0.55*	1		1.05*	1		1.64*	1		2.14*	1		0.42*	1		1.35	1		3.35	1		4.67*	1	

* 这些数据由作图法求得。

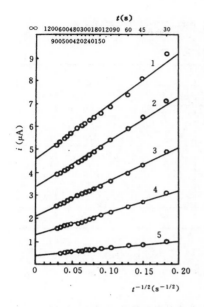

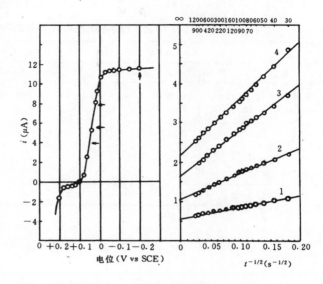

图 6　在 pH 7.0 的 McIlvaine 缓冲溶液中苯醌在悬汞电极上还原时电流与时间的变化

各曲线之浓度为：

1. 2.588mmol/L　2. 1.943mmol/L

3. 1.295mmol/L　4. 0.7773mmol/L

5. 0.2498mmol/L　$E = -0.20$V

图 7　在悬汞电极上于不同电位下苯醌的 $i_t \sim t^{-1/2}$ 关系（右）及在滴汞电极上的 $i \sim E$ 曲线（左）

图中箭头所指为外加电压，其值为：

1. $+0.049$V　3. $+0.020$V

2. $+0.037$V　4. -0.20V

$C_Q = 1.295$mmol/L

表 3　在悬汞电极上浓度与扩散电流的关系

$t = 300$s

浓度 mmol/L	0.2498	0.7773	1.295	1.943	2.588	6.235	7.390
电流 μA	0.58	1.80	2.98	4.43	5.92	14.4	17.1
实验值	2.34	2.32	2.30	2.28	2.34	2.31	2.32
理论值	2.40						

　　表 3 中的实验值均低于理论值。在本实验中测定 $i \sim t$ 曲线时，所得数值的误差一般也是负的。这是由于悬汞电极上的屏蔽效应未能完全免除之故。

苯醌及氢醌的扩散系数的测定

　　关于苯醌及氢醌在非缓冲溶液中的数值已有一些报告[12~14]，在缓冲溶液中只有 Lin 等[15]的数值，即在 pH6.8 磷酸盐缓冲溶液中测得苯醌的扩散系数为 1.30×10^{-5}cm²/s（在 27.3°），我们用平面电极、悬汞电极及滴汞电极测定苯醌在 pH 7.0 的柠檬酸-磷酸氢二钠缓冲溶液中的扩散系数。在滴汞电极上，扩散系数是利用Ilkovič公式，根据实测电流数值计算获得。在平面电极上及悬汞电极上，是按图 5 及图 6 的 $i_t \sim t^{-1/2}$ 直线的斜率，根据式（3）及（1）计算而得，测得的数值列于表 4，可以看出三种不同的电极测出的扩散系数很接近，其值与 Lin 等有差异可能是由于所用缓冲溶液的组分不同之故。

表 4　用不同的电极测得的苯醌及氢醌的扩散系数

苯　　　醌						氢　　醌	
滴汞电极		悬汞电极		平面电极		滴汞电极	
浓度 mmol/L	D $10^{-5}cm^2/s$	浓度 mmol/L	D $10^{-5}cm^2/s$	浓度 mmol/L	D $10^{-5}cm^2/s$	浓度 mmol/L	D $10^{-5}cm^2/s$
0.5027	1.68	0.2498	1.69	0.5160	1.70	0.8420	1.41
1.217	1.73	0.7773	1.70			1.683	1.26
2.435	1.74	1.295	1.71			2.520	1.42
平　　均	1.72		1.70		1.70		1.36

参 考 文 献

〔1〕　高鸿、赵龙森、邹爱民，南京大学学报(化学版)，75(1962)；高等学校自然科学学报(化学化工版试刊)，1，14 (1964)

〔2〕　D. MacGillavry and E. K. Rideal, Rec. Trav. Chim., 56, 1013 (1937)

〔3〕　I. M. Kolthoff and J. J. Lingane,《极谱学》第一册，科学出版社，(a)第二章，(b)238 页 (1955)

〔4〕　I. Shain and K. J. Martin, J. Phys. Chem., 65, 254 (1961)

〔5〕　H. A. Laitinen and I. M. Kolthoff, J. Am. Chem. Soc., 61, 3344 (1939)

〔6〕　V. Cermak, Coll. Czech. Chem. Commun., 24, 831 (1959)

〔7〕　D. Cozzi, G. Raspi and L. Nucci, J. Electroanal. Chem., 6, (a) 267, (b) 275 (1963)

〔8〕　O. H. Müller 著,《极谱分析法》,科技卫生出版社，(a)附录，(b)166 页 (1958)

〔9〕　F. Poupĕ, Coll. Czech. Chem. Commun., 12, 225 (1947)

〔10〕　O. H. Müller and J. P. Baumbergar, Trans. Electrochem. Soc., 71, 181 (1937)

〔11〕　D. Lydersen, Acta Chem. Scand., 3, 259 (1949)

〔12〕　I. M. Kolthoff and E. F. Orlemann, J. Am. Chem. Soc., 63, 644 (1941)

〔13〕　Э. Алказяни, Ю. В. Плесков, Ж. Физ. Химии, 31, 205 (1957)

〔14〕　E. Galvet, J. Chim. Phys., 44, 47 (1947)

〔15〕　C. S. Lin, E. B. Denton, H. S. Gaskill and G. L. Putnam, Ind. Eng. Chem., 43, 2136 (1951)

3

悬汞电极的研究

恒电位伏安法球形汞齐电极扩散电流理论及验证*

高 鸿 张长庚

〔作者按语〕

作者提出了球形汞齐电极扩散电流公式（1964 年论文 3），比美国同行提出的同样公式早两年。作者提出了一种新的金属在汞中扩散系数的测定方法（论文 3），比美国同行早两年。W. G. Stevens and I. Shain，J. Phy. Chem.，70，2276（1960）.

绪 论

静止球形电极扩散电流的公式与电极上起反应物质的状态有关。令

$$O + ne \underset{}{\overset{el\infty}{\rightleftharpoons}} R$$

代表电极上发生的可逆反应，O 为氧化态，R 为还愿态。

当 O 与 R 均溶解于电解质溶液时，还原反应的瞬时扩散电流为[1,2]：

$$i_t = \frac{nFAD_O C_O^*}{1 + \sqrt{\dfrac{D_O}{D_R}}\theta} \left[\frac{1}{\sqrt{\pi D_O t}} + \frac{1}{r_O} \right] \tag{1}$$

当 O 溶解于溶液而 R 溶解于汞时，还原反应的瞬时扩散电流为[2]：

• 原文发表于南京大学学报（自然科学），8（3）401（1964）。后选登于英文版中国科学 Scientia Sinica，15(3) 344（1965）。

$$i_t = \frac{nFAD_O C_O^*}{1 + \sqrt{\dfrac{D_O}{D_R}}\,\theta}\left[\frac{1}{\sqrt{\pi D_O t}} - \frac{1}{r_O}\right] \tag{2}$$

式中
$$\theta = \frac{f_R}{f_O}\exp\left[\frac{nF}{RT}(E - E^0)\right] = \frac{C_O^\circ}{C_R^\circ} \tag{3}$$

C_O^* 代表溶液主体中 O 的浓度，C_O°, C_R° 代表电极表面上 O 与 R 的浓度，其它符号具有通常的意义。

在前文中[3,4]，作者讨论了公式（1）的验证问题，这一问题已经得到彻底解决。但是，公式（2）的直接验证是比较困难的。由于没有任何这一类的电极反应不产生密度梯度，因此不能靠选择电极反应的办法[3]来解决问题，实测的电流值必然大于理论值。Shain 及 Martin[2]用铊离子还原反应所得的实验数据证实了这一点。当电位较负时，电极反应产生的密度梯度大，所以实验值远高于由公式（2）得到的理论值；当电位较正时，密度梯度要小一些，所以偏离也小一些。但是，由于密度梯度必然存在，严格说来，公式（2）是不好验证的。Shain 及 Martin[2]认为当电位很负时，扩散电流符合公式（1），而当电位较正时，同一电极反应所产生的电流却符合公式（2）。这种说法显然是错误的。公式（1）和公式（2）代表完全不同的两种情况。在前一情况，O 与 R 的扩散均为半无限扩散，在后一情况只有 O 的扩散为半无限扩散，R 的扩散不是半无限扩散。铊离子的还原反应只能属于后一情况，绝不可能属于前一情况。至于他们实验结果符合公式（1）那完全是巧合，用这个电极反应进行验证，所得电流不是纯扩散电流，这样的实验数据本来是不可置信的。

间接验证公式（2）的方法可能存在。球形汞齐电极上汞齐的氧化过程是金属离子还原为汞齐过程的逆过程。因为球形汞齐电极氧化过程扩散电流公式应和公式（2）一致，只是 i_t 为负值而已。由于汞的原子量比较大，电极反应在汞齐内部所产生的密度梯度可能不很显著，因此球形汞齐电极的（氧化）扩散电流公式可能是比较容易验证的，这样就可以间接地验证公式（2）。

关于恒电位伏安法球形汞齐电极的扩散电流公式文献上还未见报道。Mamantov 等[5]虽然曾经接触到这一问题，但是由于他们把球面扩散当作线性扩散来处理，而且把预电解过程也考虑在内，因此，他们的工作对我们帮助不大。Reimuth[6]讨论了球形汞齐的扩散电流问题，但是由于他不但考虑了预电解过程，而且所讨论的电解过程不是恒电位伏安法而是线性变位伏安法，因此他导出的比较复杂的公式仍然不能符合我们的要求。

在我们快要完成这件工作的时候，看见了 Човяык 及 Ващенко[7]发表的文章，他们使用同样的初始及边界条件，解同样的边值问题，但是他们得到的公式和我们不一样。他们的公式在数学上是正确的，但是在实际应用上是很不方便的。不幸，他们应用自己公式所解决的问题恰巧不是球形扩散的问题，而是线性扩散问题。关于他们的工作以后还要讨论。

本文作者推导了球形汞齐电极上扩散电流的理论公式。汞齐的极限氧化扩散电流遵守下列公式：

$$(i_a)_t = -\,nFAD_R C_R^*\left[\frac{1}{\sqrt{\pi D_R t}} - \frac{1}{r_O}\right] \tag{4}$$

式中 C_R^* 为金属在汞齐中的浓度，D_R 为金属在汞齐中的扩散系数。这个结果证实了作者的原来设想是正确的。作者并用铋汞齐对公式（4）进行了验证，理论与实验结果相符。这样也就间接地验证了公式（2）。此外公式（4）还提供了一种快速、简便地测定金属在汞齐中扩散系数的方法。

理　论　部　分

球形汞齐极限扩散电流公式的推导

考虑下列电极反应

$$\text{R} \xrightleftharpoons{\text{el}\infty} \text{O} + ne \tag{5}$$

R 代表汞齐中的金属，O 代表电极反应产物（金属离子）。并令 C_R^* 代表金属在汞中的原始浓度[5]，D_R 为金属在汞中的扩散系数。

　　假定汞齐电极为一理想的球体（图1）。在电解前金属在汞球内部的分布是均匀的。电解开始后电极表面汞齐的浓度为零。在电极内部，金属沿半径的方向对称地向外扩散。在这种情况下，菲克第一定律的公式写为：

$$\text{d}N_r = -D_\text{R} A \left(\frac{\partial C_\text{R}}{\partial r}\right)_r \text{d}t \tag{6}$$

由（5）式可以推出菲克第二定律的公式：

$$\frac{\partial C_\text{R}(r,t)}{\partial t} = D_\text{R}\left[\frac{\partial^2 C_\text{R}(r,t)}{\partial r^2} + \frac{2}{r}\frac{\partial C_\text{R}(r,t)}{\partial r}\right] \tag{7}$$

积分方程式（6）的初始及边界条件为

当 $t=0$，　　　$r_0 \geq r \geq 0$ 时，$C_\text{R}(r,0) = C_\text{R}^*$　　(8)

当 $t>0$，　　　$r=r_0$ 时，　　$C_\text{R}(r_0,t) = 0$　　(9)

当 $\tau > t > 0$，$r=0$ 时，　$C_\text{R}(0,t) = C_\text{R}^*$　　(10)

式中 τ 为从电解开始到边界条件（10）开始失效的时间间隔，也就是扩散电流公式（4）成立的时间界限。τ 的大小与电极半径及扩散系数等因素有关。

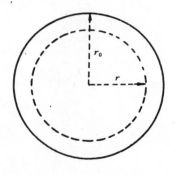

图 1　球形汞齐电极中金属的对称扩散

　　方程式（7）可以改写为[8]：

$$\frac{\partial[rC_\text{R}(r,t)]}{\partial t} = D_\text{R}\frac{\partial^2[rC_\text{R}(r,t)]}{\partial r^2} \tag{11}$$

运用 Laplace 变换法，将（11）式变换后得

$$\frac{\partial^2}{\partial r^2}[r\bar{C}_\text{R}(r,S)] - \frac{S}{D_\text{R}}[r\bar{C}_\text{R}(r,S)] + \frac{rC_\text{R}^*}{D_\text{R}} = 0 \tag{12}$$

方程式（12）的解可以写为：

$$r\bar{C}_\text{R}(r,S) - \frac{rC_\text{R}^*}{S} = A\text{ch}\sqrt{\frac{S}{D_\text{R}}}r + B\text{sh}\sqrt{\frac{S}{D_\text{R}}}r \tag{13}$$

将边界条件（10）作 Laplace 变换得

$$\bar{C}_\text{R}(0,S) = \frac{C_\text{R}^*}{S} \tag{14}$$

将 $r=0$ 及（14）式代入（13）式中得：$A=0$，故（13）式为

$$\bar{C}_R(r,S) = \frac{C_R^*}{S} = \frac{B\,\mathrm{sh}\sqrt{\frac{S}{D_R}}\,r}{r} \tag{15}$$

将条件（9）作 Laplace 变换，得

$$\bar{C}_R(r_0,S) = 0 \tag{16}$$

将(16)式代入(15)式中，求出系数 B

$$B = -\frac{C_R^* r_0}{S\,\mathrm{sh}\sqrt{\frac{S}{D_R}}\,r_0} \tag{17}$$

将(17)式代入(15)式中得

$$\bar{C}_R(r,S) = \frac{C_R^*}{S} - \frac{r_0 C_R^*\,\mathrm{sh}\sqrt{\frac{S}{D_R}}\,r}{rS\,\mathrm{sh}\sqrt{\frac{S}{D_R}}\,r_0} \tag{18}$$

将（18）式中 $\dfrac{1}{\mathrm{sh}\sqrt{\frac{S}{D_R}}\,r_0}$ 项按级数展开式展开

$$\frac{1}{\mathrm{sh}\sqrt{\frac{S}{D_R}}\,r_0} = 2\left[\exp\left(-\sqrt{\frac{S}{D_R}}\,r_0\right) + \exp\left(-3\sqrt{\frac{S}{D_R}}\,r_0\right) + \cdots\right]$$

$$= 2\sum_{n=1}^{\infty}\exp\left[-(2n-1)\sqrt{\frac{S}{D_R}}\,r_0\right] \quad (n=1,2,3,4\cdots) \tag{19}$$

并应用公式

$$\mathrm{sh}\sqrt{\frac{S}{D_R}}\,r = \frac{1}{2}\left[\exp\left(\sqrt{\frac{S}{D_R}}\,r\right) - \exp\left(-\sqrt{\frac{S}{D_R}}\,r\right)\right] \tag{20}$$

将(19)式及(20)式代入(18)式

$$\bar{C}_R(r,S) = \frac{C_R^*}{S} - \frac{r_0 C_R^*}{rS}\sum_{n=1}^{\infty}\left\{\exp\left[-\sqrt{\frac{S}{D_R}}[(2n-1)r_0 - r]\right]\right.$$

$$\left. - \exp\left[-\sqrt{\frac{S}{D_R}}[(2n-1)r_0 + r]\right]\right\} \tag{21}$$

由（21）式求出原函数得：

$$C_R(r,t) = C_R^* - \frac{r_0 C_R^*}{r}\sum_{n=1}^{\infty}\left\{\mathrm{erfc}\frac{(2n-1)r_0 - r}{2\sqrt{D_R t}} - \mathrm{erfc}\frac{(2n-1)r_0 + r}{2\sqrt{D_R t}}\right\} \tag{22}$$

（22）式包括了所有的积分条件，因而这个解是正确的。

将方程式（22）对 r 微分，得

$$\frac{\partial C_R(r,t)}{\partial r} = -\frac{r_0 C_R^*}{r^2}\left[\mathrm{erf}\frac{r_0 - r}{2\sqrt{D_R t}} + \mathrm{erf}\frac{3r_0 - r}{2\sqrt{D_R t}} + \cdots + \mathrm{erf}\frac{(2n-1)r_0 - r}{2\sqrt{D_R t}}\right]$$

$$+ \frac{r_0 C_R^*}{r^2}\left[\mathrm{erf}\frac{r_0 + r}{2\sqrt{D_R t}} + \mathrm{erf}\frac{3r_0 + r}{2\sqrt{D_R t}} + \cdots + \mathrm{erf}\frac{(2n-1)r_0 + r}{2\sqrt{D_R t}}\right]$$

$$- \frac{r_0 C_R^*}{r} \cdot \frac{1}{\sqrt{\pi D_R t}} \left[e^{-\left(\frac{r_0 - r}{2\sqrt{D_R t}}\right)^2} + e^{-\left(\frac{3r_0 - r}{2\sqrt{D_R t}}\right)^2} + \cdots \right.$$

$$\left. + e^{-\left(\frac{(2n-1)r_0 - r}{2\sqrt{D_R t}}\right)^2} \right] - \frac{r_0 C_R^*}{r} \cdot \frac{1}{\sqrt{\pi D_R t}} \left[e^{-\left(\frac{r_0 + r}{2\sqrt{D_R t}}\right)^2} \right.$$

$$\left. + e^{-\left(\frac{3r_0 + r}{2\sqrt{D_R t}}\right)^2} + \cdots + e^{-\left(\frac{(2n-1)r_0 + r}{2\sqrt{D_R t}}\right)^2} \right] \tag{23}$$

当 $r = r_0$，$n = \infty$ 时，式中

$$\operatorname{erf} \frac{(2n-1)r_0 + r}{2\sqrt{D_R t}} = 1$$

（23）式最后简化为：

$$\left[\frac{\partial C_R(r, t)}{\partial r} \right]_{r=r_0} = \frac{C_R^*}{r_0} - \frac{C_R^*}{\sqrt{\pi D_R t}} - \frac{2C_R^*}{\sqrt{\pi D_R t}} \sum_{n=1}^{\infty} \exp\left[- \frac{(nr_0)^2}{D_R t} \right]$$

$$= - C_R^* \left\{ \frac{1}{\sqrt{\pi D_R t}} - \frac{1}{r_0} + \frac{2}{\sqrt{\pi D_R t}} \sum_{n=1}^{\infty} \exp\left[- \frac{(nr_0)^2}{D_R t} \right] \right\} \tag{24}$$

将（24）式代入（6）式，瞬时极限扩散电流方程式为：

$$(i_a)_t = nFAD_R C_R^* \left\{ \frac{1}{\sqrt{\pi D_R t}} - \frac{1}{r_0} + \frac{2}{\sqrt{\pi D_R t}} \sum_{n=1}^{\infty} \exp\left[- \frac{(nr_0)^2}{D_R t} \right] \right\} \tag{25}$$

在实验条件下，右面式中第三项可以略去，即得瞬时极限扩散电流公式：

$$(i_a)_t = - nFAD_R C_R^* \left[\frac{1}{\sqrt{\pi D_R t}} - \frac{1}{r_0} \right]$$

一般公式的推导

方程式（4）只适用于极限电流。对非极限电流而言，解方程式（7）时还需要考虑到氧化态 O 的扩散，以及 O 与 R 流量平衡的边界条件，数学过程比较繁琐一些。下面采用比较简单的方法也可以得到相同的结果。在极谱波上任何一点扩散电流方程式为：

$$(i_a)_t = - nFAD_R (C_R^* - C_R^\circ) \left[\frac{1}{\sqrt{\pi D_R t}} - \frac{1}{r_0} \right] \tag{26}$$

式中 C_R° 为在球形汞齐电极内表面处金属的浓度。电极表面上物质的浓度由 Nernst 方程式决定

$$\theta' = \frac{f_O}{f_R} \exp\left[\frac{nF}{RT} (E^\circ - E) \right] = \frac{C_R^\circ}{C_O^\circ} \tag{27}$$

式中 C_O° 为电极表面金属离子的浓度。f_O，f_R 分别为物质的氧化态和还原态的活度系数。此外，在电极表面上，以下关系式：

$$C_R^* = C_R^\circ + \sqrt{\frac{D_O}{D_R}} C_O^\circ \tag{28}$$

也是成立的[2.9]。由（27）及（28）式得到：

$$C^{\circ}_{R} = \frac{\sqrt{\dfrac{D_R}{D_O}}\theta' C^{*}_{R}}{1+\sqrt{\dfrac{D_R}{D_O}}\theta'} \tag{29}$$

将 (29) 式代入 (26) 式中，简化后，得：

$$(i_a)_t = -nFAD_R C^{*}_{R}\,\frac{1}{1+\sqrt{\dfrac{D_R}{D_O}}\theta'}\left[\frac{1}{\sqrt{\pi D_R t}}-\frac{1}{r_0}\right] \tag{30}$$

C_R (r, t) ~r 曲线

设 $D_R=1.10^{-5}\mathrm{cm^2/s}$, $r_0=0.01\mathrm{cm}$, 代入方程式 (22) 中，在 t 值一定时，求出不同 r 值时的 $\dfrac{C_R\ (r,\ t)}{C^{*}_{R}}$ 值，并将 $\dfrac{C_R\ (r,\ t)}{C^{*}_{R}}$ 对 r 作图。所得的结果如图 2 所示。从图上可以看出，当 $t\leqslant30\mathrm{s}$ 时，边界条件 (10) 是完全满足的。当 $t\leqslant70\mathrm{s}$ 时，电极中心浓度降低数也只小于 10%。所以在假定的条件下，公式 (4) 基本上是成立的。

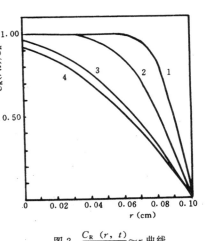

图 2　$\dfrac{C_R\ (r,\ t)}{C^{*}_{R}}$~$r$ 曲线

曲线：1.$t=10\mathrm{s}$　2.$t=30\mathrm{s}$

3.$t=60\mathrm{s}$　4.$t=70\mathrm{s}$

实 验 技 术

仪器

测定汞齐氧化电流的装置如图 3 所示。检流计周期 1.9s，临界阻尼 15000Ω，使用时阻尼电阻为 15000Ω，灵敏度为 $1.41\times10^{-8}\mathrm{A/mm}$。分流电阻 R_H 及 R_K 均为十进位电阻箱，各阻值均经过校正[10]。电解池中的参考电极为饱和甘汞电极 (S.C.E)，极化电极为悬汞电极 (H.M.E.)。悬汞电极按前文[4]中图 2 (B) 的形式制备。测定 i~t 曲线时用停表计时，用 TC-24 型超级恒温器控制温度。实验时，电解质溶液的温度保持在 25℃±0.02℃。

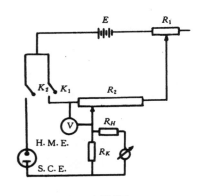

图 3　仪器线路

试剂

硝酸铋溶液：系由纯金属铋溶解于 3mol/L 硝酸而得，并用标准 EDTA 溶液滴定其浓度。所有试剂均用二次蒸馏水配置。

铋汞齐：采用铋汞齐进行实验工作，一方面是铋汞齐比较稳定，另一方面，铋的原子量（209.0）

与汞（200.6）接近，电极反应发生时汞球内部不会产生密度梯度。

铋汞齐的制备方法：取纯汞 4ml 与同体积的已知浓度的硝酸铋溶液共置于电解池（图 4）中，以纯汞为阴极，铂片（面积约为 2cm²）为阳极，用电磁搅拌器搅动溶液，在 20mA 电流下电解 2h，将溶液中的铋完全电解至同体积的汞中。这样，汞齐的浓度即为电解前溶液中铋的浓度。经同位素法检查，电解是完全的。检查方法如下：取 3.06×10^{-3}mol/L Bi（Ⅲ）溶液 4ml 于电解池中，加 2ml Bi²¹⁰（Ⅲ）溶液（放射性强度为 75000 脉冲/ml·min）于电解池中，混合放置过夜，使之扩散均匀。混合后 Bi²¹⁰（Ⅲ）的放射性强度为 25000 脉冲/ml·min，用微量滴定管加入 4ml 纯汞于电解池中，按上法进行电解。电解完毕后取 1ml 溶液测其放射性。测出结果为：18 脉冲/ml·min；空白为：18 脉冲/ml·min，证明电解是完全的。

电解完毕后，在继续加电压的情况下，用二次蒸馏水洗涤汞齐 3 次，然后将汞齐转入储瓶（图 5）中。通入氢气，排除瓶中氧气后，摇动储瓶使铋在汞中分布均匀，将铋汞齐保存于氢气中。储瓶中下端接一毛细管，以便逐滴取出汞齐。

底液的选择及铋汞齐稳定的检查

多次实验的结果表明：在很稀的（1：100）硝酸溶液中，铋汞齐很稳定，而且产生良好的氧化波，在 +0.4 至 +0.10V 间极限电流平坦。测定 $i\sim t$ 曲线时，外加电压为 0.30V（悬汞电极为正极）。在进行实验时，从汞齐储瓶的毛细管端取下铋汞齐 1～2 滴，悬挂于悬汞电极上，然后在上述稀硝酸中测定 $i\sim t$ 曲线。因此，要求铋汞齐在空气中比较稳定，在由储瓶毛细管转移至悬汞电极过程中不被氧化。为此，进行了下

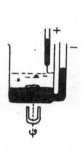

图 4　制备汞齐的
电解池

图 5　汞齐储瓶

列实验：从汞齐储瓶毛细管下端取汞齐 2 滴（此时，将毛细管浸于 1：100 硝酸溶液中），悬挂于悬汞电极上，在空气中暴露不同时间后测定 $i\sim t$ 曲线。反复的实验结果指出：在长达 100s 的时间内，汞齐是很稳定的，不同时间测得的 $i\sim t$ 曲线完全一致。铋汞齐的稳定性符合本实验的要求。

实验方法及结果

理论值与实验值的比较

方程式（4）中右边各项或为常数，或者可由实验测得。D_R 可由铋汞齐在滴汞电极上的氧化波测得（其值为 1.35×10^{-5}cm²/s）。C_R^* 及 t 由实验测得。r_0 及 A 由汞滴的质量及汞的密度计算而得[3]。在测定汞齐的 $i\sim t$ 曲线以后，将汞滴由悬汞电极上取下，用吸水纸吸干，称重，然后由汞滴的质量计算 r_0 及 A。由于汞齐储瓶下端的毛细管不很长，表面变动较大，每次取得的汞（齐）滴大小不完全相同，为便于比较，将不同汞（齐）滴半径所得的电流数值统一换算为 $r_0=0.0703$cm 时的电流值。将右边各项代入公式（4）求出理论值，然后与实验电流值（实验值）相比较。表 1 列举实验结果，可以看出，在电解开始后 60s 以内，电流的理论值与实验值基本上是符合的，误差均在实验许可的范围内，每次测定均重复 4 次以上，测定的精密度也是良好的。

表1　球形荣齐电极上扩散电流实验值与理论值的比较（电流为氧化电流省略负号）

电流(μA) t(s)	1.02 mmol/L Hg					1.51					2.01					2.47			3.00				
半径(cm)	0.0658		0.0703			0.0705		0.0703			0.0691		0.0703			0.0703			0.0717		0.0703		
	理论值	实验值	理论值	实验值	误差%	理论值	实验值	理论值	实验值	误差%	理论值	实验值	理论值	实验值	误差%	理论值	实验值	误差%	理论值	实验值	理论值	实验值	误差%
10	7.18	6.49	8.44	7.63	-9.6	12.6	11.8	12.6	11.8	-6.3	16.0	15.6	16.7	16.3	-2.4	20.6	20.4	+1.0	26.1	24.9	24.9	23.8	-4.4
15	5.27	4.85	6.26	5.76	-8.0	9.37	8.64	9.32	8.59	-7.8	11.8	11.5	12.4	12.1	-2.4	15.3	14.9	-2.6	19.4	18.6	18.5	17.7	-4.3
20	4.14	3.81	4.97	4.57	-8.4	7.43	6.92	7.39	6.88	-7.8	9.34	9.14	9.81	9.60	-2.2	12.1	12.0	-0.8	15.4	15.0	14.7	14.3	-2.7
25	3.34	3.10	4.06	3.77	-7.1	6.07	5.64	6.04	5.60	-7.4	7.61	7.61	8.02	8.02	0	9.90	9.87	-0.3	12.7	12.3	12.0	11.6	-3.3
30	2.76	2.61	3.40	3.22	-5.3	5.09	4.76	5.06	4.73	-6.5	6.35	6.35	6.72	6.72	0	8.29	8.36	+0.8	10.7	10.6	10.0	9.91	-0.9
35	2.34	2.24	2.91	2.79	-4.1	4.35	4.02	4.33	4.00	-7.6	5.42	5.41	5.75	5.74	-0.2	7.08	7.05	-0.4	9.15	9.02	8.59	8.49	-1.2
40	1.97	1.90	2.50	2.41	-3.6	3.73	3.53	3.70	3.50	-5.4	4.62	4.61	4.93	4.92	-0.2	6.08	6.04	-0.7	7.88	7.69	7.36	7.18	-2.5
45	1.67	1.64	2.16	2.12	-1.9	3.22	3.03	3.20	3.01	-5.9	3.97	4.06	4.25	4.35	+2.3	5.25	5.24	-0.2	6.83	6.63	6.35	6.22	-2.5
50	1.41	1.44	1.86	1.90	+2.2	2.78	2.61	2.77	2.60	-6.1	3.41	3.51	3.67	3.78	+3.0	4.53	4.53	0	5.93	5.64	5.49	5.22	-4.9
55	1.20	1.24	1.61	1.66	+3.1	2.41	2.26	2.40	2.25	-6.2	2.94	3.05	3.19	3.31	+3.7	3.93	3.93	0	5.11	4.94	4.76	4.59	-3.5
60	1.01	1.07	1.39	1.47	+5.7	2.08	1.97	2.07	1.96	-5.3	2.52	2.62	2.76	2.87	+4.0	3.40	3.27	-3.8	4.50	4.33	4.11	3.86	-6.1
70	0.68	0.82	1.03	1.11	+19.4	1.54	1.48	1.53	1.47	-3.9	1.82	1.95	2.03	2.17	+6.8	2.50	2.52	+0.8	3.38	3.17	3.03	2.84	-6.2
80	0.43	0.65	0.74	1.13	+50	1.10	1.13	1.09	1.12	+2.7	1.26	1.48	.45	1.70	1.72	1.79	1.91	+6.6	2.48	2.47	2.17	2.16	-0.4

"时间截距"与汞球半径间的关系

方程式（4）可以改写为：

$$- (i_a)_t = k_1 t^{-\frac{1}{2}} - k_2 \tag{31}$$

式中

$$k_1 = nFAD_R^{\frac{1}{2}}C_R^* \pi^{-\frac{1}{2}} \tag{32}$$

$$k_2 = nFAD_R C_R^* r_O^{-1} \tag{33}$$

将 $(i_a)_t = 0$ 代入方程式（4）得：

$$\frac{1}{\sqrt{\pi D_R t}} - \frac{1}{r_O} = 0 \tag{34}$$

或

$$t = \frac{r_O^2}{\pi D_R} = t_O \tag{35}$$

因此，$(i_a)_t$ 与 $t^{-\frac{1}{2}}$ 的作图为一直线。这一直线在时间坐标上的截距（以 t_O 表示）称为"时间截距"。

"时间截距" t_O 具有下列性质：

（1）t_O 仅决定于汞滴的半径 r_O 及扩散系数 D_R，与汞齐的浓度无关。因此不同浓度铋所得的 $(i_a)_t$ ~ $t^{-\frac{1}{2}}$ 直线均交集于一点，这一点对应的时间即为 t_O。

（2）当 D_R 一定时，t_O 仅是 r_O 的函数。汞球半径与汞滴质量 m 及汞的密度 d 的关系

$$r_O = \left(\frac{3m}{4\pi d} \right)^{\frac{1}{3}} \tag{36}$$

（36）式代入（35）式得

$$t_O = \frac{1}{\pi D_R} \left(\frac{3m}{4\pi d} \right)^{\frac{2}{3}} \tag{37}$$

如果从汞齐储瓶毛细管端分别取 1 滴、2 滴及 3 滴汞齐悬于悬汞电极上，在同一实验条件下测得 t_O 之值依次为 $(t_O)_1$，$(t_O)_2$ 及 $(t_O)_3$，则由（37）式得：

$$\frac{(t_O)_1}{(t_O)_2} = \left(\frac{1}{2} \right)^{\frac{2}{3}} = 0.630 \tag{38}$$

及

$$\frac{(t_O)_2}{(t_O)_3} = \left(\frac{2}{3} \right)^{\frac{2}{3}} = 0.763 \tag{39}$$

因此，公式（38）及（39）可以用来核对实验数据。

实验结果与上述理论推断完全相符。图 6 为不同浓度的铋汞齐所得的 i ~ $t^{-\frac{1}{2}}$ 作图，所有的直线均交于一点。图 7 示 t_O 对 r_O 的依赖关系，实验数据见表 2。

表 2　t_O 对 r_O 的依赖关系

铋汞齐浓度 10^{-3}mol/L Hg	m (mg)	1 滴汞		2 滴汞		3 滴汞		$(t_O)_1 / (t_O)_2$			$(t_O)_2 / (t_O)_3$		
		$t^{-\frac{1}{2}}$ $(s^{-\frac{1}{2}})$	$(t_O)_1$ (s)	$t^{-\frac{1}{2}}$ $(s^{-\frac{1}{2}})$	$(t_O)_2$ (s)	$t^{-\frac{1}{2}}$ $(s^{-\frac{1}{2}})$	$(t_O)_3$ (s)	理论值	实验值	误差 %	理论值	实验值	误差 %
1.02	9.1	0.118	72	0.094	113	0.082	149		0.637	+1.1		0.758	-0.7
1.51	10.1	0.116	74	0.092	118	0.080	156		0.627	-0.5		0.757	-0.9
2.01	9.4	0.117	73	0.093	116	0.081	152	0.630	0.629	-0.2	0.763	0.763	0
2.47	9.9	0.117	73	0.093	116	0.081	152		0.629	-0.2		0.763	0
3.00	10.5	0.115	76	0.091	120	0.079	159		0.628	-0.3		0.761	-0.4

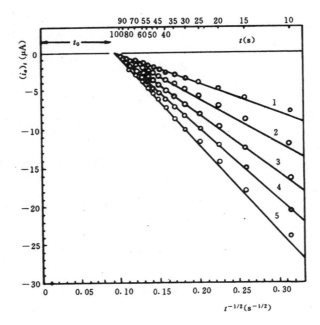

图 6   不同浓度的铋汞齐的 $i \sim t^{-1/2}$ 作图

1. 1.02×10^{-3} mol/L Hg   2. 1.51×10^{-3} mol/L Hg
3. 2.01×10^{-3} mol/L Hg   4. 2.47×10^{-3} mol/L Hg
5. 3.00×10^{-3} mol/L Hg

图中直线为理论值，点为实验值，数据见表 8

扩散电流与浓度的关系

由方程式（4）看出，在 t 一定时 $(i_a)_t$ 应该与汞齐的浓度成正比

$$(i_a)_t = - K_3 C_R \tag{40}$$

式中

$$K_3 = nFAD_R \left[\frac{1}{\sqrt{\pi D_R t}} - \frac{1}{r_0} \right]$$

对公式（4）取对数

$$\log[- (i_a)_t] = \log K_3 + \log C_R$$

$$\frac{\Delta \log[- (i_a)_t]}{\Delta \log C_R} = 1 \tag{41}$$

图 8 为电流与铋汞齐浓度的作图。图 9 为对数作图。直线的斜率等于 1，与理论值相符。

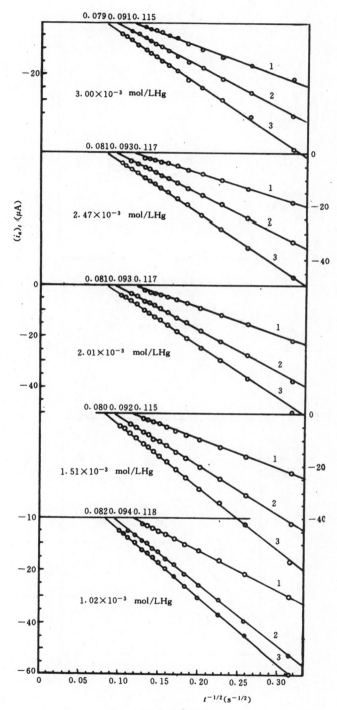

图 7　t_0 与 r_0 间的关系

曲线 1，2，3 分别表示在悬汞电极上悬挂 1 滴、2 滴及 3 滴汞齐时

的 $i \sim t^{-1/2}$ 曲线，图中所列数字为铋汞齐浓度

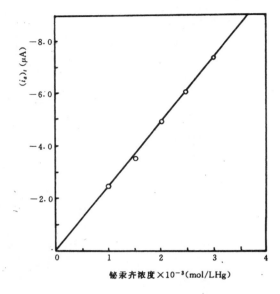

铋汞齐浓度×10⁻³mol/L Hg

图 8 扩散电流与浓度的关系

$t=40s$ $r_0=0.0703cm$

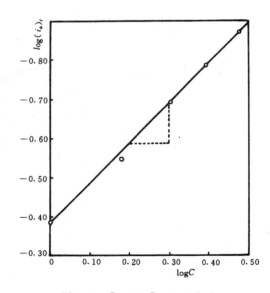

图 9 log $[-(i_a)_t]$ ~logC 作图

讨　论

球形汞齐电极扩散电流公式的实际应用

从公式（35）可见，当 r_0 为一定值时，t_0 值决定于 D_R，t_0 之值与浓度无关，公式（35）就提供了一个快速测定金属在汞中扩散系数的方法，比通常的极谱方法优越。关于这一新方法的应用，将在下一篇文章中详细讨论。

关于 Човных-Ващенко 的工作

当我们快要完成这件工作时，我们看到了 Човных-Ващенко 的文章[7]，他们要解决的边值问题以及使用的初始及边界条件都完全一样 *，但是由于数学处理方法不同，最后得出了不同的公式。他们最后得到的公式

$$C(r,t) = C_0 \sum_{n=1}^{\infty} (-1)^{n+1} \frac{2}{n\pi} \frac{R\sin\frac{n\pi r}{R}}{r} e^{-(n\pi)^2 Dt/R^2} \tag{42}$$

$$i_{球面} = 8C_0 ZRF\pi D \sum_{n=1}^{\infty} e^{-(n\pi)^2 Dt/R^2} \tag{43}$$

从数学观点来看，公式（43）无疑是正确的；但是，从极谱学的观点看，公式（43）不如公式（4）有用。比较公式（4）和与之对应的线性扩散的电流公式

$$(i_a)_t = -nFAD_R C_R^* \frac{1}{\sqrt{\pi D_R t}} \tag{44}$$

可以看出：球面扩散电流所以区别于线性扩散电流就在于：在前者的 $i \sim t^{-\frac{1}{2}}$ 作图不通过原点，而后者的 $i \sim t^{-\frac{1}{2}}$ 作图通过原点。这就是说，当 $t = \infty$ 时，在线性扩散，$i = 0$；在球面扩散

$$(i)_{t\to\infty} = nFAD_R C_R^* r_0^{-1} \tag{45}$$

因此，当 $t \to \infty$ 时，在公式（43）的 $\sum$ 中，要取很多项才能使电流真正代表球面扩散时应有的电流。否则，所得到的电流实际上是平面扩散电流，取消了球面曲率的影响。Човных 及 Ващенко 在自己的文章中所绘制的 $i \sim t^{-\frac{1}{2}}$ 作图正是通过原点的。这说明，在他们的文章中，当他们使用自己的公式时，他们的公式实质上是线性扩散公式，不是球面扩散公式。他们曾经用实验对自己的公式进行了验证，实验结果也与理论一致。这是因为他们所选用的电极实际上不是一个球面电极，而实质上恰恰是一个平面电极，在这个汞电极中，金属的扩散遵守线性扩散电流公式。这一点作者[11]早在 1957 年就已证明过了。他们的实验再一次证明作者上述工作是正确的。所以公式（43）的缺点在于因为 Dt/R^2 之值比较小，要使用公式（43）时，在 $\sum$ 中必须计算很多项才能得到正确的数值，这在实际应用时是很不方便的。

---

* 在他们发表的原文上菲克第二定律写为：

$$\frac{\partial C(r,t)}{\partial t} = D\left[\frac{\partial^2 C(r,t)}{\partial r^2} - \frac{2}{r} \frac{\partial C(r,t)}{\partial r} \right]$$

从他们文中所列流量的方程式、所引用的文献以及所得的结果判断，方程式右方的负号应该为正号，可能原文系排印有错误。在该文中有四处排印错误的地方。

参 考 文 献

〔1〕　I. M. Kolthoff，J. J. Lingane，《极谱学》第一册，科学出版社，26～30 (1955)

〔2〕　I. Shain, K. J. Martin, J. Phys. Chem. , 65, 254 (1961)

〔3〕　高鸿、赵龙森、邹爱民，南京大学学报(化学版)，75 (1962)

〔4〕　高鸿、张长庚，悬汞电极的研究 Ⅲ ，化学学报，31(2) 229 (1965)

〔5〕　G. Mamantov, P. Papoff, P. Delahay, J. Am. Chem. Soc. , 79, 4039 (1957)

〔6〕　W. H. Reinmuth, Anal. Chem. , 33, 185 (1961)

〔7〕　Н. Г. Човных, В. В. Ващенко, Ж. Физ. Химиŋ, 37,538 (1963)

〔8〕　А. В. Лыков, 《热传导理论》，高等教育出版社，117～124 (1955)

〔9〕　R. P. Frankenthal, I. Shain, J. Am. Chem. Soc. , 78, 2969 (1956)

〔10〕　高鸿等编著，《仪器分析》，高等教育出版社 (1956)

〔11〕　高鸿、张祖训、蒋雌图、胡秀仁，化学学报，23，486 (1957)

悬汞电极的研究

金属在汞中的扩散[*]

高　鸿　　张长庚

〔作者按语〕

作者提出了金属在汞内扩散所遵守的公式（1965年，论文4），比波兰同行提出同一公式早10年。A. Baranski, I. S. Fitak and G. Galus, J. Electroanal. Chem., 60, 175 (1975).

引　言

金属在汞中的扩散问题无疑是极谱学上一个重要问题。由于测定金属在汞中扩散系数的方法还有缺陷，文献中关于金属在汞中扩散系数的数据还很不完备，对同一金属，有时不同作者得到的结果还不一致，因而对金属在汞中扩散的一般规律性问题，过去就很难进行认真的讨论。

测定金属在汞中扩散系数的主要方法是电化学方法，包括电动势法、电导法与经典极谱法[1]，其中以极谱法用得最多。

应用经典极谱法测定金属在汞中的扩散系数并不是没有问题的。它的主要限制有三：1. 必须先将金属制成汞齐装到滴汞电极，而且汞齐产生的阳极波的波形要足够良好，才能得到比较好的实验数据；2. 必须准确知道汞齐的浓度，对比较活泼的金属这就会带来很大的困难；3. 扩散电流常数常随汞外溶液组成的不同而改变[1,2]，因此应用经典极谱法测定金属在汞中扩散系数不但手续麻烦，而且准确度较差。

---

[*]　原文发表于南京大学学报（自然科学），9（3）326（1965）。
1979年4月美日两国化学会在夏威夷召开国际化学会议，中国化学代表团在会上作了学术报告，高鸿教授以这篇文章的内容为题在会上作了报告。

本文作者在此提出一种新的测定金属在汞中扩散系数的方法。这个方法既简便又准确，完全克服了极谱法的缺点。

一种新的测定金属在汞中扩散系数的方法

方法原理

作者在前文[3]中讨论了这一新方法的原理。测定金属在汞内扩散系数时，先将金属的盐与其他试剂配成溶液，以悬汞电极为阴极、饱和甘汞电极或铂片电极为阳极进行电解，使一部分被测金属离子还原为金属，溶解并均匀分布于悬汞电极中，这个过程称为预电解。然后在较正的电位使汞齐氧化，这时瞬时极限氧化扩散电流遵守下列公式[3]：

$$i_t = - nFSDC\left(\frac{1}{\sqrt{\pi Dt}} - \frac{1}{r}\right) \tag{1}$$

式中 S 为悬汞电极的面积，r 为悬汞电极的半径，C 为金属在汞中的浓度，D 为金属在汞中的扩散系数，t 为测量电流的时间（由汞齐开始氧化算起）。当 $i_t=0$ 时，（1）式简化为：

$$D = \frac{r^2}{\pi t_0} \tag{2}$$

式中 t_0 为 $i_t=0$ 时的时间。以 i_t 对 $t^{-\frac{1}{2}}$ 作图得一直线，它在 't 坐标' 上的截距即为 t_0（图2）。半径 r 可由汞滴的质量精确求得[3]，用 t_0 及 r 由公式（2）计算 D。

如从滴汞电极分别取1滴、2滴及3滴汞挂于悬汞电极末端，在同一实验条件下测得的 t_0 值依次为 $(t_0)_1$，$(t_0)_2$ 及 $(t_0)_3$ 则[3]

$$\frac{(t_0)_1}{(t_0)_2} = 0.630 \qquad \frac{(t_0)_2}{(t_0)_3} = 0.763 \tag{3}$$

公式（3）可用来检查实验数据的准确度。

实验技术

预电解和汞齐氧化可在同一个电解池中进行（本实验中 Mn，Ge，Sb 三元素），也可以分别在两个电解池进行（本实验其余元素）。用两个电解池时，预电解在 C_1 中进行，汞齐氧化在 C_2 中进行。电解池 C_2（本文使用的电解池 C_2 见前文[4]）的工作电极为悬汞电极，参考电极为饱和甘汞电极；电解池 C_1 的参考电极可用铂片电极，悬汞电极的制备见前文[4]。电解池的温度控制在 $25\pm0.02℃$，预电解时用电磁搅拌器搅动溶液，电解池溶液中的氧必须预先除去。

预电解时先将金属的盐（除 Mn，Sb，Ge 用氯化物外其余均用硝酸盐）与合适的支持电解质配成电解液。金属离子的浓度约为 10^{-5}mol/L，电解电流控制在 $40\sim60\mu A$。预电解时外加电压一般为 3V，碱金属及碱土金属为 4.5V，使悬汞电极的电位一般比阴极波的半波电位负 0.4V。预电解 Ge（Ⅳ）时，悬汞电极的电位为 -1.8V，溶液的 pH 为 10.2，对于很活泼的金属，溶液的酸度不宜过大。

预电解的时间为 5～8min。在最后 1min 停止搅拌，让溶液静止，然后将开关 K_2 扭至位置3（图1），调整外加电压〔除 Bi 为 $+0.30$V 以外测定其它金属时，悬汞电极电位均调整在 -0.10 至 -0.20V（对

S.C.E.〕。大约在预电解完毕 1min 以后，进行汞齐氧化过程，测定 $i_t \sim t$ 曲线，用停表记录时间。在预电解停止后 30s，汞滴内金属的分布就达到均匀状态[5]。

新法的特点

新的方法完全克服了经典极谱法的三个缺点：1. 用新法测定金属在汞中的扩散系数时，只要求测出 r 与 t_0 值，而 t_0 值与金属在汞内的浓度无关（图2），因此并不需要知道汞中金属的浓度，因而也不需要知道预电解前溶液中金属离子的准确浓度，也不需要严格控制预电解的时间，这不但使测定手续大大简化，而且很有利于那些特别活泼的金属（如碱金属等）的测定；2. 利用新法测定扩散系数时，只要调节电压使汞齐能产生氧化电流即可，并不要求汞齐能产生波形良好的氧化波；3. 用新法测得的扩散系数数值是一个常数，与汞外电解质的组成无关（图3）。

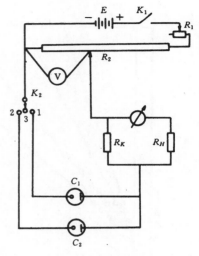

图 1　仪器线路

数据比较

表 1 列举利用新法测定 16 种金属在汞中的扩散系数的实验结果。表中 $(t_0)_2 / (t_0)_3$ 比率的实验值与理论值（0.763）相符，说明数据是可靠的。表 2 将表 1 数据和文献中其它作者用其它方法所得的结果进行了比较。可以看出，除个别金属（Cd）外，对同一金属不同作者所得的数据相差很大，形势相当混乱，这主要是由于方法本身的缺陷所致。从新法本身的优越性和大多数金属的扩散系数遵守 Stokes-Einstein 公式一事来看，新法得到的数据是正确的，可作为判断前人实验结果的标准，使文献上的混乱局面得到澄清。

表 1　利用新方法测定金属原子在汞中扩散系数的实验数据

金　属	二滴汞			三滴汞			$\dfrac{(t_0)_2}{(t_0)_3}$	D
	r cm	$(t_0)_2^{-\frac{1}{2}}$ s$^{-\frac{1}{2}}$	$(t_0)_2$ s	r cm	$(t_0)_3^{-\frac{1}{2}}$ s$^{-\frac{1}{2}}$	$(t_0)_3$ s		10^{-5}cm^2/s
Na	0.0617	0.079	160	—	—	—	—	0.76
K	0.0617	0.074	183	—	—	—	—	0.66
Cu	0.0620	0.085	139	0.0710	0.074	183	0.760	0.88
Zn	0.620	0.117	73	0.0710	0.102	96	0.760	1.68
Cd	0.0620	0.111	81	0.0710	0.097	106	0.763	1.51
Sr	0.0614	0.095	111	—	—	—	—	1.08
Ba	0.0614	0.094	113	—	—	—	—	1.04
Ga	0.0620	0.116	75	0.0710	0.101	98	0.765	1.64
In	0.0620	0.108	86	0.0710	0.094	113	0.761	1.42
Tl	0.0620	0.093	116	0.0710	0.081	152	0.763	1.05
Ge	0.0643	0.114	77	—	—	—	—	1.71
Sn	0.0614	0.110	82	—	—	—	—	1.46
Pb	0.0620	0.101	98	0.0710	0.088	129	0.760	1.25
Sb	0.0641	0.106	89	—	—	—	—	1.47
Bi	0.0705	0.092	181	0.0807	0.080	156	0.757	1.35
Mn	0.0649	0.117	73	—	—	—	—	1.84

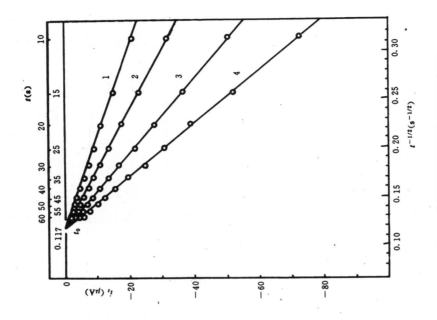

图 3 t_0 值与汞齐外电解池中的溶液组成无关

不同底液中锌汞齐的 $i \sim t^{-1/2}$ 作图

1. 1mol/L NaOH   2. 1mol/L KCl
3. 1mol/L KNO₃   4. 1mol/L NH₄OH-1mol/L NH₄Cl

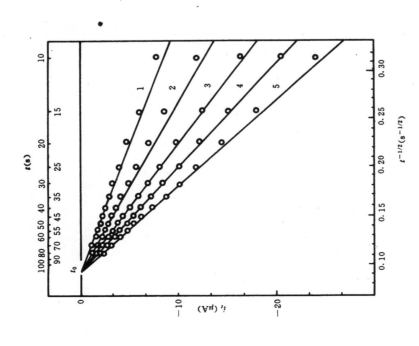

图 2 t_0 值与汞齐的浓度无关

铋汞齐氧化时的 $i \sim t^{-1/2}$ 作图，铋汞齐的浓度：

1. 1.02×10⁻³   2. 1.51×10⁻³   3. 2.01×10⁻³
4. 2.47×10⁻³   5. 3.00×10⁻³mol/L Hg

表2　利用新方法测得的金属在汞中的扩散系数与文献上其他作者所得数值的比较**

作者	测定方法	Na	K	Cu	Zn	Cd	Sr	Ba	Ga	In	Tl	Ge	Sn	Pb	Sb	Bi	Mn	文献
本文作者	本文方法	0.76	0.66	0.88	1.68	1.51	1.08	1.04	1.64	1.42	1.05	1.71	1.46	1.25	1.47	1.35	1.84	本文
Merer	电动势法	—	—	—	2.31 (15°)	1.81 (15°)	—	—	—	—	—	—	—	1.58 (15°)	—	—	—	[6]
Cohen	电动势法	—	—	—	1.67	1.52	—	—	—	—	—	—	—	—	—	—	—	[2]
Wogau	电动势法	0.76 (9.6°)	0.61 (10.5°)	—	2.52 (8~14.3°)	1.68 (8.7°)	0.54 (9.4°)	0.60 (7.8°)	—	—	1.03 (11~12°)	—	1.80 (9.6~14°)	1.74 (9.0~10°)	—	—	—	[7]
Weischedel*	电导法	—	—	—	—	1.52 (20°)	—	—	—	—	—	—	—	1.28 (20°)	—	—	—	[8]
Turner	极谱法	—	—	—	—	1.52 (20°)	—	—	—	—	—	—	—	—	—	—	—	[8]
Strehlow	极谱法	—	—	—	—	1.52	—	—	—	—	—	—	—	1.28	—	—	—	[2]
Vicek	极谱法	6.8	5.1	—	—	—	—	—	—	—	—	—	—	—	—	—	—	[10]
Furman	极谱法	—	—	1.06	1.67	1.52	—	—	—	—	0.99	—	1.68	1.16	—	0.99	—	[2]
Стромоерг	极谱法	—	—	—	1.57	1.52	—	—	—	—	1.60	—	1.39	1.68	—	—	—	[11]
本文作者	极谱法	—	—	—	—	—	—	—	—	—	—	—	—	—	—	1.35	—	本文
Сагадиева	极谱法	—	—	—	—	—	—	—	5.56	—	—	—	—	—	—	—	3.07	[20]
Stackelberg	极谱法	0.80 (20°)	—	—	—	1.60 (20°)	—	—	—	1.47 (20°)	—	—	—	1.41 (20°)	—	—	—	[19]

*　在原文献中 D 的单位为 cm^2/a,表中数值是经过单位换算后的值。

**　除指出者外,其余均为 25℃。

关于金属在汞中扩散的一般规律

关于不同金属在汞中的扩散究竟遵守什么共同规律，文献中有过不少争论[2]，但不曾得到解决。

Ostwald 曾暗示金属在汞中的扩散系数 D 与金属的相对原子质量（$L \cdot Ar$）的平方根成反比，即 $D \cdot (L \cdot Ar)^{1/2} =$ 常数。Meyer 认为这是不可能的，并提出 D 与金属的密度成反比，Von Wogau 的实验结果否定了 Ostwald 与 Meyer 的看法。Smith 重新审查了 Von Wogau 的数据，重新提出 $D \cdot \sqrt{Mr}$ = 常数（Mr 为相对分子质量）。在回顾了上述争论以后，Cooper 及 Furman[2]认为 D 与金属的原子半径有关，并进一步指出 D 与半径的作图为一直线，半径愈大 D 愈小。看来，他们的工作比前人进了一步，但仍然没有得到正确的结论。

从我们用新法测得的扩散系数值（表 1）中，我们发现 16 种金属中有 12 种金属其扩散系数与原子的金属半径（Metallic radii）[12]的乘积为一常数（表 3）：

表 3　金属在汞中的扩散系数 D 与原子的金属半径 r_M 的乘积为一常数

金属	D $10^{-5}\mathrm{cm^2s^{-1}}$	r_M $10^{-8}\mathrm{cm}$	$D \cdot r_M$ $10^{-13}\mathrm{cm^3 \cdot s^{-1}}$
Zn	1.68	1.38	2.32
Cd	1.51	1.54	2.33
Sr	1.08	2.15	2.32
Ba	1.04	2.22	2.31
Ga	1.64	1.41	2.31
In	1.42	1.66	2.36
Sn	1.46	1.62	2.37
Bi	1.35	1.70	2.30
Sb	1.47	1.59	2.33
Ge	1.71	1.37	2.34
Mn	1.84	1.26	2.32
Pb	1.25	1.75	2.19
		平　　均	2.32

$$D \cdot r_M = 2.32 \times 10^{-13} \mathrm{cm^3 \cdot s^{-1}} \tag{4}$$

这一事实说明这些金属在汞中的扩散遵守 Stokes-Einstein 公式：

$$D = \frac{RT}{L} \frac{1}{n \eta \pi r_M} \tag{5}$$

$$D \cdot r_M = 2.32 \times 10^{-13} \quad (n = 3.69, T = 298) \tag{5a}$$

R 为气体常数，T 为绝对温度，L 为 Avogadro 常数，η 为汞的粘度（25℃时为 $1.527 \times 10^{-3}\mathrm{Pa \cdot s}$），

n 的实验值为 3.7 接近于 4。

因此，D 与 r_M^{-1} 的作图为一直线（图 4），D 与 r_M 的作图不是直线而是双曲线，由此可见，Cooper 及 Furman[2]发现 D 与原子半径有关是正确的，但把它们间的关系说成是直线关系是错误的，其它一些人提出的公式 $D \cdot \sqrt{Mr} =$ 常数、$D \cdot \sqrt{L \cdot Ar} =$ 常数以及 $D \cdot$ 密度 $=$ 常数都是不正确的。

鉴于 Zn，Cd，Sn，Pb 等元素是以单原子的形式存在于汞中的[14,2,15]，可以认为表 3 中其它 8 种元素也都是以单独原子的形态存在于汞中，这些金属原子不与汞原子相结合，这些金属在汞内的扩散是单原子扩散，这种扩散遵守 Stokes-Einstein 公式。

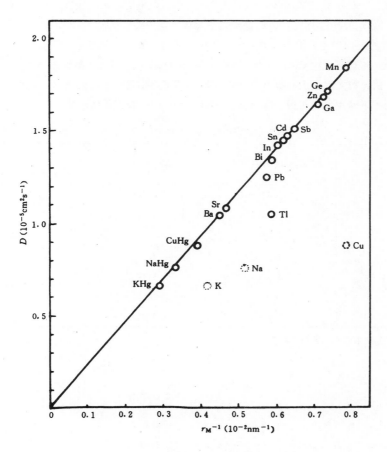

图 4　D 与 r_M^{-1} 作图

很显然，原子的金属半径 r_M 不等于单独原子在汞内的有效半径。r_M 要比单独原子的半径稍大一些，因此，公式（5a）中的 n 值小于 4。如果我们假定单原子金属在汞内的扩散的确遵守公式（5），并且 $n=4$，我们就可以反转来从金属在汞内的扩散系数 D 求出单独金属原子在汞内的有效半径（表 4）。鉴于目前还没有实验方法测定单独原子的半径，这些数据可能是很有意思的。

表4　单独金属原子在汞内的有效半径（25℃）　　　　　　　　　单位 0.1nm

金属	Zn	Cd	Sr	Ba	Ga	In	Sn	Bi	Mn	Sb	Ge
半径	1.28	1.42	1.98	2.06	1.31	1.51	1.47	1.59	1.19	1.46	1.25

计算公式　　　　　　　　　　　　　$有效半径 = \dfrac{2.14 \times 10^{-13}}{D}$

更有趣的是图4中那些远远偏离直线的四种金属 Cu，Na，K，Tl，这些金属都与汞生成化合物[2,14,16~18]，它们的扩散不是单原子扩散，扩散质点较大，因而扩散系数较小。如果以 Cu，K，Na 三金属的扩散系数（表1）去除 $2.32 \times 10^{-13} cm^3 \cdot s^{-1}$（公式4），即可估计出这些质点的半径依次序分别为 2.64nm，3.52nm 及 3.05nm。这些半径约等于这些元素与汞的共价半径（Covalent radii[13]）之和，因此如果将这三元素的共价半径分别与汞的共价半径相加作为扩散质点的半径然后作图，这些点就恰好落在图4的直线上。这似乎说明 Cu，K，Na 是分别以 CuHg，KHg，NaHg 的形式存在于 Hg 中的，Cu 与 Hg 生成 CuHg 化合物文献上已有报道[17]。关于 Tl 的偏离目前还没有得到解释。元素 Bi 及碱土金属 Ba 与 Sr 在汞中的扩散是单原子扩散，Cooper 及 Furman[2]认为 Bi 与汞生成化合物值得商榷。

表5　元素的半径与汞化物的半径　　　　　　　　　　　　　单位：nm

元素	metallic radii[12]	covalent radii[13]	汞化物半径 （由扩散系数算出）
Hg	1.57	1.44	—
Cu	1.28	1.17	—
Cu+Hg	2.86	2.61	2.64
K	2.35	2.03	—
K+Hg	3.92	3.47	3.52
Na	1.90	1.57	—
Na+Hg	3.47	3.01	3.05

注：表中各数据分别乘以 0.1 即是实际数据，单位 nm。

参 考 文 献

[1]　N. H. Furman, W. C. Cooper, J. Am. Chem. Soc., 72, 5667 (1950)

[2]　W. C. Cooper, N. H. Furman, J. Am. Chem. Soc., 74, 6183 (1952)

[3]　高鸿、张长庚,南京大学学报(自然科学),8(3) 401 (1964)

[4]　高鸿、张长庚,化学学报,31(3) 230 (1965)

[5]　I. Shain, J. Lewinson, Anal. Chem., 33, 187 (1961)

[6]　G. Meyer, Ann. Physik. Chem., 61, 225 (1897)

[7]　Von Wogau, Ann. Phys. Lpz., 23(4) 345 (1907); C. J. Smithells, Metal Reference Book 2, 2nd Ed., 559 (1955)

[8]　F. Weischedel, Z. Physik., 85, 29 (1933)

〔9〕　R. C. Turner, C. A. Winkler, Can. J. Chem. , 29, 469 (1951)

〔10〕　A. A. Vlćek, Coll Czech. Chem. Comm. , 20,413 (1955)

〔11〕　А. Г. Стромберг, Ж. Физ. Химий, 38, 130 (1964)

〔12〕　R. T. Sanderson, Chemical Periodicity (Reinhold Pub. Co.), Fig. 2~5, 28 (1960)

〔13〕　T. Moeller, Inorganic Chemistry (John Wiley and Sons), Fig. 5~3, 135 (1953)

〔14〕　G. McP. Smith, J. Am. Chem. Soc. , 36, 847 (1914)

〔15〕　A. S. Russell, P. V. F. Cazalet and N. M. Irvin, J. Chem. Soc. , 841 (1932)

〔16〕　G. McP. Smith, Z. Anorg. Chem. , 58, 381 (1908)

〔17〕　A. S. Russell, P. V. F. Cazalet and N. M. Irvin. , J. Chem. Soc. , 852 (1932)

〔18〕　T. W. Richards and F. Daniels, J. Am. Chem. Soc. ,41, 1732 (1919)

〔19〕　M. Von Stackelberg and V. Tome, Z. Elektrochem. , 58, 226 (1954); C. A. 48, 9836 h (1954)

〔20〕　К. Ж. Сагадиева, М. Т. Козловский, Вестн. АН Каз ССР 5, 85 (1963); РЖХим 5Г 45 (1964); К. Ж. Сагадиева, Ж. Анал. Химий, 19, 677 (1964)

—5———————————————————————————

悬汞电极的研究

再论金属在汞中的扩散[*]

马新生　　　张长庚　　　高　鸿

摘　要

　　本文再一次研究了金属在汞中扩散系数的测定方法。比较了 $i \sim t^{-1/2}$ 和 $it^{1/2} \sim t^{1/2}$ 两种作图法，研究了汞齐电极半径对 D 值测定的影响，再一次证实扩散系数与汞齐浓度无关。
　　研究了复合汞齐中金属的扩散。当复合汞齐中金属无相互作用时，扩散过程不受其它共存组分影响。当复合汞齐中的金属有相互作用并且生成少量难溶互化物时，仅仅降低了组分在汞齐液相中的浓度，对扩散过程影响不大；生成较多难溶互化物时，扩散电流 $i \sim t^{-1/2}$ 曲线的线性关系被破坏。发现了溶于汞中的铂对锌和铊的 D 值测定的影响。
　　进一步讨论了扩散系数与原子半径的关系。指出金属在汞中的扩散完全符合 Einstein-Sutherland 公式，式中扩散质点的半径应为金属传质的有效半径。

　　1964 年，高鸿、张长庚提出了球形汞齐电极扩散电流理论，推导了球形汞齐电极恒电位氧化扩散电流公式，并首先提出了用该电流公式测定金属在汞中扩散系数的新方法[1,3]。
　　该法的原理是，当电位足够正时，球形汞齐电极的极限氧化扩散电流为：

$$i = zFADC^* \cdot \left[\frac{1}{\sqrt{\pi Dt}} - \frac{1}{r_0} + \frac{2}{\sqrt{\pi Dt}} \sum_{n=1}^{\infty} \exp\left(-\frac{n^2 r_0^2}{Dt} \right) \right] \tag{1}$$

　　D 是金属在汞中的扩散系数，C^* 是汞齐初始浓度，A 和 r_0 分别是球形汞齐电极的面积和半径。t 不

　* 原文发表于南京大学学报（自然科学版），2，321（1982）。以后又以英文稿发表于国际电分析化学杂志 J. Electroanal. Chem.，151，179（1983）。

大时，式中第三项可以忽略，上式简化为：

$$i = zFADC^* \left[\frac{1}{\sqrt{\pi Dt}} - \frac{1}{r_0} \right] \qquad (2)$$

此时 i 与 $t^{-\frac{1}{2}}$ 成直线关系。根据 $i=0$ 时 $i \sim t^{-\frac{1}{2}}$ 曲线的直线部分在时间轴上的截距 $t_0^{-\frac{1}{2}}$，即可方便地求得金属在汞中的扩散系数：

$$D = r_0^2/\pi t_0 \qquad (3\text{-}a)$$

1965 年，高鸿、张长庚[2]对该法作了进一步论述，并用它测定了 16 种金属在汞中的扩散系数，指出金属在汞中扩散遵守 Einstein-Sutherland 方程：

$$D = kT/n\pi\eta r \qquad (n=4) \qquad (4)$$

k 是 Boltzmann 常数，η 是汞的粘度系数，r 是扩散质点的半径。高鸿、张长庚得到的实验值为 3.69 接近 4。

1966 年，Stevens 和 Shain[5]研究了同一问题，得到了与（1）式相同的扩散电流公式，并提出了类似的测定金属在汞中 D 值的方法，只是他们用 $it^{\frac{1}{2}} \sim t^{\frac{1}{2}}$ 作图而不是用 $i \sim t^{-\frac{1}{2}}$ 作图。

1975 年 Baranski 等[8]进一步证实金属在汞中的扩散遵守 Einstein-Sutherland 公式。

关于金属在汞内的扩散目前仍存在一些问题和不同见解。Dowgird 等[7]发现 D 值一般随工作电极半径的增加而增大；Baranski 等[8]认为不能用这一方法测定碱金属和碱土金属在汞中的 D 值；金属在汞中的扩散系数和汞齐浓度的关系的研究还不够，Раздель[16]用毛细管法测定了 Pb 和 Zn 在汞中的 D 值，发现 D 值随汞齐浓度的增加而降低。关于金属在汞中的扩散规律也存在两种不同看法。一些作者[2,8,15]认为金属以原子形式扩散并遵守 Einstein-Sutherland 公式，另一些作者[11,12]则认为金属以正离子形式扩散，遵守 Stokes-Einstein 公式（$n=6$）。

因此这一课题有进一步研究的必要。

实 验 部 分

实验装置和试剂

实验装置包括直流电源、电解池和记录器。电解池由两电极组成。工作电极为铂茎挂汞电极，铂丝直径为 0.05cm，封于硬质玻璃管内，玻管的下端拉伸为 V 形以减小屏蔽。铂头磨平再用王水浸蚀使略呈凹陷。由一套固定的汞贮瓶和毛细管在 1mol/L KCl 中取得挂汞电极所需的汞滴，汞滴质量由若干组 5 滴汞的质量取平均决定。HMDE (Pt) 的半径由其所含的汞滴数调节。在 Tl 的 D 值测定中使用了悬于毛细管汞柱下端的悬汞电极 HMDE (Hg 柱)。参比电极是大面积的饱和甘汞电极或银-氯化银电极。

电解池由电池组和电位器组成的分压器提供所需的电压，用氮气除氧并用恒温水浴恒温。回路中串接一精密电阻箱作为取样电阻，根据汞齐浓度选择其阻值以获得适当大小的信号。信号输入 X-Y 函数记录仪的 Y 轴，X 轴为齿轮传动走纸作为时间轴，纸速经校准符合要求。Y 轴满量程电压为 12.5mV，满量程响应时间为 0.5s，在 1mV 至满刻度范围内实际静态响应的非线性小于 1%，用经过校准的检流计和标准电阻校准了 Y 轴灵敏度，与标示值之差也小于 1%。

溶液的浓度为 $10^{-3} \sim 10^{-5}$mol/L，含有 0.1～1mol/L 的支持盐以减小溶液内阻。碱金属和碱土金属的溶液则用它们的氯化物和氢氧化物配制，浓度各为 0.05～0.1mol/L。"局外盐"并非必要，因为汞齐极限氧化电流仅由金属在汞中的扩散决定，与金属离子在电场中的迁移无关。

所有试剂均为 A.R. 或 G.R. 级，未经进一步纯化。

实验方法

测定前，记录溶液的阴极极化曲线和阳极溶出伏安曲线。预电解电位通常选择在比阴极峰电位更负些的地方。汞齐电极的氧化溶出电位至少要比阳极峰电位正 0.2V，通常选择在背景最小的电位处。当汞齐浓度为 10^{-3}mol/L 时，液溶 iR 降连同取样电阻的电压降一般不超过 0.1～0.2V。参比电极是去极化的，所以参比电极的极化电阻可忽略不计。当汞齐分两步氧化时，溶出电位应选在比第二个阳极峰正 0.2V 以上的地方。阳极溶出伏安曲线还用来检查溶液的纯度。

预电解时用电磁搅拌器搅动溶液，汞齐浓度由调整溶液浓度和预电解时间来控制。预电解后将汞齐静置 30s 至 1min 以使汞齐趋于均匀，然后在选定电位下记录汞齐电极的极限氧化电流时间曲线。更短的放置时间会使 $i \sim t^{-\frac{1}{2}}$ 曲线的线性变劣。背景电流用同样大小的纯汞电极在同一电位下测定。对于准确测定 D 值，背景必须很小而且重现。汞齐浓度较低时常必须进行背景校正，汞齐浓度较高时（约 10^{-3}mol/L），背景可以忽略不计。

根据汞齐电极极限氧化电流 $i \sim t^{-\frac{1}{2}}$ 曲线的斜率计算汞齐浓度。对于单一汞齐，该斜率正比于汞齐浓度：

$$S = zFAD^{\frac{1}{2}}\pi^{-\frac{1}{2}}C^{\bullet} \tag{5}$$

由斜率 S、电极面积 A 和测得的扩散系数 D 即可计算汞齐浓度 $C^{\bullet}$。这种方法简单而准确，不受预电解电流效率的限制。复合汞齐中金属的分析浓度则用预电解电量按法拉弟电解定律计算。

测量电流的时间区限

电流公式（1）的级数项（第三项）在 $i \sim t^{-\frac{1}{2}}$ 图中表现为实际电流对于直线的偏离。我们计算了不同电极半径 r_0 和 D 值时级数和随时间 t 的变化及其对总电流的贡献（图1，2）。

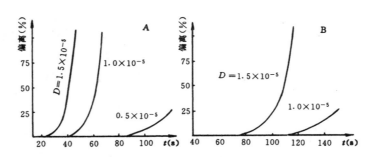

图 1　不同 D 值时级数和随时间 t 的变化

（A. $r_0 = 0.05$cm　B. $r_0 = 0.07$cm）纵坐标代表实际电流对于 $i \sim t^{-\frac{1}{2}}$ 直线的偏离

表 1 列出了不同 r_0 及 D 值时电流对直线的偏离小于 4% 的时间区限，即简化电流公式（2）的有效

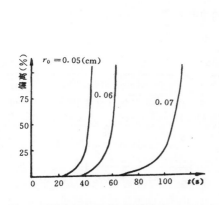

图 2　不同电极半径时级数和随时间 t 的变化

$D = 1.5 \times 10^{-5} \text{cm}^2 \cdot \text{s}^{-1}$

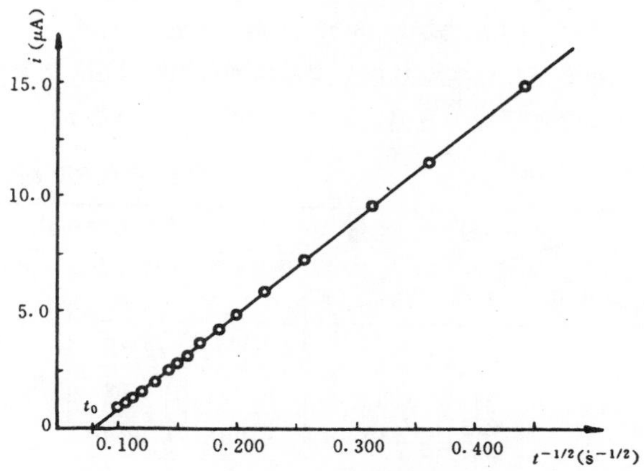

图 3　典型的 $i \sim t^{-1/2}$ 曲线

铊汞齐的浓度为 $3.5 \times 10^{-3} \text{mol/L}$　$r_0 = 0.0716 \text{cm}$　$D = 1.02 \times ^{-5} \text{cm}^2 \cdot \text{s}^{-1}$.

时间。图 3 是典型的 $i \sim t^{-1/2}$ 曲线，由图 3 可以看出，在给定条件下实际电流在长达 90s 内均符合直线关系，与表 1 的计算一致。这表明当汞齐浓度为 $3 \times 10^{-3} \text{mol/L}$ 时，在长达 90s 内观察不到因汞齐密度差引起的明显对流作用。

根据上面的分析，用较大的电极可以提供更长的测量时间区间，并且更接近于球形对称扩散这一理论条件，因此有利于提高 D 值测定的准确度和重现性。

本实验采用半径为 $0.07 \sim 0.08 \text{cm}$ 的汞电极。

表 1　不同电极半径及 D 值时简化电流公式的有效时间

电极半径（cm）	0.05			0.06			0.07			0.08		
$10^5 \cdot D$（$\text{cm}^2 \cdot \text{s}^{-1}$）	0.5	1.0	1.5	0.5	1.0	1.5	0.5	1.0	1.5	0.5	1.0	1.5
有效时间（s）	95	45	30	130	70	45	>140	95	60	>140	120	80

结果和讨论

两种作图法的比较

高鸿、张长庚用 $i \sim t^{-1/2}$ 作图，利用 $i \sim t^{-1/2}$ 的直线部分在横轴上的截距 $t_0^{-1/2}$ 直接借 (3-a) 式计算 D 值[1~3]。Stevens 和 Shain[5] 用 $it^{1/2} \sim t^{1/2}$ 作图，并提出了三种计算 D 值的方法，一是根据曲线在纵轴上的截距 $I = zFAC^{\cdot} \pi^{-1/2} D^{1/2}$，二是根据曲线的斜率 $S = -zFAC^{\cdot} r_0^{-1} D$，这两种方法都需要准确知道汞齐浓度和电极面积。三是根据两者之比率 S/I 用下式计算：

$$D = \left(\frac{S}{I} \right)^2 \cdot \frac{r_0^2}{\pi} \tag{3-b}$$

上述两种作图法来源于同一电流公式（2）式，本质上并无差别。其实比率(S/I)不是别的正是$t_0^{-\frac{1}{2}}$，因此（3-a）式和（3-b）式是一致的。

我们用几组实验数据分别用两种作图法处理，结果得到相同的D值，并有相似的精度（表2）。由于$i\sim t^{-\frac{1}{2}}$作图较为便捷，本文仍采用$i\sim t^{-\frac{1}{2}}$作图。

表 2　两种作图法的结果比较

作图法和结果 金属和电极半径	$i\sim t^{-\frac{1}{2}}$作图				$it^{\frac{1}{2}}\sim t^{\frac{1}{2}}$作图（比率法）			
	横轴截距 $t_0^{-\frac{1}{2}}$ $(s^{-\frac{1}{2}})$	$10^5 \cdot D$ $(cm^2 \cdot s^{-1})$	$10^5 \cdot \overline{D}$ $(cm^2 \cdot s^{-1})$	标准偏差	比率I/S 即$t_0^{\frac{1}{2}}$ $(s^{\frac{1}{2}})$	$10^5 \cdot D$ $(cm^2 \cdot s^{-1})$	$10^5 \cdot \overline{D}$ $(cm^2 \cdot s^{-1})$	标准偏差
Zn $r_0 = 7.222 \times 10^{-2}$ (cm)	0.103	1.76	1.73	0.03	9.65	1.78	1.72	0.05
	0.101	1.69			10.03	1.65		
	0.101	1.69			9.98	1.67		
	0.103	1.76			9.73	1.75		
	0.102	1.73			9.80	1.73		
	0.102	1.73			9.75	1.75		
Cd $r_0 = 7.232 \times 10^{-2}$ (cm)	0.098	1.60	1.58	0.04	10.34	1.56	1.57	0.03
	0.098	1.57			10.35	1.55		
	0.098	1.60			10.22	1.59		
	0.098	1.60			10.22	1.59		
	0.095	1.50			10.50	1.51		
	0.099	1.63			10.20	1.60		

挂汞电极半径对D值测定的影响

Dowgird 等[7]曾指出D的测定值一般随工作电极半径的增加而增大。我们的实验结果表明这种现象确实存在（表3及图4）。电极半径较小时，偏低较显著；随工作电极半径增大，偏低程度变小，最后D的测定结果趋于一个较稳定的数值。

在一定温度下，一定形态的扩散质点在给定介质中的扩散系数应为常数，即扩散机理和扩散系数本身不可能与工作电极大小有关。因此该实验现象只可能是由某种实验误差引起的。

高鸿、张长庚[1]曾指出，当挂汞电极分别由1，2，3，4个汞滴组成时，相应的t_0为$(t_0)_1$，$(t_0)_2$，$(t_0)_3$和$(t_0)_4$，则：

$$\frac{(t_0)_1}{(t_0)_2} = \left(\frac{1}{2}\right)^{\frac{2}{3}} = 0.630$$

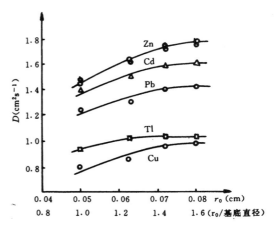

图 4　电极半径对D值测定的影响

非球形对称扩散的影响

表3　球形汞齐电极半径对 D 值测定的影响*

金属	含1滴汞 $r_0=0.050$cm			含2滴汞 $r_0=0.063$cm			含3滴汞 $r_0=0.072$cm			含4滴汞 $r_0=0.080$cm		$\dfrac{(t_0)_1}{(t_0)_2}$ (理论值=0.630)	$\dfrac{(t_0)_2}{(t_0)_3}$ (理论值=0.763)	$\dfrac{(t_0)_3}{(t_0)_4}$ (理论值=0.825)
	$10^5\cdot\bar{D}$ (cm²·s⁻¹)	标准偏差	相对误差** (%)	$10^5\cdot\bar{D}$ (cm²·s⁻¹)	标准偏差	相对误差 (%)	$10^5\cdot\bar{D}$ (cm²·s⁻¹)	标准偏差	相对误差 (%)	$10^5\cdot\bar{D}$ (cm²·s⁻¹)	标准偏差			
Zn	1.45	0.03	−19	1.64	0.02	−8	1.71	0.03	−4	1.79	0.04	0.71	0.80	0.86
Zn***	1.48	0.02	−16	1.61	0.05	−9	1.74	0.05	−1	1.76	0.04	0.69	0.83	0.83
Cd	1.39	0.04	−13	1.49	0.02	−7	1.58	0.04	−1	1.60	0.03	0.68	0.81	0.84
Cu	0.81	0.06	−17	0.85	0.03	−13	0.96	0.07	−2	0.98	0.08	0.66	0.86	0.84
Pb	1.24	0.06	−13	1.30	0.02	−8	1.39	0.04	−2	1.42	0.06	0.66	0.82	0.84
Tl	0.94	0.02	−8	1.02	0.02	0	1.03	0.03	+1	1.02	0.02	0.68	0.77	0.82

* Pb 为 40℃,余均为 25℃,HMDE(Pt)的基底直径为 0.05cm。

** 指相对于含4滴汞的电极的 D 测定值的偏低。

*** Zn 有两组实验结果。

$$\frac{(t_0)_2}{(t_0)_3} = \left(\frac{2}{3}\right)^{\frac{2}{3}} = 0.763$$

$$\frac{(t_0)_3}{(t_0)_4} = \left(\frac{3}{4}\right)^{\frac{2}{3}} = 0.825$$

上面的比值可以用来检查 D 值测定的准确程度[1~3]。由表 3 和图 4 可见，$\frac{(t_0)_1}{(t_0)_2}$ 及 $\frac{(t_0)_2}{(t_0)_3}$ 的实验值显著高于理论比值。当电极半径大于 0.07 时，比值 $\frac{(t_0)_3}{(t_0)_4}$ 就与理论值基本一致了，这表明此时 D 的测定结果才是比较可靠的。

上述实验结果我们认为是由于实际扩散场偏离了"球形对称扩散"引起的。显然偏离程度与电极和茎底的相对大小有关，茎底一定时，电极半径越小，偏离越大。由图 4 可见，当电极半径和茎底直径之比大于 1.4 时，影响即可忽略。

Стромберг 等[4]用挂电极测定金属在汞中的 D 值时，由于使用了半径较小的电极，也发现了这种影响。因此，Стромберг 不得不使用借实验求得的因子来校正 D 的测定结果。

除了"非球形对称扩散场"影响外，用挂汞电极测定 D 值还有另一种误差来源。挂汞电极不是完整的球而是球缺，球缺半径比同体积球的半径 r_0 稍大。计算表明（图 5），当电极半径接近茎底直径时，由球缺产生的误差就微不足道了。

碱金属和碱土金属的 D 值测定

Baranski 等[8]称上述方法不能测定碱金属和碱土金属的 D 值，因为密度差引起的对流使溶出曲线变得不规则。他们用汞膜电极测定这些金属的 D 值。

我们用挂汞电极对此进行了研究。起初记录的 $i\sim t$ 曲线确有强烈的不规则波动（图 6 曲线 a），阳极溶出伏安曲线也有同样现象。波动

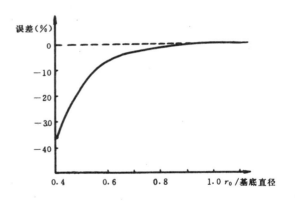

图 5　电极几何形状为球缺引入的误差
r_0 是把电极视为完整球形的半径

程度一般随汞齐浓度的增大而变得更为严重。但电流波动的原因不是密度差引起的对流，而是氢在电极铂茎底的边缘释出，因而搅动了电极-溶液界面。当汞齐浓度较低（$10^{-4}\sim10^{-5}$mol/L），并且小心地驱除了汞齐电极上附着的氢气泡后，就可以得到基本平滑的电流曲线（图 6 曲线 b）。在这种条件下测定钾、钠、钡的 D 值（列于表 4），与文献其它方法的测定结果基本一致。

在实验中我们观察到，钾、钠、钡的汞齐通过汞齐-溶液-铂茎底边缘所构成的原电池自发放电而氧化。这是因为氢在铂上的超电势比在汞齐上的超电势小得多，并且电极本身有很负的平衡电位。即使消除了电流的波动，这些金属汞齐氧化电流 $i\sim t^{-\frac{1}{2}}$ 曲线的线性仍然远不及其它汞齐的那样好，测定结果的重现性比较差。这些现象与汞齐自发氧化有关，该氧化过程降低了汞齐浓度，同时也使汞齐浓度在溶出前已经变得不均匀，并且该原电池的放电电流是不经过外回路的。的确，这些金属汞齐在静置时浓度很快降低，在汞齐浓度高时记录到的 $i\sim t$ 曲线也明显地不遵从扩散电流与时间的关系。

表4　金属在汞中的扩散系数*

测定方法	Na	K	Rb	Cs	Cu	Sr	Ba	Zn	Cd	Hg	Ga	In	Tl	Ge	Sn	Pb	Sb	Bi	Mn	文献
恒电位伏安法	0.84±0.07	0.69±0.06			0.97±0.02		0.57±0.13	1.75±0.03	1.59±0.03				1.02**±0.02 / 1.12±0.03			1.29±0.04		1.37±0.07	0.81±0.02	本文
	0.76	0.66			0.88	1.08	1.04	1.68	1.51		1.64	1.42	1.05	1.71	1.46	1.25	1.47	1.35	1.48	[2]
	0.97 (20)	0.85 (20)	0.75 (20)	0.54 (20)	1.19 (20)		0.49 (20)	1.89 (20)	1.42 (20)		1.72 (20)	1.36 (20)	0.91 (20)		1.48 (20)	1.25 (20)	1.52 (20)	1.44 (20)	0.94 (20)	[2]
					1.03 (21)			1.61 (21)	1.51		1.62	1.4 (21)	1.1 (21)		1.50	1.40 (22)				[6]
					0.93			1.58	1.45		1.57	1.31	1.03		1.30	1.17		1.31		[4]
								1.74	1.53							1.16			0.98	[7]
									1.67***											[5]
汞齐极谱法					1.06			1.67	1.52				0.99		1.68	1.16		0.99		[22][23]
								1.57	2.07				1.60			1.39		1.62		[26]
	0.80 (20)								1.66 (20)			1.47 (20)				1.41 (20)				[24]
电位法	0.76 (10)	0.61 (10)	0.5 (70)	0.54 (7)		0.5 (9)	0.60 (8)	2.52 (14)	1.68 (9)				1.03 (11)		1.8 (10)	1.74 (10)				[25]
电导法								1.67 (20)	1.53 (20)							1.28 (20)				[28]
毛细管法										1.79 (23) / 1.5 (20)										[29][30]
文献****平均值	0.83	0.70	0.63	0.54	1.01	—	0.55	1.68	1.55	—	1.64	1.39	1.03	—	1.54	1.32	1.50	1.35	0.91	

* 扩散系数的单位是 $10^{-5}\,\mathrm{cm}\cdot\mathrm{s}^{-1}$，括号中数字为测定时的温度，未注明者均为 25℃。

** 1.02 和 1.12 分别为 HMDE(Pt)和 HMDE(Hg柱)的测定结果。

*** 文献[5]的比率法结果。

**** 偏离大于 3 倍标准偏差的文献结果不参与平均值计算。

扩散系数及其与汞齐浓度的关系

表 4 列出了我们测定的 10 种金属在汞中的 D 值，以 95% 的置信度给出置信区间。测定结果与文献平均值很好地相符。表 4 中也列出了其它文献的测定结果及汞的自扩散系数的文献值。

若干金属在汞中的 D 值与汞齐浓度的关系已有所研究。有些作者[2]认为 D 值与汞齐浓度无关，有些作者[6,8,17]未发现 D 值受汞齐浓度的影响。Равдель[16]用毛细管法测定了 Pb 和 Zn 在汞中的 D 值，D 值随汞齐的浓度而降低。

虽然碱金属、碱土金属、铜、锰等许多金属与汞生成一种或数种确定组成的固态金属间化合物，但它们在液态汞

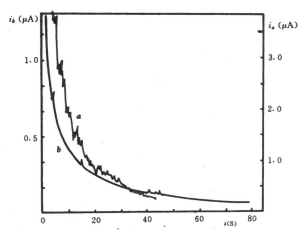

图 6   钾汞齐氧化电流曲线

b 是驱除了氢气泡后记录到的曲线，汞齐浓度为 3×10^{-4} mol/L

齐中的状态并不清楚[14]。研究金属在汞中的扩散系数及其与汞齐浓度和温度的关系，将提供有关金属在汞中存在状态的有用信息。若金属与汞生成不止一种化合物，各种金属-汞化合物与汞之间存在某种平衡关系，或金属与汞生成组成不定的溶剂化物，则所有这些组成和形态的变化都必然会多少反映到扩散系数的变化上。

我们在尽可能宽的浓度范围内研究了若干金属的 D 值与汞齐浓度的关系（表 5）。对 Zn, Cd, Mn, Tl 的汞齐，浓度改变几十到数百倍，对 Cd, K, Na 的汞齐，浓度改变几倍到十倍时，D 值均与汞齐浓度无关。因此我们认为这些金属在汞中具有确定的形态，Cu, Mn, Tl, K, Na 在所研究的汞齐浓度范围内与汞生成确定组成的化合物或溶剂化物。

表 5   一些金属的扩散系数与汞齐浓度的关系 (25℃)

金属	溶液介质	汞齐浓度 C^* (mol/L)	电极半径 (10^{-2}cm)	测定次数	$10^5 \cdot \bar{D}$ ($cm^2 \cdot s^{-1}$)	标准偏差	D 值与 C^* 的关系
Cd	0.1mol/L KCl	$5.0 \times 10^{-5} \sim 1.2 \times 10^{-2}$	6.5~7.2	15	1.57	0.05	无关
Zn	1mol/L NaOH	$1.6 \times 10^{-5} \sim 2.5 \times 10^{-2}$	7.2	21	1.67	0.06	无关
Mn	0.1mol/L KCl	$2.0 \times 10^{-5} \sim 1.3 \times 10^{-2*}$	7.2	13	0.81	0.02	无关
Cu	1mol/L NaOH	$4.5 \times 10^{-5} \sim 5.0 \times 10^{-2}$	7.1~7.2	12	0.88	0.11	无关
Tl**	0.2mol/L KCl	$1.0 \times 10^{-5} \sim 2.8 \times 10^{-2}$	6.1~6.3	11	1.12	0.05	无关
K	0.05mol/L KCl 0.05mol/L KOH	$5 \times 10^{-5} \sim 3 \times 10^{-2}$	6.3~7.2	37	0.69	0.19	无关
Na	0.05mol/L NaCl 0.05mol/L NaOH	$7 \times 10^{-5} \sim 4 \times 10^{-2}$	6.3	19	0.84	0.15	无关

*   在浓度的上限汞齐已达饱和。

**   HMDE (Hg 柱) 为工作电极，其它汞齐均用 HMDE (Pt) 作工作电极。

金属在复合汞齐中的扩散

当汞中溶有两种或两种以上的金属时称为复合汞齐（Complex amalgam），只溶有一种金属的汞齐称为单一汞齐（Simple amalgam），复合汞齐大体可分为两类：1. 金属间无相互作用，两种金属均存在于液相汞齐中，每一组分在汞中的活度不受其它组分的影响，阳极溶出峰电位及峰高均与作为单一汞齐时相同。2. 金属间生成难溶互化物，互化物的生成降低了每一组分在汞中的活度，阳极溶出峰峰高因而降低甚至消失。

在用恒电位伏安法测定金属在汞中的 D 值时，曾使用过 Pt，Cu，Ag 等基底的汞电极，[2,6,8]所有这些基底金属都能溶于汞，因此工作电极实际上不是单一汞齐而是复合汞齐。研究金属在复合汞齐中的扩散不仅可以了解基底材料对 D 值测定的可能影响，而且有助于研究金属在汞中的相互作用和互化物的存在状态。液态汞齐中金属间的相互作用通常借电位法、汞齐极谱法和阳极溶出伏安法研究。难溶互化物的生成对阳极溶出分析的影响已为人们所熟知，未见借汞齐电极恒电位氧化扩散电流研究互化物的文献报道。

我们研究了锌在锌镉复合汞齐和锌铜复合汞齐中的扩散。已知 Zn 与 Cu 生成难溶互化物，〔CuZn〕的溶度积是（3±1）×10^{-6}，[19,20]未见 Zn 与 Cd 生成互化物的报道。

复合汞齐用个别溶液分两步制备，首先用 HMDE（Pt）制得镉或铜的单一汞齐，然后将电极立即转入预先除氧的锌溶液中制得复合汞齐。复合汞齐中金属的分析浓度用预电解电量按法拉弟电解定律计算，复合汞齐液相中锌的浓度（游离锌浓度）用氧化扩散电流 $i\sim t^{-1/2}$ 曲线的斜率按（5）式计算。记录复合汞齐的阳极溶出伏安曲线以决定氧化溶出电位。本实验中复合汞齐的氧化溶出电位选在比锌的阳极峰电位正 0.2～0.3V 处，实验表明，此时复合汞齐中的镉和铜不氧化。

锌镉复合汞齐和锌铜复合汞齐的实验结果分别列于表 6 和表 7。锌铜复合汞齐在氧化溶出前放置 3～5min 使其陈化。

表 6　锌镉复合汞齐中的扩散

复合汞齐中金属的分析浓度		$\frac{C_{Cd}}{C_{Zn}}$	$i\sim t^{-1/2}$ 曲线线性		复合汞齐中游离锌浓度 C'（10^{-3}mol/L）	$\frac{C'}{C_{(Zn)}}$	D（10^{-5}cm$^2\cdot$s^{-1}）
C_{Zn}（10^{-3}mol/L）	C_{Cd}（10^{-3}mol/L）						
1.77	0.70	0.4	良	好	1.73	0.98	1.78
1.57	1.55	1.0	良	好	1.54	0.98	1.75
1.57	2.55	1.6	良	好	1.50	0.96	1.65
1.77	3.09	1.7	良	好	1.66	0.94	1.78
1.72	3.90	2.6	良	好	1.73	1.14	1.75

注：溶液为（1.0×10^{-4}mol/L Cd^{2+}，0.1mol/L KCl）和（1.0×10^{-4}mol/L Zn^{2+}，0.2mol/L KCl，1mol/L NaOH），Ag-AgCl 参比电极，HMDE（Pt）为工作电极，半径为 7.27×10^{-2}cm。在锌溶液介质中，复合汞齐中锌和镉的阳极峰电位分别为 −1.15V 和 −0.80V，复合汞齐的氧化溶出电位为 −0.90V，温度为 25℃。

对于锌镉复合汞齐，在各种（镉/锌）浓度比下锌的扩散均不受共存镉的影响，测得其中锌的扩散系数与单一锌汞齐的 D 值相同，并且复合汞齐液相中游离锌的浓度等于锌的分析浓度。这表明在锌镉复合汞齐中确实不存在金属间的相互作用。

　　锌在锌铜复合汞齐中的行为与上不同。当复合汞齐中铜锌浓度的乘积小于互化物（CuZn）的溶度积时，在铜锌比从 0.1 到 1 的范围内，观察不到铜对锌扩散过程的影响，$i \sim t^{-\frac{1}{2}}$ 曲线线性良好，D 值也无可察觉的变化。当铜锌浓度的乘积接近或稍大于溶度积，并且铜锌比小于 1 时，$i \sim t^{-\frac{1}{2}}$ 曲线稍呈弯曲，弯曲程度随铜锌比的增大而变得明显，此时仍可测定 D 锌的值，其结果与单一锌汞齐的 D 值基本一致。在更高的浓度和更高的铜锌比时，$i \sim t^{-\frac{1}{2}}$ 的直线关系就破坏了。在锌铜复合汞齐中游离锌的浓度低于锌的分析浓度，而对锌的单一汞齐或锌镉复合汞齐，这两者总是一致的。上述实验结果表明：在锌铜复合汞齐中，部分 Zn 和 Cu 生成了互化物，该互化物以凝聚的固相存在，并且溶解速度比较缓慢；在汞齐液相中该互化物是完全离解的。因此少量固相互化物的存在不影响锌的扩散电流。当固相互化物较多时，由于固相的溶解和氧化，使 $i \sim t^{-\frac{1}{2}}$ 曲线的线性变劣甚至完全破坏。表 7 的结果还显示出即使在未达到互化物的溶度时，也有部分锌与铜生成了互化物。这也许是因为在预电解时电极表面浓度远大于本体浓度形成局部过饱和，并且平衡建立得相当缓慢的缘故。实验中未得到预期的与互化物活度积有关的定量结果，可能与这一因素有关。

表 7　锌在锌铜复合汞齐中的扩散

复合汞齐中金属的分析浓度		$C_{(Cu)} \cdot C_{(Zn)}$	$\dfrac{C_{Cu}}{C_{Zn}}$	$i \sim t^{-\frac{1}{2}}$ 曲线线性	复合汞齐中游离锌浓度 C' (10^{-3}mol/L)	$\dfrac{C'}{C_{(Zn)}}$	D $(10^{-5}\text{cm}^2 \cdot \text{s}^{-1})$
C_{Zn} (10^{-3}mol/L)	C_{Cu} (10^{-3}mol/L)						
2.61	0.22	5×10^{-7}	0.1	良好	2.53	0.97	1.66
2.76	0.21	6×10^{-7}	0.1	良好	1.74	0.63	1.68
2.66	0.50	1.3×10^{-6}	0.2	良好	2.34	0.88	1.68
3.35	0.55	1.8×10^{-6}	0.2	良好	2.95	0.88	1.72
2.50	0.90	2.3×10^{-6}	0.4	良好	2.18	0.87	1.66
2.18	1.02	2.2×10^{-6}	0.5	良好	2.09	0.96	1.70
1.03	0.56	6×10^{-7}	0.6	良好	0.79	0.77	1.72
0.81	0.64	5×10^{-7}	0.8	良好	0.59	0.73	1.63
0.98	0.86	8×10^{-7}	0.9	良好	0.59	0.73	1.63
3.50	1.10	3.9×10^{-6}	0.3	稍弯曲	3.26	0.92	1.68
3.10	1.79	5.5×10^{-6}	0.6	稍弯曲	2.67	0.86	1.58
3.38	2.31	7.8×10^{-6}	0.7	稍弯曲	2.97	0.88	1.63
1.85	1.75	3.2×10^{-6}	0.9	稍弯曲	1.37	0.74	1.65
1.79	1.82	3.3×10^{-6}	1.0	稍弯曲	1.25	0.70	1.59
2.08	2.09	4.3×10^{-6}	1.0	稍弯曲	1.56	0.75	1.65
0.98	2.98	2.9×10^{-6}	3.0	明显弯曲	—	—	—
3.83	3.30	1.3×10^{-5}	0.9	严重弯曲	—	—	—
3.16	3.19	1.0×10^{-5}	1.0	严重弯曲	—	—	—

　　注：溶液为〔$(1.0 \sim 4.5) \times 10^{-4}$mol/L Cu²⁺，0.3mol/L 三乙醇胺，0.1mol/L NaOH〕和〔$(1.0 \sim 4.0) \times 10^{-4}$ mol/L Zn²⁺，1mol/L NaOH〕，HMDE（Pt）为工作电极，半径为 $(6.3 \sim 6.8) \times 10^{-2}$cm，SCE 为参比电极。锌铜复合汞齐在 1mol/L NaOH 中的阳极峰电位为 -1.0V（锌）和 -0.38V，-0.26V（铜），复合汞齐的氧化电位选在 -0.70V，25℃制备好的复合汞齐静置 $3 \sim 5$min 后再氧化溶出。

在研究扩散系数与汞齐浓度的关系时,发现了铂基挂汞电极中的溶解铂对 Zn 和 Tl 的 D 值测定的影响。铂溶于汞,铂在汞中的溶解度为 0.09%[18],因此工作电极实际上是含 Pt 的复合汞齐,若溶解的 Pt 与另一金属有相互作用,则可能对该金属的 D 值测定有影响。当使用同一挂汞电极连续测定(即每次测定后将电极置于足够正的电位使其中的游离金属完全溶出,再预电解进行下一次测定),则锌汞齐从 10^{-2}mol/L 或 10^{-3}mol/L 降低时,测得的 D 值显著不规则偏低;若使锌汞齐浓度从 10^{-4}mol/L 依次增大到 10^{-2}mol/L,或每次测定均换用新鲜的挂汞电极,则在各种锌汞齐浓度下测得的 D 值都相同(图 7)。这表明当锌汞齐浓度达到 10^{-3}mol/L 以上时,部分锌与溶解铂生成了互化物;该互化物至少部分地存在于汞齐液相中,并有相当的离解速度,因此使随后进行的低浓度汞齐 D 的测定值偏低。Kemula[21]也发现溶于汞中的铂或金由于和锌生成稳定的互化物而影响锌的电极过程。使用同一铂茎挂汞电极测定 Tl 的 D 值时,在 10^{-5}mol/L 至 10^{-3}mol/L 汞齐浓度范围内,D 的测定值随汞齐浓度降低而降低,但使用悬汞电极 HMDE(Hg 柱)时,在 $1.0 \times 10^{-4} \sim 8 \times 10^{-3}$ 汞齐浓度范围内,Tl 的 D 值是一常数(图 8)。因此,推测 Tl 与 Pt 也生成可溶性互化物,虽然未见有关 Tl-Pt 互化物的报道。实验表明,电极中的溶解 Pt 对 Mn 的 D 值测定没有影响,因此 Mn 与 Pt 之间无相互作用。应该指出,Zn-Pt 或 Tl-Pt 互化物与 Zn-Cu 互化物不同,Zn-Cu 互化物以固相存在,不直接参与扩散过程,只是由于固相互化物的溶解使 $i \sim t^{-\frac{1}{2}}$ 曲线线性关系破坏。Zn-Pt 或 Tl-Pt 互化物则至少部分存在于汞齐液相中,因而直接参与扩散过程,此时 $i \sim t^{-\frac{1}{2}}$ 曲线仍保持良好线性关系,但测得的 D 值却低于相应的单一汞齐的 D 值。

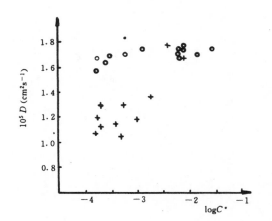

图 7 溶于汞电极中的铂对锌的 D 值测定的影响

· 是汞齐浓度依次增大时的测定结果

+ 是汞齐浓度降低时的测定结果

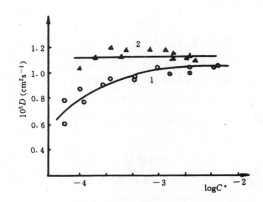

图 8 溶于汞电极中的铂对铊的 D 值测定的影响

· 是 HMDE(Pt)为工作电极时的测定结果

△ 是 HMDE(Hg 柱)为工作电极时的测定结果

因此,用挂汞电极测定金属在汞中的扩散系数时,必须注意基底金属的可能影响。采用较高的汞齐并且每次测定均换用新鲜的汞滴,可以避免或减轻这种可能影响。

金属在汞中的扩散规律

关于金属在汞中的扩散规律已经进行了长时间的探索，提出过各种关系[25,13,11]。1952 年，Cooper 和 Furman[23]指出 D 值与原子半径有关。由于当时 D 值数据较少，测定方法的准确度较差，未能得到正确的结论。

1965 年高鸿、张长庚[2]利用他们提出的新方法测定了 16 种金属在汞中的扩散系数，指出金属在汞中的扩散遵守 Einstein-Sutherland 公式：

$$D = kT/4\pi\eta r \qquad (4)$$

r 用金属原子半径（Metallic atomic radii[38]），他们得到的数值因子为 3.69 接近于 4。Baranski 等[8]也认为汞中金属的扩散遵守上面的关系。

Стромберг 和 Гладышев[12]则认为金属在汞中以正离子形式存在并以离子形式扩散，金属在汞中的扩散遵守 Stokes-Einstein 公式。

$$D = kT/6\pi\eta r \qquad (6)$$

r 用低价金属离子半径。

（6）式是 Einstein[31,32]在研究布朗运动的基础上导出的，适用于布朗粘子、胶体粘子或球形大分子在液体中的扩散。这一关系已经在分散体系中得到了实验证明[33~35]。

对于普通的非电解质分子在液体中的扩散，至今还没有严格的理论。Sutherland[36,37]提出过下面的修正式：

$$D = \frac{kT}{6\pi\eta r} \cdot \frac{1 + 3\eta/\beta r}{1 + 2\eta/\beta r} \qquad (7)$$

β 是与扩散质点和溶剂分子相对大小有关的因子。对于布朗粘子，β 取无穷大，上式还原为 Stokes-Einstein 式；当扩散质点和溶剂分子大小相近时，β 趋于零，于是得到（4）式。

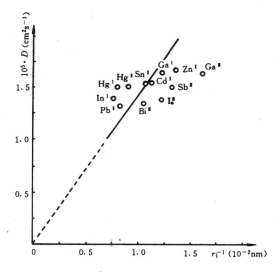

图 9　扩散系数与低价离子半径的关系

图中直线是（6）式的理论关系曲线，离子半径数据取自文献〔39〕

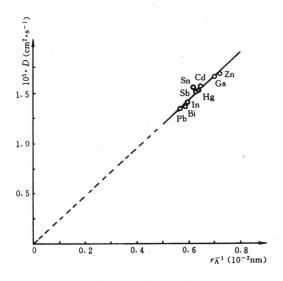

图 10　扩散系数与金属原子半径的关系

由图中实验曲线的斜率计算的比值（$kT/\pi\eta Dr_A$）为 3.65

半径数值取自文献〔38〕

为了证实金属在汞中的扩散究竟符合（6）式还是（4）式，金属在汞中的扩散质点究竟是离子还是原子，我们用表 4 中 D 的文献平均值分别对低价离子半径和金属原子半径作图，并与式（6）和（4）的理论关系进行了比较（图 9，图 10，图中不包括那些可能与汞生成互化物的金属及 D 的文献值差异过大的金属）。由图可见，低价离子半径与 D 值间并不遵守（6）式的关系，而金属原子半径的倒数与 D 值间则呈良好的线性关系。图 10 实验曲线相应的比值（$kT/\pi\eta Dr_A$）为 3.65，这与高鸿、张长庚[2]的结果一致。

Furman[23]曾测定过 Zn，Bi 和 Sn 等的稀汞齐流过毛细管的流速，发现在汞柱高度固定时，流速 m 与汞齐种类及汞齐浓度无关。根据 Poiseuille 公式：

$$m = \pi p R^4 / 8L\eta$$

稀汞齐的粘度系数就与汞齐种类及汞齐浓度无关，并且必然接近或等于纯汞的粘度。粘度是液体内摩擦的量度，稀汞齐的 η 与纯汞相同表明少量金属溶于汞时对汞的内部状态影响不大 *。金属的原子半径比较接近纯汞原子半径，因此金属在汞中的扩散在一定程度上与汞的自扩散相似。按照 Sutherland 的修正关系，应该符合（4）式。

表 8　用 Einstein-Sutheland 公式（4）式和传质有效半径

计算的 D 值与实验值的比较

金属	原子体积 V (cm³/mmol)	扩散系数测定值* D (cm²·s⁻¹)	金属原子半径** r_A (0.1nm)	$\frac{kT}{\pi\eta Dr_A}$	传质有效半径 r_{eff} (0.1nm)	$\frac{kT}{\pi\eta Dr_{eff}}$	扩散系数计算值 (cm²·s⁻¹)	$\frac{r_{eff}}{r_A}$
Zn	9.2	1.68×10^{-5}	1.38	3.70	1.23	4.19	1.76×10^{-5}	0.88
Cd	13.1	1.55×10^{-5}	1.54	3.60	1.37	4.04	1.57×10^{-5}	0.89
Hg	14.8	1.50×10^{-5}	1.57	3.65	1.43	4.00	1.50×10^{-5}	0.91
Ga	11.8	1.64×10^{-5}	1.41	3.71	1.33	3.94	1.61×10^{-5}	0.94
In	15.7	1.39×10^{-5}	1.66	3.72	1.46	4.23	1.47×10^{-5}	0.88
Sn	16.3	1.54×10^{-5}	1.62	3.44	1.48	3.77	1.45×10^{-5}	0.91
Pb	18.3	1.32×10^{-5}	1.75	3.72	1.54	4.22	1.39×10^{-5}	0.88
Sb	18.4	1.50×10^{-5}	1.59	3.60	1.54	3.72	1.39×10^{-5}	0.97
Bi	21.3	1.35×10^{-5}	1.70	3.74	1.62	3.93	1.32×10^{-5}	0.95
平均				3.65±0.10		4.00±0.19		0.91±0.03

　　*　汞的 D 值取自文献〔30〕，其余为表 4 中的文献平均值。

　　**　金属原子半径取自文献〔38〕。

因为各种半径的数值（原子半径、离子半径）均只在特定的条件下才有意义。晶态金属（配位数为 12）的原子半径接近但并不等于金属质点在扩散中的有效半径。由于分子、原子的半径不像胶体粒子那样意义明确，因此在验证（4）式时通常采用分子在传质中的有效半径。液体分子的传质有效半径可用下面的经验式计算[37]：

---

　　*　碱金属、碱土金属的汞齐可能例外，它们与汞有较强的相互作用，液态汞齐有较高的生成热，它们在汞中的活度也比浓度高[14]。

$$r_{\text{eff}} = \frac{1}{2}\left(\frac{3V_b}{\pi N}\right)^{\frac{1}{3}} \qquad (3)$$

V_b 是液体在沸点时的摩尔体积，N 是阿伏加德罗常数。Mclaughlin[37]考察了水、苯、汞、乙醇等 8 种液体的自扩散系数与 r_{eff} 的关系，得到的比值（$kT/\pi\eta D r_{\text{eff}}$）平均为 4.07±0.50，说明液体自扩散遵守（4）式而不是（6）式。考虑到金属的沸点很高，而汞齐在常温下是液态，我们用固态金属的原子体积代替液态金属的原子体积借（8）式计算了金属原子的传质有效半径，然后用有效半径借（4）式计算了金属在汞中的扩散系数（表 8，图 11）。对表 8 中的 9 种金属，计算值与

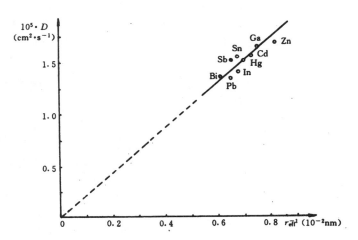

图 11　金属在汞中的扩散系数与金属原子的传质有效半径的关系
点为文献平均值，直线是（4）式的理论关系曲线

实验值基本一致，平均偏差仅±5%；由 D 的文献平均值和有效半径得到的比值（$kT/\pi\eta D r_{\text{eff}}$）平均为 4.00±0.19（$\eta$ 用纯汞的粘度值），与（4）式完全相符。从而进一步证明金属在汞中的扩散遵守 Einstein-Sutherland 公式，扩散质点的半径应为金属原子的传质有效半径。汞的自扩散系数的计算值与文献结果[29,30]也很接近。

碱金属、碱土金属及铜、锰、铊的 D 值无论对（4）式或（6）式都严重偏低。这通常用它们与汞生成互化物或溶剂化物来解释[2,8,11,12,15]。与这些金属的 D 值相应的质点半径介于原子半径和金属-汞双原子分子的转动半径之间。这些金属在汞中的存在状态必须进一步研究。

参 考 文 献

〔1〕　高鸿、张长庚，南京大学学报（自然科学版），8，401（1964）

〔2〕　高鸿、张长庚，南京大学学报（自然科学版），9，326（1965）

〔3〕　高鸿、张长庚，中国科学，15，344（1966）

〔4〕　А. Г. Стромберг，Э. А. Захарова，Электрохимия，1，1036（1965）

〔5〕　W. G. Stevens, I. Shain, J. Phys. Chem.，70，2276（1966）

〔6〕　Э. А. Захарова，З. Г. Килина，Г. А. Рахманина，Электрохимия，5，1494（1969）

〔7〕　A. Dowgird, Z. Galus, Bull. Acad. Polon. Sci. Ser. Sci. Chem.，18，255（1970）；C. A.，73，134114（1970）

〔8〕　A. Baranski, S. Fitak, Z. Galus, J. Electroanal. Chem. Interfacial Electrochem.，60，175（1975）

〔9〕　М. С. Захаров，Ж. Физ. Химий，39，509（1965）

〔10〕　张长庚，化学通报，2，75（1966）

〔11〕　А. Г. Стромберг，Э. А. Захарова，Ж. Физ. Химий，40，81（1966）

〔12〕 В. П. Гладышев, Электрохимия, 7, 1423 (1971)

〔13〕 G. Mcp. Smith, J. Am. Chem. Soc., 36, 847 (1914)

〔14〕 M. Kozlovsky, A. Zebreva, Progress in Polarography, N. Y., 3, 157~189 (1972)

〔15〕 张长庚，化学通报，12，6 (1980)

〔16〕 А. А. Равдель, А. С. Мошкович, Ж. Прик. Химип, 44, 178 (1971)

〔17〕 Г. А. Катаев, Э. А. Захарова, Л. А. Игнатьева, Успехи Полярографип с Накоплением, 72~73 (1973)

〔18〕 M. Štulikova, J. Electroanal. Chem. Interfacial Electrochem., 48, 33 (1973)

〔19〕 А. Г. Стромберг, Ю. П. Белоусов, Ж. Анал. Химип, 30, 859 (1975)

〔20〕 T. R. Copeland, R. A. Osteryoung, R. K. Skogerboe, Anal. Chem., 46, 2093 (1974)

〔21〕 W. Kemula, Advances in Polarography, 1, 105 (1960)

〔22〕 N. H. Furman, W. C. Cooper, J. Am. Chem. Soc., 72, 5667 (1950)

〔23〕 W. C. Cooper, N. H. Furman, Ibid., 74, 6183 (1952)

〔24〕 M. Von. Stackelberg, V. Toome, Z. Elektrochem., 58, 226 (1954)

〔25〕 M. Von. Wogau, Ann. Physik, 23, 349 (1907); C. A., 2, 500 (1908)

〔26〕 А. Г. Стромберг, Дркл. А. Н. СССР., 85, 831 (1952)

〔27〕 C. Cuminski, Z. Galus, J. Electroanal. Chem. Interfacial Electrochem., 83, 139 (1977)

〔28〕 F. Weischedel, Z. Physik, 85, 29 (1933); C. A., 28, 22 (1934)

〔29〕 R. E. Hoffman, J. Chem. Phys., 20, 1567 (1952)

〔30〕 N. H. Nachtrieb, J. Petit, ibid., 24, 746 (1956)

〔31〕 A. Einstein, Investigation on the Theory of Brownian Movement (1956)

〔32〕 A. Einstein, Z. Elektrochem., 13, 41; 14, 235; C. A., 2, 2328 (1908)

〔33〕 T. Svedberg, A. Svedberg, Z. Physik. Chem., 76, 145; C. A., 5, 2015 (1911)

〔34〕 T. Svedberg, J. Chem. Soc., 102, I, 142 (1912)

〔35〕 L. Brillouin, Ann. Chim. Phys., 27, 412; C. A., 7, 3870 (1913)

〔36〕 W. Sutherland, Phil. Mag., 9, 871 (1905)

〔37〕 E. Mclaughlin, Trans. Faraday Soc., 55, 29 (1959)

〔38〕 R. T. Senderson, Chemical Periodicity (1960)

〔39〕 CRC Handbook of Physics and Chemistry, 58th Ed., Cleveland, Ohio (1977)

悬汞电极的研究

线性变位伏安法悬汞电极电流的初步探讨*

高　鸿　　　张祖训　　　夏桂珠

作者的目的在于：观察在 K1000 型阴极射线示波极谱仪上使用悬汞电极时所得电流电位曲线的性质，找出正确测定峰电流的方法，并验证 Randles 方程式。

在恒电位伏安法中，由于密度梯度产生的对流作用对扩散过程的干扰，悬汞电极的使用受到很大的限制。在线性变位伏安法中，由于测量过程进行的时间很短，对流作用对扩散电流的干扰较小，悬汞电极可能很有用处。如果在线性变位伏安法中能以悬汞电极代替滴汞电极，不但仪器的结构可以大大简化，而且充电流也可以减小，有利于灵敏度的提高。

另一方面，悬汞电极也有它的缺陷。它不像滴汞电极，滴汞电极的汞滴不断下滴，搅动溶液并带走被消耗的扩散层，在单扫描法中，一次扫描不受前次扫描的影响，测定结果的再现性很好。悬汞电极是固定的电极，一次扫描很可能受到前一次扫描的影响。但是，如果电极反应的可逆性很好，并且在扫描以前有足够的休止期，这种影响也有可能消除或减弱。关于这方面的工作，文献中还没有报道。

Randles[1]和 Sevcik[2]分别推导了线性变位示波极谱法中可逆过程极谱电流的方程式（Randles 方程式）：

$$i_p = Kn^{3/2}D^{1/2}m^{2/3}t_p^{2/3}cv^{1/2} \tag{1}$$

式中各项代表的意义和一般文献上相同[1]。Randles 的 K 值为2344，Sevcil 的 K 为1852，二者相差21％。Randles 及其他作者[3][4][5]曾在滴汞电极上验证了 Randles 方程式，肯定了 Randles 的数值，但是 Streuli[6]在大面积汞池电极于 v 为0.0016～0.0196V/s 的范围以内测定的 K 值却和 Sevcik 的数值相近。Reinmuth[7]，Frankenthal 及 Shain[8]考虑了球面曲率，重新推导了悬汞电极线性变位极谱电流方程式，从理论上指出，当 $\frac{1}{r}\left(\dfrac{D}{nv}\right)^{1/2} \to 0$ 时，所得方程式简化为 Randles 方程式。他们在扫描速度很慢的情况

• 原文发表于高等学校自然科学学报（化学化工版），1，22（1964）。

下($v=0.02\sim0.005$V/s），验证了他们的方程式。在悬汞电极上用中等扫描速度（$v=0.25$V/s，像 K1000 型极谱仪所能提供的）验证 Randles 方程式的工作，在文献中也未见报道。

如果在 K1000 型阴极射线示波极谱仪上，悬汞电极的峰电流遵守 Randles 方程式，那么，反转来，Randles 方程式本身就是正确测定峰电流的方法的理论依据。

实　验　技　术

仪器装置

如图1，使用两支同样大小的悬汞电极，置于两电解池中，一个电解池中放置底液；另一个电解池放置底液及去极剂。由于示波管是长余辉的，运用换向开关可以使示波管上同时出现 $i\sim E$ 曲线及充电电流曲线，电池 B 系统供给的电压使悬汞电极在不与极谱仪连接时，其电位仍为 E_i（E_i 为线性变位扫描的开始电位）。换向开关可以用来控制扫描电压的休止期。

悬汞电极是照 Ross[9] 的方法制备的，从滴汞电极取下汞滴，悬于电极上，由汞滴的质量计算其面积。K1000 型阴极射线示波极谱仪在使用前经过校正。

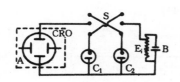

图1　A-K1000型阴极射线示波极谱仪
C_1 及 C_2.电解池　B.1.5V 电池　S.换向开关（用手工操作）

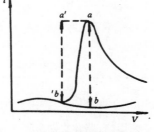

图2　峰电流的测量

试剂

使用铅离子为去极剂，标准溶液用 $Pb(NO_3)_2$ 配制，用重量法（沉淀为 $PbCrO_4$）测定浓度。底液为 KCl 溶液，去极剂的溶液一般含1mol/L KCl 和 0.01mol/L HCl。HCl 的作用在于防止催化电流。在 Pb^{2+} 的中性溶液中，有时会出现很大的催化电流。

峰电流的测量方法

示波管上出现的图形既有 $i\sim E$ 曲线，又有充电电流曲线，浓度较低时（10^{-5}mol/L 以下）从电容线为起点测定波高（ab）；浓度较高时直接用切线法（$a'b'$）测定波高（图2）。

实验结果及讨论

$i \sim E$ 曲线的变化

经过反复试验，看到下面一些现象：

表1　峰电流的变化

Pb 浓度 = 1.000×10^{-4} mol/L　25 ± 0.1℃

峰高用切线法测量　$S = 1.143 \mu A/cm$　休止期5s

扫描次数	峰　　高 (cm)	
1	2.60	(4.10~1.50)* **
2	2.80	(3.90~1.10)
3	3.00	(4.00~1.00)
4	3.05	(4.05~1.00)
5	3.10	(4.10~1.00)
6	3.20	(4.15~0.95)
7	3.30	(4.20~0.90)
13	3.40	(4.25~0.85)
16	3.50	(4.30~0.80)
23	3.55	(4.30~0.75)
数分钟后	3.60	(4.10~0.50)
		(达到稳定)

*　顶端读数。

* *　底部读数。

1. 第一次扫描所得的峰电流比理论值低。在休止期等于5s 的情况下继续扫描，充电电流不断减小，峰电流不断增大，在几分钟以后峰电流达到稳定值，其数值又较理论值为高（表1）。此处的理论值系指依照 Randles 方程式计算的峰电流值（$K = 2344$）。例如在 1.000×10^{-4} mol/L 的 Pb^{2+} 溶液中，理论值为 $3.31 \mu A$。最后得到的稳定的峰电流为 $3.74 \mu A$。

2. 若将稳定的峰电流值对浓度作图，它们之间仍有线性关系（表2）。

表2　i_p 与 c 的关系

Pb^{2+}　1mol/L KCl　25 ± 0.1℃

i_p (μA)	c (mol/L)	$\dfrac{i_p}{c} \times 10^4$
6.98	2.000×10^{-4}	3.49
3.58	1.000×10^{-4}	3.58
1.813	5.000×10^{-5}	3.63
0.884	2.500×10^{-5}	3.54
平　　均		3.56

3. 休止期的影响：将休止期由5s 增加到12s，这时所得的稳定的峰电流，其数值完全与理论值相符。继续延长休止期的时间，所得稳定的峰电流值反而下降；休止期过长，充电电流又有继续增加的趋势（表3）。

从以上的情况看来，选择适当的休止期（12s），测定其稳定的峰电流，其数值定与理论值相符。

对以上现象，我们的看法如下：

1. 第一次扫描所得的峰电流比理论值低，是因为充电电流不稳定，似乎总有这样一种倾向：当充电电流大时，测得的峰电流值总偏低。

2. 多次扫描结果使电极表面被测定离子的浓度略有升高，适当的休止期有利于电极表面恢复到正常的情况；过长的休止期又使充电电流值升高，峰电流降低。

表3　休止期的影响

Pb 浓度＝1.000×10⁻⁴mol/L　　25±0.1℃　　切线法测量　　电流的灵敏度 $s=1.143\mu A/cm$

休 止 时 间	峰　　高（cm）		i_p（μA）	
			测 定 值	理 论 值
第一次扫描	2.60	(4.30～1.70)	2.97	
休止12s	2.90	(3.70～0.80)	3.31	
休止19s	2.85	(3.75～0.90)	3.26	
休止26s	2.75	(3.80～1.05)	3.14	3.31
休止40s	2.70	(3.85～1.15)	3.09	
休止75s	2.70	(4.05～1.35)	3.09	
休止145s	2.70	(4.10～1.40)	3.09	

　　为了证实上述测定方法（即在12s 的休止期的情况下测定达到稳定状态的峰电流数值）的正确性，测定了滴汞电极上的所得的 i_p（峰电流）值，并从同一滴汞电极取下一个汞滴悬于悬汞电极的玻管尖端测定其 i_p 值，比较两个电极上所得的电流密度（在滴汞电极上 i_p 出现时的面积并非最大面积，不能比较 i_p 的绝对值），为了计算方便起见，我们并不直接比较 $\dfrac{i_p}{A}$ 而是比较 $\dfrac{i_p}{t^{\frac{2}{3}}}$，结果见表4。实验结果表明：上述测定峰电流的方法是正确的。

表4　滴汞电极与悬汞电极所得 $\dfrac{i_p}{t^{\frac{2}{3}}}$ 的比较

5.000×10⁻⁴mol/L Pb²⁺　　25±0.1℃

电流（μA）	悬汞电极	滴汞电极
i_p	18.7	15.5
$\dfrac{i_p}{t^{\frac{2}{3}}}$	4.94	4.61

　　说明：悬汞电极和滴汞电极面积之比＝$t_1^{\frac{2}{3}}:t_d^{\frac{2}{3}}$；$t_1$——从扫描开始到测量 i_p 的时间；t_d——滴汞电极的滴下时间（此时外加电压为 E_i）；$t_d=7.36$，$t_1=6.16$

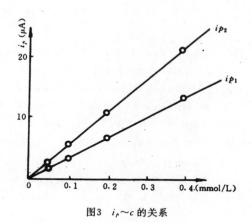

图3　$i_p \sim c$ 的关系

　　说明：A_1——悬1滴汞的面积；A_2——悬2滴汞的面积；

$$V_1 = \frac{1}{3}\pi r_1^3 ; A_1 = 4\pi r_1^2 = 4\pi\left(\frac{3}{4\pi}V_1\right)^{\frac{2}{3}}$$

$$V_2 = \frac{1}{3}\pi r_2^3 ; A_2 = 4\pi r_2^2 = 4\pi\left(\frac{3}{4\pi}V_2\right)^{\frac{2}{3}} ; \frac{A_2}{A_1} = 2^{\frac{2}{3}} = 1.59$$

表5　i_p 与 c 的关系

浓　　度（mol/L）	i_{p1} 悬1滴汞	i_{p2} 悬2滴汞	$\dfrac{i_{p2}}{i_{p1}}$	$\dfrac{A_2}{A_1}$
5.00×10⁻⁵	1.78	2.71	1.52	
1.000×10⁻⁴	3.65	5.65	1.55	
2.000×10⁻⁴	6.92	10.8	1.56	1.59
4.000×10⁻⁴	13.1	21.0	1.60	
平　　　　　均			1.56	

Randles 方程式的验证

实验结果见表5，表6及图3。这些数据说明：在线性变位的情况下，悬汞电极的峰电流遵守 Randles 方程式，K 值为2344。峰电流与浓度成正比，也与悬汞电极的面积成正比。从表5中 i_{P_2}/i_{P_1} 和 A_2/A_1 两项数值相符一事说明：所使用的悬汞电极是完美无缺的。

表6　Randles 方程式的验证

Pb²⁺　　1mol/L KCl　　25±0.1℃

浓　度 (mol/L)	汞滴质量 (mg)	i_p 实测* (µA)	i_p 理论 (µA)	误　差 (%)
5.00×10⁻⁴	5.59	16.8	16.4	+2.5
	5.52	16.8	16.3	+3.1
	5.50	17.0	16.2	+4.9
	6.51	18.7	18.3	+2.2
1.000×10⁻⁴	5.52	3.27	3.25	+0.7
	5.50	3.30	3.24	+1.8
5.00×10⁻⁵	5.52	1.60	1.63	-1.9
	5.50	1.64**	1.62	+1.2

*　二次以上平均值。　　　**　已校正了充电电流。

参 考 文 献

[1]　J. E. B. Randles, Trans. Faraday Soc., 44, 322 (1948)

[2]　A. Sevcik, Coll. Czech. Chem. Comm., 13, 349 (1948)

[3]　P. Delahay, J. Phys. Chem., 54, 630 (1950)

[4]　M. Matsuda and Y. Ayabe, Z. Elektro. Chem., 59, 494 (1955)

[5]　徐国宪等，化学学报，24, 391 (1958)

[6]　C. A. Streuli and W. D. Cooke, Anal. Chem., 25, 1691 (1953)

[7]　William H. Reinmuth, J. Am. Chem. Soc., 79, 6358 (1957)

[8]　Robert P. Frankenthal and Irving Shain, J. Am. Chem. Soc., 78, 2969 (1956)

[9]　J. W. Ross, R. D. Demars and I. Shain, Anal. Chem., 28, 1768 (1956)

第 二 部 分
滴 汞 电 极 理 论

1

线性变位示波极谱研究

催化电流理论[*]

高　鸿　　张祖训　　张文彬

〔作者按语〕

　　高鸿教授和他的同事们对示波极谱、方波极谱、交流极谱中的一些重要电极过程进行了比较严密的数学处理，推出了一系列极谱电流的理论公式，并在自己组装的各种极谱仪上对每一公式进行了验证。实验证明这些理论公式都是正确的，是近代极谱分析的理论基础。本选集收录在催化电流理论方面的论文5篇。

　　在线性变位示波极谱的领域内，关于可逆电极过程[1,2,3]与不可逆电极过程[4]的极谱电流理论的研究已经有了较多的工作。而关于催化电流的研究还比较少。Weber[5]虽然对比较复杂的体系作了比较严格的数学处理，但是正因为如此，他们最后得到的催化电流方程式显得过于复杂，并且没有处理到底。因此，在 Weber 以后，Saveant 和 Vianello[6]重新推导了催化电流的公式。对反应体系

$$
\left.
\begin{aligned}
&\text{O} + ne \xrightleftharpoons{\text{el. }\infty} \text{R} \\
&\text{R} + \text{Z} \xrightleftharpoons[k_b]{k_f} \text{O}
\end{aligned}
\right\}
\tag{1}
$$

他们得到了下列方程式：

$$
i = \frac{2n^{3/2}F^{3/2}AC_0^*D^{1/2}v^{1/2}}{\pi^{1/2}R^{1/2}T^{1/2}} \int_0^{+\infty} \frac{\exp(-\lambda\eta^2)[-\lambda\exp(\xi-\eta^2)+\lambda+1]}{\exp(\xi-\eta^2)+2+\exp[-(\xi-\eta^2)]}\mathrm{d}\eta
\tag{2}
$$

* 原文发表于南京大学学报（化学版），1，65（1963）。后转载于高等学校自然科学学报（化学化工版试刊），3，199（1964）。后又载于英文版中国科学 Scientia Sinica，13（9）1411（1964）。

并且指出当 $\xi \rightarrow \infty$ 时，方程式（2）简化为

$$i = nFAC_O^\circ D^{1/2}(k_f C_Z^0)^{1/2} \tag{3}$$

虽然他们得到了简单实用的公式，但是他们的工作却有很大缺陷。在这种情况下，同时受扩散及化学反应控制的极谱电流，应该包括相互影响的两个组分：扩散电流及受化学反应控制的电流。当 $k_f C_Z^0 = 0$ 时（即式（2）中 $\lambda = 0$ 时）极谱电流完全为扩散电流，方程式应简化为 Sevčik 方程式[2]。当 $k_f C_Z^0$ 之值比较大时，极谱电流主要为受化学反应控制的电流，方程式应简化为式（3）。但是从方程式（2）的具体形式中不容易看出这些性质。其次，他们在没有指出 λ 值的影响情况下，只指出当 $\xi \rightarrow \infty$，方程式（2）就简化为方程式（3）也是有问题的，因为只有在 $k_f C_Z^0$ 之值（即他们的 λ 值）较大时，方程式（3）才能成立。因此，我们认为有重新从理论上进行推导并将所得结果由实验上加以验证的必要。本文报告推导的过程及验证结果。实验结果指出理论与实验相符。我们得到的方程式不但是正确的，在形式上和 Sevčik 方程式的联系也是显而易见的。

理 论 部 分

催化电流方程式的推导

电极反应如式（1）所示，氧化态 O 在电极上还原为 R 的电极反应为可逆反应，另一氧化剂 Z 又可将 R 氧化为 O，k_f 和 k_b 为该化学反应的正向与逆向反应速率常数。并且假定：1. 电解开始以前溶液中 O 的浓度为 C_O°，R 的浓度为零；2. Z 在电极不起反应，其浓度远远大于 C_O°，在电解过程中 Z 的浓度实际上保持不变，在电极表面及溶液本体中 Z 的浓度均为 C_Z^0；3. $k_f \gg k_b$，可以忽略逆向反应的影响；4. 溶液保持静止，并且含大量支持电解质；5. 扫描电压是线性的，而且在一滴汞的后期的极短暂的时间内扫描，电极面积是固定的，滴汞上的扩散可以当作线性扩散来处理。根据上述假定，可以写出下组方程式：

$$\frac{\partial C_O(x,t)}{\partial t} = D_O \frac{\partial^2 C_O(x,t)}{\partial x^2} + k_f C_Z^0 C_R(x,t) \tag{4}$$

$$C_R(x,t) = \left(\frac{D_O}{D_R}\right)^{1/2} [C_O^\circ - C_O(x,t)] \tag{5}$$

式中 $C_O(x, t)$ 及 $C_R(x, t)$ 分别代表在时间 t 时，离电极表面距离为 x 处，O 与 R 的浓度，D_O 及 D_R 为 O 及 R 的扩散系数：

由（4）（5）两式得

$$\frac{\partial C_O(x,t)}{\partial t} = D_O \frac{\partial^2 C_O(x,t)}{\partial x^2} + k_f C_Z^0 \left(\frac{D_O}{D_R}\right)^{1/2} [C_O^\circ - C_O(x,t)] \tag{6}$$

令

$$U(x,t) = C_O^\circ - C_O(x,t) \tag{7}$$

则

$$\frac{\partial U(x,t)}{\partial t} = D_O \frac{\partial^2 U(x,t)}{\partial x^2} - \left(\frac{D_O}{D_R}\right)^{1/2} C_Z^0 U(x,t) \tag{8}$$

解式（8）的初始和边界条件如下：

当 $t=0$ $x\geqq 0$ 时

$$C_O(x,t) = C_O^*, U(x,t) = 0 \tag{9}$$

当 $t>0$ $x=0$ 时

$$\left.\begin{array}{l} D_O\dfrac{\partial C_O(x,t)}{\partial x} = -D_R\dfrac{\partial C_R(x,t)}{\partial x} = -D_O\dfrac{\partial U(x,t)}{\partial x} \\[2mm] C_O(0,t) = C_R(0,t)\exp\dfrac{nF}{RT}(E-E_0+vt) \end{array}\right\} \tag{10}$$

当 $t>0$ $x=\infty$ 时，

$$C_O(x,t) = C_O^*, U(x,t) = 0 \tag{11}$$

令

$$\alpha = \exp\frac{nF}{RT}(E-E_0), \beta = \frac{nF}{RT}v \tag{12}$$

代入式（10）得

$$C_O(0,t) = C_R(0,t)ae^{\beta t} \tag{13}$$

将式（8）进行拉普拉斯变换（Laplace transformation）：

$$D_O\frac{\partial^2\overline{U}(x,S)}{\partial x^2} = \left[S + \left(\frac{D_O}{D_R}\right)^{\frac12}k_f C_Z^0\right]\overline{U}(x,S) \tag{14}$$

再将式（14）的 $U(x,S)$ 对变数 x 作拉普拉斯变换。根据变换法的定理：

$$L\frac{\mathrm{d}^n}{\mathrm{d}t^n}[f(t)] = S^n F(s) - S^{n-1}f(0) - S^{n-2}f^1(0)\cdots\cdots f^{(n-1)}(0)$$

可知

$$L[\overline{U}(x,S)] = \varPhi(Z,S) \tag{15}$$

$$L\left[\frac{\partial^2\overline{U}(x,S)}{\partial x^2}\right] = Z^2\varPhi(Z,S) - Z\overline{U}(0,S) - \overline{U}'(0,S) \tag{16}$$

将式（15）（16）代入式（14），可得

$$\varPhi(Z,S) = \frac{Z}{Z^2 - \dfrac{S + k_f C_Z^0\left(\frac{D_O}{D_R}\right)^{\frac12}}{D_O}}\overline{U}(0,S) + \frac{1}{Z^2 - \dfrac{S + k_f C_Z^0\left(\frac{D_O}{D_R}\right)^{\frac12}}{D_O}}\overline{U}'(0,S) \tag{17}$$

根据拉普拉斯反变换原理

$$L^{-1}\left\{\frac{Z}{Z^2 - \dfrac{S + k_f C_Z^0\left(\frac{D_O}{D_R}\right)^{\frac12}}{D_O}}\right\} = \cosh\left[\frac{S + k_f C_Z^0\left(\frac{D_O}{D_R}\right)^{\frac12}}{D_O}\right]^{\frac12}x \tag{18}$$

$$L^{-1}\left\{\frac{1}{Z^0 - \dfrac{S + k_f C_Z^0\left(\frac{D_O}{D_R}\right)^{\frac12}}{D_O}}\right\} = \frac{D_O}{S + k_f C_Z^0\left(\frac{D_O}{D_R}\right)^{\frac12}}\sinh\left[\frac{S + k_f C_Z^0\left(\frac{D_O}{D_R}\right)^{\frac12}}{D_O}\right]^{\frac12}x \tag{19}$$

将式（17）进行反变换得

$$\overline{U}(x,S) = \cosh\left[\frac{S + k_f C\left(\frac{D_O}{D_R}\right)^{\frac12}}{D_O}\right]^{\frac12}x\overline{U}(0,S)$$

$$+ \left[\frac{D_O}{S + k_f C_Z^0\left(\frac{D_O}{D_R}\right)^{\frac12}}\right]^{\frac12}\sinh\left[\frac{S + k_f C_Z^0\left(\frac{D_O}{D_R}\right)^{\frac12}}{D_O}\right]^{\frac12}x\overline{U}'(0,S) \tag{20}$$

根据条件（11），当 $x=\infty$ 时，$\overline{U}\,(x,\,S)$ 为定值，所以在双曲线函数中 $e^{\mu x}$ 一项要除去。当时

$$\overline{U}(0,S) = \frac{1}{2}\overline{U}(0,S) - \frac{1}{2}\left[\frac{D_O}{S + k_f C_Z^0\left(\frac{D_O}{D_R}\right)^{1/2}}\right]^{1/2}\overline{U}'(0,S) \tag{21}$$

$$\overline{U}(0,S) + \left[\frac{D_O}{S + k_f C_Z^0\left(\frac{D_O}{D_R}\right)^{1/2}}\right]^{1/2}\overline{U}'(0,S) = 0 \tag{22}$$

将式（5）代入式（10），得

$$C_O(0,t) = \left(\frac{D_O}{D_R}\right)^{1/2}[C_O^* - C_O(0,t)]\exp\frac{nF}{RT}(E - E_O + vt) \tag{23}$$

$$C_O(0,t) = \frac{\left(\frac{D_O}{D_R}\right)^{1/2} C_O^* \exp\frac{nF}{RT}(E - E_O + vt)}{1 + \left(\frac{D_O}{D_R}\right)^{1/2}\exp\frac{nF}{RT}(E - E_O + vt)}$$

$$= \frac{\left(\frac{D_O}{D_R}\right)^{1/2}\alpha e^{\beta t} C_O^*}{1 + \left(\frac{D_O}{D_R}\right)^{1/2}\alpha e^{\beta t}} = \frac{Ke^{\beta t}}{1 + Ke^{\beta t}}C_O^* \tag{24}$$

式中

$$K = \sqrt{\frac{D_O}{D_R}}\alpha \tag{25}$$

令 $E_{1/2}$ 代表半波电位，和 $E_{1/2}$ 相对应的时间为 $t_{1/2}$，则

$$E_{1/2} = E_i - vt_{1/2} \tag{26}$$

$$Ke^{\beta t_{1/2}} = 1 \tag{27}$$

由式（24）可知，在 $E_{1/2}$ 时

$$C_O(0,t_{1/2}) = \frac{1}{2}C_O^* \tag{28}$$

由（24）（28）两式可知

$$C_O(0,t) - C_O(0,t_{1/2}) = \left[\frac{Ke^{\beta t}}{1 + Ke^{\beta t}} - \frac{Ke^{\beta t_{1/2}}}{1 + Ke^{\beta t_{1/2}}}\right]C_O^*$$

$$= \frac{1}{2}\left[\frac{e^{\beta(t - t_{1/2})} - 1}{e^{\beta(t - t_{1/2})} + 1}\right]C_O^* = \frac{1}{2}\tanh\frac{\beta}{2}(t - t_{1/2})C_O^* \tag{29}$$

$$C_O(0,t) = \frac{1}{2}\left[1 + \tanh\frac{\beta}{2}(t - t_{1/2})\right]C_O^* \tag{30}$$

由式（22）可知

$$L^{-1}[D_O\overline{U}'(0,S)] = \sigma = L^{-1}\left\{\left(S + k_f C_Z^0\sqrt{\frac{D_O}{D_R}}\right)^{1/2}D_O^{1/2}\overline{U}(0,S)\right\}$$

$$= D_O^{1/2}L^{-1}\left[\frac{\left(S + k_f C_Z^0\sqrt{\frac{D_O}{D_R}}\right)^{1/2}}{S} \cdot S\overline{U}(0,S)\right] \tag{31}$$

利用拉普拉斯反变换公式：

$$L^{-1}[f(s)] = F(t), L^{-1}[f(s) \cdot g(s)] = \int_0^t F(t)G(t - \tau)d\tau \tag{32}$$

$$L^{-1}\left[\frac{S + k_f C_Z^0 \sqrt{\frac{D_O}{D_R}}}{S}\right] = \frac{1}{\sqrt{\pi t}}\exp\left[-k_f C_Z^0 \sqrt{\frac{D_O}{D_R}}t\right]$$

$$+ \left[k_f C_Z^0 \sqrt{\frac{D_O}{D_R}}\right]^{\frac{1}{2}} \mathrm{erf}\left[k_f C_Z^0 t \sqrt{\frac{D_O}{D_R}}\right]^{\frac{1}{2}} \tag{33}$$

$$L^{-1}[S\bar{U}(0,S)] = \frac{\mathrm{d}U(0,t)}{\mathrm{d}t} = -\frac{\mathrm{d}C_O(0,t)}{\mathrm{d}t} = \frac{1}{2}\frac{1}{\cosh^2\frac{\beta}{2}(t-t_{\frac{1}{2}})}\frac{\beta}{2}C_O^* \tag{34}$$

当 $D_O = D_R = D$ 时

$$\sigma = \frac{1}{2}D^{\frac{1}{2}}C_O^*\int_0^t \frac{1}{\cosh^2(\tau - t_{\frac{1}{2}})} \cdot \frac{\beta}{2} \cdot \left\{\frac{\exp[-k_f C_Z^0(t-\tau)]}{\sqrt{\pi(t-\tau)}}\right.$$

$$\left.+ (k_f C_Z^0)^{\frac{1}{2}}\mathrm{erf}[k_f C_Z^0(t-\tau)]^{\frac{1}{2}}\right\}\mathrm{d}\tau \tag{35}$$

根据菲克（Fick）第一定律，催化电流的方程式为

$$i = nFA\sigma = nFAD_O^{\frac{1}{2}}C_O^* \frac{1}{2}\int_0^t \frac{1}{\cosh^2\frac{\beta}{2}(\tau - t_{\frac{1}{2}})} \cdot \frac{\beta}{2}\left\{\frac{\exp[-k_f C_Z^0(t-\tau)]}{\sqrt{\pi(t-\tau)}}\right.$$

$$\left.+ (k_f C_Z^0)^{\frac{1}{2}}\mathrm{erf}[k_f C_Z^0(t-\tau)]^{\frac{1}{2}}\right\}\mathrm{d}\tau \tag{36}$$

催化波的性质

从方程式（36）可以看出：

1. 当 $k_f C_Z^0 = 0$ 时，电流完全受扩散控制，式（36）简化为 Sevčik 方程式：

$$i = nFAD^{\frac{1}{2}}C_O^* \frac{1}{2}\int_0^t \frac{1}{\cosh^2\frac{\beta}{2}(\tau - t_{\frac{1}{2}})} \cdot \frac{1}{\sqrt{\pi(t-\tau)}}\frac{\beta}{2}\mathrm{d}\tau \tag{37}$$

2. 当 $k_f C_Z^0$ 之值较大时，电流完全受化学反应所控制，式（36）简化为方程式（3）：

当 $k_f C_Z^0$ 之值较大时，$\exp\left[-(k_f C_Z^0)(t-\tau)\right] \to 0$，$\mathrm{erf}\left[k_f C_Z^0(t-\tau)\right]^{\frac{1}{2}} \to 1$

式（36）简化为

$$i = nFAD^{\frac{1}{2}}C_O^*(k_f C_Z^0)^{\frac{1}{2}}\frac{1}{2}\int_0^t \frac{1}{\cosh^2\frac{\beta}{2}(\tau - t_{\frac{1}{2}})}\frac{\beta}{2}\mathrm{d}\tau \tag{38}$$

根据［7］

$$\int\frac{\mathrm{d}x}{\cosh^m px} = \frac{\sinh px}{p(m-1)\cosh^{m-1}px} + \frac{m-2}{m-1}\int\frac{\mathrm{d}x}{\cosh^{m-2}px} \tag{39}$$

式中 $m \geqslant 2$，当 $m = 2$ 时，

$$\int\frac{\mathrm{d}x}{\cosh^2 px} = \frac{\sinh px}{p\cosh px} \tag{40}$$

利用式（40）将式（38）积分

$$i = nFAD^{\frac{1}{2}}C_O^*(k_f C_Z^0)^{\frac{1}{2}} \cdot \frac{1}{2}\left[\tanh\frac{\beta}{2}(\tau - t_{\frac{1}{2}})\right]_0^t$$

$$= nFAD^{\frac{1}{2}}C_O^*(k_f C_Z^0)^{\frac{1}{2}}\frac{1}{2}\left[\tanh\frac{\beta}{2}(t - t_{\frac{1}{2}}) + \tanh\frac{\beta}{2} \cdot t_{\frac{1}{2}}\right] \tag{41}$$

当 $\frac{\beta}{2}(t-t_{1/2})$ 和 $\frac{\beta}{2} \cdot t_{1/2}$ 之值足够大时，例如大于 3，$\tanh \frac{\beta}{2}(t-t_{1/2})=1$，$\tanh \frac{\beta}{2}t_{1/2}=1$，这个条件在实验中是能够满足的。因此，式（41）简化为

$$i = nFAD^{1/2}C_0^0(k_f C_2^0)^{1/2} \tag{42}$$

3. 当 $k_f C_2^0$ 之值介于上述两种情况之间时，电流受扩散与化学反应速度同时控制，催化电流方程式用式（36）表示。

实 验 部 分[•]

仪器及试剂

验证工作用 K-1000 型阴极射线（示波）极谱仪，扫描速率 0.273v/s，使用前经过精确校正。滴汞电极的 $m=0.939\text{mg/s}$，$t_d=7.28\text{s}$。所有试验均在 $25\pm0.1℃$ 下进行。试验中使用的蒸馏水先经过阴阳两种离子交换剂纯化，再经过一次蒸馏。硫酸羟胺（$NH_2OH \cdot \frac{1}{2}H_2SO_4$），化学纯，重结晶二次用化学分析法测定其成分，证明与分子式相同。钛（Ⅳ）标准溶液系用 TiO_2 配制，TiO_2 为化学纯，用重量法测定其成分，证明与化学式相符。称取 $TiO_2 0.3995\text{g}$，用 5g 焦硫酸钾熔融，再用 2mol/L 硫酸浸取，用水稀释至 500ml，配成含硫酸为 0.5mol/L 的 $1.00\times10^{-2}\text{mol/L}$ 标准钛（Ⅳ）溶液，再用 0.5mol/L 硫酸稀释至其它浓度。其余试剂均为 A.R. 或 G.R.，经检查可用，未作进一步纯化。

验证方法

由于方程式（41）中，$t_{1/2}$ 数值不能正确测定，因此不能直接验证方程式（41），所以验证工作是以方程式（3）为对象。在本研究工作结束以后，我们得到一个消息[8]，知道 Savéant 和 Vianello 也在进行这方面工作，他们还没有发表他们的结果。

我们采用两种反应体系——草酸钛-氯酸钾体系及草酸钛-硫酸羟胺体系来验证公式（3），前者的 k_f 值很大，后者的 k_f 值很小。这些 k_f 值前人均作过反复研究，我们也利用各种方法进行过测定，与文献上数值相符，因而它们是很可靠的，可作为验证的依据。

在推导方程式时曾经假定电极反应是可逆的，因此在验证以前，必须首先肯定草酸钛（Ⅳ）在电极上的还原反应是可逆的。虽然 Pecsok[9] 已经报道在经典极谱中草酸钛（Ⅳ）在滴汞电极上的还原反应是可逆的，为了进一步加以确证以及验证工作本身的需要，我们在 K-1000 型极谱仪上验证了草酸钛（Ⅳ）的还原反应是否遵守 Randles[1] 方程式，为此我们用经典极谱法测定了草酸钛（Ⅳ）的扩散系数 D（底液 0.2mol/L H_2SO_4，0.1mol/L $H_2C_2O_4$），所得结果为 $6.63\times10^{-6}\text{cm}^2/\text{s}$，与 Pecsok[9] 基本上一致。利用我们测定的 D 值来计算示波极谱上测定的峰电流的理论值，结果为 10.7μA，实验值为 10.1μA，两者相符。证明：电极反应的本身是可逆的，扩散系数 D 值是正确的，草酸钛（Ⅳ）的还原反应遵守 Randles 方程式，利用这些关系验证公式（3）是可靠的。

根据方程式（3），验证工作分下列几项：

[•] 姚永清同学参加了部分实验工作。

1. 验证 i 与 C_0^0 及 $\sqrt{C_2^0}$ 的关系。根据公式（3），i 与 C_0^0 及 $\sqrt{C_2^0}$ 成正比。

2. 从催化电流实验值求 k_f 值并与其它方法所得 k_f 值相比较。当 $C_2^0 = 0$ 时，根据 Randles 方程式

$$i_p = 0.447 n^{3/2} F^{3/2} (RT)^{-1/2} A D^{1/2} v^{1/2} C_0^0 \tag{43}$$

由式（42）与式（3）求 $\dfrac{i}{i_p}$

$$\frac{i}{i_p} = \left(\frac{RT}{nFv}\right)^{1/2} \frac{1}{0.447} \cdot (k_f C_2^0)^{1/2} \tag{44}$$

因此将 $\dfrac{i}{i_p}$ 对 $\sqrt{C_2^0}$ 作图，根据所得直线斜率可求出 k_f 之值。

3. 根据 D，C_0^0，k_f，C_2^0，A 之值求 i〔方程式（3）〕并与实验值相比较。

实　验　结　果

草酸钛（Ⅳ）—氯酸钾体系及草酸钛（Ⅳ）—硫酸羟胺体系的示波极谱图

草酸钛（Ⅲ）-氯酸钾反应的 k_f 值很大，甚至在〔KClO₃〕小至 1×10^{-4}mol/L 的情况下，所得极谱波（图 1）仍不显电流峰，说明电流完全受化学反应所控制。草酸钛（Ⅲ）-硫酸羟胺反应的值 k_f 较小，当 $C_2^0 < 0.1$mol/L 时，出现电流峰（图 2），电流同时受扩散与化学反应所控制；当 C_2^0 逐渐增大时，峰渐平，当 $C_2^0 > 0.1$mol/L 时，峰完全消失，此时电流完全受化学反应所控制。上述现象间接地证明方程式（36）是正确的。

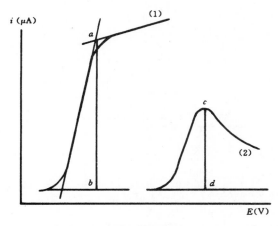

图 1　草酸钛的示波极谱图及
测量电流的方法
(1) KClO₃ 存在时
(2) KClO₃ 不存在时

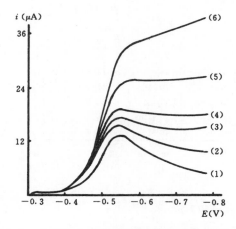

图 2　不同〔NH₂OH〕下的草酸钛的示波极谱图
〔Ti（Ⅳ）〕= 1.00×10^{-3}mol/L
H₂SO₄0.2mol/L　　　　H₂C₂O₄0.05mol/L
〔NH₂OH〕: (1) 0　　(2) 0.0200mol/L　　(3) 0.0500mol/L
(4) 0.100mol/L　　(5) 0.200mol/L　　(6) 0.300mol/L

分流比 $f = \dfrac{1}{6}$

催化电流与草酸钛浓度的关系

表 1，表 2 列举的实验结果说明催化电流与钛浓度成正比。

表 1 催化电流与钛浓度的关系

[KClO$_3$] ＝0.100mol/L   H$_2$SO$_4$ 0.2mol/L

H$_2$C$_2$O$_4$ 0.1mol/L

钛 浓 度 C (mol/L)	电 流 i (μA)	$\dfrac{i}{C}$
2.00×10^{-6}	0.40	2.00×10^5
4.00×10^{-6}	0.81	2.02×10^5
6.00×10^{-6}	1.22	2.03×10^5
8.00×10^{-6}	1.64	2.05×10^5
1.00×10^{-5}	2.04	2.04×10^5

表 2 催化电流与钛浓度的关系

[NH$_2$OH] ＝0.100mol/L   H$_2$SO$_4$ 0.2mol/L

H$_2$C$_2$O$_4$ 0.05mol/L

钛 浓 度 C (mol/L)	电 流 i (μA)	$\dfrac{i}{C}$
2.00×10^{-5}	0.30	1.50×10^4
4.00×10^{-5}	0.62	1.53×10^4
6.00×10^{-5}	0.94	1.57×10^4
8.00×10^{-5}	1.22	1.53×10^4
1.00×10^{-4}	1.52	1.52×10^4

催化电流与催化剂浓度的关系

表 3，表 4 列举的实验结果说明催化电流与催化剂浓度的平方根成正比。

表 3 催化电流与氯酸钾浓度的关系

[Ti（Ⅳ）] ＝1.00×10^{-4}mol/L   H$_2$SO$_4$ 0.2mol/L

H$_2$C$_2$O$_4$ 0.1mol/L

[KClO$_3$] C_Z^0 (mol/L)	$\sqrt{C_Z^0}$	电 流 i (μA)	$\dfrac{i}{\sqrt{C_Z^0}}$
0.0030	0.055	8.9	162
0.0060	0.077	12.4	161
0.0120	0.110	17.6	160
0.0240	0.155	25.0	161
0.0480	0.219	35.4	161
0.099	0.315	49.3	157

表 4 催化电流与硫酸羟胺浓度的关系

[Ti（Ⅳ）] ＝1.00×10^{-4}mol/L   H$_2$SO$_4$ 0.2mol/L

H$_2$C$_2$O$_4$ 0.05mol/L

[NH$_2$OH] C_Z^0 (mol/L)	$\sqrt{C_Z^0}$	电 流 i (μA)	$\dfrac{i}{\sqrt{C_Z^0}}$
0.100	0.316	1.53	4.84
0.200	0.447	2.17	4.85
0.300	0.548	2.52	4.60
0.400	0.633	2.92	4.61
0.500	0.707	3.22	4.56

k_f 值的测定

根据方程式（43）测定了草酸钛（Ⅲ）-氯酸钾与草酸钛（Ⅲ）-羟胺间的化学反应速率常数，表 5，表 6 列举的测定结果与其它方法测得的结果基本上相符（表 7）。

表 5　草酸钛（Ⅱ）-氯酸钾反应速率常数 k_f 值的测定

$[KClO_3]^{1/2}\ \sqrt{mol/L}$	0	0.055	0.077	0.110	0.155	0.219	0.315	0.442	$\dfrac{i}{i_p}\dfrac{1}{[KClO_3]}$	$\dfrac{k_f}{L/mol\cdot s}$	k_f 平均值 $L/mol\cdot s$
i/i_p	1	8.8	12.5	17.8	25.0	36.0	48.8	54.8	158	5.13×10^4	5.11×10^4
	1	9.0	12.3	17.4	24.8	35.1	48.4	53.2	157	5.08×10^4	

表 6　草酸钛（Ⅱ）-羟胺反应速率常数 k_f 值的测定

$[NH_2OH]^{1/2}\ \sqrt{mol/L}$	0	0.224	0.316	0.447	0.548	0.633	0.707	0.837	$\dfrac{i}{i_p}\dfrac{1}{[NH_2OH]^{1/2}}$	$\dfrac{k_f}{L/mol\cdot s}$	k_f 平均值 $L/mol\cdot s$
i/i_p	1	1.28	1.52	2.15	2.50	2.89	3.19	3.42	4.55	42.3	43.3
	1	1.30	1.53	2.16	2.57	2.95	3.19	3.49	4.65	44.2	
	1	1.30	1.58	2.14	2.49	2.89	3.17	3.52	4.62	43.4	

表 7　不同方法测得的 k_f 值的比较

测 定 方 法	作　者	$k_f KClO_3$	$k_f NH_2OH$
本文所提方法	本文作者	5.11×10^4	43.3
经典极谱法	本文作者	4.35×10^4	37.1
	周性尧[13]	2.8×10^4	37*
	Koryta[10,11]	5.3×10^4	42
方波极谱法	高鸿等[12]	4.34×10^4	—

* 底液中含（NH$_4$）$_2$SO$_4$

催化电流的理论值与实验值

　　为了进一步证明方程式（3）是正确的，从 D_0，$k_f C_Z^0$ 等值计算催化电流值并与实验值相比较，结果见表 8，证明理论与实验相符，方程式（3）是正确的。

表 8　催化电流的理论值与实验值

$[Ti(Ⅳ)]$ (mol/L)	D_0 (cm²/s)	m (mg/s)	t (s)	k_f (L/mol·s)	C_Z^0 (mol/L)	i（μA）理论值	实验值
1.00×10^{-4}	6.63×10^{-6}	0.939	6.74	5.11×10^4	$[KClO_3]$ 0.0480	35.8	35.2
1.00×10^{-3}	6.63×10^{-6}	0.939	6.74	43.3	$[NH_2OH]$ 0.300	25.7	26.2

参 考 文 献

〔1〕 J. E. B. Randles，Trans. Faraday Soc. , 44. 327(1948)

〔2〕 A. Sevčik，Coll. Czeck. Chem. Comm. , 13，349(1948)

〔3〕 V. H. Matsuda & Y. Z. Ayabe，Electrochem. , 59，494(1955)

〔4〕 P. Delahay，New Instrumental Methods in Electrochem. , 125(1954)

〔5〕 J. Weber，Coll. Czech. Chem. Comm. , 24. 1770(1959)

〔6〕 J. M. Savéant & E. Vianello，Advances in Polarography(Ed. by I. S. Longmuir)，1，367(1960)

〔7〕 М. Л. Смолянский，Таблицы Неопределенных Интегралов，Москва,106(1960)

〔8〕 J. M. Savèant & E. Vianello，C. I. T. C. E. 13th Meeting，Electrochimica Acta，7(1962)

〔9〕 R. L. Pecsok，J. Am. Chem. Soc. , 73，1034(1951)

〔10〕 A. Blazek & J. Koryta，Coll. Czech. Chem. Comm. , 18，325(1953)

〔11〕 J. Koryta & J. Tenygl，Chem. Listy. , 48，467(1954)

〔12〕 高鸿、张祖训、黄文裕，化学学报，30，275(1964)

〔13〕 周性尧、高小霞，北京大学学报，2,157(1961)

2 ————————————————————————————————

方波极谱研究

振动子方波可逆波电流方程式[*]

张祖训　　黄文裕　　王春霞　　高　鸿

　　前文[1]报道振动子方波极谱仪的线路和基本性能,并指出该仪器的灵敏度、稳定性和分辨能力均较好,除适用于分析工作外,由于仪器构造简单,方波电压可准确测量,测得的极谱电流真实性较好,适用于方波极谱理论的研究。

　　Barker 等[2]在 1958 年曾提出方波极谱的理论,其可逆波方程式适用于电子管方波极谱仪。此外,Barker[3]曾提到对方程式进行验证,但是并未详细报告其结果。我们根据振动子方波极谱的特点,在 Barker 理论的基础上,提出振动子方波极谱可逆的方程式,并用振动子方波极谱仪验证,所得结果与理论相符。

理　论　部　分

　　Barker 等[2]指出在简单的可逆电极反应 $O + ne \Longleftrightarrow R$ 中,如果在电解前溶液中只有氧化态 O 存在,R 为电极反应的产物,O 与 R 均溶于溶液或汞中,方波电压 $\Delta E \ll \dfrac{RT}{nF}$,则

$$i_t = \pm \frac{n^2 F^2}{RT} C_0 \Delta E \frac{P}{(1+P)^2} \sqrt{\frac{D_0}{\pi \tau}} \sum_{M=0}^{\infty} (-1)^M \frac{1}{\sqrt{M+\beta}} \ (\text{A/cm}^2) \tag{1}$$

式中 i_t 为电流密度, $\beta = \dfrac{t}{\tau}$ $(0 < t < \tau)$, $P = \exp(E - E_{1/2}) \dfrac{nF}{RT}$,Barker 提出的上述公式仅适用于测定当汞滴达到某一定面积时的瞬时电流密度。与电子管方波极谱仪不同,振动子方波极谱仪由于 τ 较大而

——————————————————
● 原文发表于化学学报,30 (2) 111 (1964)。

β 较小，记录的电流并不是某一时刻的瞬时电流，而是从闸门打开到方波电压改变方向这段时间间隔内的平均电流，即从 t_1 到 τ 时间间隔内的平均电流。在时间 t 时，由于方波电压作用，电极表面去极剂 O 的总流量为：

$$f_O^0 = \pm \Delta C_O^0 \sqrt{\frac{D_O}{\pi \tau}} \sum_{M=0}^{\infty} (-1)^M \frac{1}{\sqrt{M + \frac{t}{\tau}}} \tag{2}$$

这总流量随时间而变化。为求得从 t_1 到 τ 时间间隔内的平均总流量，应将上式积分，然后再除以 $\tau - t_1$，即

$$\bar{f}_O^0 = \pm \Delta C_O^0 \sqrt{\frac{D_O}{\pi \tau}} \frac{\sum_{M=0}^{\infty} (-1)^M \int_{t_1}^{\tau} \frac{1}{\sqrt{M + \frac{t}{\tau}}} dt}{\tau - t_1} \tag{3}$$

因此振动子方波极谱电流密度公式应写为

$$i = \pm \frac{n^2 F^2}{RT} C_O \Delta E \frac{P}{(1+P)^2} \sqrt{\frac{D_O}{\pi \tau}} \frac{\sum_{M=0}^{\infty} (-1)^M \int_{t_1}^{\tau} \frac{1}{\sqrt{M + \frac{t}{\tau}}} dt}{\tau - t_1} \tag{4}$$

将（4）式化简得

$$i = \pm \frac{n^2 F^2}{RT} C_O \Delta E \frac{P}{(1+P)^2} \sqrt{\frac{D_O}{\pi \tau}} \frac{2}{1-\beta} \sum_{M=0}^{\infty} (-1)^M [\sqrt{M+1} - \sqrt{M+\beta}] \tag{5}$$

将（5）式乘汞滴的平均面积（t_d 为滴下时间）

$$q = 0.511 m^{2/3} t_d^{2/3} \tag{6}$$

就得方波极谱电流。

本文所以取汞滴的平均面积而不取最大面积是因为检流计不可能只在汞滴面积达到最大时才记录电流。检流计所记录的是汞滴开始生长到落下这段时间间隔内的平均值。这与 Barker 方波极谱仪仅在汞滴长大到某一定面积时才记录电流不同。在悬汞电极上的实验证明了这点。用滴汞电极和悬汞电极（取同一滴汞电极的一滴汞作悬汞电极）在相同条件下分别测量同一溶液的方波极谱电流，所得峰高的比率在 0.5～0.6 之间，这与汞滴平均面积与最大面积的比率 0.6 很接近。因此，滴汞电极上的电流强度可写为

$$i = \pm \frac{n^2 F^2}{RT} C_O \Delta E \frac{P}{(1+P)^2} \sqrt{\frac{D_O}{\pi \tau}} \frac{2}{1-\beta} \sum_{M=0}^{\infty} (-1)^M [\sqrt{M+1} - \sqrt{M+\beta}] 0.511 m^{2/3} t_d^{2/3} \tag{7}$$

所用振动子方波极谱仪的 $\beta = 0.105$，$\tau = 0.01s$

$$\frac{2}{1-\beta} \sum_{M=0}^{\infty} (-1)^M [\sqrt{M+1} - \sqrt{M+\beta}] = 1.001 \approx 1$$

再将 F，R，T 等代入，（7）式即可化简为

$$i = 1.084 \times 10^7 n^2 \Delta E C_O \frac{P}{(1+P)^2} D_O^{1/2} m^{2/3} t_d^{2/3} (25℃) \tag{8}$$

在半波电位时，电流达峰值：

$$i_p = 2.710 \times 10^6 n^2 \Delta E C_O D_O^{\frac{1}{2}} m^{\frac{2}{3}} t_d^{\frac{2}{3}} \tag{9}$$

式中的 i 为滴汞电极上的方波极谱电流强度（A），D_0 为氧化态 O 的扩散系数（cm^2/s^{-1}），ΔE 为方波峰对峰的振幅（V），C_0 为物质 O 在溶液本体中的浓度（mol//L），mt_d 为一滴汞的质量（g），温度为 25℃。

从（7）式可知方波极谱波是以半波电位为中心的对称曲线。电流随电位的变化可用下式表示：

$$i = K \frac{P}{(1 + P^0)^2} \tag{10}$$

从（10）式可以求得半波宽度（25℃）时：

$$W = 2(E - E_{1/2}) = \frac{90.4}{n}(mV) \tag{11}$$

因此在 25℃ 时，对于一价、二价、三价离子，半波宽度分别为 90.4，45.2，30.1mV。测量半波宽度就可以确定电极反应的可逆性及电极反应中的 n 值。

实　验　部　分

仪器与试剂

振动子方波极谱仪[1]。

所有的溶液都用保证试剂和电导水配制。配 Cd^{2+} 溶液用氯化物，配 Ti^+ 溶液用硫酸盐。溶液浓度已经校正。

实验结果

1. 电流与方波电压的关系：在方波极谱理论公式中，i 与 ΔE 成正比。实验结果与此相符（表1），$h/\Delta E$ 值在方波电压较高时稍下降，这与竹盛欣男[4]用 Mervyn-Hawell 方波极谱仪所得的结果一致。

2. 电流与浓度的关系：镉（Ⅱ）浓度在 $10^{-4} \sim 10^{-6}$ mol/L 范围内，峰高与浓度呈良好的线性关系。数据请参阅前文[1]表2。

3. 电流与汞柱高度的关系：由表2可见当汞柱高度改变一倍多时，峰高仍保持不变。电流强度与汞柱高度无关，表示电流与 mt_d 的同次方成正比，即与汞滴面积成正比。实验结果和理论相符。

表1　峰高与方波电压的关系

ΔE mV	h cm	$h/\Delta E$
4.98	0.74	0.149
10.53	1.55	0.148
20.93	3.11	0.149
31.49	4.63	0.147
42.11	6.22	0.148
52.93	7.84	0.148
62.05	8.95	0.144

Cd^{2+} 1×10^{-4}mol/L
KCl0.1mol/L
R_K220Ω　温度=25±0.1℃
β=0.105

表2　峰高与汞柱高度的关系

汞柱高 cm	33.97	41.29	49.33	55.85	62.70	68.39	75.46
峰高 cm	7.20	7.21	7.24	7.10	7.22	7.13	7.12

Cd^{2+} 1×10^{-4}mol/L　KCl0.1mol/L　ΔE=52.93mV

R_K200Ω　温度=25±0.1℃　β=0.105

表3　直流电压变化速率对峰高及半波宽度的影响

总直流电压（V）	1.0	1.5	2.0	2.5	3.0
峰高（cm）	8.76	7.12	6.61	6.05	5.15
半波宽度（mV）	82.5	89.2	98.2	110.4	121.6

Cd^{2+} 1×10^{-4}mol/L　KCl0.1mol/L　ΔE=52.93mV　R_K140Ω

4. 准确测定极谱波的方法：以上实验的极谱波都是连续记录获得。由于检流计的阻尼作用，使电流的变化落后于直流电压的变化，这样就引起波形失真，使峰高降低、半波宽度增加。波形的失真与电压改变的速率有关（表3）。因此，为获得准确的与理论相一致的极谱波，我们采用下列方法：加在鼓轮的总电压尽可能小，然后每转动一段距离（如10mV）就停止一次，并把照相门关闭，待检流计稳定，然后再打开照相门，这进在照相纸上就摄下一条小线段（图1中实线），将这些线段的中点连接起来，就得不失真的极谱波（图1中虚线）。在进行分析工作时，不需要这样记录极谱波，仍用连续记录的方法。因为在相同的条件下，波形的失真也相同。此时只测量相对的峰高，故波形的失真并不影响测定的准确度。

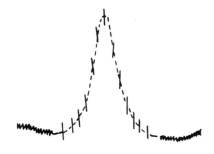

图 1 用不连续记录法获得的极谱波

表 4 Cd^{2+}和Tl$^+$在 0.1mol/L KCl 中的半波宽度

25±0.1 C

方波电压 (mV)	半波宽度 (mV)			
	Cd^{2+}		Ti$^+$	
4.98			90.9	90.0
10.53	44.7	45.1	89.5	91.0
20.93	45.9	45.7		

5. 半波宽度的测定：利用上述方法测定Cd^{2+}和Ti$^+$在 0.1mol/L 氯化钾底液中极谱波的半波宽度，所得结果与理论值相符（表4）。

6. $i_{p实测}$与$i_{p理论}$的比较：在不同方波电压时，测定各不同浓度镉离子和铊离子的峰电流。计算电流的公式[1]为

$$i = hS^0R_g\left(\frac{1}{R_g} + \frac{1}{R_L}\right) \quad (12)$$

式中 h 为峰高（mm），$S^0 = 7.46 \times 10^{-4}\mu A/mm$，$R_g = 7030\Omega$，$R_L = 3160\Omega$。计算理论值时，$mt_d = 7.87mg$，$D_{Cd^{2+}} = 8.41 \times 10^{-5}cm^2s^{-1}$（由前人的扩散电流常数[5]求得），$D_{Ti^+} = 1.56 \times 10^{-5}cm^2 \cdot s^{-1}$（由实验[6]测得）。实验值与理论值的比较见表5，二者相差在 5% 以内。

7. 实验曲线与理论曲线的比较：图 2 中的线是由（7）式计算的理论值，线上各点是实验值，均落在理论曲线上，说明（7）式正确。

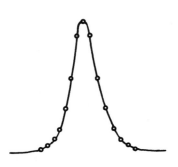

图 2 实测曲线与理论曲线的比较

——理论值

o——实验值

Cd^{2+} 8×10^{-6}mol/L   KCl 0.1mol/L

$\Delta E = 10.53mV$ 温度 25±0.1℃

表 5　Cd²⁺ 与 Tl⁺ 的方波极谱电流

为波电压 (mV)	浓度 (μmol/L)	峰高 (cm)	电流（μA）	
			实 验 值	理 论 值
(A) Cd²⁺				
4.98	20.0	5.08	0.122	0.124
10.53	8.00	4.15	0.100	0.105
42.11	2.00	4.21	0.101	0.105
(B) Tl⁺				
10.53	20.0	3.62	0.0871	0.0891
		3.70	0.0900	
		3.64	0.0875	
20.93	2.00	7.21	0.173	0.177
		7.10	0.171	
		7.28	0.175	
4.98	5.00	4.30	0.103	0.105
		4.42	0.106	
		4.32	0.104	

底液 0.1mol/LKCl　温度＝25±0.1℃　β＝0.105

参 考 文 献

〔1〕　张祖训、王春霞、黄文裕等，化学学报，30，108(1964)

〔2〕　G. C. Barker, R. L. Faircloth and A. W. Gardner, Atomic Energy Research Estab. , (Gt. Brit) C/R 1786 (1958)

〔3〕　G. C. Barker, Anal. Chim. Acta, 18, 118 (1958)

〔4〕　竹盛秋男，ポーラログラフイー，7，43(1959)

〔5〕　I. M. Kolthoff and J. J. Lingane，《极谱学》（第一册），科学出版社，中译本 88 页 (1955)

〔6〕　高鸿等编著，《仪器分析》，高等教育出版社，202(1956)

—*3*—————————————————————————

方波极谱研究

催 化 电 流 方 程 式[*]

张祖训　　高　鸿

方波极谱最早由 Barker 及 Jenkins[1]提出。其后，Barker，Faircloth 及 Gardner[2][3]提出了可逆波、准可逆和不可逆波的方波极谱电流理论，他们在文章中只简略地提到这些理论已经由实验加以验证，但没有发表实验结果。张祖训、高鸿等[4][5]提出了振动子方波极谱可逆波方程式，间接地验证了 Barker 的理论。本文从理论上探讨方波极谱催化电流的性质。

催化电流方程式的推导

电极反应（1）为可逆反应：

$$O + ne \underset{}{\overset{el\infty}{\rightleftharpoons}} R \tag{1}$$

$$R + Z \underset{k_b}{\overset{k_f}{\rightleftharpoons}} O \tag{2}$$

O 和 R（分别代表氧化态和还原态）均溶解于溶液或汞中，Z 为非电极活性物质，k_f 和 k_b 分别代表反应（2）的正向和逆向的反应速率常数，并且假定：（1）Z 的浓度足够大，在电解过程中 Z 的浓度实际上保持不变，用 C_z^0 表示；（2）在电解开始前，R 的浓度为零；（3）$k_f \gg k_b$；（4）交流电场所引起的电极反应仅发生在距离电极表面极小的区域内，滴汞电极的球曲率和由于汞滴生长所引起的去极剂的对流效应均可忽略，滴汞电极上的扩散可以作为线性扩散处理。

• 原文发表于南京大学学报（化学版），1，55（1963）。以后转载于高等学校自然科学学报（化学化工版试刊），3，206（1964）。以后选登于英文版中国科学 Scientia Sinica，14（2）193（1965）。

令 $C_O(x,t)$，$C_R(x,t)$ 依次代表在离电极表面距离为 x 处、在时间 t 时 O 与 R 的浓度，依照线性扩散，有下列关系存在：

$$\frac{\partial C_O(x,t)}{\partial t} = D_O \frac{\partial^2 C_O(x,t)}{\partial x^2} + k_f C_R(x,t)C_Z^0 \tag{3}$$

$$C_R(x,t) = \left(\frac{D_O}{D_R}\right)^{\frac{1}{2}}[C_O^{\bullet} - C_O(x,t)] \tag{4}$$

式中 $C_O^{\bullet}$ 代表 O 在溶液本体中的浓度。D_O 和 D_R 代表 O 与 R 的扩散系数。由于 D_O 及 D_R 之值一般相差不大，为方便起见，假定 $D_O = D_R$，则（3）式可改写为

$$\frac{\partial C_O(x,t)}{\partial t} = D_O \frac{\partial^2 C_O(x,t)}{\partial x^2} + k_f C_Z^0[C_O^{\bullet} - C_O(x,t)] \tag{5}$$

解方程式的初始和边界条件如下：

当 $t = 0$ 或 $x = \infty$ 时 $\qquad\qquad C_O(x,t) = C_O^{\bullet}$ \hfill (6)

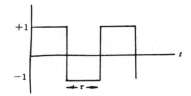

图 1 方形波示意图

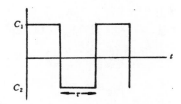

图 2 电极表面浓度变化示意图

当 $t > 0, x = 0$ 时 $\qquad C_O = \frac{1}{2}(C_1 + C_2) + \frac{1}{2}(C_1 - C_2)H(\tau,t)$ \hfill (7)

$$H(\tau,t) = \left\{\begin{matrix} +1 \ (0 < t < \tau) \\ -1 \ (\tau < t < 2\tau) \end{matrix}\right\}$$
$$H(\tau, t + 2\tau) = H(\tau,t) \tag{8}$$

式中 $H(\tau, t)$ 代表方形波。边界条件（7）及（8）表示叠加于直流电压上的方波电压（图 1）对电极表面浓度的影响（图 2）。

令 $\qquad\qquad\qquad\qquad u(x,t) = C_O^{\bullet} - C_O(x,t)$ \hfill (9)

将（5）式中变数 $C_O(x, t)$ 用 $u(x, t)$ 来代换，则

$$\frac{\partial u(x,t)}{\partial t} = D_O \frac{\partial^2 u(x,t)}{\partial x^2} - k_f C_Z^0 u(x,t) \tag{10}$$

相应地初始和边界条件也改变为

当 $t = 0$ 或 $x = \infty$ 时 $\qquad\qquad u(x,t) = 0$ \hfill (6a)

当 $x = 0, t > 0$ 时 $\qquad u(0,t) = C_O^{\bullet} - \frac{1}{2}(C_1 + C_2) - \frac{1}{2}(C_1 - C_2)H(\tau,t)$ \hfill (7a)

根据条件（6a）和（7a）用拉普拉斯变换法解（10）式如下：

$$LD_0 \frac{\partial^2 u(x,t)}{\partial x^2} = D_0 \frac{\partial^2 \bar{U}(x,s)}{\partial x^2} \tag{11}$$

$$L \frac{\partial u(x,t)}{\partial t} = S\bar{U}(x,s) - u(x,0) = S\bar{U}(x,s) \tag{12}$$

$$Lk_f C_z^0 u(x,t) = k_f C_z^0 \bar{U}(x,s) \tag{13}$$

将(11)~(13)式代入(10)式得

$$\frac{\mathrm{d}^2 \bar{U}(x,s)}{\mathrm{d}x^2} + \frac{[S + k_f C_z^0 \bar{U}(x,s)]}{D_0} = 0 \tag{14}$$

(14) 式的通解为

$$\bar{U}(x,s) = \beta \exp\left[\left(\frac{S + k_f C_z^0}{D_0}\right)^{1/2} x\right] + \xi \exp\left[-\left(\frac{S + k_f C_z^0}{D_0}\right)^{1/2} x\right] \tag{15}$$

因为 $x=\infty$ 时, $u(x,t)=0$ 故 $\beta=0$ 因此

$$\bar{U}(x,s) = \xi \exp\left[-\left(\frac{S + k_f C_z^0}{D_0}\right)^{1/2} x\right] \tag{16}$$

当 $x=0, t>0$ 时
$$\bar{U}(0,s) = \xi \tag{17}$$

为了求 ξ 之值,将(8)式进行拉普拉斯变换

$$LH(\tau,t) = \frac{1}{S}\tanh\frac{\tau S}{2} \tag{18}$$

由 (7a) 可知

$$\bar{U}(0,t) = \frac{1}{S}\{C_0^0 - \frac{1}{2}(C_1 + C_2) - \frac{1}{2}(C_1 - C_2)\tanh\frac{\tau S}{2}\} \tag{19}$$

因为
$$\tanh\frac{S\tau}{2} = 1 + 2\sum_{n=1}^{\infty}(-1)^n e^{-n s\tau} \tag{20}$$

$$n = 1,2,3\cdots \tau > 0$$

合并 (17) (19) (20) 三式可得

$$\xi = \frac{1}{S}\left\{C_0^0 - \frac{1}{2}(C_1 + C_2) - \frac{1}{2}(C_1 - C_2)[1 + 2\sum_{n=1}^{\infty}(-1)^n e^{-n s\tau}]\right\}$$

$$= \frac{1}{S}\{(C_0^0 - C_1) - (C_1 - C_2)\sum_{n=1}^{\infty}(-1)^n e^{-n s\tau}\} \tag{21}$$

将 (21) 式代入 (16) 式,则得

$$\bar{U}(x,s) = \frac{C_0^0 - C_1}{S}\exp\left[-\left(\frac{S + k_f C_z^0}{D_0}\right)^{1/2} x\right]$$

$$+ \frac{C_2 - C_1}{S}\sum_{n=1}^{\infty}(-1)^n e^{-n s\tau}\exp\left[-\left(\frac{S + k_f C_z^0}{D_0}\right)^{1/2} x\right] \tag{22}$$

根据拉普拉斯反变换法原理

$$L^{-1}f(s) = \varphi(t) \qquad L^{-1}[e^{-Ks}f(s)] = \varphi(t - K) \tag{23}$$

而 $$L^{-1}\frac{1}{S}\exp\left[-\left(\frac{S + k_f C_z^0}{D_0}\right)^{1/2} x\right] = \frac{1}{2}\exp\left[-\left(\frac{k_f C_z^0}{D_0}\right)^{1/2} x\right]\mathrm{erfc}\left[\frac{x}{2(D_0 t)^{1/2}} - (k_f C_z^0 t)^{1/2}\right]$$

$$+ \frac{1}{2}\exp\left[\left(\frac{k_fC_z^0}{D_0}\right)^{\frac{1}{2}}x\right]\text{erfc}\left[\frac{x}{2(D_0t)^{\frac{1}{2}}} + (k_fC_z^0t)^{\frac{1}{2}}\right] \tag{24}$$

所以（22）式的拉普拉斯反变换为

$$C_O(x,t) = C_{\dot{O}} - u(x,t) = C_{\dot{O}} - (C_{\dot{O}} - C_1)\left\{\frac{1}{2}\exp a^{\frac{1}{2}}(-x)\text{erfc}\right.$$

$$\left[\frac{x}{2(D_0t)^{\frac{1}{2}}} - b^{\frac{1}{2}}\right] + \frac{1}{2}\exp a^{\frac{1}{2}}x\,\text{erfc}\left[\frac{x}{2(D_0t)^{\frac{1}{2}}} + b^{\frac{1}{2}}\right]\right\}$$

$$+ (C_2 - C_1)\sum_{n=1}^{\infty}(-1)^n\left\{\frac{1}{2}\exp a^{\frac{1}{2}}(-x)\,\text{erfc}\left[\frac{x}{2(D_0t)^{\frac{1}{2}}} - b'^{\frac{1}{2}}\right]\right)$$

$$+ \frac{1}{2}\exp a^{\frac{1}{2}}x\,\text{erfc}\left[\frac{x}{2(D_0t)^{\frac{1}{2}}} + b'^{\frac{1}{2}}\right]\right\} \tag{25}$$

式中
$$a = \frac{k_fC_z^0}{D_0},\ b = k_fC_z^0t,\ b' = k_fC_z^0(t - n\tau)$$

将（25）式中 $C_O\ (x,\ t)$ 对 t 微分，并令 $x=0$

$$\left(\frac{\partial C_O(x,t)}{\partial t}\right)_{x=0} = (C_{\dot{O}} - C_1)\left[a^{\frac{1}{2}}\text{erf}\,b^{\frac{1}{2}} + \frac{1}{\sqrt{\pi D_0t}}\exp(-b)\right]$$

$$+ (C_2 - C_1)\sum_{n=1}^{\infty}(-1)^n\left\{a^{\frac{1}{2}}\text{erf}\,(b')^{\frac{1}{2}} + \frac{1}{\sqrt{\pi D_0(t - n\tau)}}\exp(-b')\right\} \tag{26}$$

式中后面一项代表在方波影响下总的流量中的交流部分，前面一项代表总的流量中的直流部分。当方波电压不存在时，后面一项等于零，这时利用（26）式可以得到经典极谱法中线性扩散极谱波方程式[6]。根据以上讨论可知，在电极表面上加 n 个方波后的总流量为

$$f^0 = D_0\Delta C\sum_{n=1}^{\infty}(-1)^n\left\{a^{\frac{1}{2}}\text{erf}\,(b')^{\frac{1}{2}} + \frac{1}{\sqrt{\pi D_0(t - n\tau)}}\exp(-b')\right\} \tag{27}$$

$\Delta C = C_2 - C_1$，即代表电极表面由于方波电压的变化而引起的方波式的 O 的浓度变化峰对峰的振幅（图2）。

当方形波电场不存在时，催化电流极谱波方程式为

$$E = E_{\frac{1}{2}} + \frac{RT}{nF}\ln\frac{i_t - i}{i} \tag{28}$$

式中 i_t 为极限催化电流，$E_{\frac{1}{2}}$ 为可逆波半波电位[7]。（28）式可以改写成下面的形式

$$E = E_{\frac{1}{2}} + \frac{RT}{nF}\ln\frac{C_{\dot{O}}^0}{C_{\dot{O}} - C_{\dot{O}}^0} \tag{29}$$

$C_{\dot{O}}^0$ 为电极表面 O 的浓度。

令
$$p = \exp\frac{nF}{RT}(E - E_{\frac{1}{2}}) \tag{30}$$

则
$$C_{\dot{O}}^0 = C_{\dot{O}}\,\frac{p}{1 + p} \tag{31}$$

$$\frac{dC_{\dot{O}}^0}{dE} = \frac{nF}{RT}\cdot\frac{p}{(1 + p)^2}C_{\dot{O}} \tag{32}$$

如果 $\Delta E \ll \dfrac{RT}{nF}$，可以把（32）式写成

$$\Delta C = \frac{nF}{RT}\frac{p}{(1 + p)^2}C_{\dot{O}}\Delta E \tag{33}$$

将（33）式代入（27）式，根据 Fick 第一定律得

$$i_t = \pm \frac{n^2F^2}{RT}C_O^{\cdot} \frac{p}{(1+p)^2}\Delta E D_O \sum_{n=1}^{\infty}(-1)^n\left\{ a^{\frac12}\mathrm{erf}(b')^{\frac12} \right.$$
$$\left. + \frac{1}{\sqrt{\pi D_O(t-n\tau)}}\exp(-b') \right\} \tag{34}$$

式中的 t 代表电解开始后的时间（图 1，时间坐标以原点为零点），如果改变时间坐标，令 t 代表在某一个方波内从前一跳变开始到测量电流开始的这一段时间（$0 < t < \tau$），方程式（34）改写为

$$i_t = \pm \frac{n^2F^2}{RT}C_O^{\cdot} \frac{p}{(1+p)^2}\Delta E D_O^{\frac12}\psi \tag{35}$$

$$\psi = \sum_{m=0}^{m=\infty}(-1)^m\left\{ (k_fC_Z^0)^{\frac12}\mathrm{erf}\rho^{\frac12} + \frac{1}{\sqrt{t+m\tau}}\exp(-\rho) \right\} \tag{36}$$

$$\rho = k_fC_Z^0(t+m\tau) \tag{37}$$

（35）式为方波极谱催化电流方程式，i_t 为瞬时电流密度。应用这个方程式于振动子方波极谱仪时，由于振动子方波极谱仪测定的是汞滴生长期间的平均电流，因而需要加以修正[5]：

$$\left. \begin{array}{l} \bar{i_t} = \pm \dfrac{n^2F^2}{RT}C_O^{\cdot} \dfrac{p}{(1+p)^2}\Delta E D_O^{\frac12} \dfrac{1}{\tau-t}\int_{t_2}^{\tau}\psi dt \\[2mm] \bar{i_t} = \pm \dfrac{n^2F^2}{RT}C_O^{\cdot} \dfrac{p}{(1+p)^2}\Delta E D_O^{\frac12}\bar{\psi} \end{array} \right\} \tag{38}$$

（38）式不好积分，但是从下面讨论中可以看出：当 $k_fC_Z^0$ 较大时，电流和 m，t，τ 之值无关，因此对于振动子方波极谱，仍然可以应用（35）式。当 $k_fC_Z^0$ 之值不太大时，可以用作图法来求得 $\bar{\psi}$。

讨　论

ψ-t 曲线和 ψ-$k_fC_Z^0$ 曲线

在（36）式中，由不同的 $k_fC_Z^0$ 和 t 的值，可以从计算得到一系列 ψ 值，这些结果列在表 1 中。在计算这些数据时，取 m 为有限值，并且是偶数。把表 1 的数据画成曲线，即得到图 3 ψ-$k_fC_Z^0$ 曲线和图 4 ψ-t 曲线。曲线清楚地表明当 $k_fC_Z^0$ 之值较大时，ψ 和 t 无关。当 $k_fC_Z^0$ 之值较小时，ψ 随 t 增加而降低。

表 1　ψ，$\bar{\psi}$，$k_fC_Z^0$ 与 t 的关系

$k_fC_Z^0$ ＼ t ／ ψ 和 $\bar{\psi}$	0.00105		0.002		0.003		0.005		0.007		0.009	
	ψ	$\bar{\psi}$	ψ	$\bar{\psi}$	ψ	$\bar{\psi}$	ψ	$\bar{\psi}$	ψ	$\bar{\psi}$	ψ	$\bar{\psi}$
100	18.84	12.25	14.71	11.65	13.10	10.99	11.59	10.73	10.65	10.60	10.53	10.53
200	21.21	15.52	17.43	15.05	16.14	14.75	14.73	14.58	14.54	14.50	14.46	14.46
500	25.47	23.05	23.51	22.86	22.76	22.76	22.78	22.76	22.36	22.36	22.42	22.42
1000	33.17	31.94	31.89	31.70	31.65	31.66	31.62	31.62	31.62	31.62	31.62	31.62
2000	44.70	44.70	44.75	44.75	44.72	44.72	44.72	44.72	44.72	44.72	44.72	44.72
5000	70.71	70.71	70.71	70.71	70.71	70.71	70.71	70.71	70.71	70.71	70.71	70.71
10000	100	100	100	100	100	100	100	100	100	100	100	100

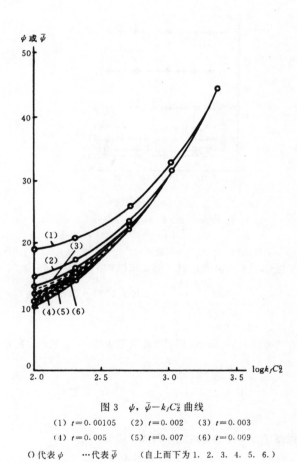

图 3 ψ，$\bar{\psi}-k_f C_Z^0$ 曲线

(1) $t=0.00105$　(2) $t=0.002$　(3) $t=0.003$

(4) $t=0.005$　(5) $t=0.007$　(6) $t=0.009$

〇代表 ψ　⋯代表 $\bar{\psi}$　（自上而下为 1. 2. 3. 4. 5. 6.）

当 ρ 之值大于 5 时

$\exp(-\rho)=0$，$\operatorname{erf}(\rho^{1/2})=1$，因此 $\psi=(k_f C_Z^0)^{1/2}$

所以
$$i_t = \pm \frac{n^2 F^2}{RT} C_0^* \frac{p}{(1+p)^2} \Delta E \, D_0^{1/2} (k_f C_Z^0)^{1/2} \tag{39}$$

由（39）式可以得到下列结论：

1. 在一定的实验条件下，i_t 分别与 ΔE，C_0^*，$k_f^{1/2} C_Z^{0\,1/2}$ 成正比。

2. i_t 与 m，t，τ 等均无关。

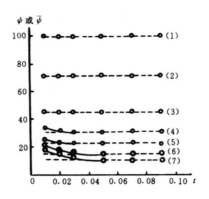

图 4 $\psi,\ \bar{\psi}$-t 曲线

(1) $k_f C_2^0 = 10000$ (2) $k_f C_2^0 = 5000$ (3) $k_f C_2^0 = 2000$

(4) $k_f C_2^0 = 1000$ (5) $k_f C_2^0 = 500$ (6) $k_f C_2^0 = 200$

(7) $k_f C_2^0 = 100$ o 代表 ψ ···代表 $\bar{\psi}$

3. 当 (39) 式应用于振动子方波极谱仪时，滴汞电极取平均面积 $\bar{A} = 0.511\sigma^{2/3} t_d^{2/3}$

$$\bar{i}_t = \pm \frac{n^2 F^2}{RT} D_0 C_0^{\cdot} \frac{p}{(1+p)^2} \Delta E (k_F C_2^0)^{1/2} \cdot 0.511\sigma^{2/3} t_d^{2/3} \tag{40}$$

电流与汞柱高度无关。

4. 波形和可逆反应方波极谱相同。$p = 1$ 时，电流为最大以 $(\bar{i}_t)_P$ 表示。在 $i = \frac{i_P}{2}$ 时，波的宽度称为半波宽度，用 W 表示。

$$W = 2(E - E_{1/2}) = \frac{90.4}{n} mv (25\,℃) \tag{41}$$

与催化剂不存在时所得结果一致[5]。

5. 将 (39) 式除以振动子方波极谱可逆波方程式，则得

$$\frac{(\bar{i}_t)_P}{(\bar{i}_{irev})_P} = \frac{(\pi\tau k_f C_2^0)^{1/2}}{\sum\limits_{m=0}^{m=\infty} (-1)^m \frac{2}{1-\beta} \left[\sqrt{m+1} - \sqrt{m+\beta} \right]} \tag{42}$$

利用这个式子可以测定 k_f 值。

当 $0 < \rho < 5$ 时

在一定的实验条件下，上面的结论 (1，2，4，) 仍然成立，$(\bar{i}_t)_P$ 和汞柱高度无关。利用图 3 中 ψ-$k_f C_2^0$ 曲线可以求得 k_f。对于振动子方波极谱，虽然 (38) 式中 $\bar{\psi}$ 不能从积分法求得，但是可以利用作图求面积的方法得到。例如利用图 4 曲线，用求仪测量每一条曲线从 t_1 到 τ 所包含的面积，再除以 $(\tau - t_1)$，即得到从 t_1 到 τ 的 $\bar{\psi}$ 值。照上述方法，可以测得对应于每一个 ψ 的 $\bar{\psi}$，这些数值列在表 1 中，并在图 3 中画成 $\bar{\psi}$-$k_f C_2^0$ 曲线群。因此由实验则得 $(\bar{i}_t)_P$，利用公式 (38) 和 $\bar{\psi}$-$k_f C_2^0$ 曲线就可以求得 k_f。

对于振动子方波极谱，当 $\rho < 5$ 时 $\frac{(\bar{i}_t)_P}{(\bar{i}_{rev})_P}$ 之值列在表 2。

当 $\rho=0$ 即 $k_f=0$ 时

公式（35）简化成可逆波方波极谱电流方程式。

关于方程式的实验验证将在另外的文章中叙述。

表 2　$\dfrac{(\bar{i}_t)_p}{(i_{rev})_p}$ 之值

$(it)_p/(i_{rev})_p$ ＼ $k_f C_L^0$	100	200	500	1000	2000
0.00105	3.34	3.73	4.56	5.90	7.94
0.002	2.66	3.09	4.17	5.67	7.94
0.003	2.31	2.86	4.10	5.63	7.94
0.005	2.03	2.62	4.10	5.63	7.94
0.007	1.88	2.60	3.98	5.63	7.94
0.009	1.86	2.60	3.98	5.63	7.94

参 考 文 献

[1] G. C. Barker and I. L. Jenkins, Analyst, 77, 685(1952)

[2] G. Barker, R. L. Faircloth and A. W. Gardner, Atomic Energy Research Establ., (Gt. Brit.) C/R-1786 (1958)

[3] G. C. Barker, Anal. Chim. Acta, 18, 118(1958)

[4] 张祖训、王春霞、黄文裕, 化学学报, 34(2)108(1964)

[5] 张祖训、高鸿, 化学学报, 30(2)118(1964)

[6] P. Delahay, New Instrumental Methods in Electrochemistry(1954)

[7] D. M. H. Kern, J. Am. Chem. Soc., 75, 2473(1953)

—— 4 ——

方波极谱研究

催化电流理论的验证[*]

高 鸿 张祖训 黄文裕

在前文[1]中，作者曾推导方波极谱催化电流的公式。本文报道在振动子方波极谱仪[2]上用草酸钛（Ⅳ）-氯酸钾体系对上述理论的验证。

对反应体系

$$O + ne \xrightleftharpoons{\text{el. }\infty} R \tag{1}$$

$$R + Z \xrightleftharpoons[k_b]{k_f} O \tag{2}$$

而言，瞬时方波极谱催化电流的方程式如下[1]

$$i_t = \pm \frac{n^2 F^2}{RT} D_O^{1/2} \cdot \Delta E \cdot A \cdot C_O^0 \frac{P}{(1+P)^2} \psi \tag{3}$$

$$\psi = \sum_{q=0}^{q=\infty} (-1)^q \left\{ (k_f C_Z^0)^{1/2} \text{erf} \rho^{1/2} + \frac{\exp(-\rho)}{\sqrt{\pi(t+q\tau)}} \right\} \tag{4}$$

$$\rho = k_f C_Z^0 (t + q\tau) \tag{5}$$

式中 C_O^0 及 C_Z^0 分别代表溶液主体中 O 与 Z 的浓度，D_O 为 O 的扩散系数（假定 O 与 R 的扩散系数相等），k_f 及 k_b 依次为反应（2）的正向及逆向反应速率常数，并假定 $k_f \gg k_b$，A 为电极面积，ΔE 为方波电压峰对峰的振幅，τ 为方波的半周期，P 的定义为：

$$P = \exp \frac{nF}{RT}(E - E_{1/2}) \tag{6}$$

* 原文发表于化学学报，30(3)275(1964)。后选登于英文版中国科学 Scientia Sinica，14(2)193(1965)。

其他符号具常用的意义。

当 $\rho=0$ 时（即 $k_f C_Z^0=0$），电流完全受扩散控制，催化波方程式简化为 Barker 的可逆波方程式[3]，对于振动子方波极谱，可逆波方程式改写为[4]：

$$\bar{i}_{rev} = \pm \frac{n^2 F^2}{RT} D_O^{1/2} \cdot C_O^0 \frac{P}{(1+P)^2} \Delta E \cdot$$

$$\cdot \frac{1}{\sqrt{\pi\tau}} \left(\frac{2}{1-\beta} \right) \sum_{q=0}^{q=\infty} (-1)^q (\sqrt{q+1} - \sqrt{q+\beta}) \bar{A} \tag{7}$$

对平均峰电流而言

$$(\bar{i}_{rev})_P = \pm \frac{n^2 F^2}{4RT} D_O^{1/2} \cdot C_O^0 \Delta E \cdot$$

$$\cdot \frac{1}{\sqrt{\pi\tau}} \left(\frac{2}{1-\beta} \right) \sum_{q=0}^{q=\infty} (-1)^q (\sqrt{q+1} - \sqrt{q+\beta}) \bar{A} \tag{8}$$

当 $\rho>5$ 时，电流完全受化学反应（2）的速率所控制，催化电流方程式简化为：

$$\bar{i}_k = \pm \frac{n^2 F^2}{RT} D_O^{1/2} \cdot C_O^0 \cdot \Delta E \cdot \frac{P}{(1+P)^2} (k_f C_Z^0)^{1/2} \bar{A} \tag{9}$$

或

$$(\bar{i}_k)_P = \pm \frac{n^2 F^2}{4RT} D_O^{1/2} \cdot C_O^0 \cdot \Delta E \cdot (k_f C_Z^0)^{1/2} \bar{A} \tag{10}$$

式中

$$\bar{A} = 0.511 m^{2/3} t_1^{2/3} \tag{11}$$

m 为汞在毛细管内的流速，t_1 为滴下时间。

由(8)及(10)得

$$\frac{(\bar{i}_k)_P}{(\bar{i}_{rev})_P} = \frac{(\pi\tau k_f C_Z^0)^{1/2}}{\left(\dfrac{2}{1-\beta} \right) \sum_{q=0}^{q=\infty} (-1)^q (\sqrt{q+1} - \sqrt{q+\beta})} \tag{12}$$

利用（12）式以及由实验测得的 $(\bar{i}_k)_P$ 及 $(\bar{i}_{rev})_P$ 值可计算 k_f 值。本文对式（10）进行详尽的验证，并由式（12）测出草酸钛（Ⅲ）与氯酸钾反应的速率常数值，由此法所得的 k_f 值和由其他极谱方法所得的结果相符。

实　验　部　分 *

仪器、试剂及实验技术

1. 仪器及试剂：验证工作在振动子方波极谱仪[2]上进行，方波电压的半周期（τ）为 0.01s，公式（8）中

$$\frac{2}{1-\beta} \sum_{q=0}^{q=\infty} (-1)^q (\sqrt{q+1} - \sqrt{q+\beta}) = 0.960$$

温度控制在 25 ± 0.1℃。除特别指明外，滴汞电极的 $m=3.89$mg/s，$t_1=2.51$s（在峰电位时测得）。验证时使用草酸钛（Ⅳ）-氯酸钾体系。底液为 0.2mol/L 硫酸和 0.1mol/L 草酸。在此底夜中，钛

---

* 倪其道参加部分实验工作。

（Ⅳ）在滴汞电极上的还原反应是可逆的[5,6]。配制钛（Ⅳ）标准溶液的方法：用焦硫酸钾熔融 0.3995g 二氧化钛（化学纯，经重量法检定，成分与化学式相符），再用 0.5mol/L 硫酸溶解，以 0.5mol/L 硫酸稀释至 500ml。钛的浓度为 0.0100mol/L。实验中所用的水均先经阴、阳两种离子交换剂柱纯化，再经一次蒸馏。其他试剂均为 G.R. 或 A.R. 级，经检查合格，未再纯化。极谱测定前用纯化的电解氢除去溶液中的氧[7]。

2. ir 降对催化电流及半波宽度的影响及其校正：此处 i 指直流催化电流，r 指线路上的总电阻。由于直流催化电流较大，线路中的电阻又不能忽略，ir 降的存在使方波极谱电流降低，波形变宽（图1），因此在测量电流及半波宽度时须加校正。

（1）方波极谱电流的校正：公式（3）改写为

$$i_t = K \frac{nF}{RT} \cdot \frac{P}{(1+P)^2} \tag{13}$$

$$K = \pm nFC^\circ_O \Delta E D_0^{1/2} \psi \tag{14}$$

根据方程式（6），并令 i_l 代表直流极限催化电流，则

$$\frac{P}{(1+P)^2} = \frac{i(i_l - i)}{i_l^2} \tag{15}$$

$$\frac{di}{dE} = \frac{nF}{RT} \cdot \frac{i(i_l - i)}{i_l} \tag{16}$$

$$\frac{nF}{RT} \frac{P}{(1+P)^2} = \frac{di}{dE} \cdot \frac{1}{i_l} \tag{17}$$

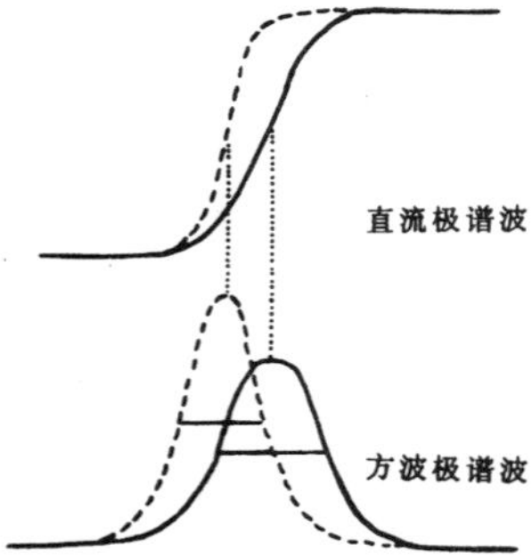

从（13）式及（17）式得

$$(i_t)_{理论} = K \cdot \frac{1}{i_l} \cdot \frac{di}{dE} \tag{18}$$

图1 ir 降的影响
—— 实测曲线
—— 理论曲线
上半：直流极谱波
下半：方波极谱波

式中 $(i_t)_{理论}$ 是理论的方波极谱电流，即 $r=0$ 时的电流值。令 $(i_t)_{实测}$ 为实际测得的方波极谱电流，即 $r \neq 0$ 时的电流值。$(i_t)_{理论}$ 和 $(i_t)_{实测}$ 二者间的关系可从下列关系求得：

设 V 为外加直流电压，E 为滴汞电极电位，则

$$V = i \cdot r + E \tag{19}$$

$$\frac{di}{dV} = \frac{1}{\dfrac{dE}{di} + r} \tag{20}$$

从（18）和（20）式得

$$(i_t)_{实测} = K \cdot \frac{1}{i_l} \cdot \frac{di}{dV} = K \cdot \frac{1}{i_l} \cdot \frac{1}{\dfrac{dE}{di} + r} \tag{21}$$

$$\frac{(i_t)_{理论}}{(i_t)_{实测}} = 1 + r \frac{di}{dE} = 1 + r \frac{i(i_l - i)}{i_l} \cdot \frac{nF}{RT} \tag{22}$$

当 $P=1$ 时，$i = \frac{1}{2} i_l$，所以

$$(i_t)_{理论} = (i_t)_{实测} \left(1 + \frac{nF}{4RT} i_l \cdot r \right) \tag{23}$$

在 25℃ 时

$$(i_t)_{理论} = (i_t)_{实测} (1 + 9.736 i_l \cdot r) \tag{24}$$

（23）式同样适用于校正可逆波的方波极谱电流，唯将 i_l 换为 i_d（直流极限扩散电流）即可。当 i_d 值较

小时，校正项可略去。

（2）半波宽度的校正：根据可逆波方波极谱理论，ir 降可以忽略时

$$E - E_{1/2} = \frac{45.2}{n}(mV) \qquad (25\,℃) \tag{25}$$

由（19）式并在 $i = \frac{1}{2}i_l$ 时

$$V - \frac{i_l}{2} \cdot r - E_{1/2} = \frac{45.2}{n} \tag{26}$$

令 $W_{实测}$，$W_{理论}$ 分别代表实测和理论半波宽度，则

$$W_{理论} = W_{实测} - i_l \cdot r \tag{27}$$

（27）式同样适用于可逆波，只将 i_l 改为 i_d 即可，在一般情况下，$i_d \cdot r$ 值可忽略不计。

实验结果证明（23）式正确。方波极谱峰高随 r 增加而降低，$\frac{1}{(h)_{实测}}$ 对 r 作图为一直线（图2）。当 r 大于 2000Ω 时，峰高不再改变，可能是由于 ir 降过大（已接近 $90mV$），波形很斜，$\frac{di}{dV}$ 受 r 值的影响较小之故。显然，在此情况下，校正已无意义。上述直线在纵坐标上的截距（$r=0$）应为 $h_{理论}$ 值的倒数，在验证催化电流方程时，即用此法来求 i_k 值。

3. 电极反应可逆性的检查：由于方程式（9）在 $\rho > 5$ 时才能成立，因此选择草酸钛-氯酸钾体系，因这体系的 k_f 值很大。此外，这体系的反应速率常数值很可靠。我们曾用几种极谱法测定这

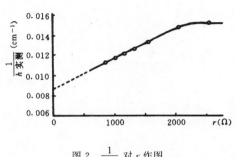

图2　$\frac{1}{h_{实测}}$ 对 r 作图

体系的 k_f 值，其结果与文献值相符。虽然在经典极谱法及示波极谱[6]中，已经证明草酸钛（Ⅳ）在滴汞电极上的还原反应是可逆，但由于电极反应的可逆性关系重大，因此又在振动子方波极谱仪上复查。实验结果如下：半波宽度和（25）式相符，峰电流遵守方程式（8）（表1）。以上可说明所选择的体系合适。

表1　草酸钛（Ⅳ）在振动子方波极谱仪上电极反应可逆性的检验

检流计灵敏度：$8.54×10^{-4}\mu A/mm$　　$mt_1 = 7.55mg$　　$R_g = 7030\Omega$　　$D_0 = 6.63×10^{-6}cm \cdot s^{-1[6]}$

[Ti(Ⅳ)] (mmol/L)	ΔE (mV)	RL (Ω)	h (mm)	峰电流（mA）	
				实测值	理论值
0.100	10.70	1501	56.5 56.5 55.5	0.274 0.274 0.270	0.275
0.040	10.94	3200	41.4 42.5 42.0	0.113 0.116 0.115	0.113

实 验 结 果

1. 峰电流与 C_0^0，ΔE，$(C_2^0)^{1/2}$ 以及汞柱高度的关系：根据方程式（10），峰电流应与 C_0^0，ΔE，$(C_2^0)^{1/2}$ 成正比而与汞柱高度无关。结果（表 2～4，图 3）说明理论与实验相符。

2. k_f 值的测定：由实验求得 $(\bar{i}_K)_P$ 与 $(\bar{i}_{rev})_P$ 的校正值，再从方程式（12）计算 k_f 值，结果见表 5。用方波极谱法测得的数值与其他极谱法所得结果完全一致（表 6）。

表 2　峰电流与钛（Ⅳ）浓度的关系

[KClO₃] = 0.150mol/L　　ΔE = 9.70mV　　R_L = 300Ω

$C_{Ti(Ⅳ)}$ (mmol)	峰 高 （cm）		$\dfrac{h_{校正}}{C} \times 10^{-5}$
	$h_{实测}$	$h_{校正}$	
0.100	8.52	11.88	1.19
0.080	7.20	9.47	1.18
0.060	5.65	6.98	1.16
0.040	4.06	4.70	1.18
0.020	2.10	2.27	1.14

表 3　峰电流与方波电压的关系

[Ti（Ⅳ）] = 5.00×10⁻⁵mol/L　　[KClO₃] = 0.0600mol/L　　mt_1 = 7.55mg　　R_L = 250Ω

ΔE (mV)	4.96	10.48	20.97	27.50	34.89
h (cm)	0.96	2.05	4.00	5.40	6.72
$h/\Delta E$	0.194	0.196	0.191	0.196	0.193

表 4　峰电流与汞柱高度的关系

ΔE = 10.84mV　　R_L = 800Ω　　余同表 3

汞柱高 (cm)	29.8	40.5	49.9	59.0	68.9
峰高 (cm)	5.91	5.78	5.82	5.88	5.80

表 5　方波极谱法 k_f 值测定结果

[Ti（Ⅳ）] = 1.000×10⁻⁴mol/L　　ΔE = 9.10mV

[KClO₃] (mol/L)	$\dfrac{(\bar{i}_K)_P}{(\bar{i}_{rev})_P}$	k_f (L/mol·s)
0.150	14.81	4.29×10⁴
0.0900	11.87	4.59×10⁴
0.0600	9.49	4.41×10⁴
0.0360	7.23	4.26×10⁴
0.0180	5.05	4.16×10⁴
平 均 值		4.34×10⁴

表6　不同方法测得 k_f 值比较

测定方法	作　者	k_f (L/mol·s)	备　注
本法	本文作者	4.34×10^4	5次平均值
经典极谱法	本文作者	4.35×10^4	2次平均值
	koryta[8]	5.3×10^4	
	周性尧等[9]	2.8×10^4	底液不全同
示波极谱法	本文作者[6]	5.11×10^4	2次平均值

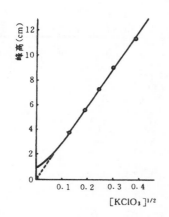

图3　峰电流与 $[KClO_3]^{1/2}$ 的关系

$[Ti(Ⅳ)]=0.100mmol/L$

$\Delta E=9.10mV$　$R_L=300\Omega$

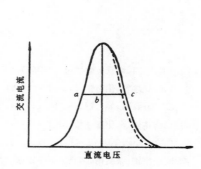

图4　波形不对称的校正

—— 不对称波

—— 对称波

　　3. 半波宽度的测量：草酸钛（Ⅳ）-氯酸钾体系的直流催化波的波形并不完美，在极限电流部分向上倾斜[9]，由于这因素以及 ir 降的影响，实测的方波极谱波并不对称，而且半波宽度远比理论值大（图4）。在验证半波宽度时不但要校正 ir 降，而且要校正由于直流极谱电流向上倾斜而来的方波极谱波的不对称性。校正时，先校正 ir 降，然后从前半波的 $E-E_{1/2}$ 值计算半波宽度，所得结果与理论值相符（表7）。

表7　半波宽度的测定

[Ti(Ⅳ)] (mmol/L)	[KClO₃] (mol/L)	半波宽度实测值（mV）				半波宽度理论值
		不对称波 ac		对称波 $ab \times 2$		
		测量值	校正值	测量值	校正值	
0.100	0.150	142	101	135	94	
	0.150	141	100	133	92	
	0.0900	130	99	121	90	
	0.0360	123	103	111	91	90.4
0.0100	0.150	114	97	109	92	
	0.0900	112	98	105	91	
	0.0900	113	99	106	92	
平　均　值					91.7	

4. 电流理论值与实验值的比较：将实验求得的 $\bar{A}$，k_f，C°_z，C°_0，ΔE 以及用其他方法求得的 D_0 值[6] 等代入公式（10），求出 $(\bar{i}_K)_P$ 的理论值并与实验值作比较，所得结果见表8，实验值与理论值相符，证明公式（10）正确。

表 8   电流理论值与实验值的比较

$k_f = 4.34 \times 10^4 L/mol \cdot s$ D_0 及 mt_1 同表 1

[Ti(N)] (mmol/L)	[KClO₃] (mol/L)	ΔE (mV)	平均峰电流（μA）	
			实测值	理论值
0.100	0.0600	10.81	2.58	2.62
0.0500	0.0900	10.81	1.63	1.60
0.0400	0.150	10.81	1.69	1.63

参 考 文 献

[1] 张祖训、高鸿，南京大学学报（化学版），1，55（1963）

[2] 张祖训、高鸿等，化学学报，30，108（1964）

[3] G. C. Barker et al., A. E. R. E. (Gt. Brit.) C/R 1786(1958)

[4] 张祖训、高鸿等，化学学报，30，111（1964）

[5] R. L. Persok, J. Am. Chem. Soc., 73, 1304(1951)

[6] 高鸿、张祖训、张文彬，南京大学学报（化学版），1，65（1963）

[7] 高鸿等编著，《仪器分析》，人民教育出版社，181（1956）

[8] J. Koryta, Collection Czech. Chem. Commun., 20, 1125(1955)

[9] 周性尧、高小震，北京大学学报（自然科学版），7，157（1961）

5

交流极谱研究

催化电流理论[*]

陈洪渊　　张祖训　　高　鸿

将一个小振幅的低频正弦电压叠加在经典极谱的直流电压上面，然后测量通过电解池的交流电流或电解池的交流特性的方法称为交流极谱法。在这一领域内，对可逆电极过程[1~7]和不可逆电极过程[8~9]以及电极表面的性质[10~13]发表了很多文章。对受化学反应控制的电极过程的研究则比较少，Gerischer[13]以及 Matsuda[14]曾对超前化学反应控制的电极过程进行了探讨，但是对交流极谱的催化电流的研究还未见报道。本文报告这方面的工作。

边 值 问 题

讨论下列反应体系：

$$\left.\begin{array}{l} \mathrm{O} + n e \xrightarrow{\text{el.} \infty} \mathrm{R} \\ \mathrm{R} + \mathrm{Z} \underset{k_b}{\overset{k_f}{\rightleftharpoons}} \mathrm{O} \end{array}\right\} \tag{1}$$

O 为氧化态，在电极电位为 E 时，能被还原成 R，电极反应为可逆反应。另一氧化剂又可将 R 氧化为 O，但是在同一电位下，Z 不发生电极反应。k_f 和 k_b 为该化学反应的正向与逆向反应速率常数。为了使数学处理过程比较简单起见，假定：(1) 在电解开始前，R 的浓度为零，O 的浓度以 C_O^s 表示；(2) Z 的浓度远远大于 O，可以看作常数，用 C_Z^s 表示；(3) $k_f \gg k_b$，逆向反应的影响可以忽略；(4) O 与 R 的扩散系数相等即 $D_O = D_R = D$，溶液中含有大量支持电解质，并且保持静止，以消除迁移和对流的影

　　▪　原文发表于南京大学学报（化学版），1，75，(1963)。转载于高等学校自然科学学报（化学、化工版试刊），3，185 (1964)。

响；（5）在电极表面，O 的浓度随着 $\Delta E \cos(\omega t + \theta)$ 的变化而相应地变化[2]，并且 $\Delta E \ll \dfrac{RT}{nF}$；（6）交流电场的影响仅发生在距离电极表面极薄的区域内，因此可以把滴汞电极上的扩散作为线性扩散来处理。根据上述假定可以写出下面一组方程式：

$$\frac{\partial C_O(x,t)}{\partial t} = D\frac{\partial^2 C_O(x,t)}{\partial x^2} + k_f C_z^0 C_R(x,t) \tag{2}$$

$$\frac{\partial C_R(x,t)}{\partial t} = D\frac{\partial^2 C_R(x,t)}{\partial x^2} - k_f C_z^0 C_R(x,t) \tag{3}$$

$$C_R(x,t) = C_O^* - C_O(x,t) \tag{4}$$

从（2）和（4）式得

$$\frac{\partial C_O(x,t)}{\partial t} = D\frac{\partial^2 C_O(x,t)}{\partial x^2} + k_f C_z^0 [C_O^* - C_O(x,t)] \tag{5}$$

令

$$U(x,t) = C_O^* - C_O(x,t) \tag{6}$$

对方程式（5）进行变数代换，得到

$$\frac{\partial U(x,t)}{\partial t} = D\frac{\partial^2 U(x,t)}{\partial x^2} - k_f C_z^0 U(x,t) \tag{7}$$

初始和边界条件如下：

$$t=0,\ x\geqq0,\ \bar{C}_O(x,t)=C_O^*,\ U(x,t)=0 \atop C_R(x,t)=0,\ \tilde{C}_O(x,t)=0 \tag{8}$$

$\bar{C}_O(x,t)$ 为浓度变化的直流成分，$\tilde{C}_O(x,t)$ 为浓度变化的交流成分。

$t>0,\ x=0$
$$D\frac{\partial C_O(x,t)}{\partial x} = -D\frac{\partial C_R(x,t)}{\partial x} = \frac{i(t)}{nFA} \atop D\frac{\partial U(x,t)}{\partial x} = D\frac{\partial C_R(x,t)}{\partial x} = -\frac{i(t)}{nFA} \tag{9}$$

$$\tilde{C}_O(x,t) = \Delta C_O \cos(\omega t + \theta) \tag{10}$$

$$\tilde{i} = I\cos(\omega t + \varphi) \tag{11}$$

$t>0,\ x=\infty$
$$C_O(x,t)=C_O^*,\ U(x,t)=0 \atop C_R(x,t)=0,\ \tilde{C}_O(x,t)=0 \tag{12}$$

催化电流方程式的推导（方法Ⅰ）

在交流电场存在下，浓度 $C(x,t)$ 可以分解为直流和交流两个分量，并有下面的关系：

$$C_O(x,t) = \bar{C}_O(x,t) + \tilde{C}_O(x,t) \tag{13}$$

$$C_R(x,t) = \bar{C}_R(x,t) + \tilde{C}_R(x,t) \tag{14}$$

将（13）（14）分别代入（2）及（3）式，并且只取交流分量，可得

$$\frac{\partial \tilde{C}_O(x,t)}{\partial t} = D\frac{\partial^2 \tilde{C}_O(x,t)}{\partial x^2} - k_f C_z^0 \tilde{C}_O(x,t) \tag{15}$$

$$\frac{\partial \tilde{C}_R(x,t)}{\partial t} = D\frac{\partial^2 \tilde{C}_R(x,t)}{\partial x^2} - k_f C_z^0 \tilde{C}_R(x,t) \tag{16}$$

设
$$\tilde{C}_O(x,t) = F(x)e^{j(\omega t + \theta)} \tag{17}$$

代入(15)式得
$$\frac{\partial^2 F(x)}{\partial x^2} - \left(\frac{k_f C_z^0 + j\omega}{D}\right) F(x) = 0 \tag{18}$$

(18)式的解为：
$$F(x) = \xi \exp\left\{-\left(\frac{k_f C_z^0 + j\omega}{D}\right)^{\frac{1}{2}} x\right\} + \eta \exp\left\{\left(\frac{k_f C_z^0 + j\omega}{D}\right)^{\frac{1}{2}} x\right\} \tag{19}$$

由条件（10）决定 $\eta = 0$

所以
$$F(x) = \xi \exp\left\{-\left(\frac{k_f C_z^0 + j\omega}{D}\right)^{\frac{1}{2}} x\right\} \tag{20}$$

因为
$$\left(\frac{k_f C_z^0 + j\omega}{D}\right)^{\frac{1}{2}} = \frac{\sqrt{|z|}}{D^{\frac{1}{2}}} e^{j\beta/2} \tag{21}$$

式中
$$\sqrt{|z|} = \left[(k_f C_z^0)^2 + \omega^2\right]^{\frac{1}{2}} \tag{22}$$

$$\beta = \tan^{-1} \frac{\omega}{k_f C_z^0} \tag{23}$$

$$
\begin{aligned}
\left(\frac{k_f C_z^0 + j\omega}{D}\right)^{\frac{1}{2}} &= \frac{\sqrt{|z|}}{D^{\frac{1}{2}}} \left(\cos\frac{\beta}{2} + j\sin\frac{\beta}{2}\right) \\
&= \frac{\sqrt{|z|}}{D^{\frac{1}{2}}} \left\{\cos\left[\left(\tan^{-1}\frac{\omega}{k_f C_z^0}\right)\Big/2\right] + j\sin\left[\left(\tan^{-1}\frac{\omega}{k_f C_z^0}\right)\Big/2\right]\right\} \\
&= a + bj
\end{aligned}
\tag{24}
$$

$$
\left.
\begin{aligned}
a &= \left[\frac{k_f C_z^0 + \sqrt{(k_f C_z^0)^2 + \omega^2}}{2D}\right]^{\frac{1}{2}} \\
b &= \left[\frac{-k_f C_z^0 + \sqrt{(k_f C_z^0)^2 + \omega^2}}{2D}\right]^{\frac{1}{2}}
\end{aligned}
\right\}
\tag{25}
$$

将(24)代入(20)式
$$F(x) = \xi \exp[-(a + bj)x] \tag{26}$$

所以
$$
\begin{aligned}
\tilde{C}_O(x,t) &= \xi \exp[-(a + bj)x] \cdot \exp j(\omega t + \theta) \\
&\stackrel{Re.}{=} \xi e^{-ax} \cos(\omega t - bx + \theta)
\end{aligned}
\tag{27}
$$

注意到（10），并且当（27）中 $x = 0$ 时
$$\tilde{C}_O(0,t) = \xi \cos(\omega t + \theta) = \Delta C_0 \cos(\omega t + \theta)$$

$$\xi = \Delta C_0 \tag{28}$$

代入（27）式得
$$\tilde{C}_O(x,t) = \Delta C_0 e^{-ax} \cos(\omega t - bx + \theta) \tag{29}$$

$$\left(\frac{\partial \tilde{C}_O(x,t)}{\partial x}\right)_{x=0} = \Delta C_0 [-a\cos(\omega t + \theta) + b\sin(\omega t + \theta)] \tag{30}$$

根据菲克第一定律，可得
$$
\begin{aligned}
\tilde{i} &= nFAD\left(\frac{\partial \tilde{C}_O(x,t)}{\partial x}\right)_{x=0} \\
&= nFAD\Delta C_0 [-a\cos(\omega t + \theta) + b\sin(\omega t + \theta)]
\end{aligned}
\tag{31}
$$

ΔC_0 和 ΔE 的关系可用下式表示[15]

$$\Delta C_0 = \frac{n^2 F^2}{RT} \frac{P}{(1+P)^2} C_0 \cdot \Delta E \tag{32}$$

$$P = \exp \frac{nF}{RT}(E - E_{\frac{1}{2}}) \tag{33}$$

$$\tilde{i} = -\frac{n^2 F^2}{RT} DA \frac{P}{(1+P)^2} C_0^* \Delta E [a\cos(\omega t + \theta) - b\sin(\omega t + \theta)]$$

$$= \frac{n^2 F^2}{RT} AD \frac{P}{(1+P)^2} C_0^* \Delta E [a\cos(\omega t + \theta) - b\sin(\omega t + \theta)] \tag{34}$$

上式中负号可以略去，因为对于交流电流而言，本身是正负交变的。式中 a 和 b 的定义见方程式（25）。

催化电流方程式的推导（方法 II）

根据初始和边界条件，利用拉普拉斯变换解（3）（7）两式可以求得下列关系[16,17]

$$C_0(0,t) = C_0^* - \frac{1}{\sqrt{\pi D}} \int_0^t \frac{i(\tau)}{nFA} \exp[-k_f C_Z^0(t-\tau)] \cdot (t-\tau)^{-\frac{1}{2}} d\tau \tag{35}$$

如果

$$i(\tau) = Ie^{-j\omega(\tau-t)} \tag{36}$$

代入（35）式中，因为只考虑交流分量，（35）式右边的第一项代表的直流分量可以略去，得到

$$\tilde{C}_0(0,t) = -\frac{1}{nFA\sqrt{\pi D}} \int_0^t \exp[-j\omega(t-\tau)] \exp[-k_f C_Z^0(t-\tau)] \cdot (t-\tau)^{-\frac{1}{2}} d\tau \tag{37}$$

如果 $t \gg \frac{1}{\omega}$，可以近似地认为[17]

$$\int_0^t \exp[-(k_f C_Z^0 + j\omega)](t-\tau) \cdot (t-\tau)^{-\frac{1}{2}} d\tau$$

$$= \int_0^\infty \exp[-(k_f C_Z^0 + j\omega)](t-\tau) \cdot (t-\tau)^{-\frac{1}{2}} d\tau \tag{38}$$

利用积分公式：

$$\Gamma(x) = K^x \int_0^\infty e^{-kx} u^{x-1} du \tag{39}$$

得

$$\int_0^\infty \exp[-(k_f C_Z^0 + j\omega)](t-\tau)] \cdot (t-\tau)^{-\frac{1}{2}} d\tau = -\frac{\Gamma(\frac{1}{2})}{(k_f C_Z^0 + j\omega)^{\frac{1}{2}}} \tag{40}$$

$$\Gamma(\frac{1}{2}) = \sqrt{\pi} \tag{41}$$

利用已知的结果，可知

$$\tilde{C}_0(0,t) = -\frac{1}{nFA\sqrt{\pi D}} \cdot \frac{\sqrt{n}}{(k_f C_Z^0 + j\omega)^{\frac{1}{2}}} = \frac{1}{nFA\sqrt{D}} \frac{1}{(k_f C_Z^0 + j\omega)^{\frac{1}{2}}} \tag{42}$$

由（10）和（24）式

$$\Delta C_0 \cos(\omega t + \theta) = \frac{1}{nFA\sqrt{D}} \cdot \frac{1}{(a+bj)\sqrt{D}} \tag{43}$$

显然，对于 I 来说，（43）式中 $\cos(\omega t + \theta) = 1$

所以
$$I = nFAD\Delta C_0(a + bj) \tag{44}$$

$$\tilde{i} = I\exp j(\omega t + \theta) = I[\cos(\omega t + \theta) + j\sin(\omega t + \theta)] \tag{45}$$

将（32）（44）式代入（45）式，并且只取实数部分

$$\tilde{i} = \frac{n^2 F^2}{RT}AD\Delta EC_0^* \frac{P}{(1 + P)^2}[a\cos(\omega t + \theta) - b\sin(\omega t + \theta)] \tag{46}$$

从以上两种处理方法所得到的结果，方程式（34）和（46）是完全一致的。

法拉第阻抗

将（11）和（31）式中正弦和余弦项展开，利用比较系数法可得

$$\frac{1}{nFAD}\sin\varphi = -\Delta C_0(b\cos\theta + a\sin\theta) \tag{47}$$

$$\frac{1}{nFAD}\cos\varphi = \Delta C_0(b\sin\theta - a\cos\theta) \tag{48}$$

由（47）（48）两式
$$\tan\varphi = \frac{b + a\tan\theta}{a - b\tan\theta} \tag{49}$$

或
$$\tan\theta = \frac{a\tan\varphi - b}{a + b\tan\Phi} \tag{50}$$

根据
$$\sin x = \frac{\tan x}{\sqrt{1 + \tan^2 x}}, \quad \cos x = \frac{1}{\sqrt{1 + \tan^2 x}} \tag{51}$$

并将（50）式代入（47）式得

$$\Delta C_0 = \frac{1}{(a^2 + b^2)\sqrt{1 + \tan^2\varphi}} \cdot \frac{1}{nFAD}\sqrt{(a + b\tan\varphi)^2 + (a\tan\varphi - b)^2}$$

$$= \frac{1}{nFAD} \cdot \frac{1}{\sqrt{a^2 + b^2}} \tag{52}$$

当交流电场不存在时，已知存在下列关系：

$$i = nFAk_{s.h.}\left[C_0(0,t)e^{-a\frac{nF}{RT}(E - E_0)} - C_R(0,t)e^{(1-a)\frac{nF}{RT}(E - E_0)}\right] \tag{53}$$

当交流电场存在时，考虑 $E = E_0$，这时 $\bar{C}_0(0, t) = \bar{C}_R(0, t) = \bar{C}$，在电极表面 $\widetilde{C}_R = -\widetilde{C}_0$

$$\tilde{i} = nFAk_{s.h.}\left\{(\bar{C} + \widetilde{C}_0)\exp\frac{-anF}{RT}v - (\bar{C} - \widetilde{C}_0)\exp(1 - a)\frac{nF}{RT}v\right\} \tag{54}$$

式中
$$v = \Delta E\cos\omega t \tag{55}$$

将（54）式对 t 微分：

$$\frac{d\tilde{i}}{dt} = nFAk_{s.h.}\left\{\left[(\bar{C} + \widetilde{C}_0)(-a\frac{nF}{RT})\exp\frac{-anF}{RT}v\right.\right.$$

$$\left. - (\bar{C} - \widetilde{C}_0)(1 - a)\frac{nF}{RT}\exp(1 - a)\frac{nF}{RT}v\right]\frac{dv}{dt}$$

$$\left. + \left[\exp\frac{-anF}{RT}v + \exp(1 - a)\frac{nF}{RT}v\right]\frac{d\widetilde{C}_0}{dt}\right\} \tag{56}$$

如果 $v \ll \frac{nF}{RT}$，则 $\bar{C} \gg \widetilde{C}_0$，同时 $\exp(-a\frac{nF}{RT}v) \doteq 1$，$\exp\left[(1-a)\frac{nF}{RT}v\right] \doteq 1$，则（56）式简化为

$$\frac{\mathrm{d}\tilde{i}}{\mathrm{d}t} = nFAk_{s.h.}\left[-\frac{nF}{RT}\bar{C}\frac{\mathrm{d}v}{\mathrm{d}t} + 2\frac{\mathrm{d}\tilde{C}_0}{\mathrm{d}t}\right]$$

$$= 2nFAk_{s.h.}\bar{C}\left(\frac{-nF}{2RT}\frac{\mathrm{d}v}{\mathrm{d}t} + \frac{1}{\bar{C}}\frac{\mathrm{d}\tilde{C}_0}{\mathrm{d}t}\right)$$

$$= 2nFAk_{s.h.}\bar{C}\left[\frac{nF}{2RT}\omega\Delta E\sin\omega t - \frac{1}{\bar{C}}\Delta C_0\omega\sin(\omega t + \theta)\right] \tag{57}$$

根据（31）式可得

$$\frac{\mathrm{d}\tilde{i}}{\mathrm{d}t} = nFAD\Delta C_0[a\omega\sin(\omega t + \theta) + b\omega\cos(\omega t + \theta)] \tag{58}$$

比较（57）（58）两式中 $\cos\omega t$ 和 $\sin\omega t$ 的系数，得下列关系：

$$\cot\theta = -\frac{2k_{s.h.} + aD}{bD} \tag{59}$$

$$\Delta C_0 = -\frac{k_{s.h.}\bar{C}nF\Delta E}{bDRT}\sin\theta \tag{60}$$

由（52）（60）式

$$\Delta C_0 = -\frac{k_{s.h.}\bar{C}nF\Delta E}{bDRT}\sin\theta = \frac{1}{(a^2 + b^2)^{\frac{1}{2}}} \cdot \frac{1}{nFAD} \tag{61}$$

根据（50）（51）式

$$\sin\theta = \frac{a\tan\varphi - b}{[(a^2 + b^2)(1 + \tan^2\varphi)]^{\frac{1}{2}}} \tag{62}$$

由（61）（62）式

$$\frac{I}{\Delta E} = -\frac{n^2F^2AK_{s.h.}\bar{C}}{bRT} \cdot \frac{a\tan\varphi - b}{\sqrt{1 + \tan^2\varphi}} \tag{63}$$

如果电解池等效于 R_s 和 C_s 的串联电路，则[10,11]

$$\tan\varphi = \frac{1}{\omega R_s C_s} \tag{64}$$

$$\cos\varphi = \frac{IR_s}{\Delta E} \tag{65}$$

所以

$$R_s = \frac{bRT}{n^2F^2Ak_{s.h.}\bar{C}} \cdot \frac{\sqrt{1 + \tan^2\varphi}}{(b - a\tan\varphi)}\cos\varphi = \frac{bRT}{n^2F^2Ak_{s.h.}\bar{C}(b - a\tan\varphi)} \tag{66}$$

由（49）（56）两式

$$\tan\varphi = \frac{2bk_{s.h.}}{2bk_{s.h.} + D(a^2 + b^2)} \tag{67}$$

代入（66）式

$$R_s = \frac{RT}{n^2F^2A\bar{C}}\left\{\frac{2a}{D(a^2 + b^2)} + \frac{1}{k^{s.h.}}\right\} \tag{68}$$

$$C_s = \frac{1}{\omega R_s\tan\varphi} = \frac{n^2F^2A\bar{C}D(a^2 + b^2)}{2bRT\omega} \tag{69}$$

讨　论

当 $k_f C_z^0 \gg \omega$ 时，电流完全受化学反应速度控制

此时
$$a = \left(\frac{k_f C_z^0}{D} \right)^{1/2} \qquad b = 0 \tag{70}$$

代入（46）式后可得

$$\tilde{i} = \frac{n^2 F^2}{RT} A D^{1/2} \Delta E C_0^* \frac{P}{(1+P)^2} (k_f C_z^0)^{1/2} \cos(\omega t + \theta) \tag{71}$$

$$I = \frac{n^2 F^2}{RT} A D^{1/2} \Delta E C_0^* \frac{P}{(1+P)^2} (k_f C_z^0)^{1/2} \tag{72}$$

由（71）（72）式可以得出以下结论：

1. $\tilde{i}$ 或 I 与 ΔE，C_0^*，$(k_f C_z^0)^{1/2}$ 成正比，与汞柱高度及交流电压的频率无关。

2. 极谱波呈峰状，当 $E = E_{1/2}$ 时，$P = 1$ 电流为极大，用 I_P 表示

$$I_P = \frac{n^2 F^2}{4RT} A D^{1/2} \Delta E C_0^* (k_f C_z^0)^{1/2} \tag{73}$$

I_P 与各种因素的关系均如上述。

3. 半波宽度[15] $W = \frac{90.4}{n} mv$ （25℃）与 ΔE，C_0^*，$(k_f C_z^0)^{1/2}$，汞柱高度及交流电频率无关。

4. $\varphi = 0$

根据（68）（69）（70）三式，当电极反应为可逆时

$$R_S = \frac{RT}{n^2 F^2 A \bar{C}} \cdot \frac{l}{(\Delta k_f C_z^0)^{1/2}} = \frac{4RT}{n^2 F^2 A C_0^* D^{1/2} (k_f C_z^0)^{1/2}} \tag{74}$$

$$C_S = \infty$$

$$I_s = \frac{\Delta E}{R_S} \tag{75}$$

由（74）（75）两式亦可得（73）式。

当 $k_f C_z^0 = 0$ 时，电流完全受扩散控制

由（25）式可知

$$a = b = \left(\frac{\omega}{2D} \right)^{1/2} \tag{76}$$

代入（46）式后可得

$$\tilde{i} = \frac{n^2 F^2}{RT} A D^{1/2} \omega^{1/2} \Delta E C_0^* \frac{1}{\sqrt{2}} \cdot \frac{P}{(1+P)^2} [\cos(\omega t + \theta) - \sin(\omega t + \theta)]$$

$$= \frac{n^2 F^2}{RT} A D^{1/2} \omega^{1/2} \Delta E C_0^* \frac{P}{(1+P)^2} \cos(\omega t + \theta + \frac{\pi}{4}) \tag{77}$$

（77）式与前人[1~4]得到的结果相同。

将（76）式代入（68）（69）两式

$$R_S = \frac{RT'}{n^2 F^2 A\overline{C}} \left\{ \sqrt{\frac{2}{\omega D}} + \frac{1}{k_{s.h.}} \right\} \tag{78}$$

$$C_S = \frac{n^2 F^2 A\overline{C}}{RT} \cdot \left(\frac{D}{2\omega} \right)^{\frac{1}{2}} \tag{79}$$

当电极反应为可逆时：

$$\tan \varphi = \frac{1}{\omega C_S R_S} = 1, \quad \varphi = \frac{\pi}{4} \tag{80}$$

上述结果与 Grahame[11] 所得相同。此外由（78）（79）两式也可以导得 I_r。

当 $k_f C_z^0$ 之值介于上述二者之间时，电流同时受化学反应和扩散控制

由（46）式可以看出：

1. $\bar{i}$ 与 ΔE，C_0^* 成正比，与汞柱高度无关。

2. 极谱波呈峰状，$W = \frac{90.4}{n}$ mV（25℃），当 $E = E_{1/2}$ 时、$\bar{i} = \bar{i}_P$。

3. $\bar{i}$ 与交流电压频率有关，但不是简单的 $\omega^{\frac{1}{2}}$ 关系，而是决定于 a 和 b 之值。

4. 由上面讨论并根据（49）式可得 $\tan \theta = 0$，因此由（49）式可知

$$\varphi = \tan^{-1} \frac{b}{a} \tag{81}$$

因为 $\frac{b}{a} < 1$，所以 $\varphi < \frac{\pi}{4}$

上述讨论说明以上得到的交流极谱催化电流方程式是正确的，R_S 与 C_S 的表达式也是正确的。

参 考 文 献

〔1〕 P. Delahay, J. Am. Chem. Soc., 74, 5740(1950)

〔2〕 B. Breyer, S. Hacobian, Aust. J. Chem., 7, 225(1954)

〔3〕 I. Tachi, T. Kambara, Bull. Chem. Soc., Japan, 28, 25(1955)

〔4〕 M. Senda, L Tachi, Ibid, 28, 632(1955)

〔5〕 H. Matsuda, Z. Elektrochem., 61, 489(1957)

〔6〕 J. Koutecky, Coll. Czech. Chem. Comm., 21, 433(1956)

〔7〕 H. H. Bauer, Aust. J. Chem., 15,13(1962)

〔8〕 B. Breyer, S. Hacobian, Ibid, 8, 322(1955)

〔9〕 曾燊明,化学通报,7,419(1963)

〔10〕 J. E. B. Randles, Diss. Faraday Soc., 1,11(1947)

〔11〕 D. C. Grahame, J. Electrochem. Soc., 99, C 370(1952)

〔12〕 Falk and E. Lange, Z. Elektrochem., 54, 132(1950)

〔13〕 H. Gerischer, Z. Physik Chem., 198, 286(1951)

〔14〕 H. Matsuda, P. Delahay, M. Kleinerman, J. Am. Chem. Soc., 81, 6379(1959)

〔15〕 G. C. Barker, R. L. Faircloth, A. W. Gardner, A. E. R. E. C/R 1786(1958)

〔16〕 张祖训,尚未发表资料

〔17〕 W. H. Reinmuth, Anal. Chem., 34, 1446(1962)

第 三 部 分

示 波 分 析

一　概　述

　　高鸿教授对分析化学的最大贡献就是他创立了示波分析法，开辟了分析化学的一个新的领域。示波分析包括示波滴定（常量成分的准确测定）和示波测定（微量成分的直接估测）两部分，前者已趋成熟，后者正在发展之中。

　　示波滴定是第三类的容量分析方法。它具有指示剂滴定法和物理化学滴定法的共同优点而没有这两大类方法的缺点，是正在发展中的容量分析新领域。

　　指示剂滴定法虽然古老仍很有用，因为它有突出的优点：终点直观、操作方便、方法快速、仪器简单、成本低廉、易于推广。它的致命弱点是可用的指示剂数目有限，指示剂变色的观察受到溶液本色和沉淀的干扰，终点不好看。由于可用指示剂少，使成千上万的化学反应不能用于滴定，限制了方法的发展；沉淀对终点观察的干扰又导致方法的冗长费事。

　　为了弥补指示剂法的不足，人们发展了大量的物理化学滴定法。这些方法不用指示剂，克服了指示剂的缺点，但却丧失了指示剂法原有的那些优点。首先终点的确定不再是直接目视式的了，要用麻烦的作图法。几乎绝大多数物理化学滴定法都要用作图法确定终点，例如使用滴汞电极的"极谱滴定法"，人们研究出了多少个方法，但真正能在实际工作中普遍使用的有几个！为了克服作图法带来的麻烦，人们便把注意力放在仪器的自动化上，设计出价格以 100000 美元计算的仪器来实现方法的快速化，这样就丧失了指示剂法原有的所有优点，在实际工作中也难于推广。没有指示剂法可用，物理化学滴定法或太麻烦、或太昂贵，于是就出现了一个怪现象：时至 80 年代，中外药典中，测定药物"甲基硫酸新斯的明"还使用 Kjedahl 定氮法这样的既冗长又古老的方法，有些药物甚至找不到合适的测定方法。

　　因此，在日常例行分析中，人们需要一类滴定方法，既保留指示剂滴定法的全部优点，又不用指示剂，既有物理化学滴定法的优点又是目视式的，不用作图法，而且仪器很简单，示波滴定便是这样的方法。

　　第一次发现这一方法是在 1963 年（论文 1），当时高鸿教授预言这一方法很有发展前途，他便带领他的学生锲而不舍地进行这方面的研究，一干就是 30 多年，到 1992 年示波分析已经发展成一个领域（论文 2），而且还在不断地发展。

　　这 30 多年（特别是改革开放以来的 18 年）示波分析是怎样发展起来的？作为学术带头人，作为研究生的导师，他是怎样想的？他的战略思想和战役指导思想又是什么？他还有什么打算？下面将通过代表性论文回答这些问题。

—1———————————————————————————

示波极谱滴定的研究

EDTA 滴定镓[*]

高　鸿　　彭慈贞　　俞秀南　　吴美玉

〔**作者按语**〕

这是作者在示波分析方面发表的第一篇论文，指出示波滴定很有发展前途。

广泛采用 Heyrovsky-Forejt 的交流示波极谱法（$\frac{\mathrm{d}E}{\mathrm{d}t} \sim E$ 曲线）于无机分析尚存在一些困难。主要原因是方法的选择性差，灵敏度也不够高。但是，这一方法也有其优点：（1）非常快速。（2）示波极谱活性物质在荧光屏上出现直观图形，直接指示溶液中去极剂含量的多寡。因此利用 $\frac{\mathrm{d}E}{\mathrm{d}t} \sim E$ 曲线指示容量分析滴定终点的方法（即所谓交流示波极谱滴定法）应该比一般电流滴定法快速，并有它自己的优点。过去在这方面的工作多限于微量成分的测定[1,2]（包括对比滴定[3]），由于灵敏度不够高，在实际应用方面也受到限制。应用交流示波极谱滴定于常量分析还未见报道。作者所在的实验室对常量物质的交流示波极谱滴定进行了一些探索性工作，目前这些工作的主要目的是要确定交流示波极谱滴定法能否应用于常量分析，即能不能达到一般容量分析的准确度？有些什么特点。因为很多有机试剂和无机离子都是示波极谱活性的，交流示波极谱滴定法如能达到一般容量分析的要求，它就有可能提出一系列新的滴定方法，这就有利于找寻适于容量分析的特效试剂。

本文报告 EDTA 滴定镓的结果。实验结果表明，交流示波极谱滴定法能够应用于常量分析，准确度符合要求。另外一些实验结果也表明，交流示波极谱滴定不但能应用于络合反应，也可以应用于沉淀反应。

---

* 原文发表于南京大学学报（自然科学），8（3）417（1964）。

仪器和试剂

仪器装置

如图1所示。电解池（E）可用普通烧杯，以悬汞电极为指示电极，照 Ross[4] 的方法制备。以铂电极、银电极或汞池电极为参考电极（图2，图3）。所用移液管、滴定管均经过校正。

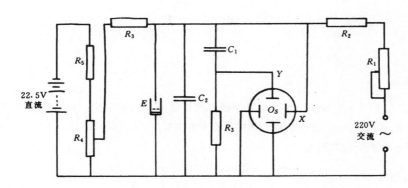

图 1　$\dfrac{dE}{dt} \sim E$ 曲线的线路

R_1　500kΩ 碳膜电位器　　R_2　500kΩ 碳膜电阻　　R_3　10kΩ 碳膜电阻　　R_4　500Ω 线绕电位器　　R_5　3kΩ 碳膜电组

C_1　0.01μF 纸质电容　　C_2　6000pF 纸质电容　　E　滴定电解池　　O_S　示波器

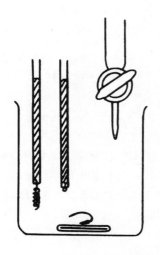

图 2　滴定装置（参考电极为铂电极）

图 3　汞池电极

试剂

镓标准溶液：取 1.03000g 纯金属镓（99.99％）溶于 1：1 盐酸中，在水浴上加热使溶解完全，稍蒸发过量的酸，用蒸馏水稀释至 250ml，其浓度为 0.05908mol/L。EDTA 标准溶液：取分析纯试剂 3.7g 溶于水制成 0.02mol/L 溶液，分别用锌标准溶液（铬黑 T 指示剂）及钙标准溶液（钙指示剂）标定。锌标准溶液：取一定量纯金属锌溶于少量浓盐酸中，稀释至 1000 毫升。氯化钙标准溶液系由纯氯化钙制备，其浓度同时用重量法（定钙）及容量法（定氯）精确测定。

实 验 结 果

底液的选择

镓在氯化铵-氢氧化铵[5]及氯化钾[6]溶液中的示波极谱性质均有报道。我们的实验结果表明在 1mol/L 硫酸铵-氢氧化铵（pH＝11）底液中镓的阳极支的切口最清晰，切口的电位为 -0.48（图 4）。底液的 pH 应大于 8，否则镓会沉淀。

滴定步骤及结果

取 1mol/L（NH₄)₂SO₄ 20ml 置于烧杯中，加入浓 NH₄OH 1ml 及一定量的标准镓溶液，以水稀释到 30ml 左右。将电极插入溶液，连接线路，用 EDTA 滴定并用电磁搅拌器搅动溶液。当镓量较大时，由于示波图中镓的切口很深，图形被割切，但不影响滴定。随着 EDTA 的加入，图形逐渐恢复正常，切口不断缩小，至等当点时，切口完全消失，示波极谱图恢复到底液的形状。滴定过程中不出现络合物的切口，镓的切口的消失容易观察，等当点明确。实验结果见表 1。当溶液中镓量大于 1mg 时误差在 0.5％以内。镓量小于 1mg 时误差较大。

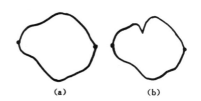

图 4 镓的示波极谱图

(a) 1mol/L（NH₄)₂SO₄-NH₄OH 底液（pH＝11）的示波极谱图

(b) Ga(Ⅲ) 在上述底液中的示波极谱图

（上面为阳极支）

其他因素的影响

交流示波极谱滴定镓一般不需要严格控制实验条件。1. 温度对滴定的准确度无影响。4～40℃间所得结果相符（数据从略）。2. 溶液的 pH 影响不大，不必严格控制。3. 支持电解质（硫酸铵）由 0.2 mol/L 改变至 2.0mol/L 对滴定结果无影响（表 2）。镓量一定，支持电解质的体积改变（由 20ml 至 60ml）也对滴定无影响，可以完全不考虑试剂加入后的稀释效应（数据从略）。4. 参考电极的性质对滴定结果无影响，银、铂与汞池电极所得结果一致（表 3）。

表1　EDTA 滴定镓的结果

加入镓量 (mg)	EDTA 标准溶液			测得镓量 (平均值 mg)	误差 (%)
	浓度 (mol/L)	用量 (ml)	平均值 (ml)		
0.181	0.002011	1.33 1.34 1.36 1.30	1.33	0.187	+3.2
0.919	0.002011	6.50 6.53 6.53 6.54	6.53	0.916	−0.3
9.193	0.007947	16.66 16.68 16.65 16.68	16.67	9.234	+0.5
27.63	0.01988	19.89 19.88 19.90 19.90	19.89	27.59	−0.2
54.96	0.06410	12.35 12.34 1.34 12.33	12.34	55.18	+0.4
91.83	0.04610	20.60 20.60 20.58 20.58	20.59	92.08	+0.2
183.7	0.1277	20.69 20.67 20.67 20.67	20.68	184.2	+0.3

表2　底液浓度对滴定结果的影响

底液浓度 (mol/L)	加入镓量 (mg)	测得镓量 (mg)	误差 (%)
0.2	27.58	27.68	+0.4
0.5	27.63	27.58	−0.2
1.0	27.63	27.58	−0.2
1.5	27.63	27.58	−0.2
2.0	27.58	27.64	+0.2

表3　参考电极对滴定结果的影响

参考电极	加入镓量 (mg)	测得镓量 (mg)	误差 (%)
汞　池	27.63	27.58 27.58 27.57	−0.2 −0.2 −0.2
银	27.63	27.51 27.54 27.55	−0.4 −0.3 −0.3
铂	27.63	27.52 27.56 27.49	−0.4 −0.3 −0.5

反滴定

在含有一定量镓的溶液中加入过量的EDTA标准溶液，然后用标准的锌盐溶液滴定过量的EDTA，由示波图上锌切口的出现指示等当点。反滴定和直接滴定及指示剂法（铬黑T）[7]滴定的结果相符（表4）。

表4 反滴定、直接滴定和指示剂法的比较

方　法	加入镓量（mg）	测得镓量（mg）	误差（%）
交流示波极谱直接滴定	23.70	23.82	+0.5
交流示波极谱反滴定	23.70	23.74	+0.2
指 示 剂 法	23.70	23.59	−0.5

干扰元素的影响

干扰元素在两种情况下影响交流示波极谱滴定：1. 干扰元素与滴定剂作用。2. 干扰元素是极谱活性物质，在 $\frac{\mathrm{d}E}{\mathrm{d}t} \sim E$ 曲线上产生自己的切口，并且切口的位置掩盖了被测定离子的切口。

表5 干扰元素对滴定结果的影响

加入干扰离子量 （mg）	加入镓量 （mg）	测得镓量 （mg）	误差 （%）	现象说明
Al（Ⅲ）　1.3	35.83	35.84	0.0	生成沉淀
Al（Ⅲ）　13	35.83	35.90	+0.2	同　　上
Al（Ⅲ）　68	35.83	35.25	−1.6	同　　上
Al（Ⅲ）　94	23.70	22.77	−3.9	同　　上
Al（Ⅲ）　94	2.37	2.28	−4.4	同　　上
Ti（Ⅳ）　4.8	35.83	35.86	+0.1	生成沉淀，阴极支产生新切口
Bi（Ⅲ）　5.6	35.83	35.90	+0.2	生成沉淀，阴极支产生Bi的切口
Sb（Ⅲ）　6.1	35.83	35.88	+0.1	生成沉淀，图形收缩

从EDTA滴定镓的具体情况来看，由于EDTA远非特效试剂，所以凡是可以与EDTA络合的元素如Cd(Ⅱ),Zn(Ⅱ),In(Ⅲ),Mn(Ⅱ),Co(Ⅱ),Ni(Ⅱ),Ca(Ⅱ)和Mg(Ⅱ)等均干扰镓的测定。凡生成沉淀的元素，如Al(Ⅲ),Ti(Ⅳ),Bi(Ⅲ)和Sb(Ⅲ)等当含量较小时干扰较小，量大则影响较大。当Al和Ga的比例为50：1时（Ga量为2.39mg），误差达4%（表5）。

讨 论

从 EDTA 滴定镓的实例说明：交流示波极谱滴定法可应用于常量分析，准确度符合要求。

交流示波极谱滴定法自然没有指示剂法方便省钱。如果有合适的指示剂，当然就没有必要采用更复杂的方法。但是如果指示剂特别昂贵而且在例行分析中用量很大，事情就会两样。例如有人就指出交流示波极谱滴定法的特点反而是省钱的[2]。交流示波极谱滴定法主要应用于没有合适指示剂或者不能用指示剂的时候。它可能大大推广容量分析的应用范围。如果一个试剂（包括有机试剂）和被测定物质间的反应是定量的，只要两者间有一个是示波极谱活性的就可进行滴定。即使二者都不是极谱活性的，还可利用其他极谱活性的元素来作指示剂（例如用 EDTA 滴定钍时可用铋作指示剂，反滴定镓时用锌作指示剂等）进行滴定。

一般极谱滴定法近年来得到很大的发展。和极谱滴定法相比较，交流示波极谱滴定法的优点至少有二：1. 交流示波极谱滴定法不必除氧，不需要使用滴汞电极，不需要作图，方法要简便快速得多。2. 一般极谱滴定法要测量电流，因此要受到经典极谱活性物质的严重干扰，交流示波极谱滴定法只观察切口的出现或消失，而且有阳极支和阴极支可用，受到的干扰较小。在络合滴定方面，由于有些金属的络合物还原电位过负，不适于一般极谱滴定，但如果它们在阳极支有切口，就可用交流示波极谱法进行滴定。

一般滴定方法的主要缺点是选择性不够好，选择特效滴定剂是解决这一问题的主要途径。在这方面，交流示波极谱滴定可能很有前途。

参 考 文 献

[1] Л. Трейндль, Coll. Czech. Chem. Comm., 22, 1574 (1957)

[2] E. Szyszko, Chem. Zvesti, 16, 273 (1962)

[3] R. Kalvoda, J. Machu, Coll. Czech. Chem. Comm., 20, 275 (1955)

[4] J. W. Ross, R. D. Demare and I. Shain, Anal. Chem., 28, 1768 (1956)

[5] J. Doleźal, V. Patrovsky, Z. J. Svasta Sulcek, Chem. Listy, 49, 1517 (1955)

[6] K. Micka, Chem. Listy, 50, 43 (1956)

[7] H. Flaschka, H. Abdine, Mikrochim. Acta, 657 (1954)

示 波 分 析*

高 鸿 毕树平

〔作者按语〕

　　示波分析是最近10多年来在我国迅速发展起来的一个新的电分析化学领域。本文综述了南京大学在这方面的研究工作，并对示波分析的定义、命名法、方法分类及方法特点提出具体的建议。

引 言

　　示波滴定是最近10多年来在我国发展起来的新的电滴定方法。前文[1]总结了这方面的工作，随后还出版了示波滴定的专著[2]。最近几年示波滴定的发展已超出滴定分析的范围，一个更大的新的电分析化学领域正在我国出现。本文综述了南京大学示波滴定科研小组最近的科研成果，并对示波分析的定义、命名法、方法分类及方法特点提出了具体的建议。

示波分析的定义

　　示波分析法——用阴极射线示波器（以下简称示波器）为主要仪器，建立在示波图上的电化学分析方法，称为示波分析法。
　　示波滴定法——用示波器为终点指示仪，利用荧光屏上示波图的突然变化来指示滴定终点的滴定方法称为示波滴定法。
　　示波测定法——利用示波图上的某一参数（峰高、切口深度等）直接估算测量物质浓度的快速分析方法称为示波测定法。

* 原文发表于分析化学，20（9）1093（1992）。

示波滴定已经发展成为一种快速、准确、很有用处的电滴定方法。示波测定法的实际应用价值尚待进一步开发。

示波方法的分类

表1列举了已经提出的示波分析方法的名称和分类方法。有些方法已在专门的著作[2]中进行过讨论。本文着重介绍最近提出的新方法。

表1　示波分析方法的分类

I . 示波计时电位法	Oscillographic chronopotentiometry
1.1　示波计时电位滴定法	Oscillographic chronopotentiometric titration
1.2　高次微分示波计时电位滴定法	High order differentiation oscillographic chronopotentiometric titration
1.3　双极化电极示波计时电位滴定法	Oscillographic chronopotentiometric titration at two polarized electrodes
1.4　电流反馈示波计时电位滴定法	Feeding back current oscillographic chronopotentiometric titration
1.5　电容电流下的示波计时电位滴定法	Oscillographic chronopotentiometric titration under capacity current
1.6　小法拉第电流下两铂电极示波计时电位滴定法	Oscillographic chronopotentiometric titration at two Pt electrodes under small faradic current
II . 改进示波计时电位法	Modified oscillographic chronopotentiometry
III . 倒数示波计时电位法	Reciprocal oscillographic chronopotentiometry
3.1　倒数示波计时电位滴定法	Reciprocal oscillographic chronopotentiometric titration
3.2　高次微分倒数示波计时电位滴定法	High order differentiation reciprocal oscillographic chronopotentiometric titration
3.3　电压反馈倒数示波计时电位滴定法	Feeding back voltage reciprocal oscillographic chronopotentiometric titration
3.4　电流反馈倒数示波计时电位滴定法	Feeding back current reciprocal oscillographic chronopotentiometric titration
3.5　反对数倒数示波计时电位滴定法	Antilog reciprocal oscillographic chronopotentiometric titration
IV . 示波频谱分析法	Oscillographic frequency spectrum analysis
V . 示波伏安分析法	Oscillographic voltammetry
5.1　单池法	Single cell method
5.2　双池法	Two cell method
5.3　简易法	Simpler method
VI . 示波电位滴定法	Oscillographic potentiometric titration
6.1　示波电位滴定法	Oscillographic potentiometric titration
6.2　微分示波电位滴定法	Oscillographic derivative potentiometric titration
6.3　控制直流电流微分示波电位滴定法	Controlled current (D. C) oscillographic derivative potentiometric titration
6.4　示波双电位滴定法	Oscillographic potentiometric titration with two indicator electrodes
6.5　双铂电极交流示波双电位滴定法	Controlled current (A. C) oscillographic potentiometric titration with two similar indicator electrodes
VII . 示波安培滴定法	Oscillographic amperometric titration
7.1　一个极化电极上的示波安培滴定法	Oscillographic amperometric titration at one polarized electrode
7.2　二个极化电极上的示波安培滴定法	Oscillographic amperometric titration at two polarized electrodes
VIII . 示波库仑滴定法	Oscillographic coulometric titration
IX . 示波电导滴定法	Oscillographic conductometric titration
X . 示波动力学分析法	Oscillographic kinetic analysis

建立在 $\dfrac{dE}{dt}\sim E$ 曲线上的示波分析方法称为示波计时电位法。这一类方法过去一直称为"示波极谱法"[3]。示波极谱（Oscillopolarography）是 IUPAC 采用的一个特定的名词，实际上只涉及滴汞电极上的 $\dfrac{dE}{dt}\sim E$ 曲线的研究，由于所研究的不是 $i\sim E$ 曲线，而是 $\dfrac{dE}{dt}\sim E$ 曲线，它应称为 Oscillographic cyclic derivative chronopotentiometry，简称示波计时电位法，而不应称为 Oscillographic-polarography，现在由于研究 $i\sim E$ 曲线的 Oscillographic voltammetry 的出现，若再把研究固体电极上 $\dfrac{dE}{dt}\sim E$ 曲线的方法仍称为 Oscillopolarography，这就和 IUPAC 关于 Polarography 与 Voltammetry 的习惯用法产生矛盾，在命名法上造成混乱，因此作者建议，今后把研究固体电极 $\dfrac{dE}{dt}\sim E$ 曲线的示波分析方法改称为示波计时电位法，不再叫示波极谱法，把研究固体电极的 $i_f\sim E$ 曲线的示波方法称为示波伏安法。

示波计时电位法目前主要用于示波滴定。由于示波图上切口深度与去极剂浓度间仅在很狭浓度范围内有线性关系，而且准确估算切口深度不很方便，所以目前用于去极剂浓度直接测定的不多。

由于切口的深度不便测量，为了把 $\dfrac{dE}{dt}\sim E$ 曲线上的切口改成峰形，作者提出了一些新的方法。

改进示波计时电位法

为了改变示波图的形状，我们采取的第一措施称为改进示波计时电位法。它利用电子线路对 $\dfrac{dE}{dt}\sim E$ 曲线进行一系列处理（倒相，削波，对数放大，切割等），把原来的切口变成峰形（图 1），这个方法是朱俊杰、郑建斌[4]等提出的。

新方法的优点有四：（1）重现性好；（2）分辨率好（图 2）；（3）灵敏度稍高；（4）线性范围宽。新方法的最大特点是线性范围宽。以 Pb^{2+} 为例，原 $\dfrac{dE}{dt}\sim E$ 曲线上切口与浓度的线性关系仅在 10^{-5} 至 1×10^{-4} mol/L 范围内（图 3a），而新法中峰高与浓度线性关系要宽得多（图 3b）。新方法主要用于直接示波测定，采用内标法还可以进行两组分以上的同时分析。

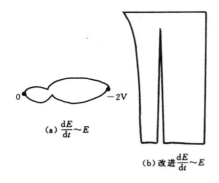

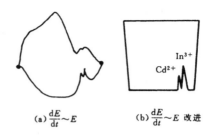

图 1　经典与改进示波计时电位曲线

5.00×10^{-4} mol/L Pb^{2+}-1mol/L NaOH　Hg 电极

图 2　两种示波图的分辨率

2×10^{-4} mol/L Cd^{2+}-5×10^{-4} mol/L In^{3+}-1mol/L KBr

倒数示波计时电位法

为了把示波图上的切口变成峰形，我们采用的第二个措施是用 $\dfrac{dE}{dt}$ 的倒数 $\left(\dfrac{dE}{dt}\right)^{-1}$ 对 E 作图，这种方法称为倒数示波计时电位法。$\frac{\mathrm{d}E}{\mathrm{d}t} \sim E$ 曲线上的切口在 $\left(\frac{\mathrm{d}E}{\mathrm{d}t}\right)^{-1} \sim E$ 线曲上呈现峰形,而且可以方便地扣除充电电流,提高测定的灵敏度。毕树平、都思丹等[5]首先提出了这一类方法,郑建斌、毕树平等[6]进一步发展了这类方法。

采用微机计算程序,对 $\frac{\mathrm{d}E}{\mathrm{d}t} \sim E$ 曲线进行倒数运算处理,并扣除充电电流,就得到 $\left(\frac{\mathrm{d}E}{\mathrm{d}t}\right)^{-1} \sim E$ 曲线(图4),去极剂浓度与峰高成正比(图5),检测限可达 10^{-6} mol/L。

运用运算放大器等组装的模拟电路,可以方便地获得7种不同类型的倒数示波计时电位曲线。

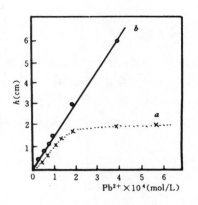

图3 (a)切口深度与浓度关系 (b)峰高与浓度关系
1×10^{-4} mol/L Pb^{2+}-1mol/L NaOH

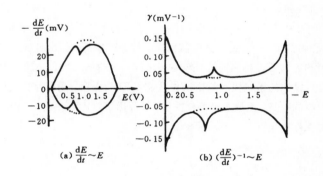

(a) $\frac{\mathrm{d}E}{\mathrm{d}t} \sim E$ (b) $\left(\frac{\mathrm{d}E}{\mathrm{d}t}\right)^{-1} \sim E$

图4 两种示波图

实线 1mol/L NaOH-1.2×10^{-4}mol/L Pb^{2+} 虚线 1mol/L NaOH

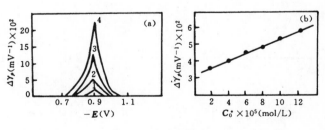

图5 扣除充电电流后的 $\left(\frac{\mathrm{d}E}{\mathrm{d}t}\right)^{-1} \sim E$ 曲线

(a) $\Delta y \sim E$ 曲线   (b) $\Delta y \sim C^*$ 曲线

1. 2×10^{-5}mol/L   2. 4×10^{-5}mol/L C_0^*: 1×10^{-5}mol/L

3. 8×10^{-5}mol/L   4. 1.2×10^{-4}mol/L Pb^{2+}-1mol/L NaOH

示波频谱分析

改变示波图形另一个方法是对示波曲线进行快速傅里叶变换，把 $E = F(t)$ 时域信号变为 $E = F(f)$ 的频域信号，并利用频谱进行示波测定，这种方法称为示波频谱分析法。祁洪、毕树平[7]提出了 $E \sim t$ 曲线的频谱分析法。频谱曲线可以用微机对示波图进行快速傅里叶变换而求得，0.1mol/L KOH 底液的频谱图见图 6。在电流很大时，频谱图上仅有奇次谐波，偶数谐波极小，实验与理论相符。

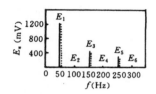

图 6　底液频谱图
1mol/L NaOH

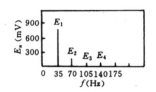

图 7　含去极剂的频谱图
5×10^{-5}mol/L Pb^{2+}-0.1mol/L KOH

当溶液中含有去极剂时，$E \sim t$ 曲线在去极剂半波电位处产生折扭。这时示波图的高次谐波将比纯底液的更为复杂。两者的频谱图很不相同，表现在去极剂存在时的二次、三次谐波电位较空白底液有较大差别（图 7）。用自行设计的微机控制数据采集系统和 FFT 程序，利用存在去极剂时二次、三次谐波能够部分减小充电电流的特点，测量了去极剂浓度。其灵敏度为 10^{-6}mol/L，较经典示波计时电位法提高了一个数量级，再现性也很好（表 2，图 8）。

表 2　谐波电位测量

5×10^{-5}mol/L Pb^{2+}-0.1mol/L NaOH

序号	E_1（mV）	E_2（mV）	E_3（mV）
1	882	221	53
2	900	224	51
3	873	220	55
4	879	221	54
5	894	223	53
平均	886	222	53

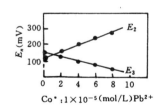

图 8　浓度与谐波电位关系
C_0^*：1×10^{-5}mol/L Pb^{2+}

示波伏安分析

建立在 $i_f \sim E$ 曲线上的示波分析方法称为示波伏安分析法。限制示波计时电位法灵敏度提高的主要因素是充电电流 i_c，它和法拉第电流 i_f 一齐流过电解池。当交流电频率很高时 i_c 掩盖了 i_f，要提高示波计时电位分析的灵敏度，必须扣除充电电流，沈雪明等[8]从总电流 i 中扣除 i_c，并用 i_f 对 E 作图（图 9），提出并建立了示波伏安法。

沈雪明等用两种方法得到 $i_f \sim E$ 曲线。

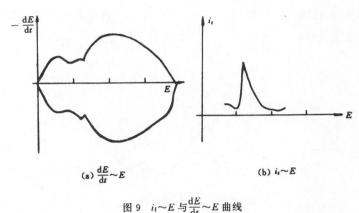

(a) $\dfrac{\mathrm{d}E}{\mathrm{d}t}\sim E$ 　　　　　　(b) $i_{\mathrm{f}}\sim E$

图 9 $i_{\mathrm{f}}\sim E$ 与 $\dfrac{\mathrm{d}E}{\mathrm{d}t}\sim E$ 曲线

1mol/L KCl-5×10⁻⁵mol/L Cd²⁺   25℃

单电解池微机装置

微机通过 AD/DA 接口与电化学测量系统相联，利用微机存储系统将先测定的空白溶液的 $C_d\sim E$ 数据（C_d 为微分电容）存储起来，然后在测量研究溶液的 $i\sim E$ 和 $\dfrac{\mathrm{d}E}{\mathrm{d}t}\sim E$ 数据的同时，利用公式 $i_{\mathrm{f}}=i-C_d\left(\dfrac{\mathrm{d}E}{\mathrm{d}t}\right)$，求出 $i_{\mathrm{f}}\sim E$ 曲线（图 9）。这种方法适合于理论研究和示波测定。

双电解池差分装置

使用了两个电解池——研究电解池 Ⅰ 和空白电解池 Ⅱ（不包括所研究的去极剂）。在空白电解池中产生的充电电流与流过研究电解池中的充电电流 i_c 基本相同，将 i_c 通过差分装置从 i 中减去，则得到 i_{f} 信号。这样的 $i_{\mathrm{f}}\sim E$ 曲线适用于示波滴定。$i_{\mathrm{f}}\sim E$ 曲线上去极剂电流峰的出现或消失，有时还伴随着整个 $i_{\mathrm{f}}\sim E$ 曲线的位移（图 10），可用来指示滴定终点，叫做示波伏安滴定法。

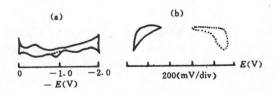

图 10 示波伏安滴定法

(a) 峰消失 Cd²⁺-NH₃-NH₄Cl 汞电极　　　(b) 位移 Ce(SO₄)₂ 滴定对苯二酚 Pt 电极

上述双池 $i_{\mathrm{f}}\sim E$ 曲线需要复杂的电子线路，郑建斌、朱俊杰等提出了一种"简易示波伏安法"，使用一个电解池和一个很简单的线路也可以获得示波伏安图。即用图 11 电路将 $\dfrac{\mathrm{d}E}{\mathrm{d}t}$ 信号上再叠加上原来

的交流 $i = i_0 \sin\omega t$，由于 $\dfrac{dE}{dt} = \dfrac{i_c}{C_d}$，所以 $\dfrac{dE}{dt} \sim t$ 曲线就相当于充电电流曲线 i_c。这个曲线和电流 i 的相位差为 $\dfrac{\pi}{2}$，两条曲线的叠加就得到 i_f（图12），"$i_f \sim t$" 与 "$E \sim t$" 再合成为 $i_f \sim E$（图13），这种简易伏安法很适用于药物滴定分析。

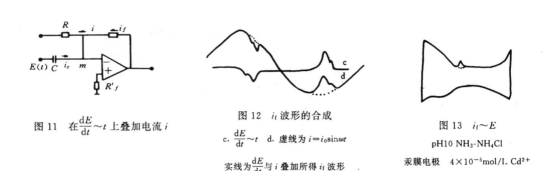

图11　在 $\dfrac{dE}{dt} \sim t$ 上叠加电流 i

图12　i_f 波形的合成

c. $\dfrac{dE}{dt} \sim t$　d. 虚线为 $i = i_0\sin\omega t$

实线为 $\dfrac{dE}{dt}$ 与 i 叠加所得 i_f 波形

图13　$i_f \sim E$

pH10 NH₃-NH₄Cl

汞膜电极　4×10^{-5}mol/L Cd²⁺

示波安培滴定

　　一个极化电极上的安培滴定是一个典型的物理化学滴定法，它利用去极剂的极限电流与浓度的线性关系以作图法确定滴定终点。该方法可测物质多，积累资料很丰富，但实际工作中却很少使用。因为方法过于麻烦费时，不适于日常例行分析。示波安培滴定法用示波器直接观察流过电解池的电流（仪器装置见图14），用极限扩散电流的出现（荧光点的突跃）或消失来指示滴定终点，它不用作图法。把安培滴定变成一个直接目视式的、简便的滴定方法，必将大大提高安培滴定的实际应用价值。

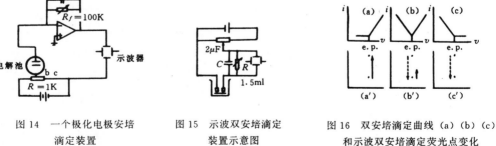

图14　一个极化电极安培滴定装置

图15　示波双安培滴定装置示意图

图16　双安培滴定曲线（a）（b）（c）和示波双安培滴定荧光点变化（a′）（b′）（c′）示意图（实线箭头代表终点后变化，虚线箭头代表终点前变化）a. 可逆对滴定不可逆对　b. 可逆对滴定可逆对　c. 不可逆对滴定可逆对

　　一个极化电极上的示波安培滴定可分为氧化电流和还原电流下的滴定，氧化电流下滴定时，极化电极的电位（对参比电极）控制在能使去极剂氧化的电位，从而产生氧化电流，例如用 EDTA 滴定金

属离子；还原电流下滴定时，极化电极电位控制在去极剂还原的电位，从而产生还原电流，例如用 Ag^+ 滴定卤素离子。

两个极化电极上的安培滴定又称双安培滴定，仪器装置见图 15。若将示波法与检流计法比较，浓度大时两者差别不大，浓度低时前者比后者准确、精密。各种类型的示波双安培滴定曲线如图 16 所示。

示波库仑滴定

以往的示波滴定多限于常量分析，库仑滴定可获得较高的准确度和灵敏度，但常常因缺乏简便、灵敏的终点指示方法而使其应用范围受到限制。若将这两种方法结合起来，则可弥补库仑滴定法的不足。使终点变得简单直观，又可使示波技术用于痕量分析。使用两铂电极示波电位滴定终点指示技术，可以方便地用于氧化还原库仑滴定。仪器线路装置见图 17[9]，发生电极为 $A = 40mm^2$ 的 213 型铂电极，辅助电极为自制的铂片电极（$A = 0.5cm^2$）置于双盐桥甘汞电极用的外套管中，使与测量溶液隔开，以避免电解产物对测量的影响。指示电极为 $A = 0.30cm^2$ 的 213 型铂电极与自制微铂丝电极（$\varphi 0.5mm$，长 $1.5mm$）组成的电极对。

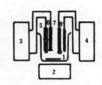

图 17　仪器线路装置示意图
1. 库仑滴定池　2. 电磁搅拌器
3. 恒电流源　4. 示波器
5. 发生电极　6. 辅助电极
7. 铂片指示电极　8. 微铂丝指示电极

一大一小两个铂电极对某一物质浓度变化时产生的电极电位响应的差异 ΔE 反映在示波器荧光屏上就是荧光点的位移。本法利用荧光点开始回移时的一瞬间来判断滴定终点，既直观又简便。实验步骤：按图示线路接好装置，在库仑滴定池中加入含有被测物的电生滴定剂底液 25ml，必要时通氮除氧，开启搅拌器，在接通电流时启动秒表，当示波器荧光点朝一个方向移动后又回移时撤下秒表。计算时间，同等体积空白溶液作空白。测定浓度下限在 $10^{-6} \sim 10^{-7}mol/L$。

参 考 文 献

〔1〕 高鸿,高等学校化学学报,9(8) 790 (1988)

〔2〕 高鸿,《示波滴定》,南京大学出版社 (1990)

〔3〕 高鸿,《示波极谱滴定》,江苏科技出版社 (1986)

〔4〕 朱俊杰、郑建斌、毕树平、高鸿,高等学校化学学报,3 (8) 1039 (1992)

〔5〕 毕树平、都思丹、王忠、高鸿,Chinese Chemical letters,2(2) 147 (1991)

〔6〕 郑建斌、毕树平、高鸿,《示波滴定在药物分析中的应用》,四川教育出版社 (1992)

〔7〕 毕树平、祁洪、都思丹、高鸿,高等学校化学学报,12(5) 604 (1991)

〔8〕 沈雪明、陈洪渊、高鸿,高等学校化学学报,12(7) 879, 882 (1991)

〔9〕 徐伟建、林敏、高鸿,应用化学,7(6) 74~76 (1990)

二 示波计时电位滴定法

在示波计时电位滴定法（开始时称为示波极谱滴定法）的研究中首先研究的是使用 $\dfrac{\mathrm{d}E}{\mathrm{d}t} \sim E$ 曲线上切口变化的经典方法。研究的重点首先是这些方法有没有特殊的优点，值得不值得进一步研究推广，有无发展前途？

研究的结果表明：这一类滴定方法除了方法本身的优越性（仪器简单、操作方便、不要指示剂）以外，它有很多特殊的优点：

1. 它能办到通常的滴定方法无法办到的事情。例如，可在大量 Mg 存在下滴定 Ca，大量 Ca 存在时 Ca，Mg 连续滴定（论文 3）；在 Zn/Cd 比高达 1000 的情况下，连续滴定 Cd 及 Zn（论文 4）；在水液中用强酸直接滴定系苯酚那样的极弱酸（论文 5），这类方法在药物分析中很有用处（论文 6）。

2. 它能把重量分析方法很容易地改为滴定方法（论文 7）。

3. 它大大地扩充了沉淀滴定的领域，这个领域在指示剂滴定法中很难开展（论文 8）。它大大地扩充了其它滴定分析的领域（论文 9，10），出现了一系列为数众多的新的滴定方法（参见示波滴定）。

经典的示波计时电位滴定法也有缺陷，它首先要求示波图上不但要有切口而且要灵敏。

为了解决这个问题作者做了三件事情：

第一，提出了双极化电极上示波计时电位法（论文 11），使在电极上不起氧化还原反应而能在电极上吸附的有机试剂（如 EDTA，DDTC 等）能在示波图产生切口，因而大大地增加了能在示波图上产生切口的物质的数量。

第二，提出了电流反馈法，抵消部分充电电流，提高了切口的灵敏度；提出高次微分法，把切口变为峰，提高了灵敏度（论文 12）等等。

第三，提出了不用切口的方法（论文 13）扩充了示波计时电位滴定法的范围。

—③—————————————————————————

示波极谱滴定法研究

大量钙存在时钙镁的连续滴定*

翁筠蓉　　赵克强　　高　鸿

摘　要

在 pH＝10 的 $Na_2B_4O_7$-NaOH-NaAc 缓冲液中，用 EGTA 滴定 Ca^{2+}，由 EGTA 本身在 $\frac{dE}{dt}\sim E$ 曲线上产生的切口指示终点，再由 HEDTA 滴定 Mg^{2+}，用 HEDTA 切口的出现指示终点。此法可以将 Ca：Mg比例提高到 80：1，用于石灰石和磷矿石样品中 Ca，Mg 的测定，取得满意的结果。

引　言

关于钙、镁的测定，文献很多，尤以络合滴定法应用最广，研究得也最多。然而，对如何进一步提高测定的准确度和选择性，仍然是一个需要解决的课题。目前一般皆从三方面入手。一是选择不同的氨羧络合剂，利用其络合物稳定性的差异提高选择性。例如，由于 EGTA 对 Ca^{2+} 有良好的选择性，已被广泛用于大比例量中 Ca，Mg 的测定之中[1,2]，其次如 Cy DTA，可用于稀土、钴及钙镁的连续直接滴定[3]。第二条途径是利用各种分离的方法消除干扰。例如，在测定 Ca 时，用 8-羟基喹啉沉淀 Ma^{2+}[4]或用乙酰丙酮萃取 Mg^{2+} 消除 Mg^{2+} 的干扰，达到大量 Mg 存在时测 Ca 的目的[5]。在连续测定方面，最常见的是在不同 pH 值分别测出 Ca 和 Mg。例如，用酒红双偶氮钯为指示剂在 pH＝12.5 时用 EDTA

* 原文发表于南京大学学报，21（1）667（1985）。

滴定 Ca，再降低 pH 至 10，滴定 Mg[6]。第三条途径是寻求灵敏的终点指示方法，包括采用新的指示剂，使用 Ca 离子选择性电极指示终点[7]，以及使用电位滴定法[8]和示波极谱滴定法[2,3]等，在 Ca，Mg 的比例量相差较大时，只有示波极谱滴定法能得到满意的结果。对于大量钙存在下镁的测定，一般报道中比例只达 10∶1，本文报道利用示波极谱滴定法解决 Ca，Mg 比例高达 80∶1 时，大量 Ca 存在下，Ca，Mg 的连续滴定。

在 pH＝10 的 Na₂B₄O₇-NaOH-NaAc 底液中，EGTA，HEDTA 和 Ca²⁺，Mg²⁺ 所生成的络合物的表现稳定常数分别为

$$\text{EGTA} \qquad \lg K'_{\text{Ca-EDTA}} = 10.9 \qquad \lg K'_{\text{Mg-EGTA}} = 5.2$$
$$\text{HEDTA} \qquad \lg K'_{\text{Ca-HEDTA}} = 8.3 \qquad \lg K'_{\text{Mg-HEDTA}} = 7.0$$

当没有大量 Cl⁻ 存在时，EGTA，HEDTA 在 $\dfrac{dE}{dt} \sim E$ 曲线上显示切口，二者切口位置也不同（图 1）[3]，可以利用 EGTA，HEDTA 分别直接滴定 Ca，Mg，用切口出现指示滴定终点。可将 Ca∶Mg 的量提高至 80∶1，一定量的 PO₄³⁻，F⁻，Cl⁻ 不影响测定，少量 Fe(Ⅲ)，Mn(Ⅱ)，Al(Ⅲ)，Ti(Ⅳ)，Pb(Ⅱ) 等离子在此条件下都以沉淀形式存在，不必分离，没有干扰，测定样品取得满意结果。

EGTA 切口　　EGTA 滴定 Ca²⁺ 终点　　HEDTA 切口　　HEDTA 滴定 Mg 终点

图 1　EGTA 和 HEDTA 的示波图　Ca，Mg 滴定终点图

实 验 部 分

仪器线路

见文献〔2〕。

试剂

1. 0.1mol/L EGTA：称取 38.04g EGTA，加水 100ml，加入 NaOH 若干至其全部溶解。加热煮沸，冷却后，稀至 1000ml，准确浓度用标准 Ca²⁺ 标定。

2. 0.025mol/L HEDTA：称取 6.690g HEDTA，加水 100ml，加少量 NaOH 溶液至全部溶解，加热煮沸，冷却后，稀至 1000ml，准确浓度用标准 Mg²⁺ 标定。

3. 标准钙溶液：准确称取 12.48g CaCO₃ 于 250ml 烧杯中，加水 25ml，滴加 1∶2HNO₃ 使其溶解，过量 20ml，加热煮沸除去 CO₂，冷却，移至 500ml 容量瓶中，稀至刻度，此溶液含 Ca²⁺10mg/ml。

4. 标准镁溶液：准确称取 1.658g MgO 于 250ml 烧杯中，加 1∶2HNO₃ 溶解，移入 1000ml 容量瓶中稀至刻度，此溶液 Mg²⁺ 浓度为 1mg/ml。

5. $Na_2B_4O_7$-NaOH-NaAc 缓冲液 pH＝10。

移取硼砂 30g，NaOH 4g，NaAc·$5H_2O$ 136g，水少许一起加热溶解，稀至 1L。

实 验 步 骤

分别移取一定量的标准 Ca^{2+}，Mg^{2+} 溶液，置于盛有 20ml 硼砂缓冲液的烧杯中，用水稀至 50～60ml，插入电极，连接线路，不断搅拌下，用 EGTA（0.1mol/L）标准溶液滴定，观察示波器荧光屏上 EGTA 切口产生不再消失即为终点，记下消耗 EGTA 的量 V_1，继续用 HEDTA 滴定 Mg^{2+}，直至 HEDTA 切口产生（与 EGTA 切口相邻）不消失时即为终点，消耗 HEDTA 的量为 V_2，根据 V_1 和 V_2 可分别求出 Ca,Mg 的含量。若只需测定大量 Ca 存在下 Mg 的含量时，可加入稍过量 EGTA 掩蔽 Ca^{2+}，再用标准 HEDTA 滴定 Mg^{2+}。测定结果见表 1。

表 1　EGTA，HEDTA 对 Ca，Mg 的滴定

加入 Ca 量（mg）	加入 Mg 量（mg）	测出 Ca 量（mg）	偏　差（%）	测出 Mg 量（mg）	偏　差（%）
4.00	4.00	4.00	0.00	3.98	0.50
4.00	4.00	4.00	0.00	3.99	0.25
10.00	2.00	10.00	0.00	2.00	0.00
10.00	2.00	10.00	0.00	2.01	0.50
15.00	1.00	15.00	0.00	1.00	0.00
15.00	1.00	14.96	0.26	0.985	0.50
20.00	1.00	20.00	0.00	1.00	0.00
20.00	1.00	19.84	0.65	1.00	0.00
30.00	1.00	30.00	0.00	1.00	0.00
30.00	1.00	30.00	0.00	1.00	0.00
40.00	1.00	40.08	0.20	1.00	0.00
50.00	1.00	49.89	0.21	1.00	0.00
50.00	1.00	50.00	0.00	1.00	0.00
30.00	0.500	30.00	0.00	0.500	0.00
30.00	0.500	30.05	0.17	0.500	0.00
35.00	0.500	34.89	0.31	0.500	0.00
35.00	0.500	40.00	0.03	0.503	0.00
40.00	0.500	40.00	0.00	0.500	0.00
40.00	0.500	40.12	0.30	0.498	0.40
45.00	0.500	45.19	0.40	0.505	1.00
45.00	0.500	45.08	0.17	0.504	0.80
50.00	0.500	50.00	0.00	0.501	0.20
50.00	0.500	49.90	0.20	0.502	0.40
50.00	0.500	49.81	0.33	0.510	2.00

若有 Fe，Al，Mn，Ti，Bi，Pb，Cl，F，P 等元素存在时，对 Ca，Mg 测定的影响可见表 2。因滴定在硼砂-NaOH-NaAc pH＝10 的体系之中，以上这些元素大都生成了氢氧化物沉淀，对测定无什么干扰。少量的以上物质可允许存在的极限量为：

	Cl⁻	F⁻	PO_4^{3-}	S^{2-}	Al^{3+}	Bi^{3+}	Fe^{3+}	Mn^{2+}	Ti^{4+}	Pb^{2+}
极限量* (mg)	27	48	150	200	35	1.3	16.8	24	0.8	0.08

* 指一份被测溶液中可含的量。

表2 干扰元素存在下的 Ca，Mg 滴定

加 入 量		干 扰 元 素 (mg)										测 出 量		误 差	
Ca	Mg	Fe	Al	Mn	Ti	Pb	Bi	PO_4^{3-}	F⁻	Cl⁻		Ca	Mg	Ca	Mg
(mg)												(mg)		(mg)	
20.00	0.500	5.6	26	8.0	0.8	0.05	0.1	100	40	20		20.00	0.504	0.00	0.004
20.00	0.500	5.6	26	8.0	0.8	0.05	0.1	100	40	20		20.00	0.506	0.00	0.006
20.00	0.500	/	/	/	/	/	/	/	/	/		20.00	0.500	0.00	0.000
20.00	0.250	5.6	26	8.0	0.8	0.05	0.1	100	40	20		20.00	0.250	0.00	0.000
20.00	0.250	5.6	26	8.0	0.8	0.05	0.1	100	40	20		20.00	0.248	0.00	0.002
20.00	0.250	/	/	/	/	/	/	/	/	/		20.00	0.250	0.00	0.000

样 品 分 析

准确称取矿样 1.000g 于瓷坩埚中在 950～980℃灼烧 1.5h，冷却后用 1：2 HNO_3 溶解，并将其全部转移至 250ml 容量瓶中，稀至刻度，摇匀。吸取 10.00ml 矿样溶液于 100ml 烧杯中，加入 20ml 底液，并稀至 50～70ml，插入电极，连通线路，用标准 EGTA 和 HEDTA 先后滴定至切口产生即为 Ca，Mg 滴定的终点。按 EGTA 用量计算 Ca 含量，以 HEDTA 量计算 Mg 含量（表3）。

$$CaO\% = \frac{V_{EGTA} \times T_{CaO/EGTA}}{G \times \frac{10}{250} \times 1000} \times 100$$

$$MgO\% = \frac{V_{HEDTA} \times T_{MgO/HEDTA}}{G \times \frac{10}{250} \times 1000} \times 100$$

表3 样品分析

样品编号*	标样含量%		其 它 成 分 %							测出法与标准偏差			
	CaO	MgO	SiO_2	Fe_2O_3	TiO_2	Al_2O_3	MnO_2	P_2O_5	F	CaO%	S	MgO	S
石灰石1号	51.35	1.07	4.76	0.34	0.033	0.72	0.013	0.021	/	51.39	0.60	1.08	0.0
石灰石2号	49.80	2.65	3.57	0.46	0.044	1.02	0.021	0.052	/	49.81	0.14	2.60	0.04
湘 12	52.39	2.65	1.10	0.11	/	0.10	/	/	/	52.32	0.35	2.67	0.03
湘 230	42.62	1.37	14.68	1.63	0.25	3.44	0.04	29.36 +3.22 有效磷	2.15	42.59	0.30	1.41	0.04

* 石灰石及湘12，湘230为江苏省地质局和湖南省地质局标样数据。

讨　论

1. 对于 Mg^{2+} 的滴定，当 Ca：Mg 在 20：1 的范围内可以采用 EDTA 为滴定剂滴定 Mg^{2+}，终点切口的位置与 HEDTA 相似。

2. 由于本滴定终点是以滴定剂的切口指示的，滴定剂必然过量，这里应作空白校正或以标准液求滴定度，严格控制切口的形状及深度。

3. 利用氨羧络合剂自身产生切口指示终点，主要干扰离子为 Cl^-，其次 NH_3 也有影响[3]。本实验采用的溶剂为 HNO_3 而不用 HCl，NH_4Cl-NH_3·H_2O 底液也不宜采用。

参 考 文 献

〔1〕 北京建筑材料学院，《水泥快速分析》，中国建筑工业出版社，265（1971）

〔2〕 高鸿、翁筠蓉、尹常庆，高等学校化学学报，2，1（1981）

〔3〕 陶曙光、高鸿，高等学校化学学报，5（4）477（1984）

〔4〕 分析化学文摘，4，180（1976）

〔5〕 王积滋、范玉华、刘爱珍、陈哲海，理化检验，16（3）46（1980）

〔6〕 S. Dasgupta. , B. C. Sinha, N. S. Rawat, Trans. Indian Ceram Soc. , 41(1) 14～16 (1982)

〔7〕 A. Reymond, G. Lesgards and J. Estionne, Analysis，11(2) 91～93 (1983)

〔8〕 Bo Wallen, Anal Chem. , 46(2) 304 (1974)

—4—————————————————————————

交流示波极谱滴定的研究

锌和镉的连续滴定[*]

高　鸿　　方惠群　　吴孟玉

〔作者按语〕

　　锌镉的同时测定是容量分析的另一难题，但在示波滴定中，这个问题却迎刃而解。

　　利用 Cd，Zn 在示波极谱图上具有敏锐的切口及 Cd，Zn 与 EGTA 和与 NH_3 所生络合物稳定常数的差异，用交流示波极谱滴定法，在 pH＝10 的 NH_4OH-NH_4Cl 缓冲溶液中，先用 EGTA 直接滴定 Cd，用 Cd 切口的消失指示终点，再用 EDTA 直接滴定 Zn，终点直观，方法简单、快速、准确、经济。连续滴定，测 Zn 时，Cd/Zn 比达 85，测 Cd，Zn/Cd 比达 20，直接滴定大量 Zn 中 Cd，Zn/Cd 比可高达 1000，比文献上已有的方法优越。

　　Fabregas 等[1]利用 Cd^{2+}，Zn^{2+}，Pb^{2+} 与 EGTA 稳定常数的差异，用络合滴定法测定大量 Cd 中少量 Zn，手续麻烦，可允许的最大 Cd/Zn 比仅为 10，误差达 4％[2]，Flaschka 及 Butcher[2]用 I^- 掩蔽 Cd^{2+}，用 EDTA 滴定 Zn^{2+}，Cd/Zn 比可到 300。如用 DTPA 滴定 Zn^{2+}，Cd/Zn 比可高至 3300，但要用作图法从吸光度的变化来确定滴定终点，可测定的 Zn 量仅为微克级。Pribil 及 Vesely[4]将 Cd^{2+} 沉淀为 $Cd(Phen)_2I_2$，事先与 Zn^{2+} 分离，Cd/Zn 比达到 85。

　　在测定大量 Zn 中少量 Cd 方面，Pribil 及 Vesely[5]用 NaOH 把 Zn^{2+} 转化为 ZnO_2^{2-}，消除 Zn 的干扰，方法冗长麻烦，Zn/Cd 比到 50。

　　在 Zn 与 Cd 的连续络合滴定方面，Flaschka 及 Butcher[6]用 I^- 掩蔽 Cd^{2+}，Cd/Zn 比从 $\frac{1}{20}$ 到 20。Flaschka 等[7,9]用 EGTA 连续滴定 Cd^{2+} 与 Zn^{2+} 用光度法指示终点。测定的量为微克级，方法又麻烦。Pribil 及 Vesely[8]用 MPA 掩蔽 Cd^{2+} 用 TTHA 滴定 Zn^{2+}，Cd/Zn 比最大为 20；然后加入 DCTA 用标

　　* 原文发表于分析化学，10（9）513（1982）。

准 Zn 液反滴定以测 Cd，Zn/Cd 比可到 40。这些方法都是比较麻烦的。

表1 锌、镉络合物的稳定常数（pH＝10）[10]

	Zn²⁺	Cd²⁺
lg$K_{M\text{-}EDTA}$	14.7	14.7
lg$K_{M\text{-}EGTA}$	10.7	13.5
lg$K_{M\text{-}NH_3}$	8.7	6.7

从表1中可以看出，Cd-EGTA 的稳定常数比 Zn-EGTA 的大两个数量级，而与 NH_3 的络合物的稳定常数 Zn 又比 Cd 大两个数量级，因此，若在 pH＝10 的含有 Zn^{2+} 与 Cd^{2+} 的 NH_4OH-NH_4Cl 缓冲液中，加入 EGTA，EGTA 将先与 Cd 络合，而后再与 Zn 络合。在氨底液中，Cd 与 Zn 的交流示波极谱图上均有敏锐的切口（图1）。当溶液中 Zn^{2+}、Cd^{2+} 含量适当时，可见两个切口。因此，可用 EGTA 直接滴定氨液中的 Cd^{2+}，用其切口的消失直接指示滴定终点。然后用 EDTA 滴定 Zn^{2+} 至切口消失。方法简易快速，终点直观。连续滴定 Cd^{2+} 与 Zn^{2+} 时，测 Zn 时 Cd/Zn 比可达 85，测 Cd 时，Zn/Cd 比可达 20。若用同样方法直接滴定大量 Zn 中 Cd，Zn/Cd 比可高达 1000。这个方法比文献上已有的方法优越。

（a）Cd^{2+} 与 Zn^{2+} 的示波图
浓度为 10^{-4}mol/L

（b）用 EGTA 滴定 Cd^{2+} 后
Zn^{2+} 的示波图

图1 在 pH＝10 的氨底液中
Cd 与 Zn 的交流示波极谱图

仪器和试剂

仪器：同前文[11]。指示电极为汞膜电极；参比电极为沾汞银电极；其他容量分析仪器均经校正。

试剂：

1. 0.0500mol/L 标准镉溶液：准确称取光谱纯金属镉 2.810g 于 200ml 烧杯中，加 1∶1 $HNO_3$10ml，溶解完后蒸干，加 6mol/L HCl 3ml，加水 15ml 溶解，冷却，移入 500ml 容量瓶中，稀释至刻度，摇匀。

2. 0.0500mol/L 标准锌溶液：准确称取优级纯金属锌 3.269g，用 20ml 1∶1 HCl 溶解，移至 1000ml 容量瓶中，稀释至刻度，摇匀。

3. 0.05mol/L EGTA 溶液：溶解 19.02g 酸性 EGTA 于 100ml 1mol/L NaOH 溶液中，用蒸馏水稀释至 1L。

EGTA 溶液的标定：用移液管吸取 5ml 0.05mol/L 标准镉溶液置于含有 20ml NH_4OH-NH_4Cl（pH＝10）溶液的烧杯中，用水稀释至总体积约 60ml，插入指示电极和参比电极，接通线路，在搅拌情况下用 EGTA 溶液滴定至示波器上切口消失即为终点。

4. 0.05mol/L EDTA 溶液：称取 A.R. 的乙二胺四乙酸二钠盐 18.6g 溶于蒸馏水中，稀释至 1L。

EDTA 溶液的标定：用移液管吸取 5ml 0.05mol/L 标准锌溶液放入含有 20ml NH_4OH-NH_4Cl（pH＝10）溶液的烧杯中，用水稀释至总体积约 60ml，插入指示电极和参比电极，接通线路，在搅拌情况下，用 EDTA 溶液滴定至示波器上锌切口消失即为终点。

5. NH_4OH-NH_4Cl 缓冲溶液（pH＝10）：称取 NH_4Cl 56g，加入适量蒸馏水溶解，再加 39.5ml 浓氨水，稀释至 1L。

滴定方法与实验结果

1. 锌和镉的连续滴定：在 20ml NH_4OH-NH_4Cl（pH＝10）的底液中，加入一定量的 Zn^{2+} 和 Cd^{2+}，然后稀释至总体积为 60ml 左右，插入电极，连接线路，在不断搅拌情况下，先用标准 EGTA 溶液滴定 Cd，示波图上 Cd 切口消失为终点，再用标准 EDTA 溶液滴定 Zn，Zn 切口的消失为终点。结果见表 2 和表 3。在测定过程中，如果 Cd 和 Zn 的浓度比较小，示波图形正常（如图 1 所示）。当 Cd 的浓度增大时，示波图形的左边收缩，当 Zn 的浓度增大时，示波图形的右边收缩。若 Cd 和 Zn 的浓度都大时，整个图形收缩，然而，随着滴定剂的加入，示波图形又慢慢扩展至正常。

2. 大量锌中少量镉的直接滴定：实验步骤同前，实验结果见表 4。

3. 少量的 Fe，Al，Pb，Cu 等元素对锌、镉测定无影响：Fe^{3+}，Al^{3+}，Pb^{2+} 离子在 pH＝10 的 NH_4OH-NH_4Cl 底液中生成沉淀，存在少量的以上离子不干扰 Zn，Cd 的测定。结果见表 5。

表 2　用 EGTA 和 EDTA 滴定镉和锌

加入 Zn^{2+} 量 (mg)	加入 Cd^{2+} 量 (mg)	Zn : Cd	测量得 (mg)		相对误差（%）	
			Zn^{2+}	Cd^{2+}	Zn^{2+}	Cd^{2+}
131.2	11.30	12：1	130.7	11.25	−0.38	＋0.44
131.2	5.65	23：1	130.8	5.75	−0.30	＋1.8

表 3　用 EGTA 和 EDTA 滴定镉和锌

加入 Cd^{2+} 量 (mg)	加入 Zn^{2+} 量 (mg)	Cd : Zn	测量得 (mg)		相对误差（%）	
			Cd^{2+}	Zn^{2+}	Cd^{2+}	Zn^{2+}
27.78	16.41	1.6：1	27.76	16.38	−0.07	−0.18
55.57	16.41	3：1	55.69	16.32	＋0.22	−0.55
166.7	32.8	6：1	167.0	32.8	＋0.18	0
166.7	16.41	10：1	166.1	16.45	−0.36	＋0.24
277.8	6.56	42：1	278.4	6.54	＋0.22	−0.30
277.8	3.28	85：1	278.8	3.28	＋0.35	0

表 4　用 EGTA 滴定大量锌中少量镉

加入 Zn^{2+} 量　(mg)	加入 Cd^{2+} 量　(mg)	Zn : Cd	测定 Cd^{2+} 量　(mg)	相对误差　（%）
6.56	5.62	1：1	5.68	＋1.1
65.6	5.62	10：1	5.68	＋1.1
959	11.24	85：1	11.24	0
1919	11.24	171：1	11.25	＋0.09
9600	28.10	342：1	28.13	＋0.11
4800	11.24	427：1	11.22	−0.18
9600	11.24	854：1	11.24	0
12000	11.24	1000：1	11.20	−0.35

表5　Fe^{3+}，Al^{3+}，Pb^{2+}，Cu^{2+}等离子存在下的锌、镉滴定

加入 Zn^{2+} 量 (mg)	加入 Cd^{2+} 量 (mg)	干扰元素　（mg）				测得量　（mg）	
		Fe	Al	Pb	Cu	Zn^{2+}	Cd^{2+}
16.10	28.25	10	10	0.05	0.05	16.11	28.22
3.22	141.3	10	10	0.05	0.05	3.25	141.1
80.50	5.65	10	10	0.05	0.05	80.53	5.71

表6　样品分析

样　　品	交流示波极谱滴定法		络合滴定法（指示剂法）	
	Zn%	Cd%	Zn%	Cd%
矿　　渣	31.44	33.90	31.48	34.04
粗　　镉	2.83	97.61	2.90	97.80
纯　　镉		100.09		99.99

4. 矿渣样品中锌、镉的测定：矿渣中含有 Cd，Zn，Fe，Al，Cu，Pb 等元素，Cu 含量为 0.012%，Pb 为 0.79%。

测定步骤：准确称取 1g 矿样，用水湿润后加数毫升 1∶1 的 HNO_3 溶解，移入 100ml 容量瓶中，稀释至刻度。用移液管吸取矿样溶液 5ml 于烧杯中，加 20ml NH_4OH-NH_4Cl（pH＝10）的缓冲溶液，稀释至总体积约 60ml，插入电极，先用 EGTA 滴定 Cd^{2+}，再用 EDTA 滴定 Zn^{2+}。

5. 粗镉中锌、镉的测定或纯镉中镉的测定：准确称取样品 0.2g 于 100ml 烧杯中，加 1∶1 HNO_3 5ml，溶解完全后蒸干，再加入 6mol/L HCl 2ml，水 5ml，加热溶解，冷却，移入 250ml 容量瓶中稀释至刻度，摇匀，用移液管吸取 20ml 试液于烧杯中，其他手续同矿渣样品中锌、镉的测定。结果见表6。

参　考　文　献

〔1〕 R. Fabregas，A. Prieto and C. Garcia，Chem. Anal.，51，77～78 (1962)

〔2〕 H. Flaschka and J. Butcher，Microchemical Journal，7，407～411 (1963)

〔3〕 H. Flaschka and J. Butcher，Talanta，11，1067～1071 (1964)

〔4〕 R. Pribil and V. Vesely，Talanta，11，1613～1615 (1964)

〔5〕 R. Pribil and V. Vesely，Chemist-Analyst，55，4 (1966)

〔6〕 H. Flaschka and J. Butcher，Chemist-Analyst，54，36 (1965)

〔7〕 H. Flaschka and F. B. Carley，Talanta，11，423 (1964)

〔8〕 R. Pribil and V. Vesely，Talanta，12，475 (1965)

〔9〕 H. Flaschka and J. Butcher，Mikrochim. Acta，401～406 (1964)

〔10〕 Anders Ringbon，Complexation in Analytical Chemistry Interscience Publishers，354，359 (1962)

〔11〕 高鸿、翁筠蓉、尹常庆，高等学校化学学报，2，37 (1981)

5

交流示波极谱滴定的研究

中 和 滴 定*

陈淑萍　　高　鸿

〔作者按语〕

示波中和滴定办到了人们认为办不到的事情：极弱酸、碱的直接滴定；弱酸弱碱间的相互滴定。

摘　要

本文系统地报道了交流示波极谱滴定在中和滴定中的应用，解决了弱酸弱碱在水溶液中直接滴定等问题。同时提出了中和滴定的两大类指示剂的概念，并且总结了它们的性质。因此，示波极谱中和滴定将大大地丰富中和滴定的内容，扩大其应用范围。

利用指示剂示波极谱图上切口的出现或消失指示滴定终点的中和滴定方法称为示波极谱中和滴定法。D. Stefanovic 首先把示波极谱滴定用于中和反应[1]，但因查不到全文，不了解他所用的方法的具体步骤。本文系统地研究了示波极谱中和滴定的方法、特点和应用。

和常规中和滴定法相比，示波极谱中和滴定有其突出的优点：（1）能在有色溶液中进行滴定，不受颜色和沉淀的影响；（2）能用弱酸滴定弱碱或用弱碱滴定弱酸；（3）能用强碱直接滴定像硼酸那样的极弱酸，也能用强酸滴定像氨基比林那样的极弱碱；（4）能够作常规的中和滴定通常无法作到的事情，例如，可把原来要用电位滴定法才能进行的滴定，甚至连电位法也感到困难的滴定改为简便的视式滴定，且终点直观、方法快速，仪器设备又很简单。示波极谱中和滴定方法的出现，将会大大地丰

---

*　原文发表于高等学校化学学报专刊，3，53（1982）。

富中和滴定的内容，扩大其应用范围。

滴定装置见前文[2]，所用玻璃仪器均经校正，所用试剂均按常规方法配制、标定。

中和滴定的指示剂

用于示波极谱中和滴定的指示剂有两大类。第一类是有机化合物，包括常用的中和指示剂；第二类是在示波极谱图上有敏锐切口的金属离子，如 Zn^{2+}，Eu^{3+}，Pb^{2+}，Ga^{3+}，In^{3+} 等。这些物质的共同特点是，它们的示波极谱图上的切口的出现或消失均与溶液的 pH 值有关，因而可用来指示中和滴定的滴定终点。

表 1 列举了 29 种指示剂的性质。它们的示波图见图 1。另外，在表 2 及表 3 中列举了影响指示剂切口变化的因素。

表 1　示波极谱中和滴定指示剂切口变化与溶液 pH 值的关系

指　示　剂		指示剂示波图编号	切口出现 pH	切口消失 pH	指示剂变色范围 pH	*	指　示　剂	指示剂示波图编号	切口出现 pH	切口消失 pH	指示剂变色范围 pH	*
有机指示剂	甲基橙	1	3.50	3.30	3.0～4.4		对二甲苯酚蓝	16	3.40	3.35	1.2～2.8	(1)
	金莲橙 O	2	3.60	3.30	11.0～13.0		溴甲酚紫	17	3.60	3.40	5.2～6.8	
	甲基红	3	3.60	3.41	4.4～6.2		溴百里酚	18	3.7	3.50	6.0～7.6	
	碱性菊橙	4	3.38	3.2	4.0～7.0		对硝基酚	19	3.60	3.40	5.6～7.6	
	中性红	5	3.60	3.29	6.8～8.0	(1)	间硝基酚	20	3.6	3.40	6.8～8.4	
	刚果红	6	3.50	3.30	3.0～5.2		对苯二酚	21	9.60	9.40		(3)
	桔黄 Ⅱ	7	3.62	3.25	7.6～8.9		顺丁烯二酸	22	3.20	3.80		(4)
	桔黄 G	8	3.40	3.30	11.5～14.0		萤光素钠	23	3.60	3.50		(1)
	亮黄	9	3.40	3.31	6.4～9.4	(1)	苯胺	24	11.15			(5)
	姜黄素	10	3.65	3.39	7.4～9.2	(2)	金属指示剂 ZnCl₂	25	9.0	9.40		(6)
	酚酞	11	3.50	3.30	8.2～10.0		GaCl₃	26	3.50	3.70		(7)
	百里酚酞	12	3.70	3.60	9.4～10.6		EuCl₃	27	3.50	3.62		(8)
	酚红	13	3.60	3.40	6.8～8.0		InCl₃	28	3.70	4.15		(9)
	溴甲酚绿	14	3.70	3.55	3.8～5.4		PbCl₂	29		11.30		(10)
	百里酚蓝	15	3.60	3.40	1.8～2.8	(1)						

底液为 1g KCl＋40ml H_2O

* (1) 浓度 0.1％，用量 10 滴，1ml＝13～15 滴。(2) 茜素黄、茜素黄 GG、茜素红 S 切口出现及消失的 pH 与姜黄素同。(3) 1％1ml。(4) 1％0.5ml。(5) 0.6％16 滴。(6) 1mg Zn/ml，2 滴。(7) 2mg Ga_2O_3/ml，4～5 滴。(8) 1mg Eu_2O_3/ml，5 滴。(9) 1mg In_2O_3/ml，5 滴。(10) 0.25mg $PbCl_2$/ml，2 滴。

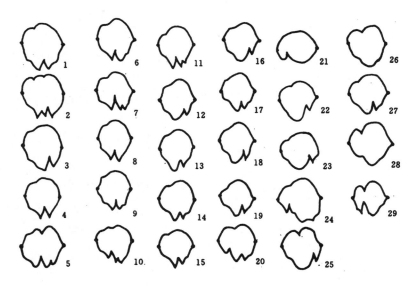

图 1 指示剂示波极谱图

表 2 指示剂用量对切口变化的影响

		加入滴数 (1ml＝13滴)	1	2	3	4	5	6	7	8	9	10	12	14	40ml 溶液中含 1g KCl
刚果红 (0.1%)	a	切口出现 pH	无切口	4.10	3.70	3.60	3.60	3.60	3.60	3.55	3.50	3.50	3.45	3.42	
		切口消失 pH	无切口	3.72	3.55	3.50	3.50	3.50	3.42	3.40	3.30	3.30	3.28	3.30	
	b	加入滴数 (1ml＝13滴)	<10		10		12		15		20				40ml 溶液中含 1g KCl 及 0.7g NH₄Ac
		切口出现 pH	切口不明显		7.00		6.95		6.50		6.10				
		切口消失 pH	切口不明显		6.95		/		6.80		6.50				
PbCl₂ (0.25mg/ml)	c	加入滴数 (1ml＝11滴)	1		2		3		4						溶液成分及浓度与a同
		切口消失 pH	11.02		11.30		11.42		11.50						
苯胺 (0.6%)	d	加入滴数 (1ml＝15滴)	10	11	12	13	14	15	16	17	18	19	20	22	40ml 溶液中含 1g KCl 及 0.2g 硼酸
		切口出现 pH	11.35	11.30	11.25	11.22	11.20	11.18	11.15	11.10	11.08	11.05	11.02	11.10	

表 3 底液浓度对切口变化的影响

		加入量 (g)	0.0	0.2	0.4	0.5	0.6	0.8	1.0	1.0 以上	40ml 溶液中含 1g KCl 及 0.1%刚果红 10 滴
醋酸铵	e	切口消失 pH	3.30	5.40	5.70	6.00	6.90	7.05	6.90	切口不明显	
氯化钾	f*	加入量 (g)	0.0		0.2		0.5		1.0	2.0	40ml 溶液中含 0.7g NH₄Ac 及 0.1%刚果红 10 滴
		切口消失 pH	无切口		6.90		6.90		6.95	6.90	
硼酸	g*	加入量 (g)	0.0		0.1		0.2		0.4		40ml 溶液中含 1g KCl 及 0.6%苯胺 10 滴
		切口出现 pH	11.15		11.15		11.15		11.12		

* 试验温度为 13℃。

从表 1～3 和图 1 可以看出，示波极谱中和滴定具有下列性质：

1. 指示剂非常灵敏，一般只要溶液的 pH 值改变 0.2～0.3 个 pH 单位，指示剂的切口就发生明显变化，对有机指示剂讲，包括那些常用的指示剂，尽管它们改变颜色的 pH 值范围不同、结构不同，但已试验过的 20 种常用指示剂，它们的性质却非常相似。在单纯的氯化钾底液中，它们切口发生变化的 pH 值都在 3.50±0.2 左右，只有个别的在 9 以上。这是示波极谱滴定法的最大特点，也是它优于常规滴定方法的地方。在常规方法中，要察觉指示剂颜色的变化，溶液的 pH 值一般要改变 2 个 pH 单位，比切口变化所需 pH 的变化量大了将近 10 倍。

2. 指示剂的用量对切口变化的 pH 值有一定影响。从初步的实验结果看，一般有机指示剂用量增加时，切口变化的 pH 值有下降趋势，并且有的改变的幅度较大（表 2_c），有的小些（表 3_f）。对金属离子指示剂，如 Pb^{2+}，随用量增加，切口变化 pH 值则有上升趋势（表 2_c）。

3. 指示剂切口变化的 pH 值与底液的化学组成有关。醋酸铵的存在影响特别显著，能把刚果红等指示剂的切口消失的 pH 值从 3.3 改变到 7，并且这种影响与醋酸铵的用量也有些关系（表 3_e）。加入氯化钾，可降低溶液内阻从而提供良好的图形。因此，用量多少影响不大。

弱酸与弱碱的相互滴定

由于终点时 pH 值的突跃不大，常规方法不能用于弱酸弱碱间的直接滴定。但用示波极谱滴定法进行这种滴定却很方便。在含有醋酸铵和氯化钾的水溶液中，刚果红切口变化的 pH 值为 6.95～7.0（表 2_b），可用以指示醋酸与氢氧化铵间的滴定终点（理论值 pH＝7）。用醋酸滴定氢氧化铵时，用切口消失指示终点；用氢氧化铵滴定醋酸则反之。

醋酸滴定氢氧化铵：

取要被滴定的氨液（0.1～0.4mol/L）20ml，置于 100ml 烧杯中，加氯化钾 1g 和醋酸铵 0.6g（滴定 0.4mol/L 氨液时可不加醋酸铵），加 0.1％刚果红指示剂 10 滴，用标准醋酸溶液（0.1～0.4mol/L）滴定到切口刚好消失即为终点（图 1～6）。

氢氧化铵滴定醋酸：

取要被滴定的醋酸溶液（0.1～0.4mol/L）20ml，置于 100ml 烧杯中，加氯化钾 1g 和醋酸铵 0.6g，加入的量保证终点时醋酸铵总量在 0.6～1g 之间（表 3_e），加 0.1％刚果红指示剂 10 滴，用标准氨液（0.1～0.4mol/L）滴定至切口出现即为终点。

表 4，表 5 列举了试验结果。可见示波极谱滴定用于弱酸和弱碱间的滴定准确度和精密度都好，并且操作简便，快速，远比电位法优越。

表 4　醋酸滴定氢氧化铵

加入的氢氧化铵浓度 测得结果 方法	0.08785 (mol/L)		0.2057 (mol/L)		0.3514 (mol/L)	
	测得结果 (mol/L)	相对误差 (%)	测得结果 (mol/L)	相对误差 (%)	测得结果 (mol/L)	相对误差 (%)
电位法	0.08785	0.00	0.2057	0.00	0.3514	0.00
示波极谱滴定	0.08790	+0.05	0.2057	0.00	0.3512	−0.06
	0.08785	+0.11	0.2061	+0.19	0.3514	0.00
	0.08811	+0.30	0.2055	−0.10	0.3515	+0.03

表5 氢氧化铵滴定醋酸

加入的醋酸浓度 方法 测得结果	0.1072 (mol/L)		0.2322 (mol/L)		0.4285 (mol/L)	
	测得结果 (mol/L)	相对误差 (%)	测得结果 (mol/L)	相对误差 (%)	测得结果 (mol/L)	相对误差 (%)
电 位 法	0.1072	0.00	0.2322	0.00	0.4285	0.00
示波极谱滴定	0.1071	−0.09	0.2324	0.00	0.4273	0.28
	0.1068	−0.34	0.2320	−0.04	0.4273	−0.28
			0.2322	0.00	0.4285	0.00

强碱滴定极弱酸

当弱酸的浓度和其电离常数的乘积 $C \cdot K_a$ 小于 10^{-8} 时，就不能用常规的方法进行滴定[3]。硼酸的电离常数为 $K_1 = 5.9 \times 10^{-10}$[4]，采用通常的方法不能用碱直接滴定，就是用电位滴定法，直接用碱滴定也很困难，因为电位滴定曲线平坦，终点时坡度小（图2）。通常用加入甘露醇强化弱酸的办法来实现硼酸的滴定[5]。近来报道用碱滴定硼酸-甘露醇络合物的安培滴定法，误差在1%以上[6]，苯酚比硼酸更弱，$K = 1.1 \times 10^{-10}$[4]，更难于进行中和滴定。示波极谱滴定提供了解决这类问题的方便途径。

硼酸的直接滴定：

以测定 0.2g 硼酸为例。把样品溶解于适量水中，用 0.1050mol/L 氢氧化钾滴定，记录其电位滴定曲线。重复上述实验，在溶液中加入 5 毫升甘油，同样记录其电位滴定曲线。从两条线上求出终点溶液的 pH 值。结果见图2。25℃时，从实验中求得的终点 pH 值为 11.04，与理论值 11.07 基本一致。从终点 pH 值，选用苯胺作指示剂，并进行条件试验（表 3_f，3_g），从而找出了进行滴定的最佳条件。具体步骤如下。

准确称取经干燥剂干燥过的硼酸样品 0.2g，加适量水溶解（水的用量要满足滴定终点时溶液总体积约为40ml），加氯化钾 1g，0.6%苯胺指示剂16滴，用 0.1ml 的标准氢氧化钾溶液滴定至苯胺的切口出现即为终点。

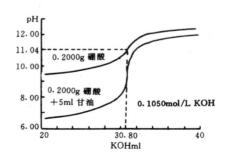

图2 用氢氧化钾滴定硼酸（25℃）

表6为实验结果，可见测定的准确度和精密度很好，方法快速。

表6 氢氧化钾直接滴定硼酸

加入的硼酸量 (g) 方法 测得结果	0.1000		0.2000		0.4000	
	测得结果 (g)	相对误差 (%)	测得结果 (g)	相对误差 (%)	测得结果 (g)	相对误差 (%)
加甘油强化电位法	0.1000	0.00	0.2000	0.00	0.4000	0.00
示波极谱滴定	0.1000	0.00	0.2006	+0.30	0.4012	+0.30
（3次测定结果）	0.1003	+0.30	0.2002	+0.10	0.4006	+0.15
	0.0999	−0.10	0.1997	−0.15		

苯酚的直接滴定：

苯酚比硼酸更弱，从电位滴定曲线上更难找出正确的滴定终点（图3）。必须用溴酸钾滴定法从完全相同的另一份苯酚样品中找出苯酚的正确含量[7]，标出用碱滴定时消耗碱液的正确体积，进而从电位滴定曲线上求出滴定终点的pH值。然后选择指示剂，进行条件试验，找出示波极谱滴定的最佳条件。实验结果表明，当50ml溶液中苯酚含量分别为0.1g，0.2g，0.3g时，氢氧化钾电位滴定曲线上滴定终点的pH值依次为11.31，11.34和11.40（室温18℃），与理论值11.13，11.29和11.38（25℃）基本上相等。因而选用0.6%苯胺为指示剂，通过条件实验（表7）确定了最佳滴定方法。

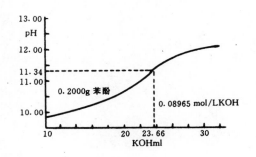

图3 KOH滴定苯酚的电位滴定曲线（18℃）*

表7 用氢氧化钾示波极谱滴定苯酚条件试验

苯胺指示剂用量的影响	苯胺用量（滴）	21	25	30	35	40	在50ml溶液中，含KCl 1g，苯酚0.2g，每ml指示剂为15滴
	切口出现时的pH	11.50	11.48	11.40	11.35	11.29	
苯酚用量的影响	苯酚用量（g）	0.0	0.1	0.2	0.3		在50ml溶液中，含KCl 1g及0.6%苯胺指示剂25滴
	切口出现时的pH	11.02	11.45	11.48	11.48		

准确称取经干燥剂干燥的苯酚样品0.2g，加水溶解（使滴定终点时溶液总体积大约为50ml），加入氯化钾1g和0.6%苯胺35滴（苯酚含量为0.1g，0.3g时，指示剂则分别加入40滴和30滴），用0.1mol/L氢氧化钾溶液滴定至苯胺切口出现即为终点（图4）。滴定结果列于表8。

表8 示波极谱滴定苯酚的实验结果

测得结果（g） 方 法 ＼ 样品（g）	0.1000	0.2000	0.3000
溴酸钾滴定法	0.09982	0.1996	0.2995
示波极谱滴定法	0.09972	0.1998	0.2987
（2次结果）	0.09998	0.1995	0.2995

图4 氢氧化钾滴定苯酚示波图
(a) 滴定前　　(b) 滴定后

强酸滴定极弱碱

盐酸直接滴定氨基比林：

氨基比林的吡唑酮环上第四位的二甲基氨是一个碱度很弱（$PK_b=9$）的基团，用标准酸液直接滴

---

* 25℃下测得终点pH值为11.04，13℃时测定的终点pH为11.15。

定时，终点 pH 值突跃不明显（图 5）[8]。通常用非水滴定的方法测定[9]。

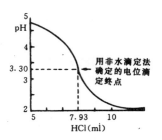

氨基比林

图 5 盐酸滴定氨基比林电位滴定曲线 *

若取 0.2g 氨基比林溶于适量水中，用盐酸滴定，测定其电位滴定曲线（图 5）。取同样一份氨基比林溶液，用非水滴定的方法，测定氨基比林的准确浓度，确定电位滴定曲线（图 5）上的滴定终点及 pH 值。实验结果表明，在 25℃时滴定终点的 pH 值为 3.30，与理论值（25℃）一致。若溶液中含氨基比林 0.4g，则终点 pH 值为 3.17。据此，选定金莲橙 O 为指示剂，并从条件试验结果（表 9）确定了最佳示波极谱滴定的方法。

表 9 用强酸滴定氨基比林的条件试验

金莲橙 O 用量的影响	指示剂用量（滴）	1	2	3	4	5	6	在 40ml 溶液中，含 1g KCl，0.2g 氨基比林；金莲橙 O 指示剂每 ml 为 10 滴
	切口消失时的 pH	3.90	3.60	3.40	3.29	3.17	3.10	
氨基比林用量的影响	氨基比林用量（g）	0.0		0.2		0.4		在 40ml 溶液中，含 1g KCl 及金莲橙 O 指示剂 4 滴
	切口消失时的 pH	3.50		3.29		3.32		

准确称取氨基比林样品（在 105℃烘至恒重）0.2g，加适量水溶液（终点时溶液总体积为 40ml 为准），加氯化钾 1g，0.1% 金莲橙 O 指示剂 4 滴（若样品含氨基比林 0.4g，用指示剂 5 滴），用 0.1mol/L 标准酸液滴定至指示剂切口消失即为终点（图 6）。

实验结果列于表 10。结果表明，示波极谱法可用盐酸直接滴定氨基比林，并且快速、准确，因此优于非水滴定法。

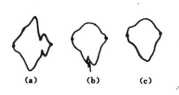

图 6 盐酸滴定氨基比林示波图
(a)滴定前 (b)终点前 (c)终点

---

* 温度对盐酸滴定氨基比林终点 pH 影响很小，在 25℃和 8℃下测得的终点 pH 值一样。

表 10 示波极谱滴定的实验结果

测得结果（g） 方法	样品（g）0.2000	0.4000
非水滴定法	0.1993	0.3987
示波极谱滴定法（3 次结果）	0.1994	0.3985
	0.1991	0.3988
	0.1991	0.3990

参 考 文 献

〔1〕 D. Stefanoic et al. , C. A. , 74，38069；Glas，Hem. Drvs.，Beograd，34(5～7) 427～434 (1969)

〔2〕 高鸿、翁筠蓉、尹常庆,高等学校化学学报,2(1) 37 (1981)

〔3〕 武汉大学分析化学教研室,《分析化学》上册,人民教育出版社,384 (1975)

〔4〕 武汉大学分析化学教研室,《分析化学》下册,人民教育出版社,364 (1975)

〔5〕 中华人民共和国卫生部药典委员会,《中华人民共和国药典》二部,人民卫生出版社,11 (1963)

〔6〕 G. Akhmedov，A. K. Zhdanov，C. A. 91，101446；j (1979)

〔7〕 中华人民共和国卫生部药典委员会,《中华人民共和国药典》二部,人民卫生出版社,441 (1963)

〔8〕 南京药学院,《药物分析》,人民卫生出版社,73 (1980)

〔9〕 南京药学院,《药物分析》,人民卫生出版社,115 (1980)

6

交流示波极谱滴定的研究

有机碱及有机酸盐类药物在水溶液中的中和滴定[*]

陈淑萍   高　鸿

〔作者按语〕

由于很多药物是天然碱，这里提供的方法在药物测定中很有用处。

本文用交流示波极谱中和滴定技术，在水溶液中直接滴定有机碱和有机酸的盐类药物，简便、快速、准确。

硫酸阿托品、盐酸麻黄碱、盐酸普鲁卡因、萤光素钠、苯巴比妥钠等有机碱或有机酸的盐类药物，因其水解后的酸性或碱性太弱，不能用常规方法在水溶液中进行中和滴定。本文继文献〔1〕又研究了采用示波极谱中和滴定技术在水溶液中直接滴定此类药物的方法。

硫酸阿托品的示波极谱中和滴定

硫酸阿托品可能含有很少量多余的硫酸，在水溶液中用标准碱液滴定样品时，首先要考虑这个问题，分别取硫酸

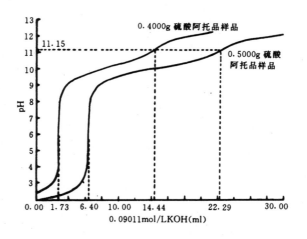

图 1　KOH 滴定硫酸阿托品的电位滴定曲线（室温 15 C）

• 原文发表高等学校化学学报，4（1）26（1983）。

阿托品 0.4000g 和 0.5000g，向前者加入 0.1mol/L HCl 2ml，向后者加入 0.1mol/L HCl 5ml。分别用标准碱液滴定，其电位滴定曲线见图 1。可见滴定曲线上有两个突跃，第一突跃坡度陡峭，终点 pH 为6，可用一般指示剂的变色反应来指示；第二个突跃坡度平坦，从电位曲线上很难确定终点，只有另取一份同样样品用非水滴定的方法确定其中硫酸阿托品的含量[2]，再决定图 1 中第二突跃滴定终点的位置，从而确定其 pH 值。从图 1 看来，15℃室温时第二突跃的终点 pH 为 11.15。在 25℃时测得的终点pH 为 10.90（0.5 克硫酸阿托品），与理论值 10.95 一致。有了终点 pH 值就可选择指示剂进行条件试验（表 1），从而找出进行示波极谱滴定的最佳方法。

表 1　示波极谱滴定硫酸阿托品的条件试验

0.1%苯胺用量（滴）*	20	25	30	35	40
切口出现的 pH 值	11.20	11.15	11.10	11.05	11.00
硫酸阿托品用量（g）	0.0		0.4		0.5
切口出现的 pH 值	10.95		11.15		11.15

* 40ml 溶液中，含 KCl 1g，硫酸阿托品 0.4g，指示剂 1ml＝15 滴。

测定步骤：准确称取硫酸阿托品样品（在 105℃烘至恒重）0.4g，加适量水溶解（终点时溶液最后体积约为 40ml 左右），测量溶液的 pH，若 pH<6，说明样品中含有多余硫酸，加入 0.1%对硝基酚 3～4 滴，用 0.1mol/L KOH 滴定至微黄色，此时 pH 约为 6。对硝基酚不影响以后的示波极谱滴定。若试样的 pH 为 6，说明样品无多余无机酸，可省去前面的滴定。在溶液中加 1g KCl，0.1%苯胺指示剂25 滴（1ml＝15 滴），用 0.1mol/L 标准 KOH 滴定至切口出现（图 2），即为终点。实验结果列入表 2。

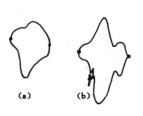

图 2　KOH 滴定硫酸阿托品的示波图

（a）滴定前　（b）终点

表 2　示波极谱滴定硫酸阿托品试验结果

硫酸阿托品（g）	0.4000	0.5000
非水滴定法	0.3981	0.4977
示波极谱滴定	0.3979	0.4978
	0.3976	0.4966
		0.4994

盐酸麻黄碱的示波极谱中和滴定

盐酸麻黄碱的情况和硫酸阿托品相似。从电位滴定曲线和非水滴定[3]的数据，确定用 KOH 滴定0.2g，0.3g，0.4g 纯盐酸麻黄碱时，滴定终点的 pH 依次为 10.90，10.95 和 11.00，因此，选择 Pb^{2+}为指示剂，并进行条件试验（表 3），提出了示波极谱中和滴定盐酸麻黄碱的方法。

表 3　示波极谱滴定盐酸麻黄碱的条件试验

指示剂（滴）	1	2	3	4	8	10	15	17	18	19	20	22	25
盐酸麻黄碱（g）					切口消失时的 pH 值								
0.0	11.02	11.30	11.42	11.50									
0.2					10.90	10.95	11.10						
0.3						10.40	10.80	10.90	10.95	11.00	11.02		
0.4						10.40			10.62		10.90	11.00	11.10

注：40 毫升溶液中，含 1g KCl，0.25mg PbCl₂/ml 指示剂 1ml 为 11 滴。

测定步骤：准确称取盐酸麻黄碱样品（在105℃烘至恒重）0.3g，加适量水溶解（终点时，最后体积约为40ml）。测量溶液的pH，若pH<6，说明样品含有多余的无机酸，加入0.1%对硝基酚3～4滴，用0.1mol/L KOH滴定至微黄色，此时pH应为6。对硝基酚不影响以后的示波极谱滴定。若试样的pH为6，说明样品中无多余的酸，可省去前面的滴定，在溶液中加1g KCl，18滴 PbCl$_2$ 溶液（PbCl$_2$ 0.25mg/ml，1ml=11滴），用0.1mol/L 标准KOH滴定至切口消失（图3）即为终点（若样品重0.2g，加Pb^{2+}指示剂8滴，重0.4g加22滴）。实验结果见表4。

表4 示波极谱滴定盐酸麻黄碱试验结果

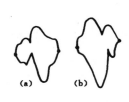

图3 KOH滴定盐酸麻黄
碱的示波图
（a）滴定前 （b）终点

样品（g）	0.2000	0.3000	0.4000
非水滴定法	0.2004	0.3006	0.4008
示波极谱滴定	0.2004	0.2995	0.4014
	0.1999	90.3006	90.4004

盐酸普鲁卡因的示波极谱中和滴定

盐酸普鲁卡因和硫酸阿托品相似。从电位滴定和亚硝酸钠[4]滴定法的数据知道，用KOH滴定盐酸普鲁卡因时，电位滴定曲线有两个突跃，第一个坡度陡峭，是滴定无机酸的结果，终点 pH=6，可用一般指示剂指示。第二个突跃坡度平坦，滴定终点的 pH 为10.50（对0.4g样品而言），这是滴定盐酸普鲁卡因的终点（见表5）。盐酸普鲁卡因和上述两种有机盐不同的地方是它本身有切口，不要另用别的指示剂。

表5 示波极谱滴定盐酸普鲁卡因的试验结果

样 品 重（g）	0.4000
亚硝酸钠滴定法[4]	0.3978
示波极谱滴定	0.3980
	0.3976

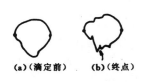

图4 KOH滴定盐酸普
鲁卡因的示波图
（a）（滴定前） （b）（终点）

测定步骤：准确称取盐酸普鲁卡因样品（105℃，恒重），加适量水溶解（终点溶液体积约为40ml），测量pH值。如pH<5，说明样品可能有少量游离酸存在。加几滴0.1%溴甲酚紫，用0.1mol/L KOH滴定至出现紫色，此时pH在5～6之间。如水液的pH在5～6之间，可省去前面的滴定，在溶液中加入1g KCl，控制交流电压于1.40V，直流电压为0.705V，用0.1mol/L KOH滴定至普鲁卡因的切口出现（图4）即为终点。

萤光素钠的示波极谱中和滴定

萤光素钠是一种有机弱酸的钠盐，为橙红色粉末，常用的测定方法是提取重量法[5]。它的电位滴定曲线见图5，滴定终点的 pH 值为3.65。改为示波极谱滴定时可利用它本身的切口指示滴定的终点，不需要另加指示剂。

测定步骤：准确称取萤光素钠样品（在105℃烘至恒重）0.2g，加蒸馏水30ml溶解。检查其 pH 值，若在 9～10 之间,说明不含多余的游离碱。加 1g KCl,用 0.1mol/L 标准 HCl 溶液滴定至切口 3 出现(图 6)。最后体积为 40ml 左右。实验结果见表 6。

苯巴比妥钠的示波极谱中和滴定

苯巴比妥钠的性质和萤光素钠相似。用 HCl 滴定苯巴比妥钠的电位滴定曲线也和图 5 类似,开始时 pH＝9,滴定终点时 pH＝4.15。选用 0.1％桔黄 Ⅱ 2 滴为指示剂,但指示剂切口消失的 pH 为 3.55,与终点的 pH 值不一致,为此须进行空白校正。方法是:取 pH 约为 4.1 的蒸馏水 40ml,加 2 滴桔黄 Ⅱ 指示剂,用 0.1mol/L HCl 标准溶液滴定至切口消失,记为空白值,从滴定样品所需的酸用量中减去。

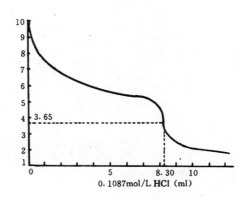

图 5　HCl 滴定萤光素钠电位滴定曲线

图 6　HCl 滴定萤光素的示波图
(a) 滴定前　(b) 终点

测定步骤:准确称取苯巴比妥钠样品(在 105℃烘至恒重)0.3～0.4g,加水 20～30ml 溶解,加入 1g KCl,2 滴 0.1％桔黄 Ⅱ 指示剂,用 0.1mol/L 标准 HCl 溶液滴定至切口消失。减去空白值即为终点。滴定结果见表 7。

表 6　示波极谱滴定萤光素钠的试验结果

样　品 (g)	0.2000
电位滴定法	0.1698
示波极谱滴定	0.1706
	0.1698
	0.1698

滴定剂: HCl 0.1087mol/L。

表 7　示波极谱滴定苯巴比妥钠的试验结果

样　品重 (g)	0.3000	0.4000
电位滴定法	0.2850	0.3800
示波极谱滴定	0.2852	0.3800
	0.2846	
	0.2843	

参 考 文 献

〔1〕 陈淑萍、高鸿,高等学校化学学报(专刊),3,53 (1982)

〔2〕 南京药学院,《药物分析》,人民卫生出版社,116 (1980)

〔3〕 中华人民共和国药典委员会,《中华人民共和国药典》二部,人民卫生出版社,203 (1963)

〔4〕 中华人民共和国药典委员会,《中华人民共和国药典》二部,人民卫生出版社,466 (1963)

〔5〕 中华人民共和国药典委员会,《中华人民共和国药典》二部,人民卫生出版社,220 (1963)

—— 7 ————————————————————————————————————

交流示波极谱滴定的研究

丁二酮肟滴定镍[*]

翁筠蓉　　沈祖荣　　高　鸿

〔作者按语〕

　　重量分析麻烦，人们总在找寻代替它的办法。这篇短文告诉人们，只要沉淀剂和被测定物质中有一个是示波活性的（有切口），这个重量方法就可很容易地变为容量法。很多有机和无机试剂是示波活性的，重量方法大多可用滴定方法代替。

引　言

　　现有的测定镍的容量分析方法很多[1~3]，但准确、简便、快速者不多。目前最常用的是将 Ni^{2+} 先用丁二酮肟沉淀，过滤，洗涤后重新溶解，再用 EDTA 滴定，以红紫酸铵或茜素 S 为指示剂[4,5]，滴定时pH 控制要求严格。用丁二肟为滴定剂测镍的安培滴定法也有报道[6~8]，但由于操作麻烦，很少在实际中应用。另外，在氨性溶液中用丁二肟碱性溶液直接滴定镍的办法也有报道[9]，但因使用外指示剂误差较大。

　　由于容量方法都有局限性，要准确测定常量的镍还要使用重量法。鉴于在氨性底液中丁二肟、镍及丁二肟-镍络合物在 $\frac{dE}{dt}\sim E$ 曲线上分别产生各自的切口（见图1），用标准丁二肟溶液直接滴定镍，用丁二肟切口的出现指示滴定终点的方法是可行的。Fe，Al，Mn，Ti，Pb 等存在时，在氨性溶液中生成氢氧化物沉淀，可留于溶液中，不必过滤，微量的 Co，Cu 不干扰，大量 Cu，Co 必须事先除去。

　　用此法测定钢中镍，方法快速，得到满意结果。

　　·　原文发表于高等学校化学学报，2（1）117（1981）。

| 底液 | Ni²⁺在底液中 | 丁二肟-Ni 在底液中 | 丁二肟在底液中 |

图 1 Ni²⁺及丁二肟的示波图

实 验 部 分

仪器及试剂

仪器：同前文[10]，以汞膜电极为工作电极，沾汞银电极为参比电极。

试剂：

(1) 0.01mol/L 标准 Ni^{2+} 溶液：用 $Ni(NO_3)_2 \cdot 6H_2O$(A.R.)先配成近似的 0.5mg/ml 浓度，然后用重量法标定。

(2) 1%丁二酮肟酒精溶液：浓度用标准 Ni^{2+} 溶液标定。

(3) 二安替比林甲烷-氯仿溶液（1ml≒0.1g）。

实验步骤及结果

溶液中镍的测定：取一定量 Ni^{2+} 置于含有 30ml NH_4OH-NH_4Cl（pH＝9，〔NH_4Cl〕1mol/L）缓冲溶液的烧杯中，稀释至130ml 左右，插入电极，接通线路，控制电压在直流 0.7V，交流 1.2V 左右，不断搅拌下，从滴定管中慢慢加入 1%丁二肟酒精溶液，到示波器萤光屏上丁二肟特征切口出现即为终点（图 2），测定结果见表 1。

图 2 丁二肟滴定 Ni²⁺示波图变化

表 1　丁二酮肟滴定镍

加入镍量 (mg)	测出镍量 (mg)	误　差 (%)
2.585	2.585	0.0
2.585	2.568	−0.6
5.170	5.170	0.0
5.170	5.153	−0.3
7.755	7.773	+0.2
7.755	7.755	0.0
10.34	10.38	+0.4
10.34	10.36	+0.2

干扰元素的试验：

Fe，Al，Mn，Pb，Ti，Cu，Co 等元素微量存在时，不干扰（表2）。大量 Fe 不干扰。

大量 Co 存在时，要用二安替比林甲烷-NH₄SCN 萃取分离 Co[11]。

步骤：取含 5mg 左右 Ni²⁺的溶液于分液漏斗中，加入相当于 Ni²⁺量的 50％量的 Co²⁺约 2.5mg，加 25％ NH₄SCN 溶液 0.50ml，二安替比林甲烷溶液 0.5ml，三氯甲烷 10ml，6mol/L HCl 4 滴，萃取分离，将水相放入 50ml 容量瓶中，用蒸馏水稀至刻度。吸取此溶液 25ml 于烧杯中，加 25ml 1mol/L NH₄OH-NH₄Cl 缓冲液，稀释至 130ml，用丁二酮肟滴定，当 Co²⁺量为 Ni²⁺量的 50％时，用一次萃取分离即可得到满意结果。铁干扰钴的萃取分离结果见表 3。

表 2　干扰元素存在下的滴定

加入 Ni 量 (mg)	干扰元素量 (mg)							测出 Ni 量 (mg)	误　差 (%)
	Fe	Al	Pb	Mn	Ti	Cu	Co		
1.034	—	—	—	—				1.034	0.0
1.034	0.15	0.05	0.05	0.05				1.034	0.0
2.585	—	—	—	—	—	—	—	2.570	−0.5
2.585	0.10	0.05	0.05		0.05	0.05	0.05	2.570	−0.5
5.170	—	—	—	—	—	—	—	5.160	−0.2
5.170	0.10	0.05	0.05		0.05	0.05	0.05	5.171	0.0
单独加入 Co 量试验　　(mg)									
2.585	0.010							2.585	0.0
2.585	0.030							2.600	+0.5
2.585	0.050							2.585	0.0
2.585	0.100							2.585	0.0
2.585	0.200							2.585	0.0

表 3　大量 Co 萃取分离后测定镍

次　　数	加入 Ni 量　(mg)	加入 Co 量　(mg)	测出 Ni 量　(mg)
1	2.585	1.25	2.585
2	2.585	1.25	2.600
3	2.585	1.25	2.585
4	2.585	—	2.585

钢中镍的测定：

步骤：取钢样 0.5g 于烧杯中，用混酸溶解后转移至 100ml 容量瓶中稀释至刻度。用移液管吸取样品溶液 10ml 于烧杯中，以少量水稀释之，用氨水调至 Fe(OH)₃ 棕色沉淀产生，随即加入缓冲溶液 30ml，并稀释至 130ml 左右。插入电极，接通线路。用 1％丁二肟溶液滴定至肟切口产生即为终点。

$$Ni\% = \frac{T \times V \times 100}{G \times \frac{10}{100} \times 1000}\%$$

T：每 ml 肟相当于镍的 mg 数；V：肟的体积 ml 数（扣除空白）；G：样品质量克数。

表 4　钢中镍的测定

次　　数	样品含 Ni（%）	测出 Ni（%）	误差（%）
1	10.00	9.98	0.2
2	10.00	9.98	0.2

讨　论

1. 根据目前的实验条件，丁二肟酒精溶液浓度只能用1%左右的，太稀（如0.5%）测定时终点变化不灵敏。而且酒精浓度增加使丁二肟-镍沉淀的溶解度也要增加，影响测定准确度。

2. 丁二肟-镍的沉淀量不宜太大，测定时必须控制在合适范围内（1~10mg/150ml）。

3. 滴定体积必须一致，从标定到测定，交流电压、直流电压也应控制一致。搅拌不宜太快。

4. 测定时要先测空白，每次测定值必须扣除空白。

5. 因酒精易挥发，测定时应经常用标准镍溶液校准丁二肟酒精溶液的浓度。

6. 分离 Co 时，要控制 NH₄SCN 的用量，过多的 NH₄SCN 会与 Hg 发生作用使示波极谱图形变化而影响测定结果。

参 考 文 献

〔1〕　Walter Wagner and Clarence J. Hull，Inorganic Titrimetric Analysis Contemporary Methods.，286 Marcel Dekker，Inc. New York（1971）

〔2〕　Червинко А. Г. Мельник и П. М. Лисняк，С. С. Жур. Аналит. Хим.，22(9) 1428（1967）

〔3〕　H. Weiz and M. Gonner，Microchim. Acta，355~357（1968）

〔4〕　W. F. Harris and T. R. Sweet，Anal. Chem.，26，1648（1954）

〔5〕　K. Ter Haar and J. Bazen，Anal. Chim. Acta，14，411（1956）

〔6〕　H. A. Flaschka and A. J. Barnard，Chelates in Analytical Chemistry，A Collection of Monographs，Volume 3，90，New York，Dekker（1967）

〔7〕　З. Г. Новакавекая，Заводская Лаборатория，28，28（1962）

〔8〕　З. С. Мухина，Заводская Лаборатория，14，1194（1948）

〔9〕　冶金工业部钢铁研究院分析室，《钢铁冶金实用分析》，冶金工业出版社，59（1959）

〔10〕　翁筠蓉、吴财郁、张文彬、高鸿，南京大学学报（自然科学版），1，53（1980）

〔11〕　株州冶炼厂等编，《有色冶金中元素的分离与测定》，冶金工业出版社，122（1979）

—⑧—————————————————————————————

示波极谱滴定的研究

四苯硼钠滴定含氮有机化合物[*]

潘胜天　　高　鸿

〔作者按语〕
　　这里提供的方法具有很大的实用价值，四苯硼钠滴定法可以发展成一个新的领域。

摘　　要

　　本文以四苯硼钠滴定三乙胺、四乙基氢氧化铵、氨基比林和硫酸阿托品为例，说明四苯硼钠交流示波极谱滴定可以广泛应用于为数众多的生物碱和含氮碱性药物的测定，方法准确、快速、简便。

　　前文报道了四苯硼钠交流示波极谱滴定钾[1]。四苯硼钠除了与钾等一价金属离子生成白色沉淀外，还能与有机胺和铵盐生成白色沉淀：

$$R_1R_2R_3R_4N^+ + B(C_6H_5)_4^- \longrightarrow R_1R_2R_3R_4NB(C_6H_5)_4\downarrow$$

其中 R_n 为 H，烷基或芳香基。四苯硼钠还被广泛应用于生物碱和含氮碱性药物的测定[2,3,4]。

　　本文用四苯硼钠示波极谱滴定法测定了三乙胺、四乙基氢氧化铵、氨基比林和硫酸阿托品，方法准确、快速、简便。

仪器和试剂

　　仪器：交流示波极谱滴定所用仪器见前文[5]。所用容量仪器均校正。

————————————————
　• 原文发表于分析化学，11（2）93（1983）。

试剂：

1. **钾标准溶液**：准确称取 1.4910g 氯化钾（优级纯、120℃烘至恒重），溶于适量水中，稀释至 1000ml。浓度为 2.000×10^{-2} mol/L。

2. **亚铊溶液**：称取 5g 硫酸亚铊（分析纯），溶于适量水中，稀释至 2L。

3. **四苯硼钠标准溶液**：按前文[1]方法将 10g 四苯硼钠（上海试剂厂产品）配成 2L。

标定：准确吸取 10.00ml 钾标准溶液于 50ml 容量瓶中，准确加入 20.00ml 四苯硼钠标准溶液，稀释至刻度后摇匀，干过滤于 25ml 容量瓶中，加 0.5ml 20% NaOH 和 0.5g 无水醋酸钠，用亚铊溶液滴定至示波极谱图上四苯硼钠切口消失为终点。滴定要在含有醋酸钠的碱性溶液中进行，但对溶液的 pH 以及醋酸钠的用量，不要求严格控制。计算公式如下：

$$N = \frac{2.000 \times 10^{-2} \times 10.00}{20.00 - 2 \times D \times V}$$

其中 V：滴定消耗的亚铊溶液（ml）；D：1ml 亚铊溶液所相当的四苯硼钠 ml 数。在测定相同的条件下，它是由以亚铊滴定四苯硼钠求得。

4. **醋酸-醋酸钠缓冲液**：120ml 冰醋酸加 80g 无水醋酸钠，加水至 1L（pH＝4）。

其他所用试剂都为分析纯，按常规配制。所用水为蒸馏水。

硫酸阿托品的测定

硫酸阿托品与四苯硼钠生成沉淀的溶解度较大，不能用四苯硼钠直接滴定，只能用间接滴定的方法，即加入过量四苯硼钠，使硫酸阿托品沉淀完全，分取部分清液，用亚铊反滴定过量的四苯硼钠，计算硫酸阿托品量。

1. **测定条件**：反复实验的结果指出，用四苯硼钠沉淀硫酸阿托品应在 pH＝4 的醋酸-醋酸钠缓冲溶液中进行，过酸，四苯硼钠容易分解，在碱性溶液中硫酸阿托品以胺式存在，沉淀不完全。四苯硼钠试剂的用量一般只要过量 50% 已足够，过量 200% 没有害处，但也没有好处。

2. **测定步骤和结果**：称取 2.5446g 硫酸阿托品（120℃烘 3 小时），溶于适量水中，稀释至 500ml。取适量硫酸阿托品于 50ml 容量瓶中，加入 2ml 醋酸-醋酸钠缓冲液，准确加入已知过量的四苯硼钠标准溶液，用水稀释至刻度，摇匀，干过滤于 25ml 容量瓶中，将 25ml 滤液全部移入 100ml 烧杯中，加 1.5ml 20% NaOH，用亚铊滴定至示波极谱图上四苯硼钠切口消失为终点。

滴定过程中示波极谱图形变化如图 1。

滴定开始　　　　　　　　　　终点

图 1　滴定过程中示波图形变化

计算公式：　　　　硫酸阿托品（mg）＝ $(V_1 - 2V_2 D) \times$ mol/L $\times$ M

式中 V_1：加入的四苯硼钠标定液（ml）；V_2：滴定消耗亚铊溶液（ml）；D：1ml 亚铊相当的四苯硼钠 ml 数；四苯硼钠摩尔浓度；M：硫酸阿托品分子量。

测定结果见表 1。所加入的硫酸阿托品量是按药典方法[6]多次测定的平均值。

氨基比林和三乙胺的测定

氨基比林和三乙胺的测定方法与测定硫酸阿托品的方法相同。测定结果见表 2 和表 3。

加入氨基比林量由非水滴定[7]测得，对照的三乙胺浓度由电位滴定测得[8]，它们都是多次测定的平均值。

表 1 硫酸阿托品测定结果

加入阿托品 (mg)	加入四苯硼钠 (ml)	滴定消耗亚铊 (ml)	测得阿托品 (mg)	相对误差 (%)
25.14	13.02	7.49	25.18	+0.2
25.14	13.02	7.48	25.25	+0.4
25.14	13.02	7.49	25.18	+0.2
50.42	16.01	6.44	50.32	-0.2
50.42	16.01	6.44	50.32	-0.2
50.42	16.01	6.43	50.39	-0.1
75.56	23.02	8.85	75.19	-0.5
75.56	23.02	8.83	75.33	-0.3
75.56	23.02	8.80	75.54	-0.03

表 2 氨基比林测定结果

加入氨基比林 (mg)	加入四苯硼钠 (ml)	消耗亚铊 (ml)	测得氨基比林 (mg)	相对误差 (%)
46.63	20.03	7.31	46.55	-0.2
46.63	20.03	7.30	46.60	-0.06
46.63	20.03	7.30	46.60	-0.06
69.88	25.02	6.62	70.14	+0.4
69.88	25.02	6.66	69.95	+0.1
69.88	25.02	6.66	69.95	+0.1

四苯硼钠浓度为 1.758×10^{-2} mol/L　$D=0.5866$

四乙基氢氧化铵的测定

四乙基氢氧化铵与四苯硼钠生成沉淀的溶解度较小，可以直接在醋酸-醋酸钠介质中用四苯硼钠滴定。

测定方法如下：取一定量样品于 100ml 烧杯中，加 2.5ml 醋酸-醋酸钠缓冲液，加适量水，用四苯硼钠标准液滴定至示波极谱图形上四苯硼钠切口刚产生为终点（图 2）。

测定结果见表 4。对照的四乙基氢氧化铵浓度由电位滴定测得[8]，经多次测定取其平均值。

结　论

生物碱和含氮碱性药物为有机胺或铵盐，它们的碱性很弱，一般须用冰醋酸非水滴定。但非水滴定消耗大量有机试剂，且冰醋酸气味难闻，冬天时易结冰。四苯硼钠交流示波极谱滴定有机胺和铵盐，其准确度和精密度都是满意的，而且方法快速简便，可以用本法取代非水滴定。

现在已知的生物碱和含氮碱性药物数量很多。其中不少物质与四苯硼钠生成沉淀的溶解度较小，可以用四苯硼钠直接滴定；另一些沉淀溶解度较大的物质，可以用间接滴定的方法测定。

表3 三乙胺测定结果

三乙胺 (ml)	四苯硼钠 浓 度 ($\times 10^{-2}$mol/L)	加入四苯硼 钠 (ml)	消耗亚铊 (ml)	三乙胺浓度 ($\times 10^{-2}$mol/L)	电位滴定法
5.01	1.328	24.98	11.14	2.026	
5.01	1.328	24.98	11.11	2.026	
10.05	1.328	24.98	6.20	2.026	
10.05	1.328	24.98	6.15	2.036	
10.05	1.328	24.98	6.20	2.026	2.038
5.01	1.370	20.03	8.35	2.034	$\times 10^{-2}$mol/L
10.05	1.370	25.02	6.72	2.030	
10.05	1.370	25.02	6.75	2.024	
10.05	1.370	25.02	6.71	2.031	
平 均				2.030	

表4 四乙基氢氧化铵测定结果

四乙基 氢氧化铵 (ml)	消耗四苯硼 钠 (ml)	四乙基氢氧 化铵浓度 ($\times 10^{-2}$mol/L)	电位滴定法
5.01	6.32	1.675	
5.01	6.31	1.672	
5.01	6.30	1.670	
5.01	6.30	1.670	
10.01	12.57	1.668	
10.01	12.57	1.668	
10.01	12.60	1.672	
10.01	12.58	1.670	
15.01	18.85	1.668	1.672
15.01	18.93	1.675	$\times 10^{-2}$mol/L
15.01	18.89	1.671	
15.01	18.85	1.668	
20.03	25.20	1.671	
20.03	25.20	1.671	
20.03	25.19	1.670	
20.03	25.20	1.671	
平 均		1.671	

四苯硼钠标准液浓度 1.328×10^{-2}mol/L

滴定开始　　　　　终点

图2 滴定四乙基氢氧化铵的示波极谱图形

参 考 文 献

〔1〕 潘胜天、高鸿,高等学校化学学报,3(1) 61 (1982)

〔2〕 J. Bonnard, Ed. Prat., 22 (6) 305 (1967)

〔3〕 上野景平等,分析化学(日),18(2) 264 (1969)

〔4〕 I. M. Roushdi, J. Pharm. Sci., 9, 47 (1968)

〔5〕 翁筠蓉、吴财郁、张文彬、高鸿,南京大学学报(自然科学),1,53 (1980)

〔6〕 中华人民共和国药典二部,617~618 (1977)

〔7〕 南京药学院主编,药物分析,115~116 (1980)

〔8〕 Standard Methods of Chemical Analysis, Vol. 2, Part A. 488, Ed. by J. W. Frank, Sixth Edition. New York (1962)

—⑨————————————————————

交流示波极谱滴定的研究

亚硝酸钠示波极谱滴定法*

徐伟建　　　高　鸿

〔作者按语〕

　　由于找不到合适的指示剂，成百上千的化学反应不能用于滴定分析，大大限制了容量分析的发展。示波滴定解决了这个难题，为容量分析的发展提供了广阔的园地。

　　本文报道了亚硝酸钠示波极谱滴定法在一系列无机、有机和药物分析方面的应用。滴定了 18 种物质。本法具有终点直观、简便快速和干扰较少等特点。

　　亚硝酸钠标准溶液非常稳定[1]，能滴定多种无机和有机物质[2,3]。过去由于缺乏方便的终点指示方法，限制了它的应用。示波极谱滴定技术的发展解决了这一难题。

实　验　部　分

仪器及试剂

　　滴定装置见前文[4]，只是将前文图 1 中的电阻（5）改为 1K 固定电阻和 47K 可调电阻串联，用以调节示波图在 Y 轴方向的长度。铂片电极为参比电极，平面或球形微铂电极为指示电极。

　　亚硝酸钠标准溶液：浓度为 0.1mol/L 或 0.05mol/L，在 1L 溶液中加 0.1g Na_2CO_3 作稳定剂[1]，然后用对氨基苯磺酸[5]统一标定。

———————————————

　　• 原文发表于高等学校化学学报，6（12）1059（1985）。

操作方法

标定：准确称取 0.4~0.5g 对氨基苯磺酸（基准级试剂，在 120℃干燥至恒重）于烧杯中，加 2ml 浓氨水溶解后，加 15ml 6mol/L 盐酸和 1.5g 溴化钾，用少量水吹洗烧杯内壁。

调节线路参数（电压和电阻），插入电极并把装有 $NaNO_2$ 溶液的滴定管尖端插入液面下约 2/3 处，迅速滴定至终点前约 1~2ml 时，将滴定管尖端提起，用少量水吹洗管尖和烧杯内壁，再继续逐滴滴定至 1 滴滴定剂即使示波图突然缩小（图中 A 型），2~3min 不复原即为终点。滴定时用电磁搅拌器搅拌。

滴定其它物质时步骤与此类似。

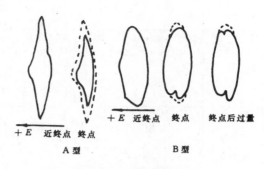

图 1　指示终点的示波图形变化图
示波图下半部为阴极支

指示滴定终点的图形变化有两种类型（见图），A 型：终点时图形收缩。其变化来源于参比电极直流电位变化的影响；B 型：出现切口。切口来源于 NO^+ 的还原（阴极支）和 NO 的氧化（阳极支）[6]。

$$HNO_2 + H^+ \rightleftharpoons NO^+ + H_2O \qquad NO^+ + e \rightleftharpoons NO$$

关于滴定终点时示波图的收缩将另文报道。

结果与讨论

用亚硝酸钠滴定各种物质的结果见表 1。与已有的亚硝酸钠作滴定剂的方法相比，新的终点指示方法有明显的优点：它不怕沉淀或颜色干扰，比内指示剂法优越；不需要作图，终点直观，比电位滴定法和安培滴定法简易；电极上加交流电，电极不易钝化；沉淀和药物制剂中的赋形剂一般不干扰终点指示，比永停法好。若被滴定物质影响切口出现，则以示波图突变指示终点。反之，以切口出现指示终点。新方法的缺点是终点时一般酸度要在 4~6mol/L（指切口出现，用图形突变可小些），比原有方法酸度高。

表1　用亚硝酸钠标准溶液滴定各种物质

反应类型	被测物质	滴定反应方程式	指示电极	示波图形变化类型	已知被测物 加入量(mg)	已知被测物 百分含量(%)	被测物测得量 平均值和标准偏差(σ)	测定次数	对照方法
氧化反应	亚锡	$2HNO_2+2Sn(Ⅱ)+4H^+$ $=N_2O\uparrow+2Sn(Ⅳ)+3H_2O$	球形电极	B型	60.27		60.21±0.05mg	5	铁氰化钾法[7]
					61.02		61.00±0.07mg	5	
					199.06		199.0±0.2mg	5	碘量法[8]
					131.5		131.6±0.02mg	5	碘酸钾法[9]
	铅锡合金中锡	同　上	球形电极	B型		46.14	46.11±0.04%	5	络合滴定法[10]
						52.62	52.61±0.02%	5	
	氨磺酸	$NaNO_2+NH_2SO_3H=$ $N_2\uparrow+NaHSO_4+H_2O$	球形电极	B型	134.5	99.68	99.84±0.08%	5	NaOH滴定法[11]
					186.7		99.88±0.07%	5	
					93.70		99.88±0.06%	3	
	硫酸肼	$H_2NNH_2+2HNO_2=$ $N_2\uparrow+N_2O\uparrow+3H_2O$	球形电极	B型	43.13	99.34	99.20±0.05%	5	碘量法[12]
					50.12	99.13	99.16±0.07%	5	
					64.79	99.18	99.22±0.04%	5	
					107.7	99.33	99.24±0.06%	5	
还原反应	KMnO₄	$2MnO_4^-+5NO_2^-+6H^+$ $=2Mn^{2+}+5NO_3^-+3H_2O$	球形电极		0.1120mol/L		0.1120mol/L	7	基准草酸钠标定
	Ce(SO₄)₂	$2Ce(Ⅳ)+NO_2^-+H_2O$ $=2Ce(Ⅲ)+NO_3^-+2H_2$	球形电极		0.07667mol/L		0.07672mol/L	5	硫酸亚铁铵标定
							0.07675mol/L	3	
叠氮化反应	盐酸氨基脲	$H_2NCONHNH_2+HNO_2$ $=H_2NCON_3+2H_2O$	平面电极	A型	137.2	99.43	99.66±0.09%	5	碘酸钾法[13]
					68.86	99.61	99.46±0.06%	5	
	硝酸氨基胍	$H_2NC(NH)NHNH_2+$ $HNO_2=H_2NC(NH)N_3+$ $2H_2O$	平面电极	A型	120.9	99.61	99.61±0.04%	5	碘酸钾法[14]
					48.43	99.66	99.68±0.05%	5	
					24.26	99.70	99.70±0.05%	5	
亚硝化反应	二苯胺	$\varphi-NH-\varphi+HNO_2=$ $\varphi-N(NO)-\varphi+H_2O$	平面电极			99.17	99.21±0.11%	15	重量法[15]
	间苯二酚	$C_6H_4(OH)_2+2HNO_2=$ $C_6H_4(OH)_2(NO)_2+2H_2O$	平面电极		80.03	99.73	99.65±0.07%	6	剩余溴量法[16]
					32.05		99.66±0.08%	6	
					16.09		99.63±0.08%	6	
	L-半胱氨酸	$HO_2CCH(NH_2)CH_2SH+$ $HNO_2=HO_2CCH(NH_2)$ CH_2SNO+H_2O	球形电极	B型	188.6	96.98	96.99±0.06%	3	碘量法[17]
					94.68	97.05	97.12±0.08%	3	
	L-半胱氨酸盐酸盐	同　　上	球形电极	B型	381.6	99.51	99.51±0.07%	3	同　上
					191.6	99.28	99.40±0.09%	3	
	达米东	(结构式)	平面电极			99.62	99.65±0.06%	6	NaOH滴定法[18]
							99.60±0.06%	6	

续表1

反应类型	被测物质	滴定反应方程式	指示电极	示波图形变化类型	已知被测物 加入量(mg)	百分含量(%)	被测物测得量 平均值和标准偏差(σ)	测定次数	对照方法
重氮化反应	磺胺	以通式表示如下： $Ar \cdot NH_2 + HNO_2 + HCl$ $= (Ar \cdot N_2)^+ Cl^- + 2H_2O$	平面电极	A型或类似于A型	409.6	100.10	100.01±0.03%	6	永停法[3]
					246.4	100.06	100.03±0.06%	6	
	磺胺嘧啶				252.9	100.20	100.17±0.06%	5	
					326.9	100.30	100.32±0.04%	3	
					543.4	100.03	99.99±0.04%	3	
	磺胺甲基异噁唑				564.3	99.96	99.96±0.02%	3	
					282.2	100.13	100.13±0.05%	3	
	氨苯砜				257.4	99.81	99.81±0.03	3	
					170.0	99.95	100.02±0.07%	3	
					103.1	100.09	100.05±0.03%	3	
	对氨基水杨酸钠及片剂				204.9	100.38	100.38±0.05%	3	
					408.2	100.39	100.37±0.04%	3	
					片剂Ⅰ	95.95	95.93±0.04%	7	
					片剂Ⅱ	95.86	95.99±0.05%	10	
	胃复安及片剂				291.5	99.93	99.96±0.04%	5	
					116.8	99.93	99.92±0.05%	5	
					214.5	99.82	99.83±0.03%	5	
					片剂Ⅰ	96.36	96.48±0.09%	3	
					片剂Ⅱ	96.38	96.39±0.06%	3	
	盐酸普鲁卡因				216.8		216.8±0.07mg	5	
					125.2		125.2±0.1mg	5	

参　考　文　献

〔1〕 刘英、王兆林，药学通报，17(8) 471 (1982)

〔2〕 M. R. F. Ashworth, Titrimetric Organic Analysis, Part I, 303, Interscience, New York (1964)

〔3〕 中华人民共和国卫生部药典委员会，中华人民共和国药典(二部)，(1977)；南京药学院，《药物分析》，人民卫生出版社 (1980)

〔4〕 Zhuang Jianyuan and H. Kao., Chem. J. Chin. Univ., (English Edition), 1(1) 45 (1984)

〔5〕 江苏省药品检验所，药品化学检验，药检训练班讲义，南京，110 (1974)

〔6〕 B. G. Snider and D. C. Johnson, Anal. Chim. Acta, 105, 9 (1979)

〔7〕 H. Basinska and W. Rychcik, Talanta, 10(12) 1299 (1963)

〔8〕 机械工业部武汉材料保护研究所，《常用电镀溶液的分析》(修订版)，机械工业出版社，173 (1983)

〔9〕 冶金工业部北京矿冶研究院,《矿石及有色金属分析法》,科学出版社,399 (1973)

〔10〕 孙继兴等,《络合滴定在矿物原料和金属分析中的应用》,中国工业出版社,388 (1965)

〔11〕 中华人民共和国化学工业部,《部标准,化学试剂,无机,有机化学试剂》(第三册),技术标准出版社,25 (1980)

〔12〕 中华人民共和国,《国家标准,化学试剂,有机化学试剂》(第一册),技术标准出版社,42 (1978)

〔13〕 中华人民共和国石油化学工业部,《部标准,化学试剂,有机化学试剂》(第二册),技术标准出版社,57 (1979)

〔14〕 G. S. Jamieson, C. A.. 6, 1413[8](1912)

〔15〕 国家标准,《化学试剂汇编》,技术标准出版社,301 (1971)

〔16〕 中华人民共和国化学工业部,《部颁化学试剂暂行标准,有机化学试剂》(第四册),中国工业出版社,84 (1961)

〔17〕 中华人民共和国,《国家标准,化学试剂,有机化学试剂》(第一册),技术标准出版社,66 (1978)

〔18〕 中华人民共和国化学工业部,《部颁化学化工试剂暂行标准,有机化学试剂》(第四册),中国工业出版社,1 (1961)

—— 10 ——

示波极谱滴定的研究

铁氰化钾滴定法[*]

彭庆初　　高　鸿

以铁氰化钾为滴定剂的示波极谱滴定法称为铁氰化钾滴定法。

铁氰化钾溶液作为滴定剂具备很多优点[1,2]：（1）铁氰化钾能得到很高的纯度，不吸湿，本身可作为基准物质。（2）铁氰化钾的水溶液很稳定，如避光保存，0.1mol/L 溶液 5 周内浓度不变。它的碱性溶液在较高温度下也很稳定。（3）铁氰化钾是一个比较弱的氧化剂，它具有强氧化剂所没有的选择性氧化性能。在盐酸中它能氧化 Sn（II）而不会氧化 Mn（II）与 Cr（III）；它能将 $S_2O_4^{2-}$ 氧化为 SO_3^{2-}；它能将 N_3H_4 氧化到 N_2 而将 NH_2OH 氧化到 NO_3^-。因此，它是一个很有用的氧化剂。（4）铁氰化钾还可以定量地沉淀 Cu^{2+}。因此，铁氰化钾还是一个很好的沉淀剂。

但是，由于缺乏合适的指示剂，铁氰化钾的应用受到很大的限制。用电位法和安培法指示终点费用较贵，或需要用作图法，则方法不直观，不方便，不解决问题。

示波极谱滴定技术的发展，为解决这个问题创造了条件。铁氰化钾本身就有切口可用来指示终点，方法简便快速、终点直观。这种技术的应用将大大开拓铁氰化钾滴定法的应用范围。本文报道这方面的第一批结果。

铁氰化钾滴定要在铂电极上进行，用微铂电极作为工作电极，铂片电极为对电极，制备方法见前文[3]。微铂电极和铂片电极面积之比约为 1：30，仪器线路见图 1。

在不同底液中，$K_3Fe(CN)_6$ 产生的切口见图 2。切口的电位值与从循环伏安法求得的数值相符。阴极切口是 $K_3Fe(CN)_6$ 的还原，阳极切口是 $K_4Fe(CN)_6$ 的氧化。由图 2 可以看到，在强酸、弱碱及碱性介质中，阴极支切口均较阳极支切口灵敏。

• 原文发表于化学学报，44，413（1986）。

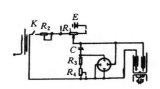

图 1　指示滴定终点
所采用的线路图

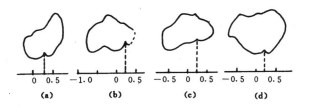

图 2　Fe(CN)$_6^{3-}$ 在不同底液中的示波极谱图

（标准电位：SCE）

（上半支是阳极支，下半支是阴极支）

（a）0.1mol/L HCl　（b）0.2mol/L 柠檬酸三钠-氨基乙酸-KOH（pH9.3）

（c）0.5mol/L K$_2$HPO$_4$-EDTA-KOH（pH～11）　（d）1.5mol/L KOH

本文利用上述比较灵敏的切口指示滴定终点，对一系列有机及无机物质进行直接滴定，方法准确快速，实验结果见表 1 及表 2。

表 1　金属离子的直接滴定

被测物质	底　　液	加入量 (g)	测出量 (g)	偏差 (%)	K$_3$Fe(CN)$_6$ 浓　　度 (mol/L)	直流电压 (V)	对照方法	和原用方法相比较
Sn(Ⅱ)[4]	2mol/L HCl	0.02836	0.02836 0.02838 0.02837 0.02836 0.02835	<0.07	0.05195	1.5	指示剂法[5] 碘酸钾法[6]	底液的酸度低，终点明确，精密度好
Fe(Ⅱ)[7,8]	K$_2$HPO$_4$ EDTA KOH (pH～11)	0.02079	0.02076 0.02075 0.02076 0.02076 0.02077	<0.05	0.04767	0	KMnO$_4$ 法[6]	原来方法用仪器分析方法[8]指示终点比较麻烦，本文方法直观、明确
Co(Ⅱ)	甘　氨　酸 柠檬酸三钠 氢氧化钾 (pH 9～9.5)	0.02823	0.02822 0.02827 0.02818 0.02825 0.02822	<0.18	0.04945	0	电位法[9]	原用电位法终点不易确定[10,11]，本文方法终点直观、明确
Cu(Ⅱ)[12]	0.1mol/L HCl	0.03595	0.03595 0.03597 0.03597 0.03597 0.03595	<0.03	0.05195	1.5	络合滴定法[13]	由于 Cu^{2+} 及 Cu$_3$[Fe(CN)$_6$]$_2$ 均有很深颜色，无法用指示剂法，原方法实际应用较少，本文方法终点直观、方法准、快

表 2 还原剂的直接滴定

被滴定物质	底 液	加入样品含量(%)	测出样品含量(%)	偏差(%)	$K_3Fe(CN)_6$ 浓 度 (mol/L)	直流电压(V)	对照方法	和原方法的比较
SO_3^{2-}[14]	3mol/L KOH OsO$_4$ 60℃通 N$_2$	97.31	97.30 97.27 97.38 97.24 97.31 97.27 97.36 97.33	±0.048	0.04549	0	碘量法[15]	原方法用死停法确定终点
$S_2O_4^{2-}$[16]	0.5mol/L KOH 通 N$_2$	88.72	88.83 88.84 88.59 88.69 88.74 88.78 88.66 88.72	±0.085	0.04549	0	指示剂法[17]	原用方法在酸性介质中滴定，$S_2O_4^{2-}$ 易分解，滴定结果不可靠；本文方法在碱性介质中滴定，$S_2O_4^{2-}$ 的自分解受到抑制
对苯二酚	2mol/L HCl ZnSO$_4$	99.36	99.30 99.37 99.33 99.30 99.45 99.41 99.36	±0.052	0.05195	1.5	硫酸铈法[18]	原用方法指示剂变色不清楚，精密度不好；本文方法终点明确，精密度好
抗坏血酸	KH$_2$PO$_4$ K$_2$HPO$_4$ KBr (pH~8)	99.62	99.62 99.71 99.62 99.52 99.62	±0.067	0.04660	1.5	KIO$_3$ 法[19]	原用方法在强酸底液中滴定，必须严格控制酸度，酸度过高，指示剂提前变色
L-半胱胺酸[20]	KH$_2$PO$_4$ K$_2$HPO$_4$ (pH~7) 通 N$_2$	96.73	96.69 96.72 96.80 96.75 96.66	±0.054	0.04660	1.5	碘量法[21]	原方法用死停法确定终点 $K_3Fe(CN)_6$ 浓度小时，终点不明确
盐酸氨基脲	1mol/L KOH	98.83	98.66 98.67 98.82 98.57 98.70	±0.090	0.05614 (一定体积)	0	KIO$_3$ 法[22]	原用方法多为间接滴定法，本文方法用样品的酸性溶液直接滴定 $K_3Fe(CN)_6$ 的碱性溶液
异 烟 肼	1mol/L KOH	98.91	98.76 98.82 98.80 98.72 98.74	±0.042	0.05614 (一定体积)	0	剩余溴量法[23]	

参 考 文 献

〔1〕　R. Belcher，C. L. Wilson，New Method of Analytical Chemistry，Champman and Hall Ltd.，London，83 (1964)

〔2〕　G. Charlot，Qualitative Inorganic Analysis，Mthuen & CO. Ltd. London，315 (1954)

〔3〕　庄建元、高鸿，高等学校化学学报，5(6) 1 (1984)

〔4〕　Z. G. Szabó，E. Sugar，Anal. Chem. Acta，6，293 (1952)

〔5〕　H. Basinska，W. Rychcik，Talanta，10，1299 (1963)

〔6〕　杭州大学化学系分析化学教研室，《分析化学手册》(第二分册)，化学工业出版社，14 (1982)

〔7〕　G. Wittmann，Z. Anal. Chem.，141，241 (1954)

〔8〕　L. C. Hall，D. A. Flanigan，Anal. Chem.，33，1495 (1961)

〔9〕　B. R. Sant，S. B. Samt.，Talanta，3，261 (1960)

〔10〕　B. Kratochvil，Anal. Chem.，35，1313 (1963)

〔11〕　V. D. Anand，Z. anal. Chem.，174，192 (1960)

〔12〕　周伯劲，《常用试剂与金属离子的反应》，冶金工业出版社，157 (1959)

〔13〕　杨德俊，《络合滴定的理论和应用》，国防工业出版社，186 (1965)

〔14〕　F. Solymosi，A. Varga，Acta Chim. Acad. Sci. Hung.，20，295 (1959)

〔15〕　中华人民共和国石油化学工业部部标准(化学试剂)，《无机化学试剂》(第二册)，技术标准出版社，29 (1978)

〔16〕　G. Charlot，Bull. Soc. Chim. France，6，977 (1939)

〔17〕　D. C. Groot，Z. Anal. Chim.，229，335 (1967)

〔18〕　中华人民共和国化学工业部部颁化学试剂暂行标准，《有机化学试剂》(第三册)，中国工业出版社，125 (1961)

〔19〕　杭州大学化学系分析化学教研室，《分析化学手册》(第二分册)，化学工业出版社，14 (1982)

〔20〕　H. G. Waddil，G. Gorin，Anal. Chem.，30，1069 (1958)

〔21〕　中华人民共和国国家标准(化学试剂)，《有机化学试剂》(第一册)，技术标准出版社，66 (1978)

〔22〕　中华人民共和国石油化学工业部部标准(化学试剂)，《有机化学试剂》(第二册)，技术标准出版社，57 (1979)

〔23〕　《中华人民共和国药典》，人民卫生出版社，293 (1963)

11

示波极谱滴定的研究

双微铂电极上的示波极谱络合滴定法*

杨昭亮 高 鸿

〔作者按语〕

双微电极的应用是一个重要发现，它大大扩展了示波滴定的应用范围。

本文提出双微铂电极示波极谱滴定法。在 KCl 存在时，氨羧络合剂在双微铂电极示波极谱图上有敏锐切口，可以用来指示络合滴定的终点。方法准确度和精密度都符合容量分析要求。

本文在前文基础上[1]提出双微铂电极示波极谱滴定法。即在滴定的电解池中使用两个性质相近、面积相差很小的微铂电极代替一大一小。滴定装置与文献[1]中所不同的是去掉直流偏压部分，再把大面积铂片电极换成另一个面积相差很小的微铂电极。去掉直流偏压可保证两微铂电极在电解池中的极化状态基本一样。微铂电极的制作方法参阅文献[2]。

一些试剂在单微铂电极示波极谱图上没有切口，但在双微铂电极示波极谱图上却出现灵敏的切口。例如，在含有大量 KCl 的乙酸缓冲溶液中，氨羧络合剂便是如此（图 1），由此可以指示络合滴定的终点。研究这一类滴定方法将扩大示波极谱滴定的应用范围。

图 1 EDTA 的示波极谱图
a. 底液 b. 2×10^{-5} mol/L EDTA
底液：pH4.5 HAc-NaAc-KCl

---

* 原文发表于高等学校化学学报，7（4）305（1986）。

实　验

滴定步骤

用移液管准确吸取一定量被测金属离子的溶液于 100ml 烧杯中，加入约 10ml 氯乙酸-醋酸钠或醋酸-醋酸钠缓冲溶液和 10ml 左右 1mol/L KCl。加入适量蒸馏水。插入电极，开动电磁搅拌器，调节电阻至所需底液图形（图 1，a），用氨羧络合剂标准溶液滴定。滴定过程需稍调节电阻箱阻值，使示波图形保持在底液图形上（即 Cl⁻ 离子切口刚消失时的图形），到达终点时，过量一滴氨羧络合剂就会在原 Cl⁻ 离子切口处产生明显切口，突跃明显，从而指示滴定终点。

滴定结果

用氨羧络合剂滴定 8 种金属离子和稀土总量的结果列表如下，滴定结果的准确度均符合容量分析的要求。

表 1　双微铂电极上的示波极谱滴定条件

离　子	底　　　液	pH	滴　定　剂	备　　　注
Th^{4+}		2.0	DTPA	
In^{3+}	氯乙酸-NaAc-KCl	2.0	EDTA	In^{3+} 在示波极谱图上有切口，不灵敏
Ga^{3+}		2.6	EDTA	缓慢滴定
Zn^{2+}		4.5	EDTA	Zn^{2+} 在示波极谱图上有切口，不灵敏
Ni^{2+}		5.5	EDTA	缓慢滴定
Co^{2+}		5.5	HEDTA	Co 量大时终点指示不敏锐
RE	HAc-NaAc-KCl	5.0	DTPA	
Mn^{2+}		5.5	CYDTA	
Cd^{2+}		5.5	CYDTA	Cd^{2+} 在示波极谱图上有切口，不灵敏

实验表明，对于某些滴定体系，例如在氯乙酸-乙酸钠缓溶液＋KCl 的底液中，EDTA 滴定 Fe^{3+}；在乙酸-乙酸钠缓冲溶液＋KCl 的底液中，EDTA 滴定 Cu^{2+}，滴定过程中示波图形变化很大，有时 Cl⁻ 在示波极谱图上的切口干扰终点的判断，使终点时切口无明显突跃，故不能用该法进行滴定。

交流极化电源的频率为 50Hz 时，In^{3+}，Zn^{2+}，Cd^{2+} 的切口都不灵敏。当滴定至 95％～99％时已难以看到金属离子的切口，完全不能用来指示滴定终点。为此，在滴定过程中可先把金属离子切口滴定至将消失，再调至图 1 所示的底液图形，继续滴定，以氨羧络合剂的切口指示终点，可获得明显的终点指示和很好的滴定结果。

表2 EDTA 滴定 In，Ga，Zn，Ni

离子	加入量（mg）	测得量（mg）	相对误差（%）	离子	加入量（mg）	测得量（mg）	相对误差（%）
In	51.28	51.38	+0.20	Ga	43.32	43.40	+0.02
		51.28	0.00			43.37	+0.01
		51.30	+0.04			43.39	+0.02
	41.10	40.98	−0.29		34.80	34.74	−0.17
		41.07	−0.07			34.74	−0.17
		41.12	+0.05			34.79	−0.03
	20.51	20.54	+0.15		17.37	17.43	+0.35
		20.56	+0.25			17.39	+0.11
		20.54	+0.15			17.40	+0.17
	10.26	10.30	+0.40		8.69	8.66	−0.34
		10.26	0.00			8.70	+0.11
		10.29	+0.30			8.71	+0.23
Zn	32.86	32.93	+0.21	Ni	28.98	29.02	+0.14
		32.87	+0.03			29.00	+0.07
		32.84	−0.06			29.02	+0.14
	26.34	26.32	−0.08		23.23	23.22	−0.04
		26.31	−0.11			23.25	+0.09
		26.38	+0.15			23.20	−0.13
	13.14	13.13	−0.08		11.59	11.61	+0.17
		13.18	+0.30			11.64	+0.43
		13.14	0.00			11.61	+0.17
	6.58	6.59	+0.15		5.801	5.826	+0.43
		6.60	+0.30			5.826	+0.43
		6.57	−0.15			5.807	+0.10

表3 CYDTA 滴定 Mn，Cd

离子	加入量（mg）	测得量（mg）	相对误差（%）	离子	加入量（mg）	测得量（mg）	相对误差（%）
Mn	28.62	28.60	−0.07	Cd	46.61	46.61	0.00
		28.63	+0.03			46.66	+0.09
		28.62	0.00			46.66	+0.09
	22.94	22.92	−0.09		37.37	37.33	−0.11
		22.91	−0.13			37.28	−0.24
		22.92	−0.09			37.28	−0.24
	11.45	11.42	−0.27		18.65	18.65	0.00
		11.45	0.00			18.63	−0.11
		11.42	−0.27			18.65	0.00
	5.73	5.75	+0.35		9.33	9.33	0.00
		5.72	−0.18			9.30	−0.32
		5.73	0.00			9.32	−0.11

表4 DTPA 滴定 Th，RE

离子	加入量（mg）	测得量（mg）	相对误差（%）	离子	加入量（mg）	测得量（mg）	相对误差（%）
Th	123.0	123.1	+0.08	RE	0.4413	0.4417	+0.09
		11.9	−0.08			0.4415	+0.05
		123.0	0.00			0.4423	+0.23
	98.63	98.47	−0.16		0.3537	0.3528	−0.25
		98.60	−0.03			0.3538	+0.02
		98.47	−0.16			0.3530	−0.20
	49.22	49.23	+0.02		0.1765	0.1761	−0.23
		49.19	−0.06			0.1765	0.00
		49.32	+0.20			0.1759	−0.39
	24.63	24.55	−0.30		0.0883	0.0880	−0.34
		24.58	−0.20			0.0880	−0.34
		24.65	+0.08			0.0885	+0.23

表5 HEDTA 滴定 Co

加入 Co（mg）	测得 Co（mg）	相对误差（%）
13.46	13.44	−0.15
	13.46	0.00
	13.46	0.00
	13.45	−0.07
10.79	10.83	+0.37
	10.81	+0.19
	10.78	−0.09
	10.78	−0.09
5.384	5.392	+0.19
	5.405	+0.34
	5.371	−0.24
	5.401	+0.26

表6 锰铁合金中锰的测定

标样含 Mn 量（%）	测得 Mn 量（%）	相对误差（%）
78.00	78.04	+0.05
	78.12	+0.15
	78.12	+0.15
	77.97	−0.04
	78.21	+0.27
	77.51	−0.32
	77.82	−0.23

应用和讨论

用络合滴定法测定合金中的锰，铁和钛对滴定有干扰。可以用草酸和氟化钾掩蔽铁和钛，在 pH 5.5 以 CYDTA 直接滴定锰。

测定步骤：准确称取标样 0.3500g，在电热板上低温加热使其完全溶解于 20ml 1：1 硝酸中，蒸发至试液体积为 2～3ml，转移入 250ml 容量瓶，稀释至刻度，摇匀。用移液管吸取 25.00ml 试液于 100ml 烧杯中，加入 2ml 0.2mol/L 草酸和 0.5ml 0.2mol/L 氟化钾，加醋酸钠调 pH 至近中性，加入 10ml pH5.5 的乙酸缓冲溶液和 3～5g 氯化钾，用 0.03mol/L CYDTA 标准溶液滴定，以 CYDTA 切口出现指示终点，测定结果见表 6。

　　草酸的加入量对 CYDTA 切口的灵敏程度有影响，不可加入过多的草酸。如果合金中铁含量很少，可以用氟化钾掩蔽铁，CYDTA 滴定锰，终点时 CYDTA 切口比用草酸作掩蔽剂时更灵敏，突跃更明显。

　　几种氨羧络合剂（EDTA，DTPA，CYDTA，EGTA，HEDTA）在双微铂电极示波极谱图上的切口都敏锐，位置也相近。在同样条件下，一些有机物也在这一位置附近产生切口，只是灵敏程度不同。如：抗坏血酸、二甲酚橙、铜试剂、钛铁试剂和三乙醇胺等，一些无机阴离子如 Br^-，大量的 Cl^- 也在相近的位置上产生切口。

　　两微铂电极的真实表面积及性质都很接近时，可得基本上中心对称的 $\frac{dE}{dt} \sim E$ 图形。加入氨羧络合剂，上下同时出现敏锐的切口。两电极的表面积及表面性质差别越大，图形对称性被破坏，切口变得越不灵敏，如果两电极表面积相差较大，最后过渡到一大一小的单微铂电极体系，切口就不再出现。在两电极表面相差很小的前提下，一定范围内改变两电极表面积的大小，对氨羧络合剂切口灵敏度影响不大，一般两电极外露铂丝长度以 3～5mm（直径为 0.5mm）为宜。

　　搅拌程度、溶液组成、极化电压、温度、溶液 pH 值等因素的变化对图形及氨羧络合剂切口深度都有影响。在 pH2～6 的范围内，氨羧络合剂切口比较敏锐。如果极化电源的频率可变，则示波极谱图形及氨羧络合剂的切口也与频率有关。实验中取交流极化电源频率为 50Hz。当交流极化电源为 6V 时，电阻箱阻值一般取 500～1KΩ。

参 考 文 献

〔1〕　杨昭亮、高鸿，高等学校化学学报，7(3) 211 (1986)

〔2〕　庄建元、高鸿，高等学校化学学报，5(6) 775 (1984)

—12—

高次微分示波极谱滴定法·

杨昭亮　　高　鸿

〔作者按语〕

　　利用高次微分可以提高示波图切口的灵敏度，把切口变为峰。

　　过去的示波极谱滴定利用 $\dfrac{\mathrm{d}E}{\mathrm{d}t}\sim E$ 曲线上的切口来指示滴定终点[1]。在同样的实验条件下，如用 $\dfrac{\mathrm{d}^2E}{\mathrm{d}t^2}$ $\sim E$ 或 $\dfrac{\mathrm{d}^3E}{\mathrm{d}t^3}\sim E$ 曲线上的切口（或峰）指示滴定终点，效果更好。

　　高次微分示波极谱滴定的仪器装置见图1。为了避免有时 $\dfrac{\mathrm{d}^2E}{\mathrm{d}t^2}\sim E$ 和 $\dfrac{\mathrm{d}^3E}{\mathrm{d}t^3}\sim E$ 曲线的阴极支和阳极支相互重叠而影响终点观察，在一次微分线路的输出加一个箝位电路，通过开关 K_3 有选择地使某一极支的 $\dfrac{\mathrm{d}E}{\mathrm{d}t}\sim E$ 曲线为零，对于某些体系，如在氨性底液中在铂电极上络合滴定铜，需在三级微分器之后加一有源低通滤波器以消除高频噪声，才能获得清晰的三次微分示波极谱图。

原　　理

　　对于可逆体系，在 $\dfrac{\mathrm{d}E}{\mathrm{d}t}\sim E$ 曲线上切口位置附近的电位范围内，$\dfrac{\mathrm{d}E}{\mathrm{d}t}\sim E$ 可写为[2]

$$\frac{\mathrm{d}E}{\mathrm{d}t}=-\frac{i_0\ \sqrt{\omega}\cos\alpha}{\sqrt{2}\,K_1A+C_d\ \sqrt{\omega}} \tag{1}$$

式中 $K_1=\dfrac{n_1^2F^2}{RT}\left(\sqrt{D_1}c_{1a}+\sqrt{D_2}c_{2a}\right)$，$A=P_1/\ (1+P_1)^2$，$P_1=\sqrt{\dfrac{D_1}{D_2}}\exp\left[\dfrac{nF}{RT}\ (E-E_{1/2})\right]$，$c_{1a}$ 和 c_{2a} 分别为去极剂氧化态及还原态的本体浓度，D_1 及 D_2 分别为其扩散系数，C_d 为电极的微分电容，ω 为交流电角

• 原文发表于科学通报，19，1479 (1989)。

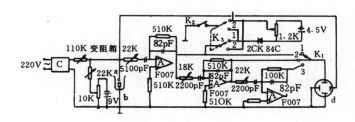

图1 高次微分示波极谱滴定线路图

a. 汞膜电极或微铂电极 b. 铂片电极 c. XD-2 低频信号发生器 d. 示波器

开关 K_1 置1，2，3位置时，示波器分别显示 $\frac{dE}{dt} \sim E$，$\frac{d^2E}{dt^2} \sim E$ 及 $\frac{d^3E}{dt^3} \sim E$ 曲线。开关 K_2 合上时

对 $\frac{dE}{dt} \sim E$ 曲线箝位。开关 K_3 置1，对阳极支箝位；K_3 置2，对阴极支箝位

频率，$\alpha = \omega t - \pi/2$。当没有去极剂存在时，$K_1 = 0$，

$$\left(\frac{dE}{dt} \right)_{K_1 = 0} = \frac{i_0 \cos\alpha}{C_d} \qquad (2)$$

切口的相对高度为

$$h_1 = \left(\frac{dE}{dt} \right) \Big/ \left(\frac{dE}{dt} \right)_{K_1 = 0} = \frac{C_d \sqrt{\omega}}{\sqrt{2} AK_1 + C_d \sqrt{\omega}} \qquad (3)$$

去极剂切口对应的相角一般很小，假设 $\alpha = 0$，C_d 为一常数，$P_1 = 1$，一次微分示波极谱切口的灵敏度可表示为

$$\left(\frac{dh_1}{dk_1} \right)_{K_1 = 0} = \frac{\sqrt{2}}{4 \sqrt{\omega} C_d} \qquad (4)$$

$$\frac{d^2E}{dt^2} \sim E \text{ 曲线}$$

微分（1）式得

$$\frac{d^2E}{dt^2} = \frac{i_0 \omega \sin\alpha}{C_d} \cdot h_1 - \frac{\sqrt{2} BkK_1 + \sqrt{\omega} \frac{dC_d}{dE}}{C_d^3 \sqrt{\omega}} \cdot i_0^2 \cos^2\alpha \cdot h_1^3 \qquad (5)$$

式中 $B = \frac{P_1 (1 - P_1)}{(1 + P_1)^3}$，$k = \frac{n_1 F}{RT}$。设 $K_1 = 0$，$h_1 = 1$，C_d 约 $20\mu F/cm^2$，$i_0 \approx 15mA/cm^2$，$\omega = 314s^{-1}$，$\alpha < 5°$，则有

$$\left(\frac{d^2E}{dt^2} \right)_{K_1 = 0} = - \frac{i_0^2 \cos^2\alpha}{C_d^3} \cdot \frac{dC_d}{dE} \qquad (6)$$

去极剂在 $\frac{d^2E}{dt^2} \sim E$ 曲线上峰的相对高度为

$$h_2 = \left(\frac{d^2E}{dt^2} \right) \Big/ \left(\frac{d^2E}{dt^2} \right)_{K_1 = 0} = h_1^3 \left\{ 1 + \frac{BkK_1}{\frac{dC_d}{dE} \cdot \sqrt{\omega}} \right\} \qquad (7)$$

二次微分示波极谱切口的灵敏度为

$$\left(\frac{dh_2}{dK_1}\right)_{K_1=0} = \frac{\sqrt{2}\,Bk}{\sqrt{\omega}\,\dfrac{dC_d}{dE}} - \frac{3\sqrt{2}\,A}{C_d\sqrt{\omega}} \qquad (8)$$

去极剂存在时，$\left(\dfrac{dh_2}{dK_1}\right)_{K_1=0}$ 有两个极值，令 $\dfrac{d}{dP}\left(\dfrac{dh_2}{dK_1}\right)_{K_1=0}=0$，当 $\dfrac{1}{C_d}\left|\dfrac{dC_d}{dE}\right| \ll 10n_1$ 时，可求得 P 的近似解为 $2\pm\sqrt{3}$。相应的峰电位为 $E=E_1^{\frac{1}{2}}\pm\dfrac{0.078}{n_1}$ (V)，将 $2\pm\sqrt{3}$ 代入（8）式得

$$\left(\frac{dh_2}{dK_1}\right)_{K_1=0} = \pm\frac{10.6}{\sqrt{\omega}\,\dfrac{dC_d}{dE}} - \frac{0.707}{\sqrt{\omega}\,C_d} \qquad (n_1=2) \qquad (9)$$

由于 $\dfrac{dC_d}{dE}$ 一般较小，$\left(\dfrac{dh_2}{dK_1}\right)_{K_1=0}$ 的大小主要取决于右边第一项。比较（4）式与（9）式可知，二次微分示波极谱图上峰的灵敏度比一次微分示波极谱图上切口的灵敏度要高，而且对于可逆体系，$\dfrac{d^2E}{dt^2}\sim E$ 曲线上正、负峰的灵敏度并不相等。

$$\frac{d^3E}{dt^3}\sim E \text{ 曲线}$$

$\dfrac{d^3E}{dt^3}\sim E$ 曲线上最大峰所对应的电位应与 $\dfrac{dE}{dt}\sim E$ 曲线的切口电位一样。现在只考虑 $\dfrac{d^2E}{dt^2}=0$ 时的 $\dfrac{d^3E}{dt^3}$ 值

$$\frac{d^3E}{dt^3} = \frac{i_0h_1\omega^2\cos\alpha}{C_d} + \frac{i_0^3h_1^4\cos^3\alpha}{\sqrt{\omega}\,C_d^4}\left(\sqrt{2}\,Gk^2K_1 + \frac{d^2C_d}{dE^2}\sqrt{\omega}\right) \qquad (10)$$

$$\left(\frac{d^3E}{dt^3}\right)_{K_1=0} \approx \frac{i_0^3\cos^3\alpha}{C_d^4}\cdot\frac{d^2C_d}{dE^2} \qquad (11)$$

$$h_3 = \left(\frac{d^3E}{dt^3}\right)\Big/\left(\frac{d^3E}{dt^3}\right)_{K_1=0} \approx \frac{\sqrt{2}\,Gk^2h_1^4K_1}{\dfrac{d^2C_d}{dE^2}\sqrt{\omega}} + h_1^4 \qquad (12)$$

式中 $G=P_1(1-4P_1+P_1^2)/(1+P_1)^4$。对于可逆体系，大多数情况下 $\dfrac{dE}{dt}\sim E$ 曲线上的切口电位与半波电位差别很小，故取 $P=1$，估算三次微分示波极谱切口的灵敏度。

$$\left(\frac{dh_3}{dK_1}\right)_{K_1=0} \approx -\frac{\sqrt{2}}{\sqrt{\omega}\,C_d} - \frac{50.8}{\dfrac{d^2C_d}{dE^2}\sqrt{\omega}} \qquad (13)$$

比较（4）式与（13）式可知，三次微分示波极谱图上切口的灵敏度将明显提高。

从（4），（9）及（13）式可见，对于可逆体系，交流电频率对三种示波极谱曲线上切口（或峰）的灵敏度的影响相同，频率上升，灵敏度下降，而切口深度或峰高与去极剂浓度是非线性关系，去极剂浓度小时切口（或峰）较灵敏。

去极剂在 $\dfrac{dE}{dt}\sim E$ 上切口的相对高度可表示为 $h=\dfrac{i_c}{i_c+i_f}$，i_f 为法拉第电流，i_c 为充电电流。当去极剂浓度很小时，i_c 远大于 i_f，充电电流掩盖了法拉第电流的变化，切口就不明显，但在切口电位附近，电

极的微分电容 C_d 一般随电极电位变化不大，而 i_f 的变化则相对大些。如果对 $\dfrac{dE}{dt}$ 再微分，就可大大减小充电电流的影响，使去极剂的切口（或峰）更敏锐（图2）。一般是电极过程可逆性越好，$\dfrac{dE}{dt} \sim E$ 曲线上切口越尖锐，信号经微分后切口（或峰）的灵敏度增加越明显。

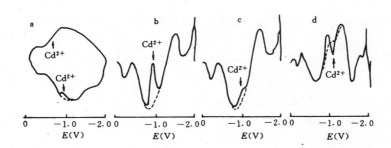

图 2　三种示波极谱图灵敏度的比较（汞膜电极，pH10 NH$_3$-NH$_4$Cl 缓冲溶液）

a. $\dfrac{dE}{dt} \sim E$ 曲线，$[Cd^{2+}] = 3.0 \times 10^{-5}$mol/L　　b，c. $\dfrac{d^2E}{dt^2} \sim E$ 曲线阳极支

b. $[Cd^{2+}] = 3.0 \times 10^{-5}$mol/L　　c. $[Cd^{2+}] = 5.0 \times 10^{-6}$mol/L　　d. $\dfrac{d^3E}{dt^3} \sim E$ 曲线阴极支，$[Cd^{2+}] = 5.0 \times 10^{-6}$mol/L

------表示底液的示波极谱图，所有电位相对于饱和甘汞电极电位，下同

当底液的 $\dfrac{d^2E}{dt^2} \sim E$ 曲线在去极剂切口（或峰）的部位斜度较陡，且去极剂浓度较小时，峰不明显，只出现一个平阶而不易观察，经微分后在 $\dfrac{d^3E}{dt^3} \sim E$ 上就可得到较为明显的峰或切口（图2）。但当底液的 $\dfrac{d^2E}{dt^2} \sim E$ 曲线在去极剂产生切口的电位处的斜率较平坦，第三次微分不会使切口灵敏度明显提高。

实 际 应 用

用 $\dfrac{dE}{dt} \sim E$ 曲线的切口指示滴定终点时，有时由于切口灵敏度低，滴定难以进行。在大多数情况下，$\dfrac{d^2E}{dt^2} \sim E$ 曲线上的切口灵敏度可提高 3～5 倍，$\dfrac{d^3E}{dt^3} \sim E$ 曲线上的切口灵敏度提高 5 倍以上，因此利用 $\dfrac{d^2E}{dt^2} \sim E$ 或 $\dfrac{d^3E}{dt^3} \sim E$ 曲线上的切口比利用 $\dfrac{dE}{dt} \sim E$ 的切口有用。例如在汞膜电极上，应用高次微分示波极谱滴定法测定 Cd，Zn 和稀土时，滴定下限可降低 5～10 倍。EGTA 滴定 Cd^{2+} 时，终点比铬黑 T 指示剂法更好看。在 pH～5 的醋酸缓冲液中，可用 Zn^{2+} 在 $\dfrac{d^2E}{dt^2} \sim E$ 或 $\dfrac{d^3E}{dt^3} \sim E$ 曲线上的切口指示滴定终点。当用 $\dfrac{d^3E}{dt^3} \sim E$ 示波图指示终点时，电极在滴定前最好在底液中通较大的交流电流数秒钟使电极表面清洁，可得较稳定的 $\dfrac{d^3E}{dt^3} \sim E$ 曲线。利用 DTPA 在 $\dfrac{d^3E}{dt^3} \sim E$ 曲线上的切口可准确滴定 9×10^{-3}mmol/L 量的稀土元素，而指示剂法已不能用于这样的少量稀土元素的滴定。当使用微铂电极时，在交流电频率为 10Hz，pH5.5 的醋酸缓冲液中，Br^- 浓度为 $0.02\sim0.03mol/L$，Cd^{2+} 在 $\frac{d^3E}{dt^3}\sim E$ 曲线上的切口比 $\frac{dE}{dt}\sim E$ 曲线上切口约高 10 倍。

　　使用 $\frac{d^2E}{dt^2}\sim E$ 或 $\frac{d^3E}{dt^3}\sim E$ 曲线上的切口进行滴定时，由于切口很灵敏，滴定过程中示波图变化较大，应先用 $\frac{dE}{dt}\sim E$ 示波图观察，近终点时再用开关转到 $\frac{d^2E}{dt^2}\sim E$ 或 $\frac{d^3E}{dt^3}\sim E$ 示波图来观察滴定终点。在消除高频噪声的前提下，应尽可能把各级微分器的 R_f 调得最小而有较高的灵敏度。总之，利用高次微分示波极谱法可滴定许多用 $\frac{dE}{dt}\sim E$ 法不能进行的滴定，有些要在低频下的滴定可在 50Hz 下进行。

参 考 文 献

〔1〕　高鸿，《示波极谱滴定》，江苏科技出版社（1985）

〔2〕　杨昭亮，博士学位论文，南京大学（1987）

—13—

不用切口的示波极谱滴定法*

徐伟建　　张胜义　　高　鸿

利用示波极谱图上切口的出现或消失来指示滴定终点的示波极谱滴定法具有终点直观、操作简便、仪器简单和抗干扰能力强等优点，但此法要求试剂能在示波极谱图上产生敏锐的切口。在微铂电极和铂片电极上进行示波极谱氧化还原滴定时，人们往往看到在滴定终点整个示波图发生突然变化，这种变化包括整个示波图的骤然扩大或缩小以及示波图位置的骤然移动。这种整个示波图的变化如此突然、灵敏，完全可用来指示滴定终点。在这里并不要求试剂在示波极谱图上产生切口。这个现象 Stefanovic 等[1]早在 1968 年就已发现，以后一直没受到重视。最近作者用亚硝酸钠滴定一系列有机化合物[2]，彭庆初等[3]用铁氰化钾滴定一系列化合物，向智敏等[4]用溴酸钾滴定抗坏血酸，卢宗桂等[5]用溴酸钾测定奎宁都利用整个示波极谱图的突变来指示滴定终点。因此利用整个示波极谱图的突变来指示示波极谱滴定的终点弥补了示波极谱滴定的不足，很值得研究。在这里我们把利用示波极谱图上切口的出现或消失指示滴定终点的方法称为经典的示波极谱滴定法，而把不要求示波极谱图上出现切口而用整个示波极谱图形的突变来指示滴定终点的方法称为新示波极谱滴定法。

新示波极谱滴定的仪器装置和经典示波极谱滴定不同的是线路中删除了直流电流部分，使用微铂电极和铂片电极。图 1 是滴定终点附近示波极谱图变化的情况。

这个方法使用两个面积不同的铂电极，并有交流电流通过电极。因此它既具有两铂电极示波电位滴定[6]的性质，又具有双铂电极交流示波电位滴定[7]的性质。由于两个铂电极对同一溶液的电化学性质的反映有差异，因而导致终点附近波图的位移；由于和双铂电极交流示波电位滴定类似的原因，导致示波极谱图的收缩或扩大。

本文报道了这个方法在滴定分析中的应用。表 1 至表 5 列举实验结果，可见该法能够广泛应用于各种类型的滴定反应，是一个比较好的滴定方法[8]。

• 原文发表于高等学校化学学报，8（6）502（1987）。

 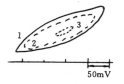 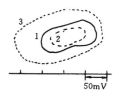

A. HCl 滴定 NaOH（位移）　　　B. AgNO₃ 滴定 NaCl（收缩）　　　C. 维生素 C 滴定 KIO₃（放大）

图 1　滴定终点附近示波极谱图形的变化

1. 滴定前　　2. 终点前差一滴或半滴滴定剂时　　3. 终点时

表 1　可逆对滴定可逆对（氧化还原滴定）

滴定剂名称和浓度 (mol/L)		被滴物名称和已知浓度 (mol/L)		测出的被滴物浓度（mol/L）	终点时示波极谱图变化
KBrO₃	0.01667	K₄Fe(CN)₆	0.09885	0.09912, 0.09920, 0.09896	收缩
KBrO₃	0.001667	K₄Fe(CN)₆	0.009885	0.009864, 0.009872	位移 100mV
KBrO₃	0.01667	Fe²⁺	0.1004	0.1005, 0.1004, 0.1006	收缩
Ce(SO₄)₂	0.1052	对苯二酚	0.05140	0.05138, 0.05138, 0.05138	收缩
Ce(SO₄)₂	0.01052	对苯二酚	0.005158	0.005155, 0.005155, 0.005165	收缩,位移
Ce(SO₄)₂	0.005260	对苯二酚	0.002625	0.002630, 0.002633, 0.002633	收缩,位移
Ce(SO₄)₂	0.1052	Fe²⁺	0.1060	0.1060, 0.1061, 0.1060	收缩
Ce(SO₄)₂	0.01052	Fe²⁺	0.01058	0.01045, 0.01052, 0.01058	收缩
Ce(SO₄)₂	0.1227	K₄Fe(CN)₆	0.1013	0.1013, 0.1012, 0.1014	收缩
Ce(SO₄)₂	0.01128	K₄Fe(CN)₆	0.01047	0.01045, 0.01046	位移
KIO₃	0.01710	KI	0.03526	0.03519, 0.03526, 0.03523	位移,稍缩
KIO₃	0.001710	KI	0.003526	0.003526, 0.003533, 0.003529	位移
KIO₃	0.0003420	KI	0.0007052	0.0007079, 0.0007066, 0.0007073	位移

表 2　可逆对滴定不可逆对（氧化还原滴定）

滴定剂		被测物		测出的被测物浓度（mol/L）	终点时示波极谱图变化
名称	浓度 (mol/L)	名称	已知浓度 (mol/L)		
KBrO₃	0.01667	Na₃AsO₃	0.03848	0.03848, 0.03848, 0.03844	收缩,位移
KBrO₃	0.001667	Na₃AsO₃	0.005385	0.005390, 0.005410, 0.005390	位移
KBrO₃	0.0001667	Na₃AsO₃	0.0005385	0.005370, 0.005370, 0.0005380	位移
I₂	0.005160	Na₂S₂O₃	0.01023	0.01023, 0.01022	收缩,位移
I₂	0.0005160	Na₂S₂O₃	0.001043	0.001042, 0.001040, 0.001041	位移
K₃Fe(CN)₆	0.1034	维生素 C	0.05160	0.05165, 0.05160, 0.05160	收缩
K₃Fe(CN)₆	0.01034	维生素 C	0.005160	0.005160, 0.005154, 0.005154	收缩
Ce(SO₄)₂	0.1128	H₂O₂	0.04935	0.04941, 0.04941, 0.04935	收缩
Ce(SO₄)₂	0.01128	H₂O₂	0.004794	0.004794, 0.004794, 0.004800	收缩,位移
Ce(SO₄)₂	0.001128	H₂O₂	0.0004794	0.0004783, 0.0004794, 0.0004783	位移

表 3 不可逆对滴定不可逆对（氧化还原滴定）

滴 定 剂		被 测 物		测出的被测物浓度 (mol/L)	终点时示波
名 称	浓度 (mol/L)	名 称	已知浓度 (mol/L)		极谱图变化
KMnO₄	0.02086	Na₂C₂O₄	0.05290	0.05288, 0.05288, 0.05293	放大
KMnO₄	0.002086	Na₂C₂O₄	0.005290	0.005298, 0.005298, 0.005309	位移
K₂Cr₂O₇	0.01667	Na₃AsO₃	0.03810	0.03810, 0.03815, 0.03810	位移
K₂Cr₂O₇	0.001667	Na₃AsO₃	0.005335	0.005355, 0.005350	位移
KMnO₄	0.02086	H₂O₂	0.05680	0.05684, 0.05679, 0.05679	收缩
KMnO₄	0.002086	H₂O₂	0.005305	0.005298, 0.005309, 0.005309	收缩
KMnO₄	0.0002086	H₂O₂	0.0005305	0.0005298, 0.0005298, 0.0005288	位移

表 4 不可逆对滴定可逆对（氧化还原滴定）

滴 定 剂		被 测 物		测出的被测物浓度 (mol/L)	终点时示波
名 称	浓度 (mol/L)	名 称	已知浓度 (mol/L)		极谱图变化
K₂Cr₂O₇	0.01667	Fe²⁺	0.1012	0.1012, 0.1012, 0.1011	位移
NH₄VO₃	0.1043	对苯二酚	0.05170	0.05163, 0.05163, 0.05158	位移
NH₄VO₃	0.05215	对苯二酚	0.02585	0.02581, 0.02587, 0.02584	位移
维生素 C	0.05160	KIO₃	0.01710	0.01711, 0.01710, 0.01710	放大
维生素 C	0.005160	KIO₃	0.001710	0.001706, 0.001708, 0.001708	放大

表 5 其它类型的滴定

滴 定 剂		被 测 物		测出的被测物浓度 (mol/L)	终点时示波
名 称	浓度 (mol/L)	名 称	已知浓度 (mol/L)		极谱图变化
HCl	0.07766	NaOH	0.07929	0.07937, 0.07952, 0.07945	位移
NaOH	0.07929	HAc	0.1094	0.1094, 0.1096, 0.1095	位移
AgNO₃	0.1020	NaCl	0.1029	0.1026, 0.1028	收缩
EDTA	0.03054	CuSO₄	0.03054	0.03051, 0.03054, 0.03054	位移

参 考 文 献

[1] D. Stefanovic et al., Glass. Hem. Drus. Beograd, 33(2~4) 327 (1968)

[2] 徐伟建、高鸿,高等学校化学学报,6(12) 1059 (1985)

[3] 彭庆妆,研究生硕士论文,南京大学 (1984)

[4] 向智敏、高鸿,分析化学,13(10) 745 (1985)

[5] 卢宗桂、瞿剑川、高鸿,分析化学,13(6) 422 (1985)

[6] 徐伟建、张胜义、高鸿,分析化学,15(5) 40 (1987)

[7] 徐伟建、张胜义、高鸿,高等学校化学学报,8(5) 424 (1987)

[8] 张胜义、徐伟建、高鸿,六种示波滴定方法的比较(未发表资料)

三　示波电位滴定法

示波电位滴定的出现，把通常的电位滴定法改为直接目视式的快速滴定法；提出了新的电位滴定法；使一些老的方法增添了巨大的活力，从用途不大变为很有用处；大大地丰富了电位滴定的内容。

《示波滴定》一书总结了这方面的研究成果，有三件事情特别引人注意。

1. 非电对型铂电极上的电位滴定法

通常的铂电极上的电位滴定，例如用氧化剂滴定 Fe^{2+}，在滴定过程中，电极溶液界面存在着 Fe^{2+}，Fe^{3+} 电对，这种在铂电极表面明显地存在着电对离子的滴定我们叫做电对型的铂电极电位滴定。如果在铂电极上用 EDTA 滴定 Zn^{2+}，电极溶液界面不存在明显的氧化还原电对，这种滴定我们叫做非电对型滴定。在通常的电位滴定中是无法进行的，但在示波电位滴定中，它是可以进行的（论文 14），而且可应用于实际，这是一类全新的滴定方法。

2. 微分示波电位滴定法

微分示波电位滴定法能做一般电位滴定法做不到的事情：只要用一个简单的电容就能把电位滴定曲线微分，把使用作图法确定滴定终点的方法改为直接目视式的滴定法（论文 15）。对于电极响应慢滴定终点电位突跃小的体系，可让小电流通过两个电极，增大电位突跃（论文 16）。

3. 发展了双指示电极电位滴定法

示波器的应用使两铂电极电位滴定法从一个用途不大的方法变为一个很有发展前途的方法（论文 17）；小交流电流通过电极更使这种双电位滴定法增加光彩（论文 18）；两个 Ag-TPB 电极的应用说明如何将一个沉淀反应（或一个重量分析方法）转化成一个简单易行而又准确快速的容量分析方法。这又是一个值得继续开拓的领域（论文 19）。

14

零电流示波电位滴定的研究

非配偶型铂电极上的螯合滴定：EDTA 滴定金属离子*

沈雪明　　高　鸿

〔作者按语〕

　　这里提出的电位滴定，不是通常的 Nernst 型的，而是非 Nernst 型的。这个发现是很有意义的。这是一个新的电位滴定领域。

前　　言

　　螯合电位滴定是电位滴定的一个主要组成部分，文献极为丰富。这些滴定主要是在金属电极和离子选择电极上进行的。金属电极分为两类：配偶型和非配偶型。配偶型电极如 Pt/Fe^{3+}, Fe^{2+}；Hg/Hg^{2+} 其"电极/溶液"界面上总有一对决定电位的电对。非配偶型电极的界面上则不存在明显的电对，如铂电极上 EDTA 滴定 Ca^{2+}，溶液中不外加高价的铂离子；滴定 Fe^{3+}，也不外加 Fe^{2+}。关于非配偶型电极上的螯合滴定，虽有报道，但有些仍可认为是配偶型的，如铂电极上 EDTA 滴定 Fe^{3+}, Cu^{2+}, Hg^{2+}, Tl^{3+}, Co^{2+}[1,2,3]，就认为电极界面上会存在 Fe^{3+}/Fe^{2+}, Cu^{2+}/Cu^+, Hg^{2+}/Hg^+, Tl^{3+}/Tl^+ 和 Co^{3+}/Co^{2+} 电对。真正的非配偶型铂电极上的螯合滴定极少报道。这是因为在通常用的电位测量仪上得到的滴定曲线很不理想，如 Siggia 等[4]得到的曲线就是这样。但是如果用示波器代替通常的电位测量仪来指示滴定中指示电极的电位变化，情形就大不相同。由于荧光点的移动十分迅速又无惯性，示波器就能敏锐地反映出指示电极的瞬时电位变化，在滴定终点时有明显的瞬时电位峰，可清晰无误地指示终点。这样一大类原来不能进行的滴定，现在可以满意地进行。本文报道非配偶型铂电极上 EDTA 滴定金属离

　　• 原文发表于分析化学，17（3）245（1989）。

子的情况。

实 验 技 术

电极预处理

将烧制的铂电极在 0.5mol/L H_2SO_4 中阴极还原，然后浸在被滴定金属离子溶液中或 EDTA 溶液中备用，电极用后仍浸在上述溶液中保存。

终点指示方法

滴定装置如图 1。将指示电极与参比电极连在示波器的垂直偏向板上，示波器上荧光点的位置就反映了两电极的电位差。EDTA 滴定金属离子时，荧光点在终点前移动很慢，近终点时有突然下降后又上升的跳动，终点时这个突然的跳动达最大，后即几乎完全不动（图 2b）。在实际操作中可用荧光点的突然跳动加上它跳动后的完全不动指示终点。

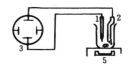

图 1　滴定装置示意图
1. Pt 电极　2. SCE
3. 示波器　4. 搅拌子
5. 搅拌器

滴定步骤

EDTA 滴定金属离子时，准确移取 15.00ml 金属离子试液于 100ml 烧杯中，加入底液（5ml 1mol/L NH_4Cl-$NH_3 \cdot H_2O$，pH=10 缓冲液对 Ca^{2+}，Sr^{2+}，Ba^{2+}；15ml 1mol/L 六次甲基四胺，pH=5.5 缓冲液对 Zn^{2+}，Cd^{2+}，Pb^{2+}，La^{3+}），插入电极，在电磁搅拌下，用 EDTA 溶液滴定，用示波器的荧光点指示终点。

实 验 结 果

EDTA 滴定金属离子

EDTA 滴定 Ca^{2+}，Sr^{2+}，Ba^{2+}，Zn^{2+}，Cd^{2+}，Pb^{2+}，La^{3+} 的结果列于表 1 中。所有离子的滴定曲线都是一样的，典型的曲线示于图 2 中。从图 2b，2c 看出：示波终点指示直观、灵敏，其装置亦简便、经济。因此开拓这一电滴定分析新领域必然会引起人们很大的兴趣。

0.1mol/L EDTA 滴定 0.1mol/L 诸金属离子，终点时瞬时电位峰的峰高顺序为：Mg^{2+}（<1mV）<Sr^{2+}（2mV）<Ca^{2+}（3mV）<Ba^{2+}（4mV）<Zn^{2+}（9mV）<Cd^{2+}（13mV）<Pb^{2+}（18mV）。该顺序与文献上报道的铂电极上阳离子吸附的顺序[5,6]相一致。

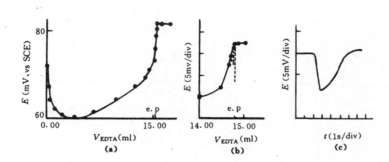

图 2 0.004mol/L EDTA 滴定 0.004mol/L Pb²⁺

(a) 用离子计记录的稳态电位滴定曲线　　(b) 示波器上观察到的荧光点的光迹　　(c) 在示波器的横向偏向板上加上
　　　　　　　　　　　　　　　　　　·表示荧光点，-连结的是稳态电位　　　　时间扫描后观察到的终点时瞬时
　　　　　　　　　　　　　　　　　…表示荧光点跳动的光迹　　　　　　　电位峰

表 1　滴定结果

滴 定 剂	被 滴 定 剂	滴定剂用量 (ml)		
		示波电位法*	指示剂法*	相对误差（%）
0.1mol/L EDTA	0.1mol/L Ca(NO₃)₂	14.42	14.42	0
	0.1mol/L Sr(NO₃)₂	14.49	14.51	−0.14
	0.1mol/L Ba(NO₃)₂	14.70	14.68	+0.14
0.05mol/L EDTA	0.05mol/L Zn(NO₃)₂	14.61	14.61	0
	0.05mol/L Cd(NO₃)₂	14.77	14.76	+0.07
	0.05mol/L Pb(NO₃)₂	14.31	14.31	0
	0.05mol/L La(NO₃)₃	15.29	15.28	+0.06
0.04mol/L Pb(NO₃)₂	0.04mol/L EDTA	15.18	15.18	0

* 数据为 3 次以上平均值。

　　EDTA 浓度对滴定终点时瞬时电位峰亦有影响，EDTA 浓度太高和太低，终点时瞬时电位峰都不高。

Pb²⁺滴定 EDTA

　　金属离子滴定 EDTA 时，情况稍有不同，终点时出现了方向相反的瞬时电位峰（图 3）。Pb²⁺滴定 EDTA 的结果见表 1。

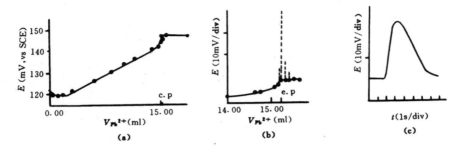

图 3　0.04mol/L Pb(NO₃)₂ 滴定 0.04mol/L EDTA

(a) 用离子计记录的稳态电位滴定曲线　　　(b) 示波器上观察到的荧光点的光迹　　　(c) 在示波器的横向偏向板上加上

　　　　　　　　　　　　　　　　　　　　·表示荧光点，-连结的是稳态电位　　　　时间扫描后观察到的终点时瞬时

　　　　　　　　　　　　　　　　　　　···表示荧光点跳动的光迹　　　　　　　电位峰

参 考 文 献

〔1〕　R. Pribil, Coll. Czech. Chem. Comm. , 16, 80 (1951)

〔2〕　R. Belcher, Anal. Chim. Acta, 13, 226 (1955)

〔3〕　F. Strafelda, Coll. Czech. Chem. Comm. , 30, 2327 (1965)

〔4〕　S. Siggia, D. W. Eichlen, R. C. Rheinhart, Anal. Chem. , 27, 1745 (1955)

〔5〕　O. A. Petrii, V. E. Kazarinov, S. Ya. Vasina, Y. G. Shigorev, Zh. N. Malisheva, Dvoinoi Sloi Adsorbtsya Tverd. Elektrodakh, 2nd Symposium on Materials, Gosudarstvennogo University, Tartu, SSSR, 296 (1970); C. A. , 76, 412685 (1972)

〔6〕　A. N. Frumkin, O. A. Petrii, I. G. Schshigorev, W. A. Safimov. , Z. Phys. Chem. (Leipzig), 243, 261 (1970)

15

微分示波电位滴定法

总 论[*]

刘晓华 张文彬 高 鸿

〔作者按语〕

示波电位滴定法能办到一般电位滴定法办不到的事情：用一个简单的电容就能把电位滴定曲线微分。把电位滴定变为直接目视式的滴定方法。

方 法 研 究

经典的电位滴定法记录滴定过程中指示电极（对参比电极）的电位变化，从所得的 $E\sim V$ 曲线上，用二次微商法求得滴定终点。如使用比较简单的仪器，逐点测量不同 V 时 E 值，用计算的方法确定终点，就太繁琐、费时。如用自动记录的仪器，让仪器代替手工，设备就太贵，也难于推广。人们需要一种终点直观、操作简便而仪器设备又很便宜的电位滴定方法在例行分析中使用。

本文提出解决这个问题的一个途径。对于滴定反应速度快、电极响应快、$E\sim V$ 曲线上电位突跃大的滴定反应，可将两个电极直接连于示波器上，并在线路中加一电容（图1），将 S 形 $E\sim V$ 曲线微分为峰形（图2），用荧光点的最大位移来确定终点（图3），这种方法称为微分示波电位滴定法。它把手工式的方法变为直观式的图形显示方法且所用仪器又较简单，因而兼具指示剂法与电位滴定法的优点又没有它们的缺点，具有推广价值。

---

[*] 原文发表于电分析化学，2 (1) 63 (1988)。

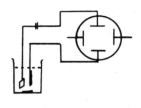

图 1 微分示波电位电路

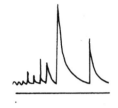

图 2 记录仪记录的微分电位滴定曲线

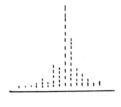

图 3 示波器上光点闪动示意图

电极

参比电极通常用 232 型饱和甘汞电极或 217 型双盐桥甘汞电极；指示电极用自制铂电极、银电极或沾汞银电极。

电路参数

微分示波电位滴定的电路如图 1 所示，信号经过电容 C 微分后得到峰形，$E=-RC\mathrm{d}E/\mathrm{d}t$，峰高与微分电容 C 和负载电阻 R 有关。从公式和实验得知：$R \cdot C$ 越大，输出信号越大，但同时响应时间越长，（响应时间指光点开始移动到回返至最大值 90％处所需时间），因而应选择合适的 R 值和 C 值。

实验结果指出，当 R 为 1 兆欧时（示波器的输入阻抗），选择 2.2 微法的电容较好，此时响应时间约为 10s。

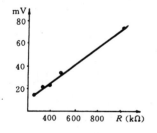

图 4 不同输入阻抗时的响应峰值

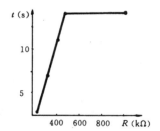

图 5 不同输入阻抗时的响应时间

底液选择

选择底液时既要考虑 pH 又要考虑电极在溶液中的性能，因为沉淀反应、络合反应等必须在能使沉淀完全或络合完全的 pH 范围内进行，同时电极必须有响应，如 DDTC 滴定金属离子时，虽然在醋酸介质和氢氧化钠-酒石酸盐介质中均能沉淀完全，但滴定时应用前者，因为铂电极在强碱性介质中对金属离子的响应极差。

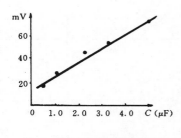
图 6　不同电容值时的响应峰值

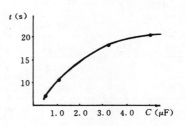
图 7　不同电容值时的响应时间

滴定剂的浓度

通常滴定剂的浓度愈大，产生的电位差愈大，光点位移也大；但对沉淀反应而言，由于沉淀对电极、被滴定离子、滴定剂都会有或大或小的吸附作用，进而影响终点的判断，因而滴定剂浓度不宜太大，只要保证一滴滴定剂在终点附近能产生一定大小的电位差就行。

实　际　应　用

络合滴定

用 EDTA 滴定金属离子时，用沾汞银片电极为指示电极。将银片电极先用稀硝酸浸洗，蒸馏水冲洗干净，再插入金属汞中，使其表面沾有一层均匀的汞膜即可；参比电极为 232 型饱和甘汞电极。

滴定步骤：移取 15.00ml 0.05mol/L 的被测金属离子溶液于 100ml 小烧杯中，加入相应的缓冲液 20ml，再加蒸馏水至总体积为 50ml，滴加两滴 10^{-3}mol/L 的硝酸汞溶液，插入电极，开动磁搅拌，用 EDTA 标准溶液滴至最大位移出现。所用缓冲液为：Zn^{2+}，Cd^{2+}，Ni^{2+}；1mol/L $NH_3 \cdot H_2O$-NH_4Cl；Pb^{2+}，Cu^{2+}；1mol/L HAc-NaAc；Hg^{2+}；1mol/L 六次甲基四胺。滴定结果见表 1a。银片沾汞电极使用数次后，有时出峰滞后或出峰无规律，故须经常清洗电极，使电极表面保持有新鲜的汞。

沉淀滴定

1. 硝酸银滴定卤化物

硝酸银滴定卤化物时，用 216 型银电极为指示电极，使用时用稀硝酸清洗表面；参比电极为 217 型双液接甘汞电极，外套管内装饱和硝酸钾溶液。

滴定步骤：移取 15.00ml 0.05mol/L 的卤化物溶液于 100ml 小烧杯中，加入 10ml 0.05mol/L $Al(NO_3)_3$-0.05mol/L HNO_3 混合液，用蒸馏水稀释至 50ml，插入电极，在搅拌情况下，用硝酸银滴定至终点。滴定结果见表 1b。

2. 亚铁氰化钾滴定锌、铅、镍

铂片电极为指示电极，232 型饱和甘汞电极为参比电极。

表 1 络合滴定沉淀滴定氧化还原滴定结果

a. EDTA 滴定金属离子

离　子	加入量（mg）	测得量（mg）			平均量（mg）	误差％
Zn^{2+}	47.42	47.61	47.57	47.50	47.56	0.30
Cd^{2+}	86.03	85.96	86.10	86.10	86.05	0.03
Ni^{2+}	43.14	43.04	43.03	43.03	43.04	−0.23
Pb^{2+}	151.1	151.8	151.9	151.6	151.8	0.44
Cu^{2+}	50.85	51.00	50.81	50.92	50.91	0.12
Hg^{2+}	185.5	185.7	185.7	185.7	185.7	0.11

b. 硝酸银滴定卤化钾

卤化钾	加入量（mg）	测得量（mg）			平均量（mg）	误差％
KCl	62.15	62.25	62.02	61.94	62.07	−0.13
KBr	86.04	86.06	86.00	86.12	86.06	+0.02
KI	120.4	120.3	120.6	120.2	120.4	0.0

c. 亚铁氰化钾滴定锌、铅、镍

离　子	加入量（mg）	测得量（mg）			平均量（mg）	误差％
Zn^{2+}	67.73	67.84	67.79	67.73	67.79	0.09
Pb^{2+}	259.5	259.4	259.7	259.5	259.5	0.0
Ni^{2+}	75.26	75.32	74.95	75.26	75.18	−0.11

d. 高锰酸钾、重铬酸钾滴定亚铁离子

滴定剂	Fe^{2+}加入量（mg）	测得量（mg）			平均量（mg）	误差％
$KMnO_4$	26.55	26.52	26.55	26.55	26.54	−0.04
$K_2Cr_2O_7$	39.83	39.75	39.80	39.80	39.78	−0.11

滴定步骤：移取一定量的 Zn^{2+}，Pb^{2+} 或 Ni^{2+} 于 100ml 小烧杯中，分别加入 2ml 9mol/L H_2SO_4，15ml 95％乙醇，10ml 1mol/L HAc-NaAc 缓冲液，再加入 3 滴 1％的铁氰化钾溶液，用亚铁氰化钾滴定至出现最大位移。结果见表 1c。

氧化还原滴定

以 232 型饱和甘汞电极为参比电极，铂片电极为指示电极，根据滴定过程中光点最大位移的出现确定终点，结果很好，见表 1d。

滴定步骤：移取一定量的 Fe^{2+} 溶液于 100ml 小烧杯中，插入电极，开启搅拌，用 $KMnO_4$ 或 $K_2Cr_2O_7$ 溶液滴定至终点。

中和滴定

将铂片电极在酒精灯还原焰部灼烧至红，冷却后置于蒸馏水中待用，参比电极为 232 型饱和甘汞电极。

用微分示波电位滴定法指示强酸强碱、强酸弱碱、强碱弱酸滴定均能得到很好的结果，数据从略。它还可用于弱酸弱碱，如醋酸氨水间的滴定，该滴定曲线的突跃较小，用常规法难以确定终点。示波电位滴定步骤如下：移取一定量的 $NH_3 \cdot H_2O$ 溶液于 100ml 小烧杯中，加蒸馏水至总体积为 50ml，插入电极，开动搅拌器，用醋酸滴定至终点。结果见表 2。

表 2 醋酸滴定氨水

$NH_3 \cdot H_2O$ (mol/L)	$NH_3 \cdot H_2O$ (ml)	HAc (mol/L)	HAc (ml)	峰高 （mV）	误差 （%）
			2.578	10	0.5
0.2863	3.00	0.3348	2.550	11	−0.6
			2.567	10	0.06

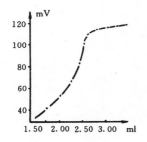

图 8 醋酸滴定氨水的电位曲线

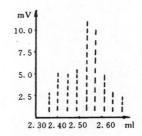

图 9 微分示波电位法观察醋酸滴定氨水时
光点闪动示意图

由于醋酸与氨水反应后生成醋酸铵，当溶液中有大量醋酸铵存在时，该溶液就有较大的缓冲能力，不利于滴定，故用微量滴定管进行滴定，结果较好。

优 缺 点

微分示波电位滴定法与通常的电位滴定法相比优点有三：仪器简便、方法快速、终点直观。

与双电位滴定法相比，微分示波电位滴定法对电极的预处理要求不高，无需考虑电极的大小比例与匹配问题[1,2]，只要该电极对滴定反应有响应即行。同时由于在电路中加了一个电容，所以电位测量灵敏度选择不再受参比电极与指示电极间电位差的限制，因此即使一些电位突跃较小的滴定反应通过提高示波器的灵敏度亦可用此法指示终点。

与示波极谱滴定法相比，微分示波电位滴定法线路更简单，无需调节电流、电压等多种参数，滴定近终点时电极也不用放电处理，终点观察灵敏直观。

该法可广泛地用于络合滴定、沉淀滴定、氧化还原滴定和中和滴定。

滴定过程中，每滴滴定剂的大小、滴加的位置对峰高的影响是比较大的，如果滴加不当，还有可能因为局部过浓而出现假峰，因而在近终点前应尽量做到使每滴滴定剂的体积基本相等，指示电极置于烧杯壁处，滴定剂从中间加入，可保证响应平衡，不出现假峰，且每次出峰情况基本一致。

　　在滴定终点时有时会出现 2 个或 3 个较大的峰，此时可以以前一个峰或中间的峰来确定终点，结果均在误差范围内。

　　此外本方法只适用于滴定反应快、电极响应快的情况，而控制电流微分示波电位滴定法则可克服这个缺点，详情见另文。

参 考 文 献

〔1〕　E. Kiroua-eisner，A. Golombek，M. Aril，J. Electroanal. Chem.，16，33～40 (1968)

〔2〕　U. E. Bartel，Z. Anal. Chem.，281(3) 215～219 (1976)

〔3〕　高鸿著，《示波极谱滴定法》,江苏科学技术出版社 (1985)

—16—

微分示波电位滴定法

控制电流微分示波电位滴定法

刘晓华   张文彬   高 鸿

对于某些电极响应慢、电位突跃小的滴定体系，如果在指示电极上加上很小的恒定电流，通常可加快电极的响应速度，增大电位突跃，从而可用微分示波电位法指示滴定终点。本文对 Pb^{2+} 滴定 MoO_4^{2-}，$DDTC^-$ 滴定 Zn^{2+}，Cd^{2+}，Ni^{2+}，Pb^{2+}，Cu^{2+} 等体系作了研究，所得结果与电位法基本一致，并对外加恒定电流使电位滴定突跃增大的机理进行了探讨。

在微分示波电位滴定装置中，变化的电位信号通过电容 C 微分后直接在示波器上显示出来，因此，可由光点的最大位移来确定终点。但对于某些电极响应慢或电位滴定突跃较小的体系，由于信号 $\dfrac{dE}{dt}$ 较小，难以确定滴定终点，需采用控制电流微分示波电位法。

实 验 装 置

控制电流微分示波电位法装置如图 1。即在零电流微分示波电位滴定装置的两电极间接入一电池组和高值可变电阻。流过两电极间的电流基本上保持恒定。离终点较远时，荧光点基本上不动，快要接近终点时，荧光点发生跳跃，根据其最大位移确定终点。如将图 1 中的示波器和电容 C 换成离子计，可以测量滴定过程中指示电极的电位变化。

滴 定 结 果

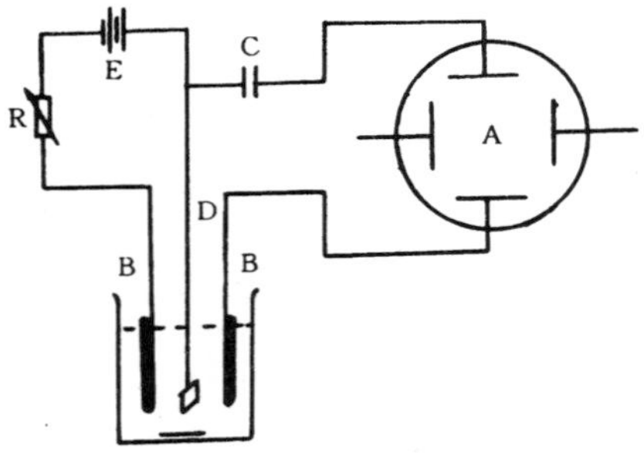

硝酸铅滴定钼酸铵

　　用移液管分别移取一定量的钼酸铵溶液和 10ml pH＝6 的六次甲基四胺缓冲液于小烧杯中，再加水至 50ml，插入电极，选择合适的 R 值以调节电流的大小，开启搅拌并滴定，根据荧光点的最大位移确定终点，结果见表 1。

NaDDTC 滴定金属离子

　　取一定量的金属离子的溶液，加入 10ml 1mol/L

图 1　控制电流微分示波电位滴定装置
A. 示波器　　B. 参比电极　　C. 电容器
D. 指示电极　　E. 电池组　　R. 可变电阻

HAc-NaAc 缓冲液，再加水至 50ml，插入在 DDTC⁻ 中浸泡过的铂片电极及饱和甘汞电极，选择合适的 R 值调节电流，滴定结果见表 1。终点明显。但在微分示波电位滴定法中，除用 DDTC⁻ 可以滴定 Cu^{2+} 外，对 Pb^{2+} 的滴定就很勉强，而对 Zn^{2+}，Cd^{2+}，Ni^{2+} 的滴定则无法指示。

表 1　控制电流微分示波电位滴定

滴定反应	电流大小（μA）	滴定剂体积（ml）		备　　注
Pb^{2+}滴定 MoO_4^{2-}	0	10.46	10.44	电　位　法
	1.0	10.50	10.46	
	4.0	10.46	10.49	
DDTC⁻滴定 Pb^{2+}	0	12.24	12.25	电　位　法
	0.5	12.20	12.24	
	4.0	12.22	12.24	
DDTC⁻滴定 Cd^{2+}	0	11.05	11.04	电　位　法
	0.5	11.04	11.04	
	4.0	11.10	11.09	
DDTC⁻滴定 Cu^{2+}	0	13.85	13.82	电　位　法
	0.5	13.80	13.80	
吡咯烷二硫代氨基甲酸铵滴定 Cd^{2+}	0	12.35	12.36	电　位　法
	0.5	12.36	12.37	

讨 论

　　硝酸铅滴定钼酸铵的终点电位突跃很小，用微分示波电位法无法指示，若在指示电极上通入很小的恒定电流，则终点敏锐。考察其电位滴定曲线，可见，外加直流电流一方面使电极的响应速度加快，加一方面则使电位滴定突跃大大增加（如图2），故滴定的终点明显。在本实验中，指示电极与直流电源的正极相接，如与电源的负极相接或加上微小的交流电流则使电位突跃下降，不利于指示终点。实验中看到，当外加直流电流较大，且通电时间较长时，铂片电极表面会沉积有金黄色沉淀，经 X 射线分析，为二氧化铅固体。因此，可以认为在该体系中，由于指示电极与电源正极相连，使其表面发生了氧化反应：

$$Pb^{2+} + 2H_2O \longrightarrow PbO_2 + 4H^+ + 2e$$

从而改变了铂电极的性质，PbO_2 沉积于铂电极的表面，并响应铅离子浓度的变化。

　　外加电流同样使 DDTC⁻ 滴定金属离子的电位突跃增大。图3是控制电流情况下铂电极指示 DDTC⁻ 滴定 Cu^{2+} 时的滴定曲线，当外加电流仅为 $4.0\mu A$ 时，其终点电位突跃比零电流时增加好几倍。DDTC⁻ 滴定 Pb^{2+}，Ni^{2+}，Zn^{2+}，Cd^{2+} 也得到类似的结果，如图4，图5。另外还发现，滴定曲线的下部变化不大，而上部分随着电流的增加而增加。图6是电极的电位与 DDTC⁻浓度的负对数作图，可见零电流下，具有近似的线性关系；当有微小的电流通过指示电极时，电位与 PC_{DDTC^-} 的关系为非线性，电位的上限随着电流的增加而增加，而下限的变化不大。因此，可以这样来解释电流的大小对电位滴定曲线的影响：在含有金属离子和底液的溶液中，铂电极的电位由其表面的铂氧化物来决定，电流越大，电极的电位越正，铂电极表面的高价氧化物量相应较多，极少量的DDTC⁻对铂电极的电位影响不大。因此，滴定终点前，电极的电位为一较高的正值，基本上保持不变；终点时，稍

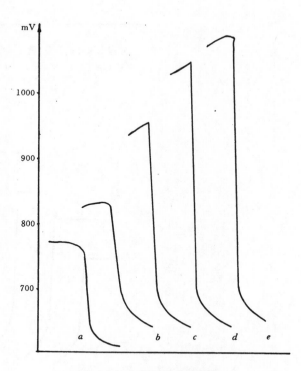

图2　外加电流时硝酸铅滴定钼酸铵的
电位滴定曲线

电流的大小（μA）：*a.*0　*b.*0.55　*c.*1.17　*d.*1.96　*e.*4.0

过量的带负电荷的 DDTC⁻ 会吸附于带正电荷的 Pt 电极表面，而使其电位突然降低，而指示滴定终点。

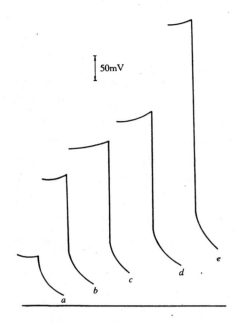

图 3　外加电流时 DDTC⁻滴定 Cu²⁺的电位滴定曲线

电流（μA）：*a*.0　*b*.0.5　*c*.1.0　*d*.2.0　*e*.4.0

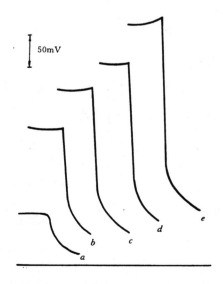

图 4　外加电流时 DDTC⁻滴定 Ni²⁺的电位滴定曲线

电流（μA）：*a*.0　*b*.0.5　*c*.1.0　*d*.2.0　*e*.4.0

由此可见，对于某些电极响应慢、电位突跃小的滴定体系，可以在指示电极上加上很小的恒定电流，加快电极的响应速度，增大电位滴定突跃，而用微分示波电位法指示滴定终点。

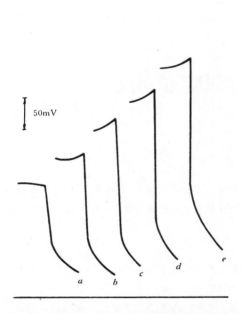

图 5　外加电流时 DDTC⁻ 滴定 Pb^{2+} 的电位滴定曲线

电流（μA）：a. 0　b. 0.5　c. 1.0　d. 2.0　e. 4.0

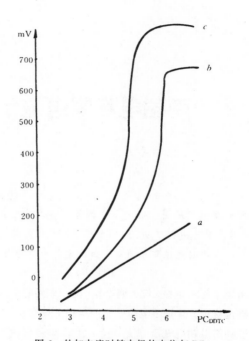

图 6　外加电流时铂电极的电位与 PC_{DDTC}⁻的关系曲线

电流（μA）：a. 0　　b. 1.0　　c. 2.0

参 考 文 献

〔1〕 刘晓华、张文彬、高鸿,电分析化学,2,63（1988）

〔2〕 刘晓华、张文彬、高鸿,应用化学,6(3) 81（1989）

—17—

两铂电极零电流示波双电位滴定法*

徐伟建　　高　鸿

　　本文提出了用阴极射线示波器荧光屏上荧光点的显著位移来指示零电流双电位滴定终点的新方法，并对其特点进行了研究。新的终点指示方法能响应两电极间 ΔE 的瞬时变化，因而比常用的方法灵敏，扩大了两铂电极零电流双电位滴定的应用范围。

　　用两个指示电极，例如两个铂电极，利用它们间的电位差 ΔE 的突变指示滴定终点，称为零电流双电位滴定法[1]。这里零电流是指两电极上没有任何外加电源。

　　这种简单的电滴定方法早在本世纪 20 年代就有报道。这种方法主要用于氧化还原反应，但有一定限制，Kolthoff 等[2]曾指出：只有当两个电对中的一个是不可逆对时，这种方法才能应用；不可逆对滴定可逆对时才能得到较好的结果。其后，Doležal[3]，Kékedy[4,5]，Kirowa-Eisner[6]以及 Umland 等[7]也只报道极少的工作。

新的终点指示技术

　　这个方法没有得到发展，主要是终点指示仪器迟钝。零电流双电位滴定法终点时两个电极间的电位差 ΔE，来源于两个电极达到平衡时速度上的差异[1,4]，因此 ΔE 是一个时间的函数。终点时，一滴滴定剂产生的 ΔE 的瞬时值很大，然后迅速减小。如果指示仪器能够及时反映 ΔE 的瞬时值，终点指示就灵敏。过去用 pH 计或类似的仪器为终点指示，用手工作图法或自动记录仪记录 $\Delta E \sim V$ 曲线或观察仪表指针的突然摆动来确定终点，都难于达到反映 ΔE 的瞬时值的要求。

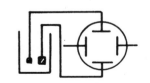

图 1　两铂电极零电流示波
双电位滴定装置示意图
SR-071A 型示波器

　　本文提出用阴极射线示波器代替 pH 计（图 1），直接观察滴定过程中 ΔE 的变化，并用荧光点的显著位移来确定终点，比较好地解决了上述

　　• 原文发表于化学学报，47，42 (1989)。

问题。荧光点的移动没有惯性，能及时反映 ΔE 的瞬时变化和两个铂电极间瞬时存在的电位差。例如，在 HCl-KBr 溶液中用 $KBrO_3$ 滴定 KI，滴定终点时两个电极间的电位差 ΔE 迅速增加又迅速减少，pH 计指针摆动一般仅在 10mV 以内，而数字式仪表仅能看见数字变化，很难读出具体数值。若用示波器就可以看到 ΔE 约有 150mV 左右的变化。因此，在使用示波器指示终点时，氧化还原滴定中任何体系均可滴定，没有任何限制。图 2a 为用手工记录方法得到的单一铂电极对饱和甘汞电极的 $E\sim V$ 曲线；图 2b 为从两个铂电极的上述 $E\sim V$ 曲线上得到的 $\Delta E\sim V$ 曲线（手工描绘）；图 2c 为用 $X\sim Y$ 记录仪记录（自动连续记录）的 $\Delta E\sim V$ 曲线；图 2d 为从示波器荧光点变化观察到的终点附近的 ΔE 变化，其中小圆圈是示波器上观察的较稳定时的 ΔE 值，虚线代表一滴滴定剂加入后示波器荧光点移动的光迹即 ΔE 的瞬时变化值。若把稳定时的 ΔE 值连成曲线（图 2d$_1$），与图 2c 很相似，都呈朝下的峰形变化。从表 1 中可看到，在所有的滴定中，等当点时 ΔE 的瞬时值的变化总大于稳定值；在等当点前后 ΔE 的瞬时值虽都有变化，但等当点时那一滴滴入后变化最大、最明显。等当点附近 ΔE 的这种变化规律即预示着等当点的临近。表 2 列出了在不同滴定体系中，终点时一滴滴定剂加入后用记录仪和示波器观察的 ΔE 的最大值。

图 2　用不同方法获得的各种滴定曲线示意图

滴定体系：$Ce(SO_4)_2$ 滴定 $(NH_4)_2Fe(SO_4)_2$；电极对：0～2 号电极对

a. 指示电极对饱和甘汞电极的 $E\sim V$（手录）曲线

b. 由两条手录的 $E\sim V$ 曲线相减的 $\Delta E\sim V$（手录）曲线

c. 用 $X\sim Y$ 记录仪自动记录的滴定剂连续加入时的 $\Delta E\sim V$ 曲线

d. 用示波器观察的滴定终点附近的 $\Delta E\sim V$ 变化情况

d$_1$. 示波器观察的滴定终点附近较稳定时的 $\Delta E\sim V$ 曲线

扩大了应用范围

新的终点指示技术扩大了零电流双电位滴定的应用范围。表 1 及表 2 指出，它可应用于沉淀、配位、中和及氧化还原滴定，在氧化还原滴定中它可应用于任何体系。实际滴定结果[8~10]表明，方法的准确度和精密度均符合定量分析要求；滴定剂的浓度一般在 $10^{-2}\sim10^{-3}$mol/L，也可达到 10^{-4}mol/L 范围。

影响终点指示灵敏度的因素

影响终点指示灵敏度的因素很多[1,7]。重要的有三个方面：

1. 电极的预处理　电极的预处理影响电极的表面性质，因而对终点指示灵敏度的影响很大。我们对各种类型滴定中电极的预处理方法如下：

表1　不同方法获得的 $\Delta E \sim V$ 曲线示意图

（0 号电极为参比电极）

滴定体系	电极对 电极面积 曲线形式 获得方式 曲线名称		0-1 120 mm² 124 mm²	0-2 80 mm²	0-3 40 mm²	0-4 5 mm²	0-5 0.5 mm²	0-6 0.1 mm²	0-7 0.3 mm²
1	$\Delta E \sim V$ (vs SCE)	手工							
	$\Delta E \sim V$	手工							
	$\Delta E \sim V$	自动							
	$\Delta E \sim V$	示波							
II	$\Delta E \sim V$ (vs SCE)	手工							
	$\Delta E \sim V$	手工							
	$\Delta E \sim V$	自动							
	$\Delta E \sim V$	示波							
III	$E \sim V$ (vs SCE)	手工							
	$\Delta E \sim V$	手工							
	$\Delta E \sim V$	自动							
	$\Delta E \sim V$	示波							

（续表）

* 滴定体系：Ⅰ.0.01mol/L Ce⁴⁺滴定 0.01mol/L Fe²⁺；Ⅱ.0.002mol/L KMnO₄滴定 0.005mol/L H₂O₂；Ⅲ.0.0016 mol/L KBrO₃滴定 0.005 mol/L As（Ⅲ）；Ⅳ.0.01mol/L S₂O₃²⁻滴定 0.005mol/L I₂；Ⅴ.0.1mol/L HCl 滴定 0.1mol/L NaOH；Ⅵ.0.03mol/L EDTA 滴定 0.03mol/L CuSO₄；Ⅶ.0.1mol/L AgNO₃滴定 0.01mol/L NaCl

表2 一滴滴定剂在终点时产生的 ΔE 的瞬时值

滴定体系	记录仪表	电 极 对						
		0～1	0～2	0～3	0～4	0～5	0～6	0～7
		ΔE (mV)						
I	记录仪	74	37	84	41	38	66	100
	示波器	80	42	100	30	20	20	84
II	记录仪	49	52	81	135		185	335
	示波器	26	60	60	132		70	230
III	记录仪	224	92	108	180	314	331	434
	示波器	240	120	150	95	150	90	370
IV	记录仪	16	15	17	36	7	31	42
	示波器	18	17	35	10	7	7	10
V	记录仪	92	45	120	57	80	62	102
	示波器	130	60	90	38	74	40	80
VI	记录仪	4	24	7	24	9	9	8
	示波器	5	9	12	10	8	2	9
VII	记录仪	21	37	102	93	32	38	10
	示波器	85	120	75	40	100	95	60

(1) 中和滴定 (如强酸滴定强碱) 将电极在 0.1mol/L H_2O_2 中浸泡 1 天，然后插入含有 0.5g KCl 的底液中，加入适量稀 NaOH，用 HCl 滴到略过量，保存备用。

(2) 配位滴定 (如 EDTA 滴定 $CuSO_4$) 电极在 EDTA 溶液中浸泡 4h，取出用蒸馏水冲洗。配制含有 HAc-NaAc 的底液并加入适量 Cu^{2+}，插入电极，再用 EDTA 滴到终点稍过量，保存备用。

(3) 沉淀滴定 (如 $AgNO_3$ 滴定 NaCl) 电极在稀硝酸中浸泡 5min，取出洗净。在 0.05mol/L KNO_3 的滴定底液中，加入适量 NaCl，插入电极，用 $AgNO_3$ 滴到终点稍过量，取出洗净，浸泡于 1∶5 氨水中备用。

(4) 氧化还原滴定 $Ce(SO_4)_2$ 滴定 $(NH_4)_2Fe(SO_4)_2$：将电极用稀硝酸浸泡取出洗净，用 0.01 mol/L Fe(II) 溶液浸泡 0.5h，然后插入含有适量 Fe(II) 的稀硫酸溶液，用 $Ce(SO_4)_2$ 滴定到终点稍过量，终点时硫酸浓度约 1mol/L，保存备用。

$KMnO_4$ 滴定 H_2O_2：电极用稀 H_2O_2 浸泡，继用 $KMnO_4$ 溶液浸泡。在稀硫酸溶液中加入适量 H_2O_2 和 $MnSO_4$，插入电极，用 $KMnO_4$ 滴定到终点，保存备用。

$KBrO_3$ 滴定 As(III)：电极在稀硝酸溶液中浸泡 5min，取出，冲洗干净，插入含有 0.5g KBr 和适量 As(III) 的 2mol/L HCl 溶液中，用 $KBrO_3$ 滴到稍过量，静置 5min，取出洗净，放在另一份 $KBrO_3$ 滴定 As(III) 到近终点的溶液中，保存备用。

$Na_2S_2O_3$ 滴定 I_2：电极先用 0.005mol/L 的 I_2 溶液浸泡 1h 后，取出洗净，在 HAc-NaAc 滴定底液中加入适量 I_2 溶液，插入电极，并用 $Na_2S_2O_3$ 溶液滴定到稍过量，保存备用。

2. 电极面积的影响 两个电极的面积比对滴定很有影响。为此，我们制作了一系列不同面积的铂片电极，电极 0～6 号是由同一块大铂片上裁剪制作的，7 号电极是由铂丝烧成的球，这些电极的相应面积如表 1 所示。图 3 表示电极面积较大的 1 号电极上的响应接近于能斯特响应的理论值，而电极面积较小的 5 号电极在终点后的响应则低于理论值，但随着时间的推移，5 号电极响应逐渐与 1 号电极接近。表 1 中列出不同面积的电极相互配对时所得的各种滴定曲线的示意图，可见曲线形状随面积比而变化，且不同记录方法所得的同一对电极的曲线状形也有差异，其原因在于两个铂电极的电极电位随滴定剂体积的变化 $\dfrac{dE}{dV}$ 和滴定剂加入后随时间的变化 $\dfrac{dE}{dt}$，以及在不同记录方法中加入滴定剂的速度和所用仪表的响应速度等的差异。由表 2 可见，除 $KMnO_4$ 滴定 H_2O_2 和 EDTA 滴定 Cu^{2+} 外，在其余 5 种滴定中，用示波器看到的 ΔE 值均大于用记录仪的值。但随着各电极面积的减小，示波器的观察值逐渐变小并小于记录仪的值，这是因为在记录仪上加了阻抗转换，输入阻抗为 $10^{12}\Omega$，而示波器的输入阻抗仅有 $10^6\Omega$。若采用阻抗转换，则示波器上观察到的 ΔE 值就与 pH 计观察的一致（表 3）。这说明用现有的通用示波器作指示仪表时，小电极的面积不宜太小，否则两电极间的电位差将由于电流的流过使 ΔE 值变小，影响终点指示的灵敏度。

3. 电极位置的影响　改变两个电极的相对位置[11]有时也能增大 ΔE 的变化（表 4），但一般只改变电位差的数值，不会改变电位差的方向（电极面积相同时除外）。

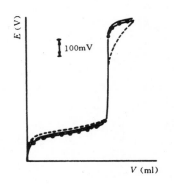

图 3　不同面积电极的 $E\sim V$ 曲线与理论计算的 $E\sim V$ 曲线的比较
——理论曲线　—·—1 号电极曲线　……5 号电极曲线
0.01mol/L $Ce(SO_4)_2$ 滴定 0.01mol/L $(NH_4)_2Fe(SO_4)_2$

表 3　示波器输入阻抗对 ΔE 的影响〔$Ce(SO_4)_2$ 滴定 $(NH_4)_2Fe(SO_4)_2$〕

阻抗变换及指示仪表	电极对						
	0～1	0～2	0～3	0～4	0～5	0～6	0～7
	电位差 ΔE（mV）						
直连示波器，输入阻抗 $10^6\Omega$	160	165	115	92	70	15	55
加阻抗转换，输入阻抗 $10^{12}\Omega$	185	230	176	159	153	100	60
数字式 pH 计读数	174	199	167	150	144	95	57

表 4 电极在滴定池中的位置对终点时 ΔE 的影响（示波器观察值）

滴定体系	电极位置（左或右）	电 极 对						
		0～1	0～2	0～3	0～4	0～5	0～6	0～7
		ΔE （mV）						
I	0左；1*右	60	38	56	29	20	20	84
	1左；0右	80	42	100	30	12	20	72
II	0左；1右	26	60	60	132		70	230
	1左；0右	17	24	56	76		42	180
III	0左；1右	210	120	150	95	150	90	370
	1左；0右	240	90	140	60	130	50	330
IV	0左；1右	12	17	15	8	4	4	10
	1左；0右	18	17	35	10	7	7	5
V	0左；1右	130	55	64	22	43	40	50
	1左；0右	55	60	90	38	74	5	80
VI	0左；1右	5	9	12	10	8	1	6
	1左；0右	4	5	6	6	7	2	9
VII	0左；1右	42	40	75	40	90	95	58
	1左；0右	85	120	40	32	100	52	60

* 1 代表从 1～7 号电极位置。

本文系中国科学院科学基金资助的课题。

参 考 文 献

[1] L. Kékedy, Rev. Anal. Chem., 3, 27 (1975)

[2] I. M. Kolthoff, N. H. Furman, Potentiometric Titrations, 2nd Ed., Wiley, New York, 108 (1931)

[3] J. Doležal, K. Stulik, J. Electroanal. Chem. Interfacial Electrochem., 17, 87 (1968)

[4] L. Kékedy, F. Makkay, Talanta, 16, 1212 (1969)

[5] S. Dusa, L. Kékedy, Stud. Univ. Babes-Bolyai, (Ser.) Chem., 23, 52 (Chem. Abstr., 89, 139863) (1978)

[6] Kirowa-Eisner, A. Golombek, M. Ariel, J. Electroanal. Chem. Interfacial Electrochem., 16, 33 (1968)

[7] F. Umland, E. Schumacher, 分析化学（日文）, 30(9) S1 (1981)

[8] 徐伟建、高鸿, 高等学校化学学报, 7, 989 (1986)

[9] 高鸿、徐伟建、张胜义, 分析化学, 15, 401 (1987)

[10] 陈羽薇、翁筠蓉、徐伟建、高鸿, 分析化学, 15, 820 (1987)

[11] E. Kirowa-Eisner, M. Ariel, J. Eleotroanal. Chem. Interfacial Electrochem., 12, 286 (1966)

—18—

双铂电极交流示波电位滴定法

徐伟建　　张胜义　　高　鸿

将两个同样大小的铂电极插入被滴定溶液中,让一个很小的交流电流通过两个电极并用示波器直接观察两极间的电位差(图1),荧光屏上出现一条荧光线,用荧光线的突然收缩或伸长指示滴定终点,这种简易的电滴定方法称为双铂电极交流示波电位滴定法[1]。和示波极谱滴定一样,这种电位滴定方法也是直接目视式的,和指示剂法一样简易,且不需要示波极谱图,线路更简单一些。

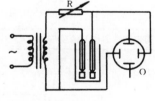

图1　双铂电极交流示波电位滴定法的装置

交流输出约 2V　　R 为 100kΩ

O：SR-071A 型双踪示波器

电极面积：30mm²

双铂电极交流示波电位滴定的原理和双极化电极恒电流电位滴定法相似,即在两个电极上起反应的氧化态和还原态属于同一可逆电对时,两电极之间的电位差最小[2]。这个结论从两个铂电极上的示波极谱滴定终点时示波图的变化(图2)看得最清楚。因为示波极谱图是 $\frac{\mathrm{d}E}{\mathrm{d}t} \sim E$ 曲线,这里 E 正是两铂电极间的电位差,所以示波极谱图的横向收缩或伸长就代表电位线的收缩或伸长。

用可逆电对滴定可逆电对时 (0.01667mol/L KBrO₃ 滴定 Fe(CN)₆⁴⁻ 和 Fe²⁺;0.1～0.005mol/L Ce(SO₄)₂ 滴定对苯二酚,0.1mol/L Ce(SO₄)₂ 滴定 Fe²⁺;0.1～0.01mol/L Ce(SO₄)₂ 滴定 Fe(CN)₆⁴⁻;0.017～0.0003mol/L KIO₃ 滴定 KI 等),滴定终点时电位线突然收缩,变化明显。用可逆体系滴定不可逆体系时 (0.016～0.00016mol/L KBrO₃ 滴定 Na₃AsO₃;0.005mol/L I₂ 滴定 Na₂S₂O₃;0.1mol/L K₃Fe(CN)₆ 滴定维生素 C),终点时电位线收缩,但不如不可逆体系滴定可逆体系那样显著,有些体系 (如Ce(SO₄)₂滴定 H₂O₂) 就无法指示。用不可逆电对滴定可逆电对时 (如 0.016mol/L K₂Cr₂O₇ 滴定 Fe⁺;0.1mol/L NH₄VO₃ 滴定对苯二酚;0.05～0.005mol/L 维生素 C 滴定 KIO₃),滴定终点时电位线伸长。用不可逆电对滴定不可逆电对 (如 0.002～0.02mol/L KMnO₄ 滴定 Na₂C₂O₄;0.016～0.0016mol/L K₂Cr₂O₇ 滴定 Na₃AsO₃;0.02mol/L KMnO₄ 滴定 H₂O₂),终点时大多数电位线略有收缩。

• 原文发表于高等学校化学学报，8 (5) 424 (1987)。

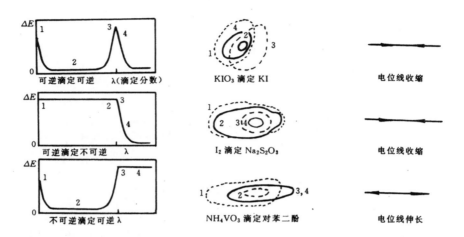

图 2　双铂电极交流示波电位滴定的原理

用双铂电极交流示波电位法滴定的部分结果见表 1。

表 1　实际滴定结果

滴定剂的名称及浓度（mol/L）		已知被滴定物的名称和浓度（mol/L）		实测出的被滴物浓度（mol/L）		
KBrO₃	0.01667	K₄Fe（CN）₆	0.09885	0.09912	0.09888	0.09880
	0.001667	K₄Fe（CN）₆	0.009885	0.009848	0.009864	0.009864
	0.01667	Fe²⁺	0.1004	0.1002	0.1001	0.1002
Ce（SO₄）₂	0.1052	对苯二酚	0.05140	0.05134	0.05123	0.05134
	0.005260	对苯二酚	0.002625	0.002630	0.002625	0.002630
	0.1052	Fe²⁺	0.1060	0.1061	0.1061	0.1060
	0.01052	Fe²⁺	0.01058	0.01060	0.01054	0.01056
KIO₃	0.01710	KI	0.03526	0.03529	0.03529	0.03526
	0.001710	KI	0.003526	0.003533	0.003533	0.003529
KBrO₃	0.001667	Na₃AsO₃	0.005385	0.005390	0.005400	0.005390
I₂	0.005160	Na₂S₂O₃	0.01023	0.01023	0.01023	
K₃Fe(CN)₆	0.1034	维生素 C	0.05160	0.05160	0.05165	0.05154
K₂Cr₂O₇	0.01667	Fe²⁺	0.1012	0.1012	0.1011	0.1011
NH₄VO₃	0.1043	对苯二酚	0.05170	0.05163	0.05158	0.05168
维生素 C	0.05160	KIO₃	0.01710	0.01711	0.01711	0.01710
	0.005160	KIO₃	0.001710	0.001705	0.001708	0.001708
KMnO₄	0.02086	Na₂C₂O₄	0.05290	0.05288	0.05283	0.05288
	0.002086	Na₂C₂O₄	0.005290	0.005298	0.005298	0.005304
K₂Cr₂O₇	0.01667	Na₃AsO₃	0.03810	0.03800	0.03805	0.03805
KMnO₄	0.02086	H₂O₂	0.05680	0.05674	0.05674	0.05679
AgNO₃	0.1020	NaCl	0.1029	0.1024	0.1027	

　　从目前已有的实验资料看来，这个方法比双极化电极恒电流电位滴定法简单，能用于各种体系的氧化还原滴定和以银为滴定剂的滴定法，特别适用于可逆体系滴定可逆体系，但不如两铂电极示波电位滴定法和单微铂电极示波极谱滴定法应用广泛[3]。

参 考 文 献

〔1〕　徐伟建、高鸿，高等学校化学学报，7(11) 989 (1986)

〔2〕　J. J. Lingane，Electroanalytical Chemistry，2nd. Ed. ，153，Interscience Publishers，New York (1958)

〔3〕　张胜义、徐伟建、高鸿，六种示波滴定方法的比较，未发表资料 (1985)

—19—

两 Ag-TPB 电极上的零电流示波双电位滴定法[*]

卜海之　　　高　鸿

将银片（或碳棒、铂片等）依次浸入 Na-TPB 及 AgNO₃ 溶液中，得到用于示波电位滴定的 Ag-TPB 电极。在这种电极上进行双电位滴定，并用示波器直接指示 ΔE 的变化，确定滴定终点。方法简便灵敏，且可用于药物分析。

在使用一个指示电极的电位滴定法及使用两个指示电极的双电位滴定法中，由于不使用外加电源，无外加电流流过指示电极，故又分别称为零电流电位滴定法及零电流双电位滴定法。用阴极射线示波器代替常用的测量电极电位的仪器，在荧光屏上直接观察两个电极间的电位差变化，并用荧光点的突然位移直接指示滴定终点的目视式零电流双电位滴定法称为零电流示波双电位滴定法。此法可在种类繁多的电极上进行。使用一大一小两个某指示电极的方法就称为两某电极零电流示波双电位滴定法。本文指出：在两 Ag-TPB 电极上进行零电流双电位滴定时，用示波器直接指示终点，远比常用方法简便、快速及灵敏，是一个好方法。

实　验　部　分

主要仪器和试剂

SR-071B 型双踪示波器（江苏扬中电子仪器厂），PXD-12 型数字式离子计，79-1 型磁力加热搅拌器，Model 370 电化学系统（美国）。

AgNO₃ 标准溶液：0.10mol/L，用 NaCl 标准溶液电位滴定法标定。

Na-TPB 标准溶液：Na-TPB 水溶液经与少量 Al₂O₃ 粉末接触 1 天后，过滤，用 0.2mol/L NaOH 溶液调至 pH8.5，稀释至约 0.05mol/L，用 Tl（Ⅰ）标准溶液示波极谱滴定法标定[1]。

* 原文发表于高等学校化学学报，9（4）323（1988）。

CuSO$_4$ 标准溶液：0.05mol/L，用 EDTA 标准溶液示波极谱滴定法标定[2]。

pH4 HAc-NaAc 缓冲溶液：称取 1mol NaAc·3H$_2$O，加适量水溶解，在 pH 计上滴加 36%HAc 溶液调至 pH4 后，稀释至 1L 即可。

试剂均为分析纯，水均为蒸馏水。

Ag-TPB 电极的制备

银片电极的制备：将银片剪成"凸"字型后，用焊锡将其上端与细导线连接起来，外套一根长约 7cm 的聚氯乙烯（PVC）管（∅2.5mm）于银片的上部及接线处，小火加热使 PVC 管的管口熔合于银片的上部，然后将 PVC 管的另一端连同接线一并插入一根适当尺度的玻璃管中，即得比较耐用的银片电极。

铂片电极的制备：将铂片剪成"凸"字型后，用烧熔法将铂片上部偏下处与软玻璃管口熔合起来，然后用焊锡将铂片上端点与细导线连接起来即可。

碳棒电极的制备：截取一段长约 1.5cm，横截面直径为 3mm 的光谱纯碳棒，用一块与细导线连接好的银片把碳棒一端的 1cm 长包裹住且一并插入粗细适度的玻璃管中，这样即把碳棒固定于玻璃管的一端，然后用 704 胶（南京大学抗大化工厂）将玻璃管与碳棒的接口处密封起来，待胶老化后即可。

将上述各电极用 1∶1 HNO$_3$ 及蒸馏水处理干净后，皆依次在 0.05mol/L Na-TPB 及 0.05mol/L AgNO$_3$ 溶液中各浸泡 0.5h，取出用蒸馏水洗至无多余的 Ag$^+$，即得 Ag/Ag-TPB，Pt/Ag-TPB 及碳棒 Ag-TPB 电极。若先将碳棒电极依次在 0.05mol/L Na$_2$S 及 0.05mol/L AgNO$_3$ 溶液中各浸泡 0.5h，即得到碳棒/Ag$_2$S/Ag-TPB 复合电极。

示波双电位滴定步骤

准确移取 20.00ml Na-TPB 溶液于 100ml 烧杯中，加入 10ml pH4 HAc-NaAc 缓冲液，插入两个表面积不同的指示电极，在磁搅拌下，用 AgNO$_3$ 标准溶液滴定至示波器荧光屏上的荧光点突然偏移为终点。

结果与讨论

Ag-TPB 电极的响应特性及内阻

4 种 Ag-TPB 电极表面上的 Ag-TPB 膜都能响应 Ag$^+$ 及 TPB$^-$ 离子，因而都能用作 Ag$^+$ 离子滴定 TPB$^-$ 离子的示波双电位滴定的指示电极。4 种电极中仅有两种碳棒/Ag-TPB 电极对 TPB$^-$ 离子有能斯特响应，其影响浓度范围为 $1 \times 10^{-1} \sim 1 \times 10^{-3}$mol/L，斜率为 45mV/pTPB$^-$（25℃）。响应时间在 1min 以内。所有电极对 Ag$^+$ 离子的响应均不呈现能斯特影响。

电极内阻在 10～60kΩ 之间（Ag/Ag-TPB 50～60；Pt/Ag-TPB 10～12；碳棒/Ag-TPB 20～25；碳棒/Ag$_2$S/Ag-TPB 10～15），很适合于示波双电位滴定。

4 种电极的性能相似，其中以碳棒/Ag$_2$S/Ag-TPB 电极性能最佳。

Ag-TPB 电极的吸附特性

仅以碳棒/Ag-TPB 电极为例，说明各种 Ag-TPB 电极的吸附特性。从图 1 可见，扫描电位在 0.0 ～＋0.8V 范围内，空白碳棒电极在纯底液中的循环伏安图为曲线 1。碳棒/Ag-TPB 电极在同一底液中的循环伏安图为曲线 2。曲线 2 上出现了特性峰，阳极峰电位 E_{Pa} 为＋0.47V，阴极峰电位 E_{Pc} 为＋0.15V。当向溶液中加入几滴 0.1mol/L AgNO₃ 溶液，阴、阳两极峰电流皆明显增大，表明曲线 2 上的特性峰是 Ag-TPB 沉淀膜中银的阳极峰和阴极峰。这就证明了用浸泡吸附的方法确实可以在碳棒电极表面形成一层 Ag-TPB 膜。图 2 表明在空白碳棒及碳棒/Ag-TPB 电极上吸附一层 TPB⁻ 离子后可以完全阻止 Cu²⁺ 离子在电极上进行反应。实验还表明用水清洗及连续多次扫描对已吸附 TPB⁻ 离子的电极的循环伏安图无影响。这些都表明 TPB⁻ 离子能在电极表面上强烈吸附。

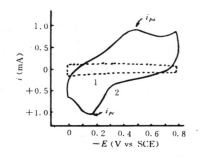

图 1　碳棒/Ag-TPB 电极上的循环

伏安曲线（Ⅰ）

试液均为 1mol/L NaAc＋0.6mol/L HAc

扫描速率为 200mV/s　　电极面积为 0.21cm²

温度为 25℃　　电极：1. 空白碳棒　2. 碳棒/Ag-TPB

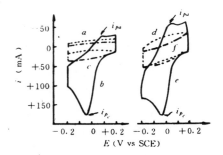

图 2　碳棒/Ag-TPB 电极上的循环

伏安曲线（Ⅱ）

溶液：a, d 为 1mol/L NaAc＋0.6mol/L HAc

　　　b, c, e, f 为 a 溶液＋2×10⁻³mol/L CuSO₄

电极：a, b 为空白碳棒；d, e 为碳棒/Ag-TPB；

c, f 分别为 a, d 电极在 0.05mol/L Na-TPB 溶液中

浸泡 0.5h，其它条件同图 1

两 Ag-TPB 电极上示波双电位滴定

以表面积为 0.96cm² 的碳棒/Ag₂S/Ag-TPB 电极为指示电极，以表面积为 0.21cm² 的碳棒/Ag₂S/Ag-TPB 电极为比较指示电极，所得双电位滴定曲线如图 3。从图 3 可见，两指示电极间的电位差 ΔE（＝$E^{0.96}$－$E^{0.21}$）在等当点处迅速增大并瞬时减小，呈现出一个尖锐的电位差峰，峰顶所对应的体积即为终点体积。如果将上面两个指示电极直接连在示波器上（图 4），用荧光屏上的光点位移指示滴定过程中 ΔE 变化，我们会看到，在等当点前光点几乎不移动，到等当点处滴入一滴 AgNO₃ 溶液就会使光点突然偏移，指示到达终点，这就是零电流示波双电位滴定法。用各种 Ag-TPB 电极为指示电极所进行的示波双电位滴定的结果（表 1）表明，该方法的准确度与精密度很好，符合定量分析的要求。

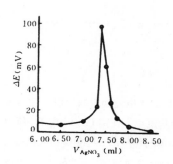

图 3 0.0571mol/L AgNO₃ 溶液滴定
Na-TPB 的双电位滴定曲线

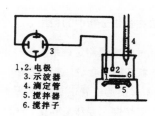

1,2. 电极
3. 示波器
4. 滴定管
5. 搅拌器
6. 搅拌子

图 4 示波双电位滴定装置图

表 1 定量测定结果*

C_{AgNO_3} (mol/L)	$C_{Na\text{-}TPB}$ (mol/L)	$V_{Na\text{-}TPB}$ (ml)	V_{AgNO_3} (ml)	Ag/Ag-TPB		Pt/Ag-TPB		碳棒/Ag₂S/Ag-TPB	
				$V_终$(ml)	误差(%)	$V_终$(ml)	误差(%)	$V_终$(ml)	误差(%)
5.713×10^{-2}	4.222×10^{-2}	20.00	14.78	14.78	0	14.77	−0.77	14.79	+0.07
5.713×10^{-3}	4.222×10^{-3}	20.00	14.78	14.79	+0.07	14.79	+0.07	14.80	+0.14
5.713×10^{-4}	4.222×10^{-4}	20.00	14.78	14.81	+0.20	14.80	+0.14	14.82	+0.27
1.428×10^{-4}	1.056×10^{-4}	20.00	14.78	14.83	+0.34	14.82	+0.27	14.83	+0.34

*表中测定值均为 3 次测定结果的平均值。误差% 均为相对值。

示波滴定法的特点

1. **比指示剂法变色明显** 用荧光屏上的光点突然偏移指示终点，犹如跟踪监视一样，十分直观。比作图法确定终点方便、快速。

2. **准确度很少受制备质量影响** 由于不需要测定电极电位值，故对电极的制备质量要求不高，只要两指示电极都能响应溶液的组成变化，且响应速度有差别就行了。

3. **比常用的方法灵敏** 实验表明，示波双电位滴定中的光点最大偏移位置所对应的 $\Delta E_{max}^{示}$ 比双电位滴定中的 $\Delta E_{max}^{双}$ 要大很多（表 2）。有时当两个指示电极的响应性能差不多时 $\Delta E_{max}^{双}$ 很小，以致难以确定终点，但用示波法仍能明显地确定终点。从动力学角度来说，插入同一溶液中的两个指示电极，只要它们的动力学参数有一个或更多个不同，就会使在其它方面完全相同的这两个电极以不同的速率响应溶液组成的变化[3]，从而使两电极在等当点处产生很大的电位差 ΔE。由于等当点处 ΔE 是时间的函数，它来源于两电极达到稳定电位的速度不同，随着时间的推移 ΔE 就显著减小。用示波器能反应 ΔE 的瞬时变化，故 $\Delta E_{max}^{示}$ 要比 $\Delta E_{max}^{双}$ 大得多。以上事实及理论分析都表明示波法比通常方法灵敏。

表 2 0.0571mol/L AgNO₃ 溶液滴定 Na-TPB 时的 ΔE_max值* (mV)

ΔE_{max}	Ag/Ag-TPB	Pt/Ag-TPB	碳棒/Ag₂S/Ag-TPB
$\Delta E_{max}^{示}$	60～80	50～70	70～90
$\Delta E_{max}^{双}$	100～160	100～140	160～210

* 两个电积的面积比在 5～10 之间。

示波法在药物分析中的应用

氨基吡啉的定量测定结果（表 3）表明，两 Ag-TPB 电极示波双电位滴定法可以代替示波极谱滴定法[4]测定含氮药物的含量。这不仅是方法上的简化，更重要的是避免了使用 Tl（Ⅰ）离子。所用分析步骤为：取一定量样品溶液置于 50ml 容量瓶中，加入 pH4 HAc-NaAc 缓冲液 5ml，准确加入已知过量的 Na-TPB 溶液，用蒸馏水稀释至刻度，摇匀。将部分溶液过滤于 25ml 容量瓶中，将 25.00ml 滤液全部移入 100ml 烧杯中，用标准 AgNO₃ 溶液滴定至荧光点突然偏移为终点。

表 3 氨基吡啉的测定结果*

电 极	滴入 AgNO₃ 溶液体积(ml)	测得氨基吡啉质量(mg)	相对误差(%)
	7.26	39.83	−0.10
Ag/Ag-TPB	7.27	39.77	−0.25
	7.26	39.83	−0.10
	7.26	39.83	−0.10
Pt/Ag-TPB	7.25	39.88	+0.03
	7.25	39.88	+0.03
	7.26	39.83	−0.10
碳棒/Ag₂S/Ag-TPB	7.26	39.83	−0.10
	7.26	39.83	−0.10

* $N_{Na-TPB}=1.689\times10^{-2}$mol/L；$N_{AgNO_3}=1.144\times10^{-2}$mol/L；由示波极谱滴定[4]测得加入氨基吡啉量均为 39.87mg；加入 Na-TPB 溶液均为 20.02ml。

参 考 文 献

〔1〕 潘胜天、高鸿,高等学校化学学报,3(1) 61 (1982)
〔2〕 杨照亮、高鸿,高等学校化学学报,7(3) 211 (1986)
〔3〕 L. Kekedy, Rev. Anal. Chem., 3(1) 29 (1975)
〔4〕 潘胜天、高鸿,分析化学,11(2) 98 (1983)

四　示波滴定领域的扩展

近年来示波滴定的发展很快，示波滴定已经从计时电位滴定、电位滴定发展到安培滴定（论文20）、电导滴定（论文21）、库仑滴定（论文22）等领域。

另一方面还出现了一些新的示波方法如改进示波计时电位法（论文23）、倒数示波计时电位法（论文24）、示波伏安法（论文25，26，27）和示波频谱分析（论文28）。

—20—

示波双安培滴定的研究

氧化还原滴定*

徐伟建　　黄　岚　　高　鸿

用阴极射线示波器荧光屏上荧光点的位移代替检流计指针的偏转来指示滴定终点的双安培滴定方法称为示波双安培滴定法。与检流计相比较，示波器灵敏度高，终点更加明确。

示波双安培滴定的装置如图 1 所示，将外加电压（150～600mV）直接加于两个铂电极上并将示波器输入端直接串联于线路中即可。使用 SR-071A 型长余辉示波器的直流档直接输入时，灵敏度为 5mV/cm[1]，输入阻抗为 1 兆欧，其电流检测灵敏度为 $I_s=\dfrac{V_s}{R}=\dfrac{5\times10^{-3}}{10^6}=5\times10^{-9}\text{A/cm}$，比常用检流计灵敏。

可逆对滴定不可逆对

这种类型的双安培滴定曲线如图 2a 所示。若用示波器代替检流计，终点前示波器荧光屏上的荧光点几乎不动，终点时 1 滴滴定剂将使荧光点突然位移（图 2a′），终点明确。用 I_2 滴定 $Na_2S_2O_3$ 的结果见表 1。若将示波法和检流计法相比较，浓度大时两者差别不大，浓度低时前者比后者准确、精密（表 2）。

表 1　I_2 溶液滴定 $Na_2S_2O_3$*

$Na_2S_2O_3$ 溶液		I_2 溶液浓度	测得 $Na_2S_2O_3$ 溶液浓度	
取出体积（ml）	已知浓度（mol/L）	（mol/L）	平均值和标准偏差（mol/L）	测定次数
10.02	1.076×10^{-3}	5.155×10^{-4}	$1.076\times10^{-3}\pm1.2\times10^{-6}$	4
10.02	1.076×10^{-4}	5.155×10^{-5}	$1.076\times10^{-4}\pm8.9\times10^{-8}$	5
10.02	5.380×10^{-5}	2.062×10^{-5}	$5.369\times10^{-5}\pm2.2\times10^{-8}$	5

*滴定条件：10ml 1mol/L HAc-NaAc 底液，电极为两个 30mm² 铂片电极；电磁搅拌器搅拌。

• 原文发表于分析化学，17（3）269（1989）。

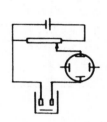

图1　示波双安培滴定装置示意图

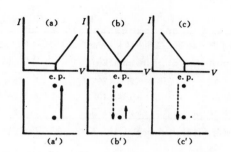

图2　双安培滴定曲线（a）（b）（c）和示波双安培
滴定中荧光点变化（a'）（b'）（c'）示意图
实线箭头代表终点后变化，虚线箭头代表终点前变化

表2　示波器和检流计指示 I_2 滴定 $Na_2S_2O_3$ 结果的比较

I_2 溶液浓度 (mol/L)	$Na_2S_2O_3$ 溶液 加入体积（ml）	示 波 器		检 流 计	
		I_2 滴入体积(ml)	荧光点变化(mV)	I_2 滴入体积(ml)	光标移动(小格)
2×10^{-5}	10.02	10.15	2	10.05	5
		10.15	2	12.20	5
		10.15	2	11.50	5

用 $KBrO_3$ 滴定 As_2O_3 的结果见表3。

表3　$KBrO_3$ 溶液滴定 As(Ⅲ)[*]

As（Ⅲ）溶液		已知 As（Ⅲ）溶液浓度	$KBrO_3$ 浓度	测得 As（Ⅲ）溶液浓度	测定次数
编　号	加入体积（ml）	(mol/L)	(mol/L)	平均值和标准差（mol/L）	
1	10.02	5.038×10^{-4}	2.002×10^{-4}	$5.305\times10^{-4}\pm0$	2
1	10.02	5.968×10^{-5}	2.002×10^{-5}	$5.970\times10^{-5}\pm6\times10^{8}$	5

[*] 滴定条件：10ml HCl（1：1）和约 0.5g KBr 作底液，其余同表1附注。

可逆对滴定可逆对

这种类型的双安培滴定曲线如图 2b 所示。本法中荧光点的变化为：终点前朝一个方向移动，终点时 1 滴滴定剂使荧光点移动方向改变（图 2b'），该滴定很灵敏。用 $Ce(SO_4)_2$ 滴定 $(NH_4)_2Fe(SO_4)_2$ 的结果见表4。与检流计法相比较，在 4×10^{-4} mol/L 时两法结果一致，对于 2×10^{-4} mol/L 时检流计变化滞后、结果偏高（表5）。

不可逆对滴定可逆对

这种类型的双安培滴定曲线如图 2c 所示。本法中荧光点的变化为：终点前至终点，荧光点逐渐下移，终点后不再移动（图 2c'）。用 $Na_2S_2O_3$ 滴定 I_2 的结果见表6。这里只可滴至约 10^{-4}mol/L。对于更稀溶液的滴定，由于光点从微动到不动不易观察，因而误差大。

表 4　$Ce(SO_4)_2$ 滴定 $(NH_4)_2Fe(SO_4)_2$ *

Fe(Ⅱ)溶液加入体积 (ml)	已知 Fe(Ⅱ)溶液浓度 (mol/L)	Ce(Ⅳ)溶液浓度 (mol/L)	测得 Fe(Ⅱ)溶液浓度平均值和标准差 (mol/L)	测定次数
10.02	1.031×10^{-3}	1.128×10^{-3}	$1.032\times10^{-3}\pm8\times10^{-7}$	5
10.02	4.124×10^{-4}	4.512×10^{-4}	$4.122\times10^{-4}\pm2.2\times10^{-7}$	5
10.02	2.062×10^{-4}	2.256×10^{-4}	$2.060\times10^{-4}\pm5\times10^{-8}$	4

* 滴定条件：10ml 3mol/L H_2SO_4 作底液，其余同表1附注。

表 5　示波器和检流计指示 Ce(Ⅳ)滴定 Fe(Ⅱ)结果的比较

Fe(Ⅱ)溶液		Ce(Ⅳ)溶液	示 波 器		检 流 计	
体积(ml)	浓度(mol/L)	浓度(mol/L)	滴定体积(ml)	光点移动(mV)	滴定体积(ml)	光标移动(小格)
10.02	4.210×10^{-4}	4.512×10^{-4}	9.33	5	9.35	3
			9.35	5	9.35	3
10.02	2.105×10^{-4}	2.256×10^{-4}	9.33	2	9.60	1
			9.35	2	9.60	1

表 6　$Na_2S_2O_3$ 滴定 I_2 *

I_2 溶液加入体积 (ml)	已知 I_2 溶液浓度 (mol/L)	$Na_2S_2O_3$ 溶液浓度 (mol/L)	测得 I_2 溶液浓度平均值与标准偏差 (mol/L)	测定次数
10.02	5.155×10^{-3}	1.076×10^{-2}	$5.150\times10^{-3}\pm5.5\times10^{-6}$	5
10.02	5.155×10^{-4}	1.076×10^{-3}	$5.157\times10^{-4}\pm5.5\times10^{-7}$	4

* 滴定条件同表1附注。

以上对三种氧化还原滴定体系的研究表明，示波双安培滴定法既具有一般经典双安培滴定法的特点，也有一些后者不具有的特点。例如，示波器允许有一定的过载[2]，比检流计法灵敏，还可采用更灵敏的示波器使方法灵敏度进一步提高。因此，该法值得进一步研究和推广。

参 考 文 献

〔1〕　江苏扬中电子仪器厂,SR-071型双踪示波器技术说明书

〔2〕　上海市工人业余学校教材编写组,《电工》第二册,上海科学技术出版社,124～125 (1979)

——21———

示波电导滴定[*]

毕树平　　高　鸿

　　通常的电导滴定[1]用电导仪测量滴定过程中溶液电导率的变化；以电导值对滴定剂体积作图，将两条直线外推，其交点为等当点。本文提出的示波电导滴定法，利用示波图的突然收缩或扩张指示滴定终点，简便快速，终点直观，适用于各类滴定反应。

原　　理

　　当交流电源输出电压为 $V = V_0 \sin\omega t$，交流电频率较高，溶液浓度较稀时，$E \sim t$ 曲线与 $i \sim t$ 曲线的相位差接近 $0°$，电解池的阻抗接近纯电阻。若溶液电阻为 R_L，外加电阻为 R_0，则流过电解池的交流电流为

$$i = V_0 \sin\omega t/(R_L + R_0) \tag{1}$$

　　单个铂电极上的电极电位为 $\mathrm{d}E = R_L \cdot \mathrm{d}i$，积分：

$$\int_{\overline{E}}^{E} \mathrm{d}E = \int_0^{\omega t} \mathrm{d}[R_L V_0 \sin\omega t/(R_L + R_0)] \tag{2}$$

得

$$E = \overline{E} + R_L V_0 \sin\omega t/(R_L + R_0) \tag{3}$$

式中，$\overline{E}$ 为不加交流电时电极在溶液中的平衡电位。利用铂黑电导电极时，$E \sim t$ 曲线是两个铂电极上各自 $E \sim t$ 曲线的叠加

$$E = E_1 - E_2 = \overline{E}_1 - \overline{E}_2 + 2R_L V_0 \sin\omega t/(R_L + R_0) \tag{4}$$

由于两个电极性状一致，$\overline{E}_1 \doteq \overline{E}_2$，$\dfrac{\mathrm{d}E}{\mathrm{d}t} \sim E$ 曲线可调为一个圆（图1），并服从式（5）～（6）：

示波图宽度

$$\Delta E_m = 4R_L V_0/(R_L + R_0) \tag{5}$$

　*　原文发表于高等学校化学学报，10（8）860（1989）。

示波图高度

$$\frac{dE}{dt}\Big|_{max} = 2R_LV_0\omega/(R_L + R_0) \tag{6}$$

滴定过程中示波图将随溶液电阻的变化而变化，终点时由于电导的较大变化而导致示波图的突然收缩或扩张。

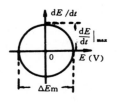

图 1 $\frac{dE}{dt} \sim E$ 曲线

仪器线路和终点指示方法

仪器线路同文献〔2〕一致。采用 XD 2 信号发生器为交流电压源，DJS-1 型铂黑电导电极，输出电压 V_0 为 1～2V，频率为 400～4000Hz，调节 R_0 为 2～10kΩ，以确保电极阻抗为一纯电阻。用 SR-8 型双踪示波器观察示波图。终点时示波图的变化方式见表 1。

表 1 各类滴定终点时示波图的变化方式

滴定剂	被滴定剂	电导滴定曲线	终点时示波图的变化方式
HCl	NaOH		终点后电导曲线上升或下降，到达终点后示波图突然收缩（或扩张）且不复原，以前 1 滴为终点
HCl	NaAc		
NaOH	HAc		
EDTA	Cu^{2+}		
AgNO$_3$	KCl		
NH$_3$·H$_2$O	HCl		终点后电导曲线平坦，以示波图突然停止变化为终点
NH$_3$·H$_2$O	HAc		
KMnO$_4$	Fe^{2+}		

各类示波电导滴定

1. 中和滴定 取 25ml 0.01mol/L 的 NaOH，用 0.1010mol/L HCl 滴定。开始时示波图较小，随着 HCl 的加入而慢慢扩张，近终点时几乎不动并达最大。终点前两滴时示波图收缩，但立刻扩张复原，此时每滴一滴记录一次，直至示波图突然收缩且不复原时，扣除这一滴，以前一滴对应的 HCl 体积为终点。终点后示波图又将随 HCl 加入而变小。整个滴定过程中示波图大小的变化同电导滴定曲线一致（图 2）。

2. 络合滴定 取 25ml 0.01mol/L 的 Cu^{2+}，用 0.1125mol/L EDTA 标准溶液滴定，滴定过程中示

波图不断变小，以示波图突然扩张且不收缩复原的前一滴为终点（图3）。

3. 沉淀滴定　取 25ml 0.01mol/L 的 KCl，用 0.1139mol/L AgNO₃ 滴定。滴定过程中示波图慢慢扩大，以图形突然收缩且不扩张复原的前一滴为终点（图4）。

4. 氧化还原滴定　取 25ml 0.006mol/L 的 Fe^{2+}，在 1mol/L H_2SO_4 2.5ml 的介质中，用 0.02127mol/L KMnO₄ 滴定。滴定过程中示波图慢慢扩张，以图形突然不动为终点（图5）。

以上滴定的实验数据见表2，准确度符合要求。

图2　HCl 滴定 NaOH　图3　EDTA 滴定 Cu^{2+}　图4　AgNO₃ 滴定 KCl　图5　KMnO₄ 滴定 Fe^{2+}
----终点　----终点　----终点　----终点前两滴
——终点后一滴　——终点后一滴　——终点后一滴　——终点前一滴及终点

表2　各类示波电导滴定的实验结果（测出浓度：mol/L）

	标准溶液	经典法	电导滴定	示波电导	平均值
中和	0.1010mol/L HCl↓0.01mol/L NaOH	0.01373	0.01357	0.01357, 0.01357, 0.01357	0.01357
	0.1202mol/L NaOH↓0.02mol/L HAc	0.02173	0.02199	0.02192, 0.02197, 0.02197	0.02195
	0.05892mol/L NH₃·H₂O↓	0.01052	0.01053	0.01051, 0.01051, 0.01056	0.01053
	0.01mol/L HCl				
	0.1020mol/L NH₃·H₂O↓	0.01204	0.01208	0.01208, 0.01204, 0.01212	0.01208
	0.01mol/L HAc				
	0.1010mol/L HCl↓0.005mol/L NaAc	0.005777	0.005777	0.005818, 0.005858, 0.005818	0.005831
络合	0.1125mol/L EDTA↓0.01mol/L Cu^{2+}	0.01368	0.01365	0.01364, 0.01364, 0.01368	0.01365
沉淀	0.1139mol/L AgNO₃↓0.01mol/L KCl	0.01212	0.01216	0.01216, 0.01216, 0.01221	0.01218
氧化	0.02127mol/L KMnO₄↓	0.006635	0.006635	0.0006635, 0.006686, 0.006686	0.006669
还原	0.006mol/L Fe^{2+}				

讨　论

在电导分析中，电极的双电层微分电容 C_d 总是存在的，电极线路可能等效为 R_L 与 C_d 的串联[3]，阻抗 $Z = [R_L^2 + (1/\omega C_d)^2]^{1/2}$，此时 $E{\sim}t$ 曲线为

$$E = \bar{E} + \{[R_L^2 + (1/\omega C_d)^2]^{1/2} V_0 \sin(\omega t - \theta)/[(R_0 + R_L)^2 + (1/\omega C_d)^2]^{1/2}\} \qquad (7)$$

与 $i{\sim}t$ 曲线相差位差 $\theta = \mathrm{arc\ tg}\,[1/(\omega C_d A R_L)]$，其中 A 为电极面积，表明溶液阻抗 Z 同交流电频率、电极面积、溶液电阻有关。只有使用大面积铂黑电极和较高频率的交流电，才能保证 $\theta = 0°$，电极过程为一纯电阻。如前所述，该法具有终点直观、不需作图等优点。但这种利用示波图的收缩或扩张进行滴定终点指示灵敏度不及作图法高，在被测溶液浓度小于 $10^{-2}\mathrm{mol/L}$ 时将看不出终点时示波图的突然变化。如果改用三电极，以甘汞电极为参比电极观察一个铂片电极（另一铂片为对电极）的示波图时，滴定终点时示波图的位移十分灵敏，这种方法实质上就是示波电位滴定法[4]，后者所能进行的滴定反应都可以用本法进行。

参 考 文 献

[1] 方惠群、虞振新等，电化学分析，23 (1984)
[2] 庄建元、高鸿，高等学校化学学报，5, 1 (1984)
[3] J. Braunstein, J. Chem. Educ., 48, 52 (1971)
[4] 毕树平、马新生、高鸿，南京大学学报，25, 371 (1989)

22

示波库仑滴定[·]

徐伟建 林 敏 高 鸿

示波滴定的理论和实际应用近几年来发展较快[1]，但过去的工作多限于常量分析。库仑滴定可获得较高的准确度和灵敏度，但常常因缺乏简便、灵敏的终点指示方法而使其应用范围受到限制[2]。若将这两种方法结合起来，则既可弥补库仑滴定法的不足使滴定终点变得简单直观，又可使示波技术用于痕量分析。本文报道两铂电极示波电位滴定终点指示技术[3,4]在氧化还原库仑滴定法中的应用。

仪器、试剂及实验步骤

仪器

ASD-1 型电化学分析仪，SBR-1 型二线示波器（山东电讯七厂）。

试剂

KBr，KI，Na_3AsO_3，$K_2Cr_2O_7$，$FeNH_4(SO_4)_2$，HCl，H_2SO_4 均为 GR 或 AR 级，溶液用二次石英亚沸蒸馏水配成。

仪器线路装置及终点指示

仪器线路装置见图 1。发生电极为 $A=40mm^2$ 的 213 型铂电极。辅助电极为自制的铂片电极（$A=0.5cm^2$），置于双盐桥甘汞电极用的外套管中，使与测量溶液隔开，以避免电解产物对测量的影响。指示电极为 $A=30mm^2$ 的 213 型铂电极与自制微铂丝电极（$\varnothing 0.5mm$，长 1.5mm）组成的电极对。一大一小两个铂电极对某一物质浓度变化时产生的电极电位响应的差异 ΔE 反映在示波器荧光屏上就是荧

• 原文发表于应用化学，7（6）74（1990）。

光点的位移。本法利用荧光点开始回移时的一瞬间来判断滴定终点，既直观又简便。

实验步骤

按图1方式连接好线路装置。在库仑滴定池中加入含有被测物的电生滴定剂底液 25ml，必要时通氮除氧，开启搅拌器，在接通电流时启动秒表，当示波器荧光点朝一个方向移动后又回移时撤下秒表，计算时间。用等体积空白溶液作空白。

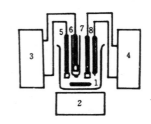

图 1　仪器线路装置示意图

1. 库仑滴定池　　2. 电磁搅拌器　　3. 恒电流源
4. 示波器　　　　5. 发生电极　　　6. 辅助电极
7. 铂片指示电极　8. 微铂丝指示电极

实　验　结　果

用经典的四种氧化还原体系进行了研究，结果分别列举如下。

电生 Br_2 作滴定剂

在 0.1mol/L KBr-0.1mol/L HCl 和中性的 0.1mol/L KBr 底液中用本法电生 Br_2 以滴定不同浓度 As(Ⅲ)的结果见表1和表2。

表 1　电生 Br_2 滴定 As(Ⅲ)的结果　　（电生电流 $10^4 \mu A$ 档，9680μA）

浓度 (mol/L)	1.860×10^{-4}	3.721×10^{-4}	5.581×10^{-4}	7.442×10^{-4}	9.302×10^{-4}	线 性 相关系数	曲线斜率 (s/mol/L)	截 距 (s)
时间　t（s）	94.53	188.73	281.41	375.70	469.83	0.9999	5.039×10^5	0.78

电生 I_2 作滴定剂

在不同酸度的 0.1mol/L KI 底液中电生 I_2 以滴定不同浓度的 $Na_2S_2O_3$。

电生 Fe^{2+} 作滴定剂

在 0.1mol/L $FeNH_4(SO_4)_2$-1mol/L H_2SO_4 混合溶液中电生 Fe^{2+} 以滴定不同浓度的 $K_2Cr_2O_7$。

电生 Ti^{3+} 作滴定剂

在 0.7mol/L $TiCl_4$-6mol/L Ti_2SO_4 底液中通氮除氧 10min，然后电生 Ti^{3+} 滴定 Fe^{3+}，以上结果均见表2。

表2　不同电流档次和不同底液中各类物质滴定结果

滴定体系	浓度范围 (mol/L)	电流档次 (μA)	曲线斜率 (s/mol/L)	截距 (s)	线性相关系数	加入量 (mg)	测出量 (mg)	回收率 (%)
电生 Br_2 滴定 As(III)	10^{-4}	10^4	5.039×10^5 a	0.78	0.9999	1.045	1.047±0.001	100.16±0.06
	10^{-5}	10^3	4.814×10^6 a	8.25	0.9999	0.06969	0.07002±0.00008	100.47±0.11
	10^{-6}	10^3	4.842×10^6 a	7.40	0.9999	1.169×10^{-2}	$(1.167\pm0.004)\times10^{-2}$	99.85±0.37
	10^{-6}	10^3	5.155×10^6 b	14.11	0.9998	1.169×10^{-2}	$(1.169\pm0.005)\times10^{-2}$	99.97±0.47

a. 0.1mol/L KBr-0.1mol/L HCl 底液，b. 0.1mol/L KBr 中性底液

滴定体系	浓度范围 (mol/L)	电流档次 (μA)	曲线斜率 (s/mol/L)	截距 (s)	线性相关系数	加入量 (mg)	测出量 (mg)	回收率 (%)
电生 I_2 滴定 $Na_2S_2O_3$	10^{-4}	10^4	2.470×10^5 a	1.01	0.9999	1.581	1.587±0.001	100.35±0.08
	10^{-4}	10^3	2.435×10^6 b	4.40	0.9999	0.7905	0.7888±0.0015	99.79±0.19
	10^{-5}	10^3	2.354×10^6 b	1.76	0.9998	0.2372	0.2372±0.0001	100.02±0.04
	10^{-6}	0.5×10^3	5.019×10^6 c	10.69	0.9999	1.581×10^{-2}	$(1.568\pm0.0079)\times10^{-2}$	99.17±0.50

a. 0.1mol/L KI-0.1mol/L HCl 底液，b. 0.1mol/L KI-0.004mol/L HAc-NaAc 底液
c. 0.1mol/L KI 中性底液

滴定体系	浓度范围 (mol/L)	电流档次 (μA)	曲线斜率 (s/mol/L)	截距 (s)	线性相关系数	加入量 (mg)	测出量 (mg)	回收率 (%)
电生 Fe^{2+} 滴定 $K_2Cr_2O_7$	10^{-5}	10^3	1.419×10^7	16.59	0.9999	0.2942	0.2951±0.0001	100.31±0.05
	10^{-6}	10^3	1.353×10^7	28.97	0.9997	0.02942	0.02920±0.00019	99.26±0.63
	10^{-7}	0.5×10^2	5.263×10^8	33.30	0.9999	0.002942	$(2.929\pm0.007)\times10^{-3}$	99.56±0.25
电生 Ti^{3+} 滴定 Fe^{3+}	10^{-4}	10^3	2.913×10^6	41.39	0.9999	0.5585	0.5577±0.0014	99.85±0.25
	10^{-5}	10^3	3.908×10^6	47.81	0.9999	0.05585	0.005581±0.00021	99.93±0.37

讨　论

电流效率

电生 Br_2 和 I_2 的电流效率可认为达到100%，电生 Fe^{2+} 的效率略大于100%，而电生 Ti^{3+} 的电流效率较低，低于85%。随实验条件改变（如电流密度，被测物浓度和底液组成等），电流效率有一些变化。

浓度范围

电生电流一般在 $100\mu A$ 以上为宜，最低也只能 $50\mu A$，这时就需使用较灵敏的示波器（例如 $200\mu V/cm$），测定浓度下限在 $10^{-6}\sim10^{-7}mol/L$。

注意事项

电极面积大小和前处理方法对电极的指示性能即响应灵敏度有一定的影响，电极相对位置和滴定时溶液的搅拌速度也有影响。实验中应注意选择和保持恒定[3]。电极放置不用后对响应有影响，为使电极响应有较好的重现性，在实际测定前先作几次空白测定，或在含有少量被测成分的溶液中测定几次，

使电极条件化而得到重现结果。当电生电流刚接通时,示波器上荧光点有一闪动或移动,这不是终点的变化,应注意区别。另外,每份实验注意保持体积相同,否则亦会引起误差。

参 考 文 献

〔1〕 高鸿,高等学校化学学报,9(8)790(1988)

〔2〕 严辉宇著,《库仑分析》,北京新时代出版社(1985)

〔3〕 徐伟建、高鸿,化学学报,47(1)42(1989)

〔4〕 高鸿、徐伟建、张胜义,分析化学,15(5)401(1987)

——23——

改进示波计时电位法[*]

朱俊杰　　　郑建斌　　　毕树平　　　高　鸿

本文克服了 $\frac{dE}{dt} \sim E$ 曲线线性范围窄、分辨率差等缺点，把 $\frac{dE}{dt} \sim E$ 曲线的切口变成峰形，具有再现性好、线性范围宽、灵敏度高、分辨率好等优点。采用内标法和频谱分析进行了定量测试工作，取得了满意的结果。

经典的示波计时电位法（原称交流示波极谱法）是利用 $\frac{dE}{dt} \sim E$ 曲线上切口深度来进行定量分析的[1]。其线性范围很窄，且在去极剂浓度较大时由于切口靠近电位轴而无法进行测量。本文提出一种改进示波计时电位法，它利用电子线路对 $\frac{dE}{dt} \sim E$ 曲线进行一系列处理，把切口变为峰形。这种改进的示波计时电位法具有再现性好、线性范围宽、灵敏度高、分辨率好等优点。并可用内标法[2]和频谱分析[3,4]进行定量测试工作。

新方法的原理、线路及特点

改进示波计时电位法原理图如下：

经典 $\frac{dE}{dt} \sim E$ 装置 —→ 倒相削波 —→ 对数放大器 —→ 改进示波计时电位法图形

实验装置见图 1。即由经典的 $\frac{dE}{dt} \sim E$ 装置，经反相削波后再通过对数放大器构成。由信号发生器输出的交流电压经 A_0 及恒流源 A_1 后得到一个恒定的电流，对 A_1 要求是 $R_1/R_4 = R_2/R_3$ 或 $R_1 = R_2$，$R_4 = R_3$，$I_a = -V_i/R_2$，V_i 为恒流源的输入电压，负载小于 2K。A_2 为跟随器，A_3 是微分器，以获得 $\frac{dE}{dt}$ 信

* 原文发表于高等学校化学学报，13（8）1039（1992）。

号，A_4 为倒相器，A_5 是削波器，选择开关 K_1 可以削去阳极支或阴极支，A_6 为对数放大器，A_7 为倒相器，调节电阻 R_f 则可以获得改进的示波计时电位图。闭合 K_2，则可以加上电流反馈。使用三电极系统，挂汞为指示电极，钨棒为对电极，饱和甘汞为参比电极。

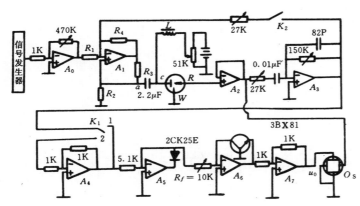

图 1　改进的示波计时电位法实验装置

再插入溶液中进行第 2 次（t_2）测量，两次测量间隔 2min。

再现性好

改进的示波计时电位法具有良好的再现性（表 1），t_1 代表第 1 次测量时间。测定后电极静置，

表 1　峰高 h（cm）的再现性研究

时间 (min)	Zn²⁺ (mol/L)ᵃ			Cd²⁺ (mol/L)ᵇ		Pb²⁺ (mol/L)ᶜ	
	4×10^{-4}	5×10^{-4}	6×10^{-4}	1.40×10^{-4}	1.60×10^{-4}	6.50×10^{-4}	7.50×10^{-4}
t_1	2.0	3.4	5.0	2.4	3.3	3.0	3.8
t_2	2.2	3.2	5.0	2.4	3.4	2.8	3.7
t_3	2.0	3.4	5.1	2.3	3.4	3.0	3.8
t_4	1.9	3.4	4.8	2.4	3.3	2.9	3.8
t_5	2.0	3.3	5.0	2.4	3.4	3.0	3.6
t_6	2.0	3.4	5.0	2.6	3.5	3.0	3.8
t_7	2.1	3.4	4.9	2.4	3.4	3.0	3.8
t_8	2.3	3.5	5.0	2.2	3.4	3.3	3.7
t_9	2.0	3.4	5.2	2.4	3.4	3.0	3.6
t_{10}	2.0	3.3	5.0	2.4	3.6	3.0	3.8
t_{11}				2.3	3.4	2.9	4.0
变异系数	0.057	0.024	0.021	0.041	0.024	0.038	0.030
平均值	2.1	3.4	5.0	2.4	3.4	3.0	3.8

a. $i = 0.86\text{mA}$　$\overline{E} = -1.28\text{V}$　　b. $i = 0.47\text{mA}$　$\overline{E} = -1.40\text{V}$　　c. $i = 0.52\text{mA}$　$\overline{E} = -1.12\text{V}$

线性范围宽

图 2 为 Pb^{2+} 在 1mol/L NaOH 溶液中的 $\dfrac{dE}{dt} \sim E$ 曲线和其对应的改进示波计时电位图，由图 2 可见：

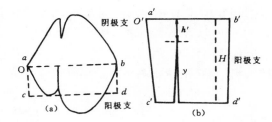

图 2　Pb^{2+}(8×10^{-5}mol/L)在 1mol/L NaOH 中的

$\dfrac{dE}{dt}\sim E$ 曲线（a）和改进的示波计时电位图（b）

图 3　分辨率图

$$y = H - h' \tag{1}$$

$$h' = k\ln\frac{dE}{dt} \tag{2}$$

$$h = \frac{dE}{dt} = ae^{-bc} \text{(5)} \tag{3}$$

$$\ln\frac{dE}{dt} = \ln a - bc \tag{4}$$

$$y = H - k\ln a + kbc \tag{5}$$

由于 H（运算放大器的工作电压），k，a，b 均为常数，因此，$y=k'\cdot C$。可见峰高与浓度有线性关系，而且浓度范围远比 $\dfrac{dE}{dt}\sim E$ 曲线中切口深度与浓度的线性关系的浓度范围要宽得多。

经典的 $\dfrac{dE}{dt}\sim E$ 曲线上切口深度同浓度的线性关系仅在 $10^{-5}\sim10^{-4}$mol/L 内成立，当浓度大于 2×10^{-4}mol/L 之后切口深度几乎没有变化，因此大大限制了方法的推广。

用改进的示波计时电位图，情况就大不一样。在 $2\times10^{-5}\sim4\times10^{-4}$mol/L 范围内峰高与浓度成线性关系，且通过调节门限电压，其检测上限还可提高，在 $3\times10^{-4}\sim5\times10^{-4}$ 及 $5\times10^{-4}\sim7\times10^{-4}$mol/L 范围内峰高与浓度仍有很好的线性关系。对 Cd^{2+}，Zn^{2+} 测试也表明其检测上限可扩展到 10^{-4}，而 $\dfrac{dE}{dt}\sim E$ 曲线上并无这种关系。

灵敏度高、分辨率好

在施加电流反馈后，改进的示波计时电位图的灵敏度为 6×10^{-6}mol/L，较经典方法提高约 3 倍。在 1mol/L KBr 中，经典方法中 In^{3+} 和 Cd^{2+}（5×10^{-4}mol/L In^{3+}-2×10^{-4}mol/L Cd^{2+}）两切口互相重叠，难以分辨；而在改进的示波计时电位图上可以把两峰很好地分开（图 3），可见其分辨率好。

新方法在分析测试中的应用

内标法

在改进示波计时电位法中峰高 h 与去极剂浓度 C 成正比：$h=k' \cdot C$。因此采用内标法可以方便地进行定量测试。即加入准确浓度的内标离子，通过测量被测离子与内标离子差值，对被测离子浓度绘制工作曲线 $Y=aC_{测}-bC_{内}$。取 5.08×10^{-3} mol/L 的 Zn^{2+} 10.00ml，再分别移取不同体积的 5.00×10^{-3} mol/L 的 Cd^{2+}，加入 pH 10.0 的 NH_3-NH_4Cl 缓冲液 25ml，定容至 100ml，配成一系列标准溶液。取 20ml 溶液于小烧杯中，插入电极，调节参数，使两峰均出现，调好后参数保持不变，测定不同 Cd^{2+} 浓度下的峰高，绘制内标工作曲线（图4，图5）。

未知样品的测定：将两份样品分别取 10ml 加入到 100ml 烧杯中，再从内标工作曲线上查出 Y 值，即可测出其浓度，对 Cu^{2+}/Zn^{2+}，Co^{2+}/Cd^{2+}，Zn^{2+}/Cd^{2+} 体系也进行了测定（表2），精密度和准确度均很好。

值得指出的是，改进的示波计时电位法不仅能进行单组分测定，而且也能进行多组分测定（体系同表 2，$i=0.58$mA，$\bar{E}=1.28$V），以 Zn^{2+} 为内标离子（1.00×10^{-3} mol/L）同时测定

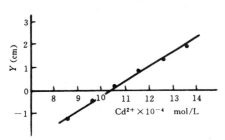

图 4 Cd^{2+}/Zn^{2+} 内标工作曲线

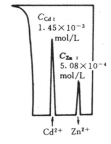

图 5 Cd^{2+}/Zn^{2+} 改进示波图
pH 10.0 NH_3-NH_4Cl

Cd^{2+}，Cu^{2+}，也得到了满意的结果。加入 Cd^{2+} 5.46×10^{-3} mol/L，测出 5.39×10^{-3} mol/L，误差为 -1.28%；加入 Cu^{2+} 9.47×10^{-3} mol/L，测出 9.60×10^{-3} mol/L，误差 1.37%。

频谱分析

改进的示波计时电位图很适宜于频谱分析，用微机装置对改进的示波图进行快速傅里叶变换 FFT，可以方便地获得其频谱图。其频谱曲线变化规律同 $\frac{dE}{dt}$ ～E 曲线正好相反，随着浓度的升高，改进示波图的二次谐波电位 E_2 随之下降，而 E_3 却升高，但均同浓度呈良好的线性关系（见图6）。

表 2   测定内标法样品 　　　（浓度 mol/L）

体　　　系 pH10.0　　NH_3-NH_4Cl		内标离子 ($\times 10^{-4}$)	样品浓度 ($\times 10^{-3}$)	测出浓度 ($\times 10^{-3}$)	误差 (%)
Cd^{2+}/Zn^{2+}		5.08	12.0	12.2	1.00
$i=0.61$mA	$\bar{E}=-1.26$V	5.08	9.03	8.96	−0.78
Cu^{2+}/Zn^{2+}		5.08	11.5	11.4	−0.95
$i=0.55$mA	$\bar{E}=-0.34$V	5.08	9.93	9.88	−0.50
Cu^{2+}/Cd^{2+}		1.50	8.42	8.30	−1.43
$i=0.83$mA	$\bar{E}=-1.28$V				
Zn^{2+}/Cd^{2+}		5.00	6.28	6.39	1.75
$i=0.89$mA	$\bar{E}=-1.31$V	5.00	7.45	7.50	0.67

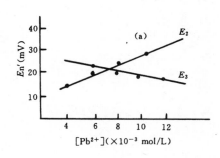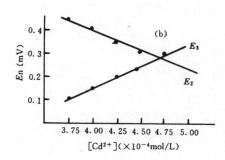

图 6　经典示波图（a）和改进示波图（b）的频谱曲线

(a) Pb^{2+}，1mol/L NaOH　　(b) Cd^{2+}，pH 10.0，NH_3-NH_4Cl

运算放大器的工作电压和电阻 R_f 的影响

改进的示波计时电位图之所以能改进 $\dfrac{\mathrm{d}E}{\mathrm{d}t}\sim E$ 曲线，关键在于对数放大器。对数放大器的工作参数对改进示波图影响很大，最重要的参数为工作电压以及对数放大器前的电阻 R_f。运算放大器的工作电压又叫门限电压，调节门限电压将改变示波图的高度。电压愈高，则框图愈大。测试中可以调节，如电源电压较大时，则峰高的线性范围拉长，检测上限提高，电源电压较低时灵敏度较好，一般运放工作电压可在±4～±15 调节。其它条件不变时，R_f 愈大峰愈高，但 R_f 过大则图会变形，只有在一定范围内 R_f 与峰高 h 才呈线性关系。

参 考 文 献

〔1〕　高鸿,《示波滴定》,南京大学出版社,39（1990）

〔2〕　钟国伦、张家祥、李关华、丁艳,分析化学,19(2)224（1990）

〔3〕　毕树平、祁洪等,高等学校化学学报,12(5) 604（1990）

〔4〕　Bi Shu Ping, Qi Hong, Du Si Dan, Gao Hong, Chinese Chemical Letter，2(2) 143（1991）

〔5〕　E. Tvizicka, J. Dolezal, P. Beran, Collection，33(7) 2322（1968）

——*24*——

倒数示波计时电位滴定法[*]

毕树平　　　郑建斌　　　王庆锋　　　高　鸿

提出了一种新的电滴定分析方法——倒数示波计时电位滴定法。它利用 $\left(\dfrac{\mathrm{d}E}{\mathrm{d}t}\right)^{-1}\sim E$ 曲线上去极剂峰的出现或消失指示滴定终点，较经典示波滴定法灵敏，对 $\left(\dfrac{\mathrm{d}E}{\mathrm{d}t}\right)^{-1}\sim E$ 曲线进行反对数非线性放大，则可以使终点峰形突变更加敏锐。

经典的示波计时电位滴定利用 $\dfrac{\mathrm{d}E}{\mathrm{d}t}\sim E$ 曲线上切口的出现与消失指示终点[1]。但由于 $\dfrac{\mathrm{d}E}{\mathrm{d}t}\sim E$ 曲线上存在着大量的充电电流，限制了滴定分析的灵敏度。倒数示波计时电位法把经典 $\dfrac{\mathrm{d}E}{\mathrm{d}t}\sim E$ 曲线上切口转变为峰形，抑制充电电流，突出电解电流，从而提高了分析测试的灵敏度[2]。本文报道利用 $\left(\dfrac{\mathrm{d}E}{\mathrm{d}t}\right)^{-1}\sim E$ 曲线上峰的出现或消失指示滴定终点，较经典示波滴定法灵敏。对经典示波计时电位法的 $\dfrac{\mathrm{d}E}{\mathrm{d}t}\sim E$ 曲线进行反对数放大，可以提高滴定终点切口变化的敏锐度[3]，但若切口电位不处于底液中示波图某一支的 $\left|\dfrac{\mathrm{d}E}{\mathrm{d}t}\right|$ 最大值附近，则该方法完全不适用。而运用反对数放大原理，对倒数示波计时电位 $\left(\dfrac{\mathrm{d}E}{\mathrm{d}t}\right)^{-1}\sim E$ 进行非线性放大，则可以克服 Antilg $\left(\dfrac{\mathrm{d}E}{\mathrm{d}t}\right)^{-1}\sim E$ 法的缺点，使得去极剂峰在 Antilg $\left(\dfrac{\mathrm{d}E}{\mathrm{d}t}\right)^{-1}\sim E$ 曲线上特别尖锐，使终点指示特别敏锐。例如，Ni^{2+} 由于可逆性很差，在 $\dfrac{\mathrm{d}E}{\mathrm{d}t}\sim E$ 曲线上〔图 1 (a)〕的切口很平坦，且不处于 $\left|\dfrac{\mathrm{d}E}{\mathrm{d}t}\right|$ 最大值处，无法用 Antilg $\dfrac{\mathrm{d}E}{\mathrm{d}t}\sim E$ 及 $\dfrac{\mathrm{d}E}{\mathrm{d}t}\sim E$ 曲线指示终点，但采用倒数 $\left(\dfrac{\mathrm{d}E}{\mathrm{d}t}\right)^{-1}\sim E$ 法〔图 1 (b)〕则可以进行定量滴定，去极剂峰很尖锐，反对数放大后 Antilg $\left(\dfrac{\mathrm{d}E}{\mathrm{d}t}\right)^{-1}\sim E$ 上〔图 1 (c)〕的峰更高，终点突变十分敏锐。

* 原文发表于高等学校化学学报，13(9) 1184 (1992)。

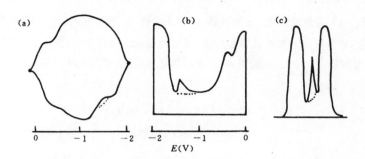

图 1　Ni²⁺示波图

pH 9.5 NH₃-NH₄Cl　汞膜电极　$f=50Hz$　实线：5.0×10^{-5}mol/L Ni²⁺加底液；虚线：底液

(a) $\dfrac{dE}{dt} \sim E$　　　(b) $\left(\dfrac{dE}{dt}\right)^{-1} \sim E$　　　(c) Antilg $\left(\dfrac{dE}{dt}\right)^{-1} \sim E$

实　验　线　路

图 2 为求取 $\left(\dfrac{dE}{dt}\right)^{-1} \sim E$ 曲线的实验线路，对 $\dfrac{dE}{dt} \sim E$ 曲线削波后再进行除法运算，即可方便地获得倒数 $\left(\dfrac{dE}{dt}\right)^{-1} \sim E$ 曲线。

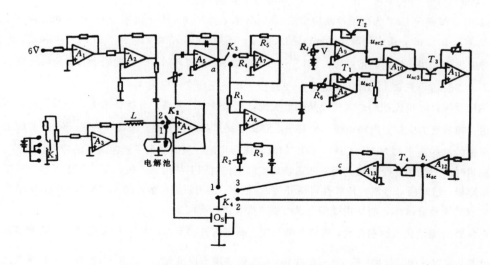

图 2　倒数示波计时电位法实验线路图

线路由 4 部分组成：(1) 为获得经典 $\dfrac{\mathrm{d}E}{\mathrm{d}t} \sim E$ 曲线线路，由压控电流源 A_1，恒流源 A_2，直流恒压流 A_3，电压跟随器 A_4 及微分器 A_5 构成。当 A_1 输入交流电压为 1V 时，恒流源 A_2 的输出电流为 1mA，"a" 点获得 $\dfrac{\mathrm{d}E}{\mathrm{d}t}$ 信号。(2) 为削波装置，由削波器 A_6 和倒相器 A_7 构成，为使 $\dfrac{\mathrm{d}E}{\mathrm{d}t} \sim E$ 曲线上的阳极支或阴极支均以正信号形式分别进入倒数器的输入级，可以选择性地将开关 K_3 置于 1 或 2 位置。(3) 为对数除法电路[4]，由对数器 A_8，A_9，减法器 A_{10}，反对数器 A_{11} 及比例放大器 A_{12} 构成。其倒数运算原理为

$$u_{sc1} = - E_0 \lg \left[\left(\frac{\mathrm{d}E}{\mathrm{d}t} \right) \middle/ I_{s1} R_6 \right] \tag{1}$$

$$u_{sc2} = - E_0 \lg (V / I_{s2} R_7) \tag{2}$$

$$u_{sc3} = u_{sc1} - u_{sc2} = E_0 \left\{ \lg (V / I_{s2} R_7) - \lg \left[\left(\frac{\mathrm{d}E}{\mathrm{d}t} \right) \middle/ I_{s1} R_6 \right] \right\} \tag{3}$$

因此
$$u_{sc} = - I_{s3} R_f \mathrm{Antilg} \left\{ \lg (V / I_{s2} R_7) - \lg \left[\left(\frac{\mathrm{d}E}{\mathrm{d}t} \right) \middle/ I_{s1} R_6 \right] \right\} \tag{4}$$

整理上式
$$u_{sc} = - KV \middle/ \left(\frac{\mathrm{d}E}{\mathrm{d}t} \right) = - K \cdot V \left(\frac{\mathrm{d}E}{\mathrm{d}t} \right)^{-1} \tag{5}$$

式中 V 为直流参考电压，K 为常数。显然，当 V 一定时，u_{sc} 就反映了 $\dfrac{\mathrm{d}E}{\mathrm{d}t}$ 信号的倒数，"$K \cdot V$" 可用比例放大器消除，因此在输出点 "b" 就能得到 $\left(\dfrac{\mathrm{d}E}{\mathrm{d}t} \right)^{-1} \sim E$ 曲线。(4) 为反对数放大电路。

结果与讨论

以氨羧络合剂为滴定剂，利用 $\left(\dfrac{\mathrm{d}E}{\mathrm{d}t} \right)^{-1} \sim E$ 曲线上去极剂峰的突然消失指示终点，滴定了 Cd^{2+}，Ga^{3+}，Zn^{2+}，Pb^{2+}，Co^{2+}，Ni^{2+} 及 Cu^{2+}，实验结果见表 1。

以 EDTA 滴定 Co^{2+} 为例说明测定步骤。取 pH 4.7 的 NaAc-HAc 溶液 10ml 于 100ml 烧杯中，加入 Co^{2+} 溶液 5.00ml，用水稀释至 50ml，插入电极，连接线路，在电磁搅拌下用 EDTA 滴定，近终点时搅拌速度略加快，滴定速度减慢，以 $\left(\dfrac{\mathrm{d}E}{\mathrm{d}t} \right)^{-1} \sim E$ 或 $\mathrm{Antilg} \left(\dfrac{\mathrm{d}E}{\mathrm{d}t} \right)^{-1} \sim E$ 曲线上去极剂峰的突然消失为终点，实验结果见表 1。EDTA 滴定 Co^{2+} 过程中示波图形变化见图 3。

倒数示波计时电位法的最大特点是峰形尖锐，从而极大地提高了分析灵敏度。采用反对数非线性放大后，峰形更为尖锐，电解电流十分突出，对滴定终点判断很有利；使得那些在 $\dfrac{\mathrm{d}E}{\mathrm{d}t} \sim E$ 曲线上切口并不灵敏的某些离子如 Ni^{2+}，Co^{2+}，Cu^{2+} 的滴定成为可能，从而扩大了示波滴定的应用范围。

滴定时一般使用 2 个电极，而在测量切口或峰电位时则要使用三电极。工作电极可选用汞膜电极或微铂电极，这时所加直流电压极性可用开关 K_1 控制，使用汞膜电极时选择负电流电位，使示波图在 $0 \sim 2$V 内呈现良好波形，而使用微铂电极时则须视具体情况而定。

电参数对滴定结果影响很大，必须严格控制。滴定前先调节出一条 $\dfrac{\mathrm{d}E}{\mathrm{d}t} \sim E$ 曲线，然后调节除法电路各参数，直到获得清晰的 $\left(\dfrac{\mathrm{d}E}{\mathrm{d}t} \right)^{-1} \sim E$ 曲线，若高频噪声干扰很大时，可在 A_{13} 后面接一有源低通滤波器消除[5]。滴定过程中，最好先用 $\dfrac{\mathrm{d}E}{\mathrm{d}t} \sim E$ 曲线观察切口变化，直至去极剂切口将要消失时再观察倒数

示波图，以 $\frac{dE}{dt} \sim E$ 曲线上峰的消失指示终点。

表 1　倒数示波计时电位滴定结果 （$n=4$）

被测离子	滴定剂	实验条件	加入量 （mg）	$\left(\frac{dE}{dt}\right)^{-1} \sim E$ 法 测出量均值 （mg）	Antilg $\left(\frac{dE}{dt}\right)^{-1} \sim E$ 法 测出量均值 （mg）
Ga[3+]	EDTA	pH 11 NH₃- (NH₄)₂SO₄	6.972	—	6.958
			13.94	13.92	13.92
			20.90	20.88	20.89
Zn[2+][a]	EDTA	pH 9.5 NH₃-NH₄Cl	1.308	1.308	1.309
			2.616	2.617	2.617
			3.923	3.926	3.926
Co[2+][a]	EDTA	pH 4.7 NaAc-HAc	5.871	5.961	5.989
			11.96	11.96	11.99
Ni[2+][a]	EDTA	pH 9.5 NH₃-NH₄Cl	5.875	5.874	5.864
			11.75	11.68	11.74
			17.63	17.56	17.60
Pb[2+]	EDTA	pH 4.7 NaAc-HAc	8.286	—	8.280
			20.75	20.73	20.73
			41.50	41.57	41.58
Cd[2+][a]	EGTA	pH 10 NH₃-NH₄Cl	6.519	6.515	6.518
			10.86	10.84	10.87
			21.72	21.69	21.71
Cd[2+][b]	EGTA	pH 5.5 NaAc-HAc	10.86	10.86	
			21.72	21.74	
			32.58	32.57	

a. 汞膜电极，其余为铂电极；b. $f=10Hz$

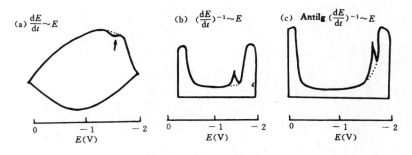

图 3　EDTA 滴定 Co[2+] 示波图变化

虚线：终点　　实线：终点后　　$f=50Hz$　　汞膜电极

参 考 文 献

〔1〕 高鸿,《示波滴定》,南京大学出版社 (1990)

〔2〕 Bi Shu Ping, Du Si Dan, Wang Zhong, Gao Hong, Chinese Chemical Letters, 2(2) 147 (1991)

〔3〕 杨昭亮、高鸿,分析化学,17(10) 870 (1989)

〔4〕 黄昌宁、夏莹,《晶体管电路》,北京科学出版社,745 (1984)

〔5〕 孔有林,《集成运算放大器及其应用》,北京人民邮电出版社,516 (1988)

$$—25—$$

交流示波极谱法中 $i_f \sim E$ 曲线的研究
——求取 $i_f \sim E$ 曲线的仪器装置*

沈雪明 陈洪渊 高 鸿

本文报道求取 $i_f \sim E$ 曲线的一种双电解池差分装置。通过扣除交流示波极谱法总电流中双电层充电电流 i_c，测量法拉第电流对工作电极电位的曲线（即 $i_f \sim E$ 曲线），可提高灵敏度。

在控制电流的电化学方法中，以往采用的正反馈补偿 i_c 的方法[1~3]具有局限性。这首先是由于正反馈的原理决定了补偿只能是不完全的，其次是在使用了正反馈线路后，仪器变得不稳定。

本文作者构想了另一种新的途径来扣除交流示波极谱法中 i_c 的影响。在这里，不是测量经正反馈补偿后的 $\frac{\mathrm{d}E}{\mathrm{d}t} \sim E$ 曲线，而是测量总电流 i 中扣除了 i_c 后的 i_f 对电极电位 E 的曲线，即 $i_f \sim E$ 曲线。这种测量方法的特点是直接利用 $i_f \sim E$ 曲线测量微量成分，灵敏度可提高 1 个数量级左右；利用 $i_f \sim E$ 曲线来指示滴定终点，图形变化很敏锐，也能提高滴定方法的灵敏度和准确度。本文报道求取 $i_f \sim E$ 曲线的一种双电解池差分装置。

电 路

双电解池差分装置，由 2 个电解池——研究电解池 I 和空白电解池 II 组成（不包含所研究的去极剂）。图 1 示出了该装置求取 i_f 信号的原理，其电路简图如图 2。在图 1 中，用恒电流仪控制流过 I 中工作电极的电流 i，作为其响应，即 I 中工作电极的电位 E 由恒电流仪输出。将 E 馈送至恒电位仪，用以控制 II 中工作电极的电位，使两者的电位保持相等。这时将在 II 中引起 i_c，它与流过 I 的基本相同。将 i_c 通过差分装置从 i 中减掉，则得到 i_f 信号。图 2 中 A_1 为极化电流调制电路，A_2 为恒电流电路，A_3 为电压跟随电路，A_4 为恒电位电路，A_5 为电流-电压转换电路，A_6 为差分放大电路。双电解池差分装

* 原文发表于高等学校化学学报，12 (7) 879 (1991)。

置其灵敏度在很大程度上取决于 A_6 的性能。A_6 的实际电路是用 LM 324 制作的普通的测量放大器电路[4]。这样不仅造价便宜，而且性能上还具有输入阻抗高、增益调节方便、漂移相互补偿以及输出不包含共模信号、模信号等一系列优点。为了在外界干扰较大的情况下亦能获得清晰的示波图形，仪器中还特设了一个低通滤波器（勃特沃斯二阶低通滤波器接于图 2 中 c, c' 之间）。当由开关接通了滤波器后，外界的高频噪声可基本消除。图 2 中交流信号源用函数波形

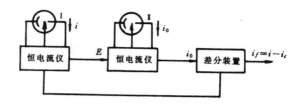

图 1 双电解池差分装置求取 i_f 信号的原理图

Ⅰ. 研究电解池　Ⅱ. 空白电解池

发生器 ICL 8038 制作。它可同时输出高精度的方波、三角波和正弦波，工作频率可以通过外接电阻或电容在 0.001Hz 到 300kHz 范围内任意选择[5]。在仅需使用单一频率正弦波的情况下，信号源则采用双 T 选频网络正弦波发生器[4]。其选频特性良好，电路也十分简单。

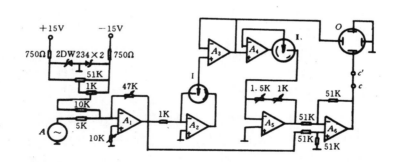

图 2 双电解池差分装置的电路简图

A. 交流信号源　O. 示波器

电　极

双电解池差分装置使用空白电解池扣除 i_c，是基于假设流过研究和空白 2 个电解池的 i_c 基本上相同。这就要求 2 个电解池中的电极系统应相同；电极性质，尤其是工作电极的性质，应尽可能地相近。实验中所使用的 2 套三电极系统，包含 2 个饱和甘汞参比电极，2 个大小相近的铂片对电极以及 2 个性质相近的汞工作电极或铂工作电极。

汞工作电极的制备方法是将直径为 0.5mm 的铂丝封在一软玻璃管中，用细金钢砂将铂丝与玻璃口磨平，再用王水腐蚀，使铂丝陷进玻璃口内约 0.1mm。将铂汞齐化后，挂上适当大小的汞滴。

铂工作电极的制备方法是将直径为 0.5mm 的铂丝用细玻璃管封接，并外露铂丝长约 3～4mm。

实验中所使用的 2 个工作电极，其表观面积的大小应尽可能地制备得相同。在使用铂工作电极的某些测量中，如需进行电极的预处理，那么应对 2 个铂工作电极进行同样的处理。

$i_f \sim E$ 曲线

$i_f \sim E$ 曲线如图 3 所示，它的形状与 $\dfrac{dE}{dt} \sim E$ 曲线不同。由于扣除了大部分 i_c，$i_f \sim E$ 曲线上仅在有去极剂发生电极反应的电位处出现电流峰，而在其它电位处电流趋于零。图 3 中虚线代表支持电解质的 $i_f \sim E$ 曲线，实线代表在支持电解质中加入去极剂后的 $i_f \sim E$ 曲线，在 0V 电位处的电流峰是汞电极本身发生氧化还原反应所引起的，而在 -2V 电位处的电流峰则是由支持电解质阳离子发生氧化还原反应引起的。

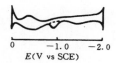

$$\begin{array}{ccc} 0 & -1.0 & -2.0 \end{array}$$
$$E(\text{V vs SCE})$$

图 3　Cd^{2+} 的 $i_f \sim E$ 曲线
汞电极　$f=72.3$Hz　正弦波
pH10 NH$_3$-NH$_4$Cl-1.0$\times 10^{-5}$mol/L Cd^{2+}

$i_f \sim E$ 曲线与 $\dfrac{dE}{dt} \sim E$ 曲线相比，具有高信噪比的特点。因此，利用 $i_f \sim E$ 曲线于分析工作，就能提高灵敏度。双电解池差分装置与过去的交流示波极谱仪[6]相比，灵敏度要高 3～5 倍。影响灵敏度进一步提高的主要因素是 2 个电解池的电极系统和电极性质的差异。此外差分放大电路的运算误差以及仪器的噪声等亦有影响。

参 考 文 献

〔1〕　W. D. Shults et al. , Anal. Chem. , 37(11) 1415 (1965)

〔2〕　P. Bos et al. , J. Electroanal. Chem. , 45, 165 (1973)

〔3〕　P. E. Sturrock et al. , J. Electrochem. Soc. , 122(9) 1195 (1975)

〔4〕　李清泉、黄昌宁编著，《集成运算放大器原理和应用》，北京科学出版社，210 (1984)

〔5〕　J. Markus，计量出版社编辑部编译，《电子电路大全》(卷四)，北京计量出版社 (1985)

〔6〕　R. Kalvoda, Operational Amplifiers in Chemistry Instrumention, John Willey and Sons, New York, 146 (1975)

—26—

交流示波极谱法中 $i_f \sim E$ 曲线的研究

电流-电位曲线示波极谱络合滴定法[*]

沈雪明　　陈洪渊　　高　鸿

摘　要

利用交流示波极谱法中 $i_f \sim E$ 曲线来指示滴定终点的容量分析方法,叫做 $i_f \sim E$ 曲线示波极谱滴定法。本文研究 $i_f \sim E$ 曲线示波极谱络合滴定法。

引　言

去极剂在研究电解池中工作电极上发生电化学反应所引起的 Faraday 电流,在 $i_f \sim E$ 曲线上反映为一电流峰,该电流峰的峰值可以敏锐地反映出去极剂的浓度,而其位置则反映了去极剂发生电化学反应的电位。将 $i_f \sim E$ 曲线应用于滴定分析,首先就是利用 $i_f \sim E$ 曲线上去极剂电流峰的消失或出现来指示滴定终点。这种方法比利用 $\frac{dE}{dt} \sim E$ 曲线上去极剂切口的经典示波极谱滴定法[1]优越,其原因是由于扣除了流过研究电解池中工作电极上的双电层充电电流,$i_f \sim E$ 曲线上的电流峰比 $\frac{dE}{dt} \sim E$ 曲线上的切口能更敏锐地反映出去极剂浓度的变化。因此,滴定分析在使用了 $i_f \sim E$ 曲线的终点指示技术后,灵敏度和准确度必然都会得到提高。

---

[*] 原文发表于分析化学,20 (5) 511 (1992)。

$i_t \sim E$ 曲线应用于滴定分析，除了直接利用 $i_t \sim E$ 曲线上电流峰的消失或出现外，有时还可以利用整个 $i_t \sim E$ 曲线的位置移动来指示滴定终点，这样 $i_t \sim E$ 曲线示波极谱滴定就分为两类。本文以络合体系为范例，首先报道第一类，即是直接利用 $i_t \sim E$ 曲线上金属离子或氨羧络合剂电流峰的消失或出现来指示络合滴定终点的 $i_t \sim E$ 曲线示波极谱滴定法。

实 验 部 分

$i_t \sim E$ 曲线示波极谱络合滴定法所使用的仪器电路和电极装置见文献[2]。

电化学活性的金属离子和氨羧络合剂在 $i_t \sim E$ 曲线上产生电流峰的情况如图 1～4 所示。其中，图 1 是金属离子在汞工作电极上发生电化学反应时在 $i_t \sim E$ 曲线上产生的电流峰；图 2 是在图 1 的条件下，加大交流电流的振幅，在 $i_t \sim E$ 曲线的 $-2V$ 和 $0V$ 电位处分别出现支持电解质和汞工作电极本身的氧化还原电流峰的情况；图 3 是金属离子在铂工作电极上发生欠电势沉积[3]时在 $i_t \sim E$ 曲线上引起的电流峰；图 4 是氨羧络合剂在汞工作电极上发生电化学反应（通常伴随着表面吸附反应的发生）时在 $i_t \sim E$ 曲线上产生的电流峰。关于去极剂在 $i_t \sim E$ 曲线上产生电流峰的理论，前文[4]已作了报道。

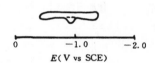

图 1　Cd^{2+}的 $i_t \sim E$ 曲线

汞电极　$f=72.3$Hz　正弦波

pH 10 NH$_3$-NH$_4$Cl-9.0×10^{-6}mol/L Cd^{2+}

图 2　Cd^{2+}的 $i_t \sim E$ 曲线

汞电极　$f=72.3$Hz　正弦波

pH 10 NH$_3$-NH$_4$Cl-1.0×10^{-5}mol/L Cd^{2+}

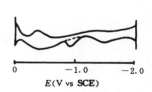

图 3　Pb^{2+}的 $i_t \sim E$ 曲线

铂电极　$f=72.3$Hz　正弦波

pH 4.6 HAc-NaAc-KBr -1.5×10^{-5}mol/L Pb^{2+}

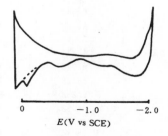

图 4　EDTA 的 $i_t \sim E$ 曲线

汞电极　$f=72.3$Hz　正弦波

pH 4.5 HAc-NaAc -2.0×10^{-5}mol/L EDTA

在 $i_t \sim E$ 曲线示波极谱络合滴定中，当用氨羧络合剂滴定金属离子时，在滴定终点前一滴，金属离子的电流峰如图1～3中的实线所示，在滴定终点后一滴，氨羧结合剂的电流峰如图4中的实线所示，它们消失后和出现前的情况，即滴定终点的情况，用图中的虚线来表示。

结果与讨论

1. 用氨羧结合剂滴定 Cu^{2+}，Pb^{2+}，Cd^{2+}，Zn^{2+}，Mn（Ⅱ），Ga^{3+}，In^{3+}，RE（稀土元素），滴定条件见表1，结果见表2。所有滴定的精密度和准确度均很好。

表1 络合滴定条件

被测离子	滴 定 剂	工作电极	支持电解质
Cu^{2+}	EDTA	铂电极	pH 10 NH₃-NH₄Cl-4×10⁻³mol/L KSCN
Pb^{2+}	EDTA		pH 4.6 HAc-NaAc-0.03mol/L KCl
Cd^{2+}	EGTA		pH 10 NH₃-NH₄Cl
Zn^{2+}	EDTA		pH 10 NH₃-NH₄Cl
Mn（Ⅱ）	CYDTA		pH 5.5 HAc-NaAc
Ga^{3+}	EDTA		pH 4.5 HAc-NaAc
In^{3+}	EDTA	汞电极	pH 4.5 HAc-NaAc, 50～60℃
RE	DTPA		pH 5.5 HAc-NaAc

表2 络合滴定结果

被测离子	加入量 （mg）	测得量均值 （mg）	测定次数 （n）	标准偏差 （mg）	相对标准偏差 （%）
Cu^{2+}	6.348	6.348	4	0.004	0.06
	12.70	12.69	4	0.008	0.06
	19.04	19.02	4	0.010	0.05
Pb^{2+}	5.147	5.144	4	0.006	0.12
	10.29	10.28	4	0.006	0.06
	20.59	20.58	4	0.005	0.02
Cd^{2+}	5.570	5.569	4	0.003	0.05
	11.14	11.13	4	0.010	0.09
	16.71	16.71	4	0.008	0.05
Zn^{2+}	6.643	6.642	4	0.005	0.08
	13.29	13.28	4	0.005	0.04
	19.93	19.93	4	0.022	0.11
Mn（Ⅱ）	4.374	4.374	4	0.003	0.07
	8.748	8.749	4	0.003	0.03
	13.12	13.12	4	0.006	0.04
Ga^{3+}	9.888	9.888	4	0.002	0.02
	14.83	14.83	4	0.005	0.03
	19.78	19.76	4	0.005	0.02
In^{3+}	13.45	13.44	4	0.006	0.04
	26.90	26.89	4	0.012	0.04
	40.35	40.34	4	0.015	0.04
RE*	50.50	50.50	4	0.050	0.10
	101.0	101.0	4	0.050	0.50
	151.5	151.5	4	0.043	0.03

* RE 加入量和测得量的单位为：×10⁻³mmol/L。

2.滴定终点指示的灵敏度与交流电流 Δi 的振幅 I 有关,这与理论[4]相符。适当加大 I 可提高滴定终点的灵敏度,但是如果 I 加得太大,电流会过多地用于电解池中支持电解质和工作电极本身的氧化还原反应,而干扰滴定终点指示,结果灵敏度反而降低。另外在调节 I 的大小时,对偏直流 i' 大小的调节亦十分重要,i' 大小调节不当,电流亦会消耗于干扰反应,从而影响滴定终点的指示。

3.在使用铂工作电极的滴定中,铂工作电极的表面状态对滴定终点指示的灵敏度有较大的影响,这主要是由于金属离子在铂电极上的欠电势沉积过程以及沉积层氧化过程受到电极表面状态的影响[3]。当电极表面呈光亮时,滴定的终点指示就比较敏锐,如果电极表面发灰,可将电极在王水或浓硝酸中浸泡、活化,使电极表面复呈光亮。需要注意的是,对研究电解池中铂工作电极进行处理时,应对空白电解池中铂工作电极亦作同样的处理。目的是使这两个铂工作电极的表面状态一致。

4.在使用铂工作电极的滴定中,支持电解质除缓冲溶液外,还需加入适量的卤离子或类卤离子(见表1)。其原因是卤离子或类卤离子在铂电极表面的吸附,可改变沉积层原子与铂电极之间的相互作用力,使得沉积层的溶出峰更尖锐[3,5],这也就使得滴定终点指示更加敏锐。此时应注意,要在研究和空白两个电解池中加入相同量的卤离子或类卤离子。

5.EDTA 滴定 Pb^{2+} 时应注意,由于 Pb^{2+} 在铂电极上的欠电势沉积过程及沉积层氧化过程的速度较慢,临近终点时的滴定应缓慢。另外由于 Pb^{2+} 与 Ac^- 有络合作用,醋酸缓冲溶液的用量也不宜过大。

6.在使用汞工作电极的滴定中,为获得较敏锐的滴定终点指示,有时需要在滴定临近终点时,加大交流电流或向电极电位的负方向调节偏直流,对汞工作电极电解数秒,使表面清洁。

7.EDTA 滴定 In^{3+},需加热至 $50\sim60℃$。此时应注意,要将研究和空白两个电解池中的支持电解质加热至相同的温度。

8.由于扣除了流过研究电解池中工作电极上的双电层充电电流,利用 $i_t\sim E$ 曲线上去极剂的电流峰来指示终点时,滴定分析的灵敏度很容易提高。本文研究结果表明,与经典示波极谱滴定法相比,$i_t\sim E$ 曲线示波极谱滴定法的灵敏度要高出 $3\sim5$ 倍,而且所有滴定的精密度和准确度都很好。在表3和表4中,还列出了直接利用 $i_t\sim E$ 曲线上金属离子的电流来指示沉淀滴定的条件和结果(也属于第一类 $i_t\sim E$ 曲线示波极谱滴定法),结论是一致的。

表 3 沉淀滴定条件

被测离子	沉淀剂	工作电极	支持电解质
Cu^{2+}	$K_3Fe(CN)_6$	铂电极	1mol/L HCl
Zn^{2+}	$K_4Fe(CN)_6$	汞电极	pH9 NH_3-NH_4Cl

表 4 沉淀滴定结果

被测离子	加入量 (mg)	测得量均值 (mg)	测定次数 (n)	标准偏差 (mg)	相对标准偏差 (%)
Cu^{2+}	6.348	6.348	4	0.005	0.08
	12.70	12.72	4	0.008	0.06
	19.04	19.08	4	0.012	0.06
Zn^{2+}	6.643	6.643	4	0.005	0.08
	13.29	13.31	4	0.010	0.08
	19.93	19.96	4	0.020	0.10

9. 影响 $i_t \sim E$ 曲线示波极谱滴定法灵敏度进一步提高的主要因素是：两个电解池和电极系统（如电极间的相互位置）和电极性质（如电极的表面状态和表观面积等）的差异。此外，差分运算放大器的运算误差以及仪器的噪声等亦有影响。

参 考 文 献

〔1〕 高鸿，《示波极谱滴定》，江苏科技出版社（1985）

〔2〕 沈雪明、陈洪渊、高鸿，高等学校化学学报，12(7) 879（1991）

〔3〕 D. M. Kolb, Advances in Electrochemistry and Electrochemical Engineering, H. Gerischer, C. W. Tobias, Ed., Wiley, New York, 11, 125~127 (1978)

〔4〕 沈雪明、陈洪渊、高鸿，高等学校化学学报，12(7) 882（1991）

〔5〕 E. Schmidt, H. R. Gygax, P. Bohlen, Helv. Chim. Acta, 49, 733 (1966)

—27—

交流示波极谱法中 $i_f \sim E$ 曲线的研究

示波极谱氧化还原滴定法˙

沈雪明　　陈洪渊　　高　鸿

在 $i_f \sim E$ 曲线的测量方法中，由于氧化和还原剂都具有电化学活性，因此，这两种试剂的量就可以通过不同电极电位处的法拉第电流峰敏锐地反映出来。当利用 $i_f \sim E$ 曲线指示氧化还原滴定终点时，终点的示波图形，不仅反映氧化和还原剂电流峰的出现和消失，而且反映整个 $i_f \sim E$ 曲线在电极电位方向的位移。这样的终点指示是十分敏锐和直观的。$i_f \sim E$ 曲线示波极谱氧化还原滴定法，是第 2 类 $i_f \sim E$ 曲线示波极谱滴定的一个范例，本文报道其原理和方法。

$i_f \sim E$ 曲线上，氧化剂和还原剂的电流峰可用如下方程式表示：

$$O_1 + R_2 = R_1 + O_2 \tag{1}$$

有关的电极反应为：

$$O_1 + n_1 e = R_1 \tag{2}$$

$$O_2 + n_2 e = R_2 \tag{3}$$

考虑滴定终点前后的情况，当 (2)，(3) 为可逆反应（可逆对滴定可逆对时），则[1]

$$\Delta i_f = \frac{\dfrac{n^2 F^2}{RT} \cdot \dfrac{P}{(1+P)^2}(D_O^{\frac{1}{2}} C_O^* + D_R^{\frac{1}{2}} C_R^*)}{(2\omega)^{\frac{1}{2}} C_d} I \sin\omega t \tag{4}$$

由 (4) 式计算得到滴定终点前后 $i_f \sim E$ 曲线的变化（图 1）。O_1 滴定 R_2 至终点的前一滴，较负电极电位处 R_2 的电流峰降到了最低（图 1 中(b)或(d)）。终点的后一滴，$i_f \sim E$ 曲线已位移，并在较正电极电位处开始出现 O_1 的电流峰(图 1 中(a)或(c))。

当 (2)，(3) 为不可逆反应时，按文献[1]的数学处理方法，可得如下方程：

˙ 原文发表于应用化学，9 (3) 54 (1992)。

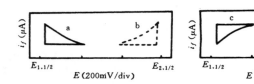

图 1 O_1 滴定 R_2 过程中 $i_t \sim E$ 曲线的变化

a. O_1 的阳极支 b. R_2 的阳极支 c. O_1 的阴极支 d. R_2 的阴极支

$$\Delta i_f = \frac{\dfrac{n^2 F^2}{RT} \cdot \dfrac{P}{(1+P)^2} D_O^{\frac{1}{2}} C_O^* H \dfrac{2}{1+G^2}}{(2\omega)^{\frac{1}{2}} C_d} I \sin \omega t \tag{5}$$

其中

$$G = \frac{(2\omega)^{\frac{1}{2}}}{\lambda} + 1, \lambda = \frac{k_s}{D^{\frac{1}{2}}} e^{-\alpha \eta}, D = D_O^\beta D_R^\alpha, \eta = \frac{nF}{RT}(E - E_{\frac{1}{2}}) \tag{6}$$

$$H = 1 + \frac{\alpha e^{-\eta} \cdot D^{\frac{1}{2}}}{k_s e^{-\alpha \eta}} \psi_O, \psi_O = \frac{i'}{nFD_O^{\frac{1}{2}} C_O^*} \tag{7}$$

（5）式计算结果表明，$i_t \sim E$ 曲线上不可逆电流峰的峰形非常宽阔，峰的幅度也相当微弱，仅是可逆电流峰的十几分之一，几乎是一条直线。因此，在可逆对滴定不可逆对以及在不可逆对滴定可逆对时，终点就观察不到不可逆对电流峰的变化，而只观察到可逆对电流峰的出现和消失。在不可逆对滴定不可逆对时，终点的 $i_t \sim E$ 曲线只发生位移。

终点时 $i_t \sim E$ 曲线在电极电位方向的位移，是所有 4 类滴定的一个共同特点。这种位移主要来源于滴定过程电极电位中 E'（E' 是只施加偏直流时的稳态电极电位）成分的变化，还来源于法拉第整流效应[2]对 E' 的影响。稳态电极电位与法拉第整流电位变化的矢量和，即是 $i_t \sim E$ 曲线在电极电位方向位移的毫伏数。其值（通常有数百毫伏）远大于法拉第整流电位的变化（仅十几到数十毫伏）。这是法拉第整流滴定法[3,4]所无法比拟的。

滴定所使用的仪器线路和电极装置见文献[5]。取等量的还原剂溶液和蒸馏水分别置于研究电解池和空白电解池中，再各加入等量的支持电解质，插入电极，连通线路，搅拌下，用氧化剂标准溶液滴定。结果列于表 1；终点指示见图 2（a~d）。在图 2 中，虚线和实线分别与滴定终点的前一滴和终点的后一滴相对应。不同类型的滴定，终点现象略有差异。这与原理相符。

在各类氧化还原滴定中，无论是对交流电流 Δi，还是对偏直流 i'，都需作仔细的调节。如果 Δi 和 i' 的大小调节不当就观察不到明显的终点指示。实验中两者大小的调节应相互配合：调节 i'，在能观察到明显的位移的基础上，适当调大 Δi 也能观察到明显的法拉第电流峰的消失或出现。Δi 的调节会影响 i'，一般还需对 i' 再略作调节。

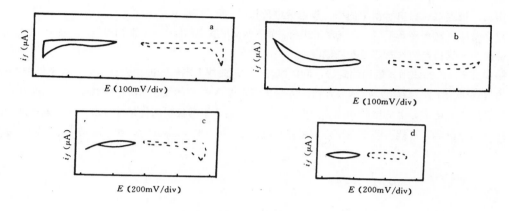

图 2 滴定过程中 $i_f \sim E$ 曲线变化

铂电极 $f = 72.3Hz$ 正弦波

a. $Ce(SO_4)_2$ 滴定 $FeSO_4$ (可逆对滴定可逆对) b. $KBrO_3$ 滴定 Na_3AsO_3 (可逆对滴定不可逆对)

c. $K_2Cr_2O_7$ 滴定 $FeSO_4$ (不可逆对滴定可逆对) d. $KMnO_4$ 滴定 $Na_2C_2O_4$ (不可逆对滴定不可逆对)

表 1 滴定条件和结果

滴定剂名称和浓度 (mol/L)	被滴定剂名称和浓度 (mol/L)	支持电解质	测得被滴定剂浓度平均值 (mol/L)	测定次数 (n)	标准偏差 (10^{-5}mol/L)
$Ce(SO_4)_2$	$FeSO_4$				
0.07715	0.1101	H_2SO_4	0.1102	4	5.0
0.007715	0.01101		0.01102	4	5.0
$Ce(SO_4)_2$	对苯二酚				
0.07715	0.05100		0.05099	4	2.0
0.007715	0.005100	H_2SO_4	0.005101	4	0.33
0.003858	0.002550		0.002551	4	0.12
$KBrO_3$	Na_3AsO_3				
0.01643	0.02448		0.02448	4	1.6
0.001643	0.002448	HCl-KBr	0.002448	4	0.10
0.0001643	0.0002448		0.0002450	4	0.012
$KBrO_3$	维生素 C				
0.01643	0.04824	HCl-KBr	0.04824	4	1.0
0.001643	0.004824		0.004825	4	0.33
$K_3Fe(CN)_6$	维生素 C	HAc-NaAc			
0.09960	0.05035	pH5.5	0.05036	4	6.3
0.009960	0.005035		0.005038	4	0.29
$K_2Cr_2O_7$	$FeSO_4$				
		H_2SO_4			
0.01643	0.1101		0.1101	4	8.2
$KMnO_4$	$Na_2C_2O_4$				
0.02609	0.05036	H_2SO_4	0.05034	4	5.1
0.002609	0.005036	$\sim 80℃$	0.005036	4	0.51
$NaNO_2$	对氨基苯磺酸				
0.1097	0.04648	HCl-KBr	0.04648	4	5.8
0.05486	0.02324		0.02323	4	3.0

　　在 $Ce(SO_4)_2$ 的滴定中,为了获得敏锐的终点指示,需对铂工作电极进行预处理,即用煤气灯火焰灼烧铂丝。也要对空白电解池中的铂工作电极进行相同的预处理。

　　对某些体系的滴定,要在一定温度下进行。如 $KMnO_4$ 滴定 $Na_2C_2O_4$,需加热至 $75\sim85℃$。也应将两电解池中的支持电解质加热至相同温度。

　　第 2 类 $i_t\sim E$ 曲线示波极谱滴定法,同时利用 $i_t\sim E$ 曲线上电流峰的消失或出现,以及整个 $i_t\sim E$ 曲线的位移来指示滴定终点。这一终点指示方法集滴定体系中 E' 的变化、法拉第整流电位的变化以及扣除了双电层充电成分后的法拉第成分的变化为一体,显示了其独特的优越性,从而使得高灵敏和高准确的滴定分析成为可能。表 1 中滴定剂浓度在低至 $10^{-3}\sim10^{-4}mol/L$ 时,滴定的精密度和准确度仍很好。

参 考 文 献

〔1〕 沈雪明、陈洪渊、高鸿,高等学校化学学报,12(7) 882 (1991)

〔2〕 H. P. Agarwal In A. J. Bard Ed. , Electroanalytical Chemistry, New York, Marcel Dekker, 7, 161 (1974)

〔3〕 K. S. G. Doss, U. H. Narayanan, K. Sundararajan, Analyst, 83, 696 (1958)

〔4〕 K. S. G. Doss, K. Sundararajan, U. H. Narayanan et al. , Electrochim Acta, 1, 22 (1959)

〔5〕 沈雪明、陈洪渊、高鸿,高等学校化学学报,12(7) 879 (1991)

28

交流示波极谱图的频谱分析·

毕树平　　祁　洪　　都思丹　　高　鸿

当交流电流密度很大时，$E \sim t$ 曲线出现上下电位时滞平阶，示波图两端将有稳定亮点，这时的 $E \sim t$ 曲线由一系列高次谐波组成[1]。本文首次利用傅里叶变换对交流示波极谱图进行频谱分析，并将此频谱用于分析测试。

底液 $E \sim t$ 曲线的频谱分析

在纯支持电解质溶液中，当电流较大（$i_0 > i_a$，i_b）时，$E \sim t$ 曲线服从式（1）[2,3]

$$E(V) = \begin{cases} \overline{E} - \dfrac{i_0}{\omega C_d}\sin\alpha \quad (-\pi \leqslant \alpha < \alpha_c), & E_{max} \quad (\alpha_c \leqslant \alpha \leqslant \alpha_d) \\ \overline{E} - \dfrac{i_0}{\omega C_d}\sin\alpha \quad (\alpha_d < \alpha < \alpha_a), & E_{min} \quad (\alpha_a \leqslant \alpha \leqslant \alpha_b) \\ \overline{E} - \dfrac{i_0}{\omega C_d}\sin\alpha \quad (\alpha_b < \alpha \leqslant \pi) \end{cases} \tag{1}$$

对公式（1）进行傅里叶变换[4]即可求得底液 $E \sim t$ 曲线的谐波方程

$$E(V) = E_0 + \sum_{n=1}^{\infty} (a_n\cos n\alpha + b_n\sin n\alpha) \tag{2}$$

$$E_0 = \overline{E} + \frac{\overline{E}(\tau_{max} + \tau_{min})}{2\pi} + \frac{\tau_{max}E_{max}}{2\pi} + \frac{\tau_{min}E_{min}}{2\pi}$$
$$+ \frac{i_0}{2\pi\omega C_d}(\cos\alpha_a - \cos\alpha_b + \cos\alpha_c - \cos\alpha_d) \tag{3}$$

谐波电位幅值 $\qquad\qquad E_n = \sqrt{a_n^2 + b_n^2}$ $\qquad\qquad\qquad$ (4)

式中，基波分量 $\qquad\qquad a_1 = 0$ $\qquad\qquad\qquad\qquad$ (5)

· 原文发表于高等学校化学学报，12(5) 604 (1991)。

$$b_1 = \frac{1}{\pi}\{\overline{E}(\cos\alpha_b - \cos\alpha_a + \cos\alpha_d - \cos\alpha_c) + E_{max}(\cos\alpha_c - \cos\alpha_d) + E_{min}(\cos\alpha_a - \cos\alpha_b)$$

$$+ \frac{i_0}{2\omega C_d}[\tau_{max} + \tau_{min} - 2\pi + \frac{1}{2}(\sin2\alpha_a - \sin2\alpha_b + \sin2\alpha_c - \sin2\alpha_d)]\} \tag{6}$$

高次谐波分量（$n \geqslant 2$）

$$a_n = \frac{1}{\pi}\left\{\frac{\overline{E}}{n}(\sin n\alpha_a - \sin n\alpha_b + \sin n\alpha_c - \sin n\alpha_d)\right.$$

$$+ \frac{E_{max}}{n}(\sin n\alpha_d - \sin n\alpha_c) + \frac{E_{min}}{n}(\sin n\alpha_b - \sin n\alpha_a)$$

$$+ \frac{i_0}{2\omega C_d}\left[\frac{\cos(1+n)\alpha_a - \cos(1+n)\alpha_b + \cos(1+n)\alpha_c - \cos(1+n)\alpha_d}{1+n}\right.$$

$$\left.\left. + \frac{\cos(1-n)\alpha_a - \cos(1-n)\alpha_b + \cos(1-n)\alpha_c - \cos(1-n)\alpha_d}{1-n}\right]\right\} \tag{7}$$

$$b_n = \frac{1}{\pi}\left\{\frac{\overline{E}}{n}(\cos n\alpha_b - \cos n\alpha_a + \cos n\alpha_d - \cos n\alpha_c)\right.$$

$$+ \frac{E_{max}}{n}(\cos n\alpha_c - \cos n\alpha_d) + \frac{E_{min}}{n}(\cos n\alpha_a - \cos n\alpha_b)$$

$$+ \frac{i_0}{2\omega C_d}\left[\frac{\sin(1+n)\alpha_a - \sin(1+n)\alpha_b + \sin(1+n)\alpha_c - \sin(1+n)\alpha_d}{1+n}\right.$$

$$\left.\left. + \frac{\sin(1-n)\alpha_a - \sin(1-n)\alpha_b + \sin(1-n)\alpha_d - \sin(1-n)\alpha_c}{1-n}\right]\right\} \tag{8}$$

公式（2）中的直流分量 E_0 代表交流电存在时工作电极所显示的平均直流电位。公式（3）表明当示波图上出现亮点时，E_0 将偏离不加交流电时工作电极上所叠加的直流电位 $\overline{E}$，这种偏移的实质来源于汞氧化或支持电解质氧化还原所造成的 $E{\sim}t$ 曲线的变形，即所谓"法拉第整流效应"，实验同理论一致（图1）。幅频曲线可以用微机对示波器上的 $E{\sim}t$ 曲线进行快速傅里叶变换而求得。图2表明在电流很大时，频谱曲线上仅有奇次谐波，偶次谐波极小，实验结果也与理论计算相符。

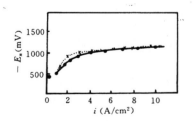

图 1 $E_0{\sim}E_1$ 曲线

虚线：理论值 0.1mol/L KOH $\overline{E} = -400$mV
$f = 50$Hz $T = 298$K
实线：实验值 1 mol/L NaOH $\overline{E} = -400$mV
$f = 50$Hz $t = 25$℃

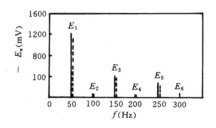

图 2 底液的频谱图

实线：理论值 0.1mol/L KOH $i_0 = 0.1$ A/cm²
$f = 50$Hz $\overline{E} = -500$mV $T = 298$K
虚线：实验值 1 mol/L NaOH $i_0 = 0.098$ A/cm²
$f = 50$Hz $\overline{E} = -511$mV $t = 22$℃

去极剂存在时 $E\sim t$ 曲线的频谱分析

当溶液中含有去极剂时，$E\sim t$ 曲线在去极剂半波电位处产生折扭，这时示波图的高次谐波将比纯底液的更为复杂，两者的频谱图很不相同，表现在去极剂存在时的二次、三次谐波电位较空白底液有较大差别。用自行设计的微机控制数据采集系统和 FFT 程序，利用存在去极剂时二次、三次谐波能够部分减小充电电流的特点，测量了去极剂浓度，其灵敏度为 10^{-6}mol/L，较经典交流示波极谱法提高了一个数量级，而且其测量再现性也很好（表1，图3）。

表 1　谐波电位的测量*

序号	E_1（mV）	E_2（mV）	E_3（mV）
1	882	221	53
2	900	224	51
3	873	220	55
4	879	221	54
5	894	223	53
平均	886	222	53

* 5×10^{-5}mol/L Pb^{2+}-0.1mol/L KOH

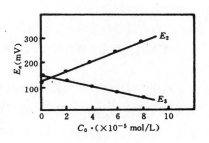

图 3　浓度与谐波电位关系

通过频谱分析可以清楚地证明溶解 O_2 对示波图的影响。实验表明在 $E\sim t$ 曲线中起主导作用的基波分量受 O_2 影响不显著，单从示波器上看不出溶解 O_2 对示波图的影响，而以法拉第成分为主的二次、三次谐波电位则变化较大，因此在利用示波极谱图进行定量分析时，都应除氧。

降低交流电频率可以提高测试灵敏度。因为频率减小，实验中发现基波电位及谐波电位增加，由于谐波电位主要反映了法拉第成分，因此较大的 E_2，E_3 值有利于分析测试。

参 考 文 献

〔1〕　R. Kalvoda，Progress in Polarography，New York，London，Interscience Publishers，2，449（1962）

〔2〕　毕树平、马新生、高鸿，应用化学，4(4) 6（1987）

〔3〕　毕树平、马新生、高鸿，应用化学，4(6) 54（1987）

〔4〕　张巨洪，《Basic 语言程序库》，清华大学出版社，196（1983）

〔5〕　A. J. 巴德，L. R. 福克纳，《电化学方法原理及应用》，北京化学工业出版社，411（1986）

五　从示波滴定到示波分析

　　前面所选的论文都是利用示波图的突变指示滴定终点，都是容量分析方法，适用于常量成分的精确快速测定，这些方法总称示波滴定法。这些方法比较成熟，如果把它推广应用，示波滴定可发展成为滴定分析的一个重要领域。这是示波分析的一个重要内容，但它不是示波分析的唯一内容。

　　示波分析能否应用于微量分析甚至痕量分析？示波图上示波峰的峰高能不能直接用于物质的测定？这是人们关心的问题，也是示波分析能否继续发展的关键。利用示波峰的峰高或其它参数直接测定物质的方法称为示波测定。

　　示波测定有没有发展前途，要解决三个问题：

　　1. 示波图是否稳定？是否重现？2. 测定的灵敏度能否进一步提高？3. 能否像极谱分析那样多测定几个离子？

　　这正是作者和他的研究生们目前正在研究的问题。

　　论文 29 研究了 $\frac{\mathrm{d}E}{\mathrm{d}t} \sim E$ 示波图的重现性问题。结果表明，在有些情况下，示波图的重现性良好。

　　文献〔郑建斌、刘鹏、史生华，高等学校化学学报，16（7）1016～1019〔1995〕〕指出：将示波技术与流动注射结合可改善示波图的重现性。

　　论文 30 提出了高次谐波示波计时电位法，谐波示波图的重现性良好。

　　论文 31，32，33 报道了倒数示波计时电位法在示波测定中的应用。

　　示波图的稳定性与重现性是示波测定的难题，由于使用固体电极，难度就更大。现在得到的重现性好的结果都是在同一次开机中所得的结果。如果把机子关了，重新开启，再加电压，图形未必重复，因此就需要在一次开机中进行校正曲线与样品的测定，这就要求测定及校正曲线制作过程很快。计算机的应用有助于解决这个问题（论文 34）。

29

交流示波极谱图重现性的研究˙

郑建斌　　毕树平　　高　鸿　　卜海之　　赵守孝　　陈显瑶　　郭庆东

摘　　要

本文用集成运放为主要元件改进了交流示波极谱的实验线路，并用该线路在严格控制实验条件的情况下，对交流示波极谱图的重现性进行了系统的研究。实验表明，交流示波极谱图的重现性良好，可将其用于有机化合物及有机药物的定性鉴定。

近年来，交流示波极谱无论在理论上还是在实际应用方面都有了长足的发展[1,2]，但主要偏重于示波滴定方面。将示波极谱图用于鉴定有机化合物和有机药物方面的研究则较少[3]，原因是过去交流示波极谱图的重现性较差，实验线路有缺陷[4]，因而限制了本方法的使用。本文以集成运放为主要元件，组装了比较满意的实验线路，使用该线路和三电极体系，在严格控制实验参数的条件下，对交流示波极谱图的重现性进行了系统的研究。

实　验　线　路

集成运算放大器具有开环增益高、输入阻抗高及零点飘移小等优点。组装的交流示波极谱标准线路既能提供恒定直流偏压和恒定交直流电流，又能严格控制实验参数（图 1）。它包含了"恒定的直流电流/恒定的交流电流"示波极谱实验线路（简称恒电流示波极谱线路）和"恒定直流偏压/恒定交流电流"示波极谱线路（简称恒偏压示波极谱线路）。

• 原文发表于高等学校化学学报，13（2）167（1992）。

当开关 K_6 打向 0 位置，而其它开关打向 1 位置时，该线路为恒电流示波极谱线路，分别由加法器 A_1，压控恒流源 A_3，减法器 A_4，微分器 A_5 及滤波器 A_6 等单元构成，加法器用于加合正弦交流电位信号和直流电位信号。直流电位信号由电阻 R_3 控制，而交流电位信号则由电阻 R_1 调节。恒流源使通过电解池的交流电流为恒振幅的正弦波，直流分量为一恒定直流电流。当输入恒流源的交流电位为 1V 时，恒流源输出电流为 1mA，当输入直流信号为 1V 时，则输出直流电流 $50\mu A$。电压跟随器起阻抗转换作用；减法器用于扣除溶液 iR 降；微分器用于产生一次微分曲线；调节电阻 R_6 可以抑制高频噪声。当 K_6 打向 1 位置，其它开关离开 1 点或打向 2 点时，则图 1 为恒偏压示波极谱线路。与恒流示波极谱线路不同之处在于直流分量是以恒偏压形式叠加在电解池上（A_7 为恒偏压源）。上述 2 种交流示波极谱线路的性能主要取决于恒流源和恒偏压源及 iR 降补偿线路的性能等因素。

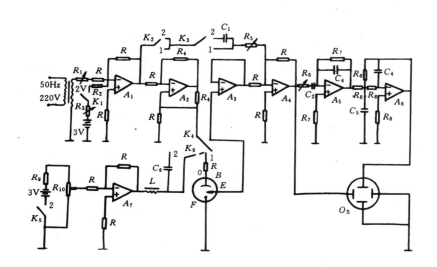

B. 钨电极

E. 饱和甘汞电极

F. 悬汞电极

O_s. 示波器

R（$k\Omega$）：$R = R_5 = 1.00$

$R_1 = R_5 = R_{10} = 150$

$R_2 = 19.6$　$R_3 = 470$

$R_4 = 0.01$　$R_6 = 22$

$R_7 = 20.4$　$R_8 = 20.2$

$R_9 = 2.2$　$C_1 = 0.56\mu F$

$C_2 = 0.01\mu F$

$C_3 = 82pF$　$C_4 = 510pF$

$C_5 = 4700pF$

$C_6 = 2.2\mu F$　$L = 13H$

K_n（$n = 1 \sim 6$）：开关

A_n（$n = 1 \sim 7$）：μA 741

图 1　交流示波极谱的实验线路

恒流源及其性能

采用低压低阻线路不可能使通过电解池的电流恒定，而高压高阻线路体积庞大又不安全。用集成运放组成的恒流源电路简单，使用安全方便且电解池不在反馈回路中（表 1）。

表 1　恒流源恒流效果及恒偏压线路恒压性能测定

t	i_1 直流电流（$-\mu A$）				i_0 交流电流（mA）				E（V）			
(min)	体系 1		体系 2		体系 1		体系 2		体系 1		体系 2	
1	6.8	22.1	8.6	27.3	0.612	1.049	0.860	1.143	0.528	0.809	0.553	0.940
2	6.8	22.1	8.6	27.4	0.612	1.050	0.862	1.143	0.528	0.810	0.553	0.940
3	6.8	22.1	8.5	27.4	0.613	1.050	0.862	1.144	0.528	0.810	0.553	0.940
4	6.8	22.1	8.6	27.5	0.613	1.051	0.864	1.146	0.528	0.811	0.553	0.941
6	6.8	22.2	8.6	27.5	0.614	1.052	0.864	1.148	0.528	0.811	0.553	0.941
8	6.8	22.2	8.6	27.5	0.615	1.053	0.864	1.150	0.529	0.811	0.554	0.942
10	6.8	22.3	8.5	27.6	0.616	1.054	0.865	1.150	0.529	0.812	0.554	0.942

* 体系 1 为 1mol/L NaOH，体系 2 为 1.2×10^{-4}mol/L Pb^{2+}-1mol/L NaOH。

恒偏压源性能

恒偏压线路中调节 R_{10} 可改变叠加在电解池上的直流偏压 $\bar{E}$，本文恒偏压线路的恒偏压效果良好（表1）。

iR 降补偿

当溶液浓度很小或电流密度很大时，溶液的 iR 降很大。若不进行补偿，则交流示波极谱图将产生严重变形。在恒直流示波极谱线路中，一般是通过调节图1中 R_5，在该电阻上产生一个相当于溶液 iR 降的电位降 iR_5，然后借助减法器从总电位中予以扣除；在恒偏压示波极谱线路中，电阻 R_5 旁必须串联一个电容 C_1（0.5～0.7μF 之间）才能获得良好的补偿效果（图2）。

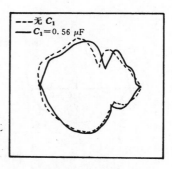

图 2　4×10^{-4}mol/L Pb^{2+}-0.04mol/L NaOH 的交流示波极谱图

三电极体系

以饱和甘汞电极为参比电极，钨电极为对电极，悬汞电极为工作电极，此电极稳定，适用电位范围宽，分析结果再现性好。

交流示波极谱图的重现性

恒流示波极谱线路和恒压示波极谱线路的效果均好。本文只报道恒偏压示波极谱线路。

操作步骤

在 50ml 烧杯中准确加入 30ml 底液，再加入一定量去极剂溶液，搅拌均匀，插入电极，调节交流电流和直流偏压，获得一个两端亮点清楚、形状良好的示波极谱图。然后记录 $\dfrac{\mathrm{d}E}{\mathrm{d}t}\sim E$ 曲线、切口电位、切口高度、通过电解池的交流电流 i_0 和不加交流电时工作电极相对于饱和甘汞电极的直流电位 E 等参数。

实验结果

测定了常用底液及去极剂存在下的交流示波极谱图及有关参数，多次测得的交流示波极谱图完全重合（图3），不同去极剂的交流示波极谱图完全重合（图4，表2），切口电位 E_i、切口高度等参数精密度良好。Pb^{2+} 浓度在 $5\times(10^{-5}\sim10^{-4})$ mol/L 之间，与切口高度有线性关系。

现有的药物定性分析方法有的虽然简单，但可靠性差，有的灵敏度虽高，但操作麻烦，仪器昂贵。根据药物在一定底液中的交流示波极谱图的形状及切口位置，可利用交流示波极谱法对其定性鉴定（图5）。只要将一定条件下某药物的标准示波极谱图与该条件下样品的示波极谱图加以对照便可达到鉴定目的。如需要，可能使用不同底液加以比较。

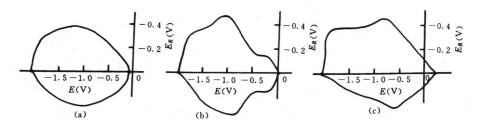

图 3　常用底液的交流示波极谱图　($f=50Hz$)

(a) 1mol/L NaOH　$n=12$　$t=14℃$　$i_0=1.56×10^{-2}A·cm^{-2}$　$\bar{E}=-0.930V$

(b) 2mol/L NH₃-NH₄Cl　$n=10$　$t=14℃$　$i_0=2.73×10^{-2}A·cm^{-2}$　$\bar{E}=-1.050V$

(c) 2mol/L HAc-NaAc　$n=15$　$t=12℃$　$i_0=2.16×10^{-2}A·cm^{-2}$　$\bar{E}=-1.120V$

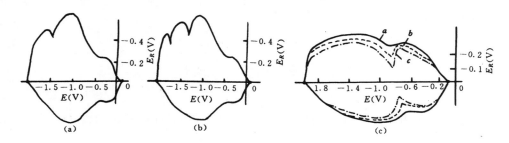

图 4　不同去极剂的交流示波极谱图

(a) 胃复康-KCl　　　(b) 氯砹啶-KCl　　　(c) Pb²⁺-NaOH

Pb²⁺浓度 (mol/L)：a. $4.0×10^{-5}$　b. $1.6×10^{-4}$　c. $2.4×10^{-4}$

表 2　不同底液中去极剂交流示波极谱图的重现性

$f=50Hz$　$t=12℃$　＊括号内为标准偏差

溶液 (mol/L)	$i_0×10^{-2}$ (A/cm²)	$\bar{E}$ (V)	$-E_i$ 平均值＊ (V)	切口高度平均值 (V)＊
$4.0×10^{-5}$Pb²⁺-1NaOH	1.58	0.653	0.82 (0.00)	0.25 (0.0023)
$1.6×10^{-4}$Cd²⁺-2NH₃-NH₄Cl	1.99	0.980	1.11 (0.0013)	0.23 (0.00)
$1.0×10^{-4}$胃复康-1 Na₂SO₄	2.79	0.822	1.55 (0.0014)	0.48 (0.0045)
$1.0×10^{-4}$胃复康-1 KCl	2.64	0.948	1.53 (0.00089)	0.56 (0.0072)
$7.0×10^{-5}$盐酸麦普替啉-2HAc-NaAc	2.15	1.125	1.51 (0.0022)	0.34 (0.0041)
$1.2×10^{-4}$氯砹啶-1 KCl	2.64	0.946	1.79 (0.00), 1.33 (0.00)	0.37 (0.0017), 0.42 (0.0021)
$1.2×10^{-4}$氯砹啶-2 HAc-NaAc	2.16	1.123	1.61 (0.0022), 0.86 (0.00)	0.33 (0.0011), 0.26 (0.0023)
$1.2×10^{-4}$氯砹啶-1 NaOH	1.56	0.933	1.83 (0.0020), 1.35 (0.0016)	0.17 (0.00), 0.18 (0.0031)

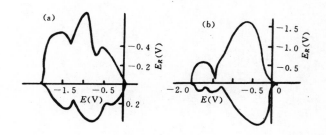

图 5　盐酸纳洛酮的交流示波极谱图

$f=50Hz$　切口位置：阴极支

(a) 底液 1mol/L KCl　$i_0=2.64\times10^{-2}A/cm^2$　$\bar{E}=-0.947V$　切口电位 (V)：-1.36　-0.77；

(b) 底液 1mol/L Na$_2$SO$_4$　$i_0=2.79\times10^{-2}A/cm^2$　$\bar{E}=-0.821$　切口电位：$-1.39V$

参 考 文 献

〔1〕　高鸿,《示波极谱滴定》,江苏科学技术出版社 (1985)

〔2〕　高鸿,《示波滴定》,南京大学出版社 (1990)

〔3〕　R. Kalvoda, Technika Oscilopolarografických Měřeni, Statni Nakladatelstvi Technické Literatury (1963)

〔4〕　田英炎,化学通报,3,43 (1964)

—30—

高次谐波示波计时电位法.

郑建斌   朱俊杰   胡 娟   高 鸿

摘 要

本文提出了高次谐波示波计时电位法。$E\sim t$，$\frac{\mathrm{d}E}{\mathrm{d}t}\sim t$ 曲线的二次或三次谐波信号可以利用由双 T 滤波器构成的选频放大器获得。谐波幅值使用万用表测量。讨论了直流电流大小和溶解氧对高次谐波幅值的影响。实验结果表明，谐波示波图的重现性良好，谐波幅值与去极剂浓度间有线性关系。

引 言

为了补偿充电电流的影响，提高示波计时电位法的灵敏度，毕树平等将傅里叶变换技术应用于示波计时电位法中，对 $E\sim t$ 曲线进行了频谱分析[1]。本文则利用选频放大器从 $E\sim t$ 和 $\frac{\mathrm{d}E}{\mathrm{d}t}\sim t$ 信号中获得了各自的二次和三次谐波；并研究了直流电流大小、溶解氧及去极剂浓度大小对高次谐波幅值的影响。实验结果表明，在施加适当大小直流电流及除去溶解氧的情况下，示波图重现性良好，且去极剂浓度与二次谐波电位（E_2）和三次谐波电位（E_3）有较好的线性关系。

• 原文发表于分析化学，22（7）748（1994）。

实 验 部 分

仪器和试剂

SR-071B 型双踪示波器（扬中电子仪器厂），DT840D 型数字万用表（深圳胜利仪器厂），XD-75 型低频信号发生器（江苏洪泽电子设备厂）。

0.1mol/L Pb(Ⅱ),Cd(Ⅱ),Zn(Ⅱ),Tl(Ⅰ)标准储备液。所用试剂均为分析纯。

实验装置

本实验所用装置由产生 $E\sim t$ 和 $\dfrac{\mathrm{d}E}{\mathrm{d}t}\sim t$ 的线路[2]与选频放大器、示波器三部分构成。其中选频放大器线路如图 1 所示。这里所用的选频放大器实际上是一个双 T 滤波器[3]。图 1 中电阻 R，R_2，电容 C，C_1 的大小决定着从 $E\sim t$ 或 $\dfrac{\mathrm{d}E}{\mathrm{d}t}\sim t$ 信号中所取出的谐波信号的频率。因此上述电容和电阻值的偏差要小于 $\pm1\%$。R_1 用于控制选频放大器的增益，R_1 越小增益越大。R_3 用于防止当选频放大器调节过细时出现的振荡，一般将 R_3 逐渐调小，直到使振荡刚好消失为止。

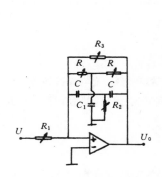

图 1 选频放大器

$C_1 = 2C = 0.648\mu F$

$R_2 = R/2$

$f_0 = 3.18\times10^5/R$

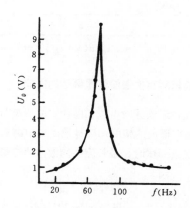

图 2 用选频放大器获得的三次谐波幅频曲线

输入信号：$\dfrac{\mathrm{d}E}{\mathrm{d}t}\sim t$ $u=0.9V$（峰到峰）

选频放大器的操作很简单。首先调节电阻 R_1，R_2，使选频放大器的共振频率为期望值；然后仔细调节所施加于电解池的交流电流的频率，并使其与选频放大器的共振频率（f_0）相匹配。对于二次谐波的测量，所施加的交流电的频率必须精确地等于 $1/2f_0$。

实验方法

取 50.00ml 底液于 100ml 烧杯中，插入电极，按文献〔2〕的方法调节交直流电流等参数，使得到一个良好的 $E\sim t$ 或 $\dfrac{\mathrm{d}E}{\mathrm{d}t}\sim t$ 曲线，并将其依次输入选频放大器输入端；然后用万用表交流电压档测量选

频放大器输出的二次或三次谐波幅值。再向电解
池中加入不同量去极剂,连续测量对应的高次谐
波幅值。

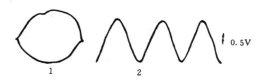

图 3 Pb(Ⅰ)在 0.5mol/L KOH 底液中的示波图

1. $\frac{dE}{dt} \sim E$ 曲线 2. 从 $\frac{dE}{dt} \sim t$ 中获得的三次谐波信号

$$E = 0.654V \quad i_0 = 1.59 \times 10^{-2} A/cm^2 \quad f_0 = 75.0Hz$$

结果与讨论

直流电流对高次谐波信号的影响

在经典示波计时电位实验中为了获得良好的
示波图,经常要给电解池中施加一个直流分量(i_1)。在进行高次谐波电位实验时,为了得到再现性好
的分析结果,亦要施加 i_1。

从表 1 可以看出,只有施加的 i_1 大小适当时,获得的高次谐波幅值才最大,而此时所施加的 i_1 恰
好能使 $\frac{dE}{dt} \sim t$ 曲线两端亮点同样清楚。

表 1 直流电流对 $\frac{dE}{dt} \sim t$ 信号的三次谐波幅值的影响 *

i_1 (μA)	1.8	19.0	54.5	156.2	210.2
E_3 (V)	3.58	4.05	4.75	3.68	2.03

* 2.5×10^{-5}mol/L Zn(Ⅰ)-pH4.7 HAc-NaAc

溶解氧对高次谐波信号幅值的影响

在经典示波计时电位实验中,溶解氧对示波图的影响不易观察到,而在高次谐波示波计时电位实
验中,高次谐波的幅值却明显地受到溶解氧的影响(如表 2 所示)。因此,在使用高次谐波示波计时电
位进行定量测试时,必须除去溶液中的溶解氧。

表 2 pH4.7 HAc-NaAc 中溶解氧对 $\frac{dE}{dt} \sim t$ 信号的三次谐波幅值的影响

通 N_2 时间(min)	0	0.5	1.0	1.5	2.0	4.0
E_2 (V)	7.21	7.07	6.81	6.62	6.51	6.50
E_3 (V)	4.48	4.58	4.74	4.87	4.92	4.92

高次谐波信号幅值的重现性

实验表明,高次谐波信号幅值测量的重现性良好(如表 3 示)。

表3　$\dfrac{dE}{dt} \sim t$ 曲线三次谐波幅值测量的重现性

离　子	Pb(Ⅱ)	Zn(Ⅱ)	Cd(Ⅱ)
实验条件	6.00×10^{-5}mol/L Pb(Ⅱ) -0.5mol/L KOH $\overline{E} = -0.654$V $i_0 = 1.59 \times 10^{-2}$A/cm^2 $f_0 = 75.0$Hz $t = 4$℃ $n = 4$	8.00×10^{-5}mol/L Zn(Ⅱ) -pH4.7 HAc-NaAc $\overline{E} = -0.595$V $i_0 = 8.43 \times 10^{-3}$A/cm^2 $f_0 = 75.0$Hz $t = 4$℃ $n = 4$	6.00×10^{-5}mol/L Pb(Ⅱ) -0.5mol/L KOH $\overline{E} = -0.450$V $i_0 = 1.43 \times 10^{-2}$A/cm^2 $f_0 = 75.0$Hz $t = 6$C $n = 4$
E_3（V）	1.02	4.61	0.90
标准偏差（V）	0.032	0.019	0.017

E_2 和 E_3 与去极剂浓度的关系

E_2 和 E_3 与去极剂浓度间均存在线性关系。如 Zn(Ⅱ)在 pH4.7 HAc-NaAc 溶液中，$E \sim t$ 曲线的三次谐波回归方程为 $\Delta E_3 = 0.8133 \sim 2500.0C_0$(V)，相关系数为 0.9985，加入 Zn(Ⅱ) 4.00×10^{-5}mol/L，测得量为 4.00×10^{-5}mol/L，标准偏差为 $S = 0.002$(V)。又如 Pb(Ⅱ)-0.5mol/L KOH 中，$\dfrac{dE}{dt} \sim t$ 曲线的二次和三次谐波幅值与 Pb(Ⅱ)浓度之间关系如图4所示。

比较图4和表2可知，E_2 随去极剂浓度减小（在表2中通氮时间延长，氧浓度降低）而减小；E_3 随去极浓度减小而增大。其所以产生这种变化，主要原因是由于 E_2 和 E_3 从不同侧面直接反映了法拉第电流成分。

高次谐波示波计时电位法的优点

灵敏度高：经典示波法[4]能检测 Pb(Ⅱ)的最低浓度为 10^{-5}mol/L，而高次谐波法能检测的最低浓度则是 10^{-6}mol/L[1]。

谐波幅值可直接用万用表准确测量：高次谐波信号幅值可用万用表直接进行准确测量；而 $E \sim t$ 或 $\dfrac{dE}{dt} \sim t$ 信号由于含有谐波信号却不能用万用表进行准确测量[5]。

不受高频噪声干扰：经典示波法常受高频噪音的干扰；而高次谐波法由于所用的选频放大器本身就是一个滤波器，因而不受高频噪音干扰[3]。

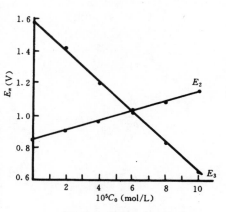

图4　$\dfrac{dE}{dt} \sim t$ 信号的高次谐波幅值与 Pb(Ⅱ)浓度的关系

参 考 文 献

〔1〕 毕树平、祁洪、都思丹、高鸿，高等学校化学学报，12(5) 604 (1991)

〔2〕 郑建斌、毕树平、高鸿，高等学校化学学报，13(2) 167 (1992)

〔3〕 D. E. Smith，Anal. Chem. ，39(12) 1811 (1963)

〔4〕 R. Kalvoda，Anal. Chim. Acta，18(12) 132 (1958)

〔5〕 D. L. John 著，国营华南器材厂技术情报室译，《实用电子学测试和测量手册》，北京国防工业出版社，19
(1979)

31

倒数示波计时电位法的研究·

新线路的研制及应用

朱俊杰　　郑建斌　　沈　岚　　高　鸿

摘　要

　　本文研制了获得倒数示波计时电位图的新线路,并加上电流反馈装置。这套装置具有灵敏度高、稳定性好等特点,应用此线路,我们用新的方法进行了峰电位的测量、痕量物质的分析及药品含量测定。

　　倒数示波计时电位图是将 $\dfrac{\mathrm{d}E}{\mathrm{d}t} \sim E$ 曲线进行倒数处理以后所得的曲线 $\left[\left(\dfrac{\mathrm{d}E}{\mathrm{d}t}\right)^{-1} \sim E\right]$,它可以将经典示波图上的切口变成易于观察和测量的峰,其灵敏度比经典的示波计时电位法提高近一个数量级[1],然而,作者过去提出的倒数线路尚有待完善之处[2],本文作者又提出了一个新的倒数线路,并对如何获得良好的倒数示波图及其应用进行了讨论。用此线路,进行了峰电位的测量、痕量物质的分析及药品含量测定。

• 原文发表于化学学报, 51, 999 (1993)。

新线路的研制

原理

由文献〔1，3〕可得倒数方程

$$-\frac{\mathrm{d}t}{\mathrm{d}E} = \frac{\frac{\sqrt{2}\,K_1 P_1}{(1+P_1)^2} + \frac{\sqrt{2}\,K_2 P_2}{(1+P_2)^2} + \sqrt{2}\,K_3 P_3}{i_0\,\sqrt{\omega}\cos\alpha} + \frac{C_d}{(i_0\cos\alpha)} \tag{1}$$

上述公式的第一部分为电化学反应所引起的电解电流的贡献，第二部分表示充电电流的贡献。

如果将电流反馈技术应用于倒数线路，则可将倒数示波计时电位图的灵敏度再提高一步，根据文献〔4〕可得到在峰电位处的倒数方程

$$Y = \frac{-\mathrm{d}t}{\mathrm{d}E} = \frac{\sqrt{2}\,K_1}{4i_0\cos\alpha\,\sqrt{\omega}} + \frac{(C_d - K)}{i_0\cos\alpha} \tag{2}$$

再根据文献〔5，6〕可得电流反馈后峰的灵敏度

$$L = \left(\frac{\mathrm{d}h}{\mathrm{d}K_1}\right) = \frac{\sqrt{2}}{4\,\sqrt{\omega}\,(C_d - K)} \tag{3}$$

不加反馈灵敏度

$$L_0 = \left(\frac{\mathrm{d}h_0}{\mathrm{d}K_1}\right) = \frac{\sqrt{2}}{4\,\sqrt{\omega}\,C_d} \tag{4}$$

灵敏度提高的倍数

$$L/L_0 = C_d/(C_d - K) \tag{5}$$

倒数线路的研制

获得倒数示波计时电位的线路方框如图 1 所示，其中 A_1 为产生 $E \sim t$ 曲线的线路，A_2 为产生 $\frac{\mathrm{d}E}{\mathrm{d}t} \sim E$ 曲线线路，B 为对 $\frac{\mathrm{d}E}{\mathrm{d}t} \sim E$ 曲线进行分割与合成的线路，C 表示倒数线路，F 表示示波器。

线路 B 由限幅器 B_1，B_2 和放大器 B_3，B_4，减法器 B_5 构成，如图 2 所示。

倒数线路由晶体三极管 T_{r1}，T_{r2}，T_{r3}，T_{r8}，起反馈作用的 T_{r4} 和恒流源 T_{r6}，T_{r7} 构成（见图 3）。

本文提出了精确测量倒数示波图上峰电位的新方法，即将限幅电路应用于峰电位的测量，测量原理如图 4 所示。

图 4 中限幅器的输入电压为 $E \sim t$ 信号，输出电压为 V_0，V_0 的大小直接受 S 点的电位控制，当 R_2，V_2 固定，V_S 直接受 R_3 的控制，这时

$$V_S = R_3 V_2/(R_3 + R_2) \tag{6}$$

因此，只要调节 R_3，V_S 就会随之发生变化，这时倒数示波图将被一幅值随倒数示波图 $\frac{\mathrm{d}E}{\mathrm{d}t}$ 的信号幅度变化的亮线所削掉（图 5b），当调节 R_3 使亮线对准峰时，这时的 V_S 值就是峰电位值（图 5）。用限幅电路，测定了几种有机物和药物的峰电位，结果见表 1。

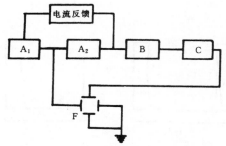

图 1 获得倒数示波计时电位的线路方框图

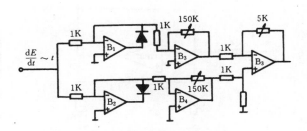

图 2 示波图的分割与合成线路

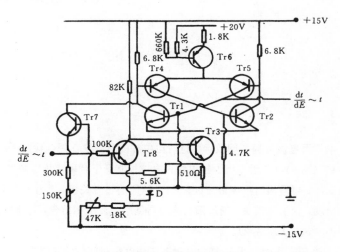

图 3 倒数线路峰电位的测量

表 1 倒数示波图中物质峰电位测量

物 质	底 液	浓度（mol/L）	i(mA)及 E(V)值	峰电位（V）
苯 胺	1mol/L NaOH	6.25×10^{-4}	1.45，-1.493	-0.248
四苯硼钠	1mol/L HAc-NaAc	9.20×10^{-5}	0.832，-0.561	-0.280，-1.495
四苯硼钠	1mol/L NaOH	9.20×10^{-5}	1.577，-1.424	-1.029
六巯基嘌呤	1mol/L NH₃-NH₄Cl	8.25×10^{-5}	0.538，-1.162	-0.780
盐酸氯胺酮	1mol/L KCl	5.66×10^{-4}	0.715，-1.449	-1.564
盐酸氯胺酮	1mol/L NH₃-NH₄Cl	5.66×10^{-4}	0.353，-0.832	-1.475
盐酸氯胺酮	1mol/L HAc-NaAc	5.66×10^{-4}	0.421，-0.554	-1.398
盐酸左旋咪唑	1mol/L NaOH	1.02×10^{-4}	1.043，-1.517	-1.448
维生素 B₆	1mol/L NaOH	8.68×10^{-5}	1.403，-1.517	-1.448
维生素 K₃	1mol/L NH₃-NH₄Cl	3.81×10^{-5}	0.767，-0.569	-1.119
2-甲醛肟吡啶氯甲烷	1mol/L KCl	2.40×10^{-4}	0.834，-1.043	-1.336，-1.792
2-甲醛肟吡啶氯甲烷	1mol/L NaOH	2.40×10^{-4}	1.221，-1.444	-1.351，-1.838
半胱氨酸	1mol/L NH₃-NH₄Cl	2.45×10^{-4}	0.812，-0.915	-0.705

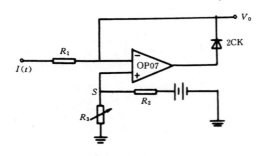

图 4　测量峰电位的限幅电路

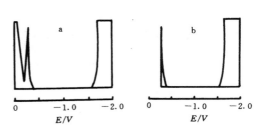

图 5　用限幅电路测量物质的峰电位

苯胺，1mol/L NaOH

a. $V_S = 0$　　b. $V_S = E_P = -0.248V$

痕 量 分 析

检测下限的测定

将金属电解富集于汞电极可提高倒数示波计时电位法的灵敏度，降低检测下限，在原有的线路上接"阳极溶出"线路（图 6），于汞电极上预电解，电位控制低于金属离子电解电压 0.2V 左右，金属离子还原富集在汞滴内，再溶出时浓度增大许多[7,8]，这时通过开关接入产生倒数示波图的线路，通过示波器可观察峰的出现，很快又消失，通过阳极溶出与倒数示波法相结合，可将检测下限降低 2～3 数量级，一般能测到 10^{-9}mol/L（表 2）。

当 K 打向 2 时，进行预电解，当 K 打向 1 时，工作电极与倒数线路相连，工作电极（悬汞电极）接负极，对电极（钨电极）接正极。

金属离子的测定

以 Ni^{2+} 为例进行微量成分的测定：配制一系列浓度为 10^{-3}mol/L 的 Ni^{2+} 溶液，作工作曲线（图 7），然后对样品进行测定。

回归方程为 $Y = 1.14X - 0.82$

表 2　为金属离子检测下限

金属离子	底　液	浓度(mol/L)	预电解时间(min)	预电解电位(V)	i(mA)及 E(V)值
Pb^{2+}	1mol/L NaOH	$4.968×10^{-9}$	50	-1.36	0.65，-1.64
Ga^{3+}	1mol/L NaOH	$4.002×10^{-9}$	40	-1.34	0.98，-1.24
Cd^{2+}	pH9.5 NH_3-NH_4Cl	$4.908×10^{-9}$	30	-0.55	1.13，-1.42
Ni^{2+}	pH9.5 NH_3-NH_4Cl	$2.008×10^{-9}$	30	-1.23	0.86，-1.08
In^{3+}	1mol/L KBr	$5.857×10^{-9}$	30	-1.23	0.91，-1.11

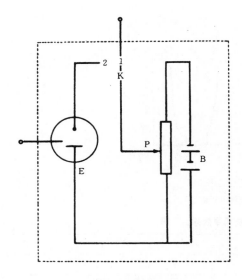

图 6 框内为溶出法线路图

E. 电解池 B. 电池 P. 可调电阻

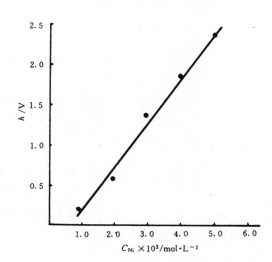

图 7 Ni²⁺的工作曲线

$i=0.92mA$ $E=-1.021V$ 预电解电位$-1.23V$

预电解时间 30min 底液 pH9.5NH₃-NH₄Cl

经预电解 30min 无 Ni²⁺峰

表 3 金属离子的测定

金属离子	样品浓度 ($\times 10^{-8}$mol/L)	峰高 (V)	i(mA)及 E(V)值	测定浓度 ($\times 10^{-8}$mol/L)	平均值	误差（%）
Ni	3.69	1.75	0.92，−1.012	3.96	3.92	6.2
		1.85		4.14		
		1.80		3.88		
		1.70		3.70		

由表 3 可看出，4 次测定的最大峰高与最小峰高之间有 0.25V 误差，测定样品中 Ni²⁺的平均误差为 6％左右，主要原因可能是溶出时倒数示波图上的峰消失很快，难以很好地掌握，今后如能用记忆示波器则可消除这种误差。

药 物 测 定

应用上述的电流反馈倒数示波计时电位法测定药物，其终点峰的变化非常敏锐易判断，本文以新药 2-甲醛肟吡啶氯甲烷为例测定其含量。

新药 2-甲醛肟吡啶氯甲烷由军事医学科学院毒物药物研究所提供，药品标准含量大于 99.0％，测定方法为银量法，由于测定的不是药品的有效成分，只有在已有吸收系数控制质量的情况下才是有效的。本文利用电流反馈倒数示波计时电位法，用过量四苯硼钠沉淀 2-甲醛肟吡啶氯甲烷以 Tl⁺来滴定含量，经试验沉淀的 pH 为 4.5～5.1，放置时间为 10～60min，测定方法见文献[9]，终点前后倒数示波图上峰的变化见图 8，测定结果见表 4。

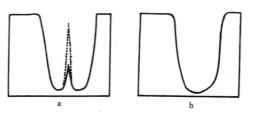

图 8　终点前后峰的变化

a. 终点前　b. 终点　虚线表示电流反馈

表 4　测定药品 2-甲醛肟吡啶氯甲烷的回收率

加入量 （mg）	18.84					37.68				
$V_{Na\text{-}TPB}$ （mL）	10.00					10.00				
$C_{Na\text{-}TPB}$ （mol/L）	0.04012					0.03814				
$C_{硫酸铊}$ （mol/L）	0.006167					0.06167				
$V_{硫酸铊}$ （mL）	11.85	11.85	11.84	11.86	11.83	22.09	22.08	22.10	22.08	22.11
测得量 （mg）	18.80	18.80	18.84	18.75	18.88	37.61	37.65	37.57	37.65	37.53
回收率 （%）	99.76	99.76	100.0	99.54	100.2	99.82	99.93	99.71	99.93	99.60
平均值 （%）	99.85					99.80				
变异系数 （%）	0.25					0.14				

参 考 文 献

〔1〕　Bi Shu Ping, Du Si Dan, Wang Zhong, Gao Hong, Chinese Chemical Letter，2，147 (1991)

〔2〕　毕树平、郑建斌、王庆峰、高鸿，高等学校化学学报，13，1184 (1992)

〔3〕　高鸿，《示波滴定》，南京大学出版社，39 (1990)

〔4〕　杨昭亮、高鸿，高等学校化学学报，10，1207 (1989)

〔5〕　杨昭亮、高鸿，科学通报，19，1479 (1989)

〔6〕　高鸿，《示波滴定》，南京大学出版社，331 (1990)

〔7〕　高鸿、彭慈贞、汤友三、吴志恒，南京大学学报，8，551 (1964)

〔8〕　R. Kalvoda, I. M. Pavlova, Chem. Zvesti, 16, 266 (1962)

〔9〕　潘胜天、高鸿，高等学校化学学报，3，61 (1982)

— 32 —————————————————————————————

倒数示波计时电位法在药物分析中的应用˙

胡 娟　　朱俊杰　　郑建斌　　高 鸿

目前，大部分药物测定均采用药典法[1]，但由于药典法分析某些药物手续繁琐，耗时较长，应用受到限制。用经典示波滴定法对药物进行分析已有报道[3]。倒数示波计时电位法是一种新的电分析方法，它具有直观、快速、灵敏、准确等特点。本文运用这种方法对吡哌酸、盐酸普萘洛尔（心得安）、盐酸氯丙嗪、盐酸普鲁卡因四种药物进行直接测定，得到了满意的结果。此法具有干扰小、选择性高等优点，对于简化药物分析的步骤开辟了新的途径。

实 验 部 分

仪器与试剂

1. 仪器

SR071 型示波器（江苏扬中电子仪器厂），直接稳压电源（南京大学仪器厂），倒数示波计时电位装置见文献[3]，电极为挂汞电极，饱和甘汞电极及钨棒电极。

2. 试剂

吡哌酸标准溶液的配备：称取在 105℃干燥恒重的吡哌酸纯药 0.3574g，溶于 0.04% 的氢氧化钠溶液，用 100ml 容量瓶定容，此溶液浓度为 0.01000mol/L。

盐酸普萘洛尔（心得安）标准溶液的配备：称取在 105℃条件下干燥恒重的心得安纯药 0.5000g，用热水溶解，在 100ml 容量瓶中定容，此溶液浓度为 0.01693mol/L。

盐酸氯丙嗪标准溶液的配备：称取在 105℃条件下干燥恒重的盐酸氯丙嗪纯药溶于水中，用 100ml 容量瓶定容，使其浓度为 0.01407mol/L，此溶液遇光渐变色，应及时测定。

• 原文发表于化学研究与应用，6（4）50（1994）。

盐酸普鲁卡因标准溶液的配备：把在 105℃ 干燥至恒重的盐酸普鲁卡因纯药溶于水中，用 100ml 容量瓶定容，此溶液浓度为 0.01833mol/L。

药物的示波图

实验中使用的线路同前[3]，使用这套线路以挂汞电极为工作电极，饱和甘汞电极为参比电极，钨棒电极为对电极，方可进行测定，下面列出四种药物吡哌酸、心得安、盐酸氯丙嗪、盐酸普鲁卡因的示波图。

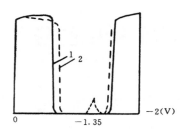

图 1　吡哌酸示波图

1. 0.5mol/L HAc-NaAc 底液
2. 2×10⁻⁵mol/L 吡哌酸

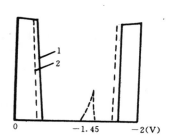

图 2　心得安示波图

1. 0.5mol/L NaOH 底液
2. 3×10⁻⁵mol/L 心得安

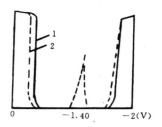

图 3　盐酸氯丙嗪示波图

1. 0.5mol/L KCl 底液
2. 2×10⁻⁵mol/L 盐酸氯丙嗪

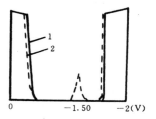

图 4　盐酸普鲁卡因示波图

1. 0.5mol/L NaOH 底液
2. 7×10⁻⁵mol/L 盐酸普鲁卡因

标准曲线的绘制

选择 0.5mol/L HAc-NaAc，0.5mol/L KCl 和 0.5mol/L NaOH 溶液作底液，将交直流电调节到最灵敏状态，测定吡哌酸、心得安、盐酸氯丙嗪和盐酸普鲁卡因不同浓度所对应的倒数峰高，以浓度为横坐标、峰高为纵坐标绘制标准曲线方可定量分析，下面列出两种药的标准曲线。

结果与讨论

样品测定结果

吡哌酸的测定：取 10 片药片（南京第二制药厂，产品批号 911102）置于 100ml 烧杯中，加 0.04％ NaOH 溶液适量，使之溶解，转移到 1L 容量瓶中，稀释至刻度，每次取 0.5ml 加入到 50ml 底液中进行测定。

心得安的测定：取 10 片药片（批号 9100501）研细，在微热条件下加水溶解，在 100ml 容量瓶中定容，取 0.02ml 加入到 50ml 底液中进行测定。

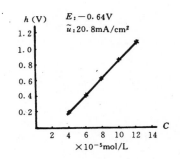

图 5 吡哌酸标准曲线

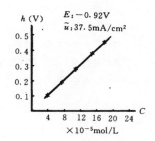

图 6 盐酸普鲁卡因标准曲线

盐酸氯丙嗪的测定：取 10 片药片（批号 9005021-15），研细后溶解，于 100ml 容量瓶中稀至刻度，取 0.20ml 加入到 50ml 底液中进行测定。

盐酸普鲁卡因的测定：取 5 支注射液（批号 900626）于小烧杯中混匀，每次取此注射液 0.10ml 加入到 50ml 底液中直接测定。表 1 列出四种药物的测定结果。

表 1 药物测定结果

样 品	峰高（mV）		测得含量（g/片）	标示量（g/片）
	测得量	平均值		
吡哌酸	0.55 0.55 0.50 0.55 0.54	0.54	0.25	0.25
心得安	0.20 0.15 0.15 0.16 0.15	0.163	9.9	10
盐酸氯丙嗪	0.17 0.16 0.15 0.14 0.15	0.15	25	25
盐酸普鲁卡因	0.35 0.35 0.33 0.35 0.37	0.35	2％	2％

讨　论

检测下限：经实验得出四种药物吡哌酸、心得安、盐酸氯丙嗪、盐酸普鲁卡因在 HAc-NaAc（pH =4.74），KCl（pH=7），NaOH（pH=13.5）底液中的检测限分别是 1.2×10^{-5}，1.0×10^{-5}，1.1×10^{-5}，2.2×10^{-5} mol/L。

回收率：在测定上述药物的同时进行了回收率试验，得到吡哌酸、心得安、盐酸氯丙嗪、盐酸普鲁卡因的回收率分别为 99.43%，98.43%，97.00%，100.0%。

底液的影响：要准确测定药物必须正确地选择底液，通过实验发现氟哌酸、维生素 B_1 在 NaOH 底液中也有倒数峰产生，因此只要选择合适的底液，示波分析法能对许多药物进行测定。

参 考 文 献

〔1〕　中华人民共和国药典(二部)(1990)

〔2〕　高鸿，《示波药物分析》，四川教育出版社，165～423 (1992)

〔3〕　郑建斌、朱俊杰、高鸿，高等学校化学学报，13(8) 1055 (1992)

——33——

倒数示波计时电位法在合金样品测定中的应用*

胡　娟　　郑建斌　　朱俊杰　　高　鸿

摘　　要

应用倒数示波计时电位法，在含有吸附络合物的溶液中，采用挂汞电极作为极化电极，测定了 Cu^{2+}，Ni^{2+}，Cd^{2+}，Pb^{2+} 等几种金属离子的检测下限，并通过测量 $\left(\dfrac{\mathrm{d}E}{\mathrm{d}t}\right)^{-1} \sim E$ 曲线上的峰高对合金样品进行定量分析，得到满意结果。实现了示波分析由常量到微量的飞跃。

倒数示波计时电位法是一种新的电分析方法，它能够将经典示波图 $\dfrac{\mathrm{d}E}{\mathrm{d}t} \sim E$ 曲线上的切口变成易于测量的峰形曲线，有效地减小了充电电流，其灵敏度比经典示波计时电位法可提高近一个数量级。由于络合物在电极表面的吸附，使得电极附近金属离子的浓度比溶液本体中的要大得多，故能提高测定的灵敏度，适用于微量分析。本文应用倒数示波计时电位法，在含有吸附络合物的溶液中，采用挂汞电极作极化电极，测定了 Cu^{2+}，Ni^{2+}，Cd^{2+}，Pb^{2+} 等几种金属离子的检测下限，并对合金样品进行了定量分析，结果令人满意。

试　验　部　分

主要试剂与仪器

底液 A：0.1mol/L H_2SO_4-0.1mol/L NH_4SCN-0.1mol/L H_2NCSNH_2。

• 原文发表于理化检验（化学），31（4）210（1995）。

底液 B：0.5mol/L $(NH_4)_2SO_4$-0.5mol/L $(CH_2)_6N_4$-0.1mol/L NH_4SCN。

底液 C：2% $H_2N(CH_2)_2NH_2$-5×10^{-3}mol/L HO_x-0.3mol/L KOH。

SR071-A 型示波器（扬中电子仪器厂）；挂汞电极为工作电路，饱和甘汞电极与钨棒电极分别为参比电极和对电极；获得$\left(\dfrac{dE}{dt}\right)^{-1}\sim E$的线路自装，其方框图见图1。

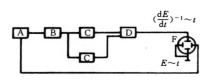

图1 获得倒数计时电位的线路方框图

A. 产生$\dfrac{dE}{dt}\sim E$曲线

B. 对$\dfrac{dE}{dt}\sim E$曲线进行分割与合成线路

C. 倒数线路 D. 放大器 F. 示波器

(a)底液 B 示波图

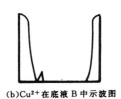

(b)Cu^{2+}在底液 B 中示波图

图2 示波图

试验方法

取 50ml 底液倒入 100ml 小烧杯，调节线路交、直流成分，使示波图处于最佳状态，再加入一定量金属离子标准溶液，在示波器上，于 0～2V 范围内记录示波图（见图2）。

结果与讨论

条件试验

电极的影响：由于吸附络合物会沾污汞滴表面，因此每测量一次，电极需在 0.02mol/L H_2SO_4 中作阳极极化[1]，使汞齐溶出至切口或倒数峰高消失，便可继续使用；或者更换面积相同的新鲜汞滴。

电极面积的影响：分别取表面积 0.010519，0.016495，0.021562，0.030100cm^2的挂汞电极，使其在以 B 为底液，Cu^{2+}浓度为 6×10^{-6}mol/L 的溶液中富集 5min，测得峰高分别为 0.35，0.55，0.65，0.65V，确定测量所使用面积为 0.021562cm^2；以同样的方法确定在底液 B 中测定镍和镉的电极面积为 0.030100cm^2。在底液 A 中，电极面积的影响情形类似。

静止时间的影响：当 Cu^{2+}浓度为 6.0×10^{-7}mol/L 时，对富集时间为 1～10min 的峰高进行测定，最佳时间为在底液 A 中 7min，底液 B 中 5min。确定 Ni^{2+}吸附平衡时间在 A，B 中均为 5min，Cd^{2+}为 6min。

干扰离子试验：当 Cu^{2+}浓度为 6.0×10^{-7}mol/L 时，10 倍 Ni^{2+}干扰测定；大于 100 倍的 Pb^{2+}，Zn^{2+}，Al^{3+}均不干扰测定，大于 150 倍 Fe^{3+}与底液中 SCN^-络合，使示波图变形。

当 Ni^{2+}浓度为 6.0×10^{-6}mol/L 时，Cu^{2+}干扰测定，抑制 Ni^{2+}峰产生；等量的 Cd^{2+}干扰测定，峰电位接近无法分辨；大于 15 倍 Fe^{3+}干扰测定；大于 10 倍的 Pb^{2+}，Zn^{2+}和大于 100 倍的 Al^{3+}，Cr^{3+}均

不干扰测定。

峰电位及灵敏度：Cu^{2+}在NH_4NO_3底液中峰电位为—0.85V，而在吸附体系中移至—0.75V（底液 A）和—0.45V（底液 B）。倒数法在NH_4Cl-NH_3底液中测定镍灵敏度不是很高，但用吸附体系后，灵敏度提高近两个数量级。这种提高灵敏度的方法，是由于溶液中存在可吸附的物质H_2NCSNH_2和$(CH_2)_6N_4$等，它们与金属离子形成络合物，富集在电极表面，溶出时吸附的络合物不能很快溶解，其切口或倒数峰能保持 10min 不变，便于测量。

工作曲线

在所确定的最佳条件下绘制工作曲线（见图3）。测定Cu^{2+}和Ni^{2+}的线性范围为：$2.0 \times 10^{-7} \sim 1.2 \times 10^{-6} mol/L$和$4.0 \times 10^{-6} \sim 1.4 \times 10^{-5} mol/L$。

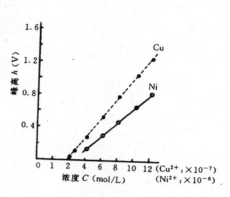

图 3　工作曲线

检测下限

经典示波计时电位曲线方程为[2]：

$$\frac{dE}{dt} = \frac{i_0 \sqrt{\omega} \cos\alpha}{\dfrac{\sqrt{2} K_1 P_1}{(1+P_1)^2} + \dfrac{\sqrt{2} K_2 P_2}{(1+P_2)^2} + \sqrt{2} K_3 P_3° + \sqrt{\omega} C_d} \tag{1}$$

令$Y = \left(-\dfrac{dE}{dt}\right)^{-1}$，则有

$$Y = \left(-\frac{dE}{dt}\right)^{-1} = \left(\frac{\sqrt{2} K_1 P_1}{(1+P_1)^2} + \frac{\sqrt{2} K_2 P_2}{(1+P_2)^2} + \sqrt{2} K_3 P_3°\right)\frac{1}{i_0 \sqrt{\omega}\cos\alpha} + \frac{C_d}{i_0\cos\alpha} \tag{2}$$

这就是倒数示波计时电位$\left(\dfrac{dE}{dt}\right)^{-1}$曲线方程。该方程中第一项为电解电流所作的贡献，第二项$\dfrac{C_d}{i_0\cos\alpha}$是本底，即充电电流所作的贡献。

由公式(2)与纯底液方程(3)相减

$$Y' = \left(\frac{\sqrt{2} K_2 P_2}{(1+P_2)^2} + \sqrt{2} K_3 P_3°\right)\frac{1}{i_0 \sqrt{\omega}\cos\alpha} + \frac{C_d}{i_0\cos\alpha} \tag{3}$$

可得扣除充电电流后的$\left(\dfrac{dE}{dt}\right)^{-1}$曲线方程：

$$\Delta Y = \frac{\sqrt{2} K_1 P_1}{(1+P_1)^2} \cdot \frac{1}{i_0 \sqrt{\omega}\cos\alpha} \tag{4}$$

倒数示波计时电位法可以方便地扣除充电电流，进一步提高分析灵敏度。

在含有吸附络合物溶液的体系中，用示波计时电位法和倒数示波计时电位法分别测定了几种金属离子的检测下限（见表1）。结果表明，倒数法检测下限降低。

样品测定

铝合金中铜的测定：称取铝合金 0.6251g 溶于 HCl（1+1）10ml 中，待完全溶解前加HNO_3（1+1）

2ml，移至 1L 量瓶，稀释至刻度作为储备液。取底液 B 50.00ml 于 100ml 小烧杯中，加入储备液 0.80ml 进行测定。结果见表 2。

表 1　金属离子检测下限的测定

离子	底　　液	切口最低可测浓度[3](ρ/mol/L)	切口灵敏度增加的倍数	峰高最低可测浓度(ρ/mol/L)	峰高灵敏度增加的倍数
	1mol/L NH_4NO_3	1.0×10^{-4}		1.2×10^{-5}	8
Cu^{2+}	A	1.5×10^{-6}	66	1.0×10^{-8}	10^3
	B	1.5×10^{-6}	66	9.0×10^{-8}	10^3 以上
	1mol/L NH_4Cl+NH_3	1.0×10^{-4}		1.2×10^{-5}	8
Ni^{2+}	A	3.0×10^{-6}	33	3.0×10^{-6}	33
	B	2.0×10^{-6}	50	1.2×10^{-6}	83
	1mol/L H_2SO_4+1mol/L NH_4NO_3	1.0×10^{-4}		1.5×10^{-5}	7
Cd^{2+}	A	3.0×10^{-6}	33	2.0×10^{-6}	50
	B	3.0×10^{-6}	50	8.0×10^{-7}	125
Pb^{2+}	1mol/L KOH	5.0×10^{-5}		5.0×10^{-6}	10
	C	2.0×10^{-6}	250	2.0×10^{-7}	2.5×10^3

　　铬铁合金中镍的测定：准确称取铬铁合金 1.000g 溶于 H_2SO_4（1+4）40ml 中，待完全溶解后移至 100ml 量瓶中稀至刻度作为储备液，取底液 B 50.00ml 于 100ml 小烧杯中，加入储备液 0.70ml 进行测定。样品中存在少量 Fe^{3+} 与底液中的 SCN^- 反应将干扰测定，本试验中加入少量盐酸羟胺以消除干扰。样品测定结果见表 2 。

表 2　样品测定结果

样品	倒数峰高h（V）	平均值h（V）	测定浓度C（mol/L）	标准值C（mol/L）
铝合金中铜	0.76（×3）0.78（×2）	0.768	7.38×10^{-7}	7.30×10^{-7}
铬铁合金中镍	0.54（×3）0.55（×2）	0.544	8.71×10^{-6}	8.70×10^{-6}

精密度试验

　　对 Cu^{2+} 浓度 6×10^{-7}mol/L 溶液平行测定 10 次，得峰高均值为 0.65V，相对标准偏差为 1.8%；对 Ni^{2+} 浓度 6.0×10^{-7}mol/L 溶液平行测定 10 次，得峰高均值为 0.40V，相对标准偏差为 2.2%。

　　示波分析法具有直观、快速、仪器简单等特点，若通过线路改进，在底液中加吸附络合剂、测定去极剂，就能超越滴定的范畴，使示波分析由常量到微量过渡。

参 考 文 献

〔1〕 高小霞，《极谱催化波》，科学出版社，238（1990）

〔2〕 高鸿，《示波药物分析》，四川教育出版社，29（1992）

〔3〕 R. Kaivoda，W. Anstine，M. Heyrovskẏ，Anal. Chim. Acta，50，93（1970）

34

程控电流示波计时电位法*

田　敏　　郑建斌　　于科岐　　祁　洪　　高　鸿

摘　要

使用计算机产生的极化电流具有纯度高、稳定性好和波形形状种类多等优点。研究了极化电流的频率、波形和相角对示波图的影响，对 Cd^{2+} 的测定的线性范围为 $2\times10^{-5}\sim2\times10^{-4}mol/L$，相关系数为 0.997。该方法有希望用于分析测试和动力学方面的研究。

选择合适波形的极化电流对于改善循环示波计时电位法的灵敏度和示波图的稳定性、发展示波测定的方法有重要意义[1~3]。通常所使用的正弦、三角、脉冲等波形的极化电流一般由模拟电子线路产生，不仅产生的波形种类有限[4,5]，而且信号的稳定性和重复性有时不够好。随着计算机技术的发展，使利用程序产生任意波形的极化电流成为可能。程序电流具有纯度高、稳定性好和波形形状种类多等优点，特别是在基波上叠加一定的谐波，可以增加 $E\sim t$ 曲线上由去极剂产生的时滞长度，从而有利于特定去极剂测定灵敏度的提高。本文用计算机产生极化电流，再用计算机采集 $E\sim t$，$\dfrac{dE}{dt}\sim E$ 和 $i\sim t$ 信号，研究了极化电流的频率、波形和相角对示波图的影响，实验结果表明：程序化极化电流的使用不仅拓宽了示波分析研究的范围，而且为实现示波分析的自动化奠定了基础。

• 原文发表于青岛化工学院学报(增刊)，17，237 (1996)。

实 验 部 分

试剂

CdCl₂（西安化工厂），所用其它试剂为分析纯，所用溶液均用二次蒸馏水配制。

仪器和线路

486 计算机（美国 Compaq 公司），DA/AD 转换卡 IEE488 卡，78HW-1 型恒温磁力加热搅拌器（杭州仪表电机厂），54501A 数字示波器（美国惠普公司）。

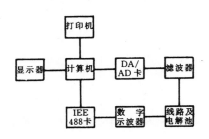

图 1   实验装置

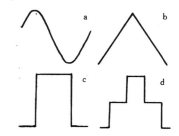

图 2   由计算机产生的几种电流波形
a. 正弦波   b. 三角波   c. 方波   d. 阶梯波

实验方法

在实验中采用三电极体系，汞膜电极为工作电极，钨电极为对电极，甘汞电极为参比电极，实验装置如图 1 所示。启动计算机，将其产生的数字电压信号通过 DA/AD 转换卡转换成模拟信号，经滤波后输入至恒流源并施加于电解池，产生的 $E \sim t$，$\frac{dE}{dt} \sim E$ 和 $i \sim t$ 等示波信号则先储存于数字示波器，再通过 IEE488 接口卡采集到计算机中，并对采集到的数据进行有关处理。

结果与讨论

极化电流波形和稳定性

在示波分析中，采用的极化电流一般由模拟电子线路产生。电流的稳定性不好直接影响示波测定结果的精密度。计算机不仅可以用于产生不同波形的极化电流（图2），而且还可以对采集的示波信号进行后处理。从表 1 所列程序电流的稳定性实验数据可见，程序电流的稳定性很好。

表 1　程序电流的稳定性

时间（min）	0	2	4	6	10
电流（mA）	0.201	0.201	0.201	0.200	0.200
	0.399	0.399	0.399	0.400	0.400

不同波形极化电流对示波图的影响

试验了不同波形极化电流对 Cd^{2+}-0.5mol/L NH_4Ac 体系的 $\frac{dE}{dt} \sim E$ 示波图上切口深度的影响，结果见表 2。由表 2 可见，极化电流波形不同切口深度不同，因此测定 Cd^{2+} 的灵敏度也不同。对于由不同次谐波组成的正弦波，随着谐波次数的增加，阴、阳极支切口深度均不断增加。但谐波次数超过 10 次时，谐波次数的增加，切口深度却不再增加。

表 2　极化电流波形对示波图的影响

切口深度（mm）	三角波	正弦波	正弦波				
			+三次谐波	+四次谐波	+五次谐波	+十次谐波	+二十次谐波
阴极支	19.0	23.2	20.6	29.0	33.3	51.7	34.8
阳极支	21.8	11.6	19.0	20.1	27.5	49.1	50.0

极化电流频率对示波图的影响

试验了极化电流的频率对示波图的影响，实验结果见图 3。由图 3 可以看出，随着极化电流频率增加，切口深度逐渐降低。这与理论上的预测基本一致[6]。

程序电流相角对示波图的影响

表 3 说明程序电流相角对切口深度和切口电位都有一定的影响。随五次谐波相角增加，切口深度减小，切口电位变得更正；而随着十次谐波相角增加，切口深度增加，切口电位却变得更负。

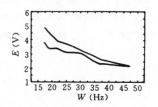

图 3　切口深度与程序电流频率的关系

示波图的重现性及线性关系

在 0.5mol/L NH_4Ac 溶液中，对 $5.0 \times 10^{-5} Cd^{2+}$ 产生的切口深度进行了 8 次测定，其相对标准偏差为 0.25%，线性范围为 $2 \times 10^{-5} \sim 2 \times 10^{-4}$ mol/L，相关系数为 0.997。

表3　程序电流相角对示波图的影响

切口参数	含谐波次数	相角			
		0	$\pi/4$	$\pi/2$	π
切口深度	5	4.25	3.60	2.70	2.56
(cm)	10	3.12	3.80	4.63	5.02
切口电位	5	0.551	0.542	0.533	0.533
(-V)	10	0.500	0.515	0.515	0.525

结　　论

研究结果表明,利用计算机不仅可以方便地采集和处理实验结果,而且可以产生纯度高、稳定性好、频率低以及任意波形的极化电流。这对于提高示波测定的灵敏度、改善示波图的稳定性、扩大示波分析的研究范围有重要意义。

参 考 文 献

〔1〕 毕树平、祁洪、都思丹、高鸿,高等学校化学学报,(12) 604 (1991)

〔2〕 郑建斌、赵明仁、朱晓红,高等学校化学学报,25(4) 1209 (1995)

〔3〕 S. Bi, S. Du, H. Gao, J. Electroanal. Chem., 390, 1 (1995)

〔4〕 祁洪、马新生、高鸿,高等学校化学学报,9, 564 (1988)

〔5〕 毕树平、马新生、高鸿,应用化学,4, 54 (1987)

〔6〕 祁洪,博士论文,南京大学化学系(1989)

六　示波分析的基础理论研究

1. $E \sim t$ 曲线，$\dfrac{\mathrm{d}E}{\mathrm{d}t} \sim E$ 曲线理论

（1）Micka 公式的修正：Micka-Kao 方程式（论文 35，36，37，38）

（2）端电位理论（论文 39）

（3）临界电流密度（论文 40）

（4）电极双电层微分电容（论文 41）

（5）卤素离子的吸附（论文 42）

2. 三角波示波图理论（论文 43～46）

3. 示波极谱中和指示剂原理（论文 47）

4. 示波极谱图的伸缩及位移（论文 48）

5. 双微铂电极示波滴定原理（论文 49）

6. $i_t \sim E$ 曲线的理论公式（论文 50）

7. 双铂电极交流示波双电位滴定原理（论文 51）

—35

电流反馈示波极谱滴定法*

杨昭亮　　高　鸿

〔作者按语〕

　　在推导电流反馈示波极谱理论公式的过程中，作者得到了修正的 Micka 公式。

摘　　要

　　本文提出了电流反馈示波极谱滴定法的原理、仪器装置及操作技术。为了提高去极剂切口的灵敏度，可将 $\dfrac{\mathrm{d}E}{\mathrm{d}t} \sim E$ 信号转换为电流信号后再反馈回电解池以补偿充电电流，一般可将切口灵敏度提高 1～5 倍，图形分辨率也较经典方法高，从而使滴定终点的变化更为敏锐，扩大了示波极谱滴定的应用范围。推导了电流反馈的交流电流极化理论公式，分析了电流反馈对示波极谱图形、去极剂切口灵敏度及切口电位的影响。

　　在示波极谱滴定中，通过电解池的是 50Hz 恒振幅交流电流，用 $\dfrac{\mathrm{d}E}{\mathrm{d}t} \sim E$ 示波极谱图指示滴定终点。由于交流极化电流的频率很高，充电电流就成了影响去极剂切口灵敏度的一个主要因素。由 $\dfrac{\mathrm{d}E}{\mathrm{d}t} = \dfrac{i_c}{C_d}$ 可知，在去极剂切口附近的电位范围内，当微分电容变化不大时，充电电流正比于 $\dfrac{\mathrm{d}E}{\mathrm{d}t}$。只要将示波极谱图的 $\dfrac{\mathrm{d}E}{\mathrm{d}t}$ 信号转换为电流信号再反馈回电解池，就可对充电电流进行部分补偿，提高去极剂切口的灵敏度。

　　• 原文发表于化学学报，48，554 (1990)。

理　论

电流反馈的 $E = f(t)$ 及 $\dfrac{\mathrm{d}E}{\mathrm{d}t} = f'(t)$ 公式

在具有恒定表面 A 的汞电极上，在含有支持电解质和去极剂的溶液中，除了加一个恒振幅的交流电流外，还施加一个波形正比于 $\dfrac{\mathrm{d}E}{\mathrm{d}t}$ 的反馈电流 $-K'\dfrac{\mathrm{d}E}{\mathrm{d}t}$。$K'$ 是 $\dfrac{\mathrm{d}E}{\mathrm{d}t}$ 信号在压控恒流源中转换为电流的一个系数，在实验中，反馈量一定时，K' 是常数。假设所有电极反应均可逆，去极剂氧化态及还原态均溶于溶液，其浓度分别为 c_1 及 c_2，支持电解质阳离子的浓度为 c_3，其还原态在汞齐中的浓度为 c_4，汞离子浓度为 c_5。对于简单电荷传递反应的电极过程：$O + n_1 e \rightleftharpoons R$，若将汞电极近似当作平面电极处理，传质方程为：

$$\frac{\partial c_k(x,t)}{\partial t} = D_k \frac{\partial^2 c_k(x,t)}{\partial x^2}; \quad k = 1,2,3,4,5 \tag{1}$$

$$x = 0, t > 0$$

$$D_1\left(\frac{\partial c_1}{\partial x}\right)_{x=0} + D_2\left(\frac{\partial c_2}{\partial x}\right)_{x=0} = 0 \tag{2}$$

$$D_3\left(\frac{\partial c_3}{\partial x}\right)_{x=0} - D_4\left(\frac{\partial c_4}{\partial x}\right)_{x=0} = 0 \tag{3}$$

电流密度为

$$\frac{i}{A} = n_1 F D_1\left(\frac{\partial c_1}{\partial x}\right)_{x=0} + n_2 F D_3\left(\frac{\partial c_3}{\partial x}\right)_{x=0} + 2F D_5\left(\frac{\partial c_5}{\partial x}\right)_{x=0} - \frac{\mathrm{d}Q}{\mathrm{d}t} \tag{4}$$

式中 Q 是汞电极单位面积上的双电层充电电量。

电极表面浓度 $c_{j,0}$ 满足 Nernst 方程：

$$c_{1,0} = c_{2,0}\frac{f_2}{f_1}\exp(E - E_1^0)\frac{n_1 F}{RT} = c_{2,0}P_1^0 \tag{5}$$

$$c_{3,0} = c_{4,0}\frac{f_4}{f_3}\exp(E - E_2^0)\frac{n_2 F}{RT} = c_{4,0}P_2^0 \tag{6}$$

$$c_{5,0} = \frac{1}{f_5}\exp(E - E_3^0)\frac{2F}{RT} = P_3^0 \tag{7}$$

$x \to \infty, t > 0$ 时 $\quad c_1 = c_{1a}, c_2 = c_{2a}, c_3 = c_{3a}, c_5 = 0 \tag{8}$

$x \to -\infty, t > 0$ 时 $\quad c_4 = 0 \tag{8'}$

$t = 0$ 时 $\quad c_1 = c_{1a}, c_2 = c_{2a}, c_3 = c_{3a}, c_4 = 0, c_5 = 0 \tag{9}$

以上方程经 Laplace 变换，解得下式：

$$-n_1 F\sqrt{D_2}c_{2a} + \frac{n_1 F(\sqrt{D_1}c_{1a} + \sqrt{D_2}c_{2a})}{P_1 + 1} + \frac{n_2 F\sqrt{D_3}c_{3a}}{P_2 + 1} - 2F\sqrt{D_5}P_3^0$$

$$= \left[\frac{\bar{i}(P)}{A} + L\left(\frac{\mathrm{d}Q}{\mathrm{d}t}\right)\right]\frac{1}{\sqrt{P}} \tag{10}$$

式中 $\quad P_1 = \exp(E - E_1^{1/2})\dfrac{n_1 F}{RT}; \quad P_2 = \exp(E - E_2^{1/2})\dfrac{n_2 F}{RT}$

电极上施加的电流为：

$$i = i'_0 \sin\omega t + i'_1 - K' \frac{dE}{dt} \qquad (K' \geqslant 0)$$

若用电流密度表示，令 $i_0 - i'_0/A$，$i_1 = i'_1/A$，$K = K'/A$，则

$$\frac{i}{A} = i_0 \sin\omega t + i_1 - K \frac{dE}{dt} \tag{11}$$

$i' \sin\omega t$ 是恒振幅交流电流，i'_1 是直流分量，$-K' \dfrac{dE}{dt}$ 是反馈电流，K 与微分电容 C_d 同量纲。

当 ωt 足够大，即通上数 10 周交流电流后，式(10)右边可变换为：

$$\left[\frac{\bar{i}(P)}{A} + L\left(\frac{dQ}{dt}\right)\right]\frac{1}{\sqrt{P}} = \frac{i_0}{\sqrt{\omega}}\sin\left(\omega t - \frac{\pi}{4}\right) + 2i_1\sqrt{\frac{t}{\pi}} + \left(1 - \frac{K}{C_d}\right)\frac{dQ}{dt} * \frac{1}{\sqrt{\pi t}} \tag{12}$$

符号 * 定义为：$f(t) * g(t) \equiv \int_0^t f(\tau)g(t-\tau)d\tau$

准确求解 $\left(1 - \dfrac{K}{C_d}\right)\dfrac{dQ}{dt} * \dfrac{1}{\sqrt{\pi t}}$ 有困难，只能求近似解，即用无去极剂时的充电电流代替有去极剂存在时的充电电流求 $\left(1 - \dfrac{K}{C_d}\right)\dfrac{dQ}{dt} * \dfrac{1}{\sqrt{\pi t}}$ 的近似解。当去极剂浓度较小时，这一假设是合理的[1]。由 Q，E 的物理意义可知，在接近纯充电的情况下，当 $\omega t = 2\pi$，4π，$\cdots$，$2n\pi$，$\cdots$时，Q，E 都几乎同时达到最大值 Q_{max}，E_{max}；当 $\omega t = \pi$，3π，$\cdots$，$(2n+1)\pi$，$\cdots$时，Q，E 几乎同时达到最小值 Q_{min}，E_{min}，由式 (10) 解得

$$\left(1 - \frac{K}{C_d}\right)\frac{dQ}{dt} * \frac{1}{\sqrt{\pi t}} = \sqrt{\frac{\omega}{2}}[Q - Q_{max} + K(E_{max} - E) + Q_0] - \frac{i_0}{\sqrt{2\omega}}\sin\omega t \tag{13}$$

$$Q_0 = \frac{1}{2}[Q_{max} - Q_{min} - K(E_{max} - E_{min})] \tag{14}$$

上式中 Q_0 表示正弦电流所提供的充电电量的幅值，$K(E_{max} - E_{min})/2$ 为反馈电流提供的充电电量的幅值。

合并式 (10)，(12)，(13)，得 $E \sim t$ 曲线的表达式：

$$-n_1 F \sqrt{D_2}c_{2a} + \frac{n_1 F(\sqrt{D_1}c_{1a} + \sqrt{D_2}c_{2a})}{P_1 + 1} + \frac{n_2 F \sqrt{D_3}c_{3a}}{P_2 + 1}$$

$$-2F\sqrt{D_5}P_3^0 - \sqrt{\frac{\omega}{2}}[Q - Q_{max} - K(E_{max} - E) + Q_0]$$

$$= \frac{i_0}{\sqrt{2\omega}}\sin\left(\omega t - \frac{\pi}{2}\right) + 2i_1\sqrt{\frac{t}{\pi}} \tag{15}$$

对式 (15) 微分得

$$-\frac{dE}{dt} = \frac{i_0\sqrt{\dfrac{\omega}{2}}\sin\omega t + \dfrac{i_1}{\sqrt{\pi t}}}{\dfrac{P_1 K_1}{(1+P_1)^2} + \dfrac{P_2 K_2}{(1+P_2)^2} + K_3 P_3^0 + \sqrt{\dfrac{\omega}{2}}(C_d - K)} \tag{16}$$

式中

$$K_1 = \frac{n_1^2 F^2}{RT}(\sqrt{D_1}c_{1a} + \sqrt{D_2}c_{2a})$$

$$K_2 = \frac{n_2^2 F^2}{RT} (\sqrt{D_3} c_{3a}); \qquad K_3 = \frac{4F^2}{RT} \sqrt{D_5}$$

在 $\frac{dE}{dt} \sim E$ 示波极谱图的切口电位附近，$P_3^0 \to 0$，$P_2 \to \infty$，则有

$$-\frac{dE}{dt} = \frac{i_0 \sqrt{\frac{\omega}{2}} \sin\omega t + \frac{i_1}{\sqrt{\pi t}}}{\frac{P_1 K_1}{(1+P_1)^2} + \sqrt{\frac{\omega}{2}}(C_d - K)} \tag{17}$$

在 $C_d > K \geqslant 0$ 范围内，式（15）～（17）有意义。当 $K=0$，即不加电流反馈时，得经典的交流示波极谱图的理论公式。

$$-n_1 F \sqrt{D_2} c_{2a} + \frac{n_1 F(\sqrt{D_1} c_{1a} + \sqrt{D_2} c_{2a})}{1 + P_1} + \frac{n_2 F \sqrt{D_3} c_{3a}}{1 + P_2} - 2F \sqrt{D_5} P_3^0$$

$$-\sqrt{\frac{\omega}{2}}[Q - Q_{max} - Q_0] = \frac{i_0}{\sqrt{2\omega}} \sin\left(\omega t - \frac{\pi}{2}\right) + 2i_1 \sqrt{\frac{t}{\pi}} \tag{18}$$

$$-\frac{dE}{dt} = \frac{i_0 \sqrt{\frac{\omega}{2}} \sin\omega t + \frac{i_1}{\sqrt{\pi t}}}{\frac{P_1 K_1}{(1+P_1)^2} + \frac{P_2 K_2}{(1+P_2)^2} + K_3 P_3^0 + \sqrt{\frac{\omega}{2}} C_d} \tag{19}$$

当无去极剂存在，且 i_0 并非很大，支持电解质阳离子不在电极上还原，汞亦不溶出，即电极完全处于纯充电的情形。当 t 足够大时，$\frac{i_1}{\sqrt{\pi t}}$ 可忽略，由式（17）得：

$$-\frac{dE}{dt} = \frac{i_0 \sin\omega t}{C_d} \tag{20}$$

与 Heyrovsky 的纯充电曲线公式相一致[2]。而 Micka 导得的纯充电曲线公式为 $-\frac{dE}{dt} = \frac{i_0 \cos\left(\omega t - \frac{\pi}{4}\right)}{C_d}$，与 Heyrovsky 的结果相矛盾。

电流反馈对示波极谱图的影响

电流反馈对示波极谱滴定灵敏度的影响：由式（17）得去极剂切口的相对高度为

$$h = \left(\frac{dE}{dt}\right) \bigg/ \left(\frac{dE}{dt}\right)_{K_2=0} = \frac{4(C_d - K)\sqrt{\omega}}{\sqrt{2} K_1 + 4(C_d - K)\sqrt{\omega}} \tag{21}$$

去极剂浓度变化对切口相对高度的影响可用 $\frac{dh}{dK}$ 表示。滴定方法的终点指示是否敏锐则取决于切口刚出现，也即去极剂浓度很小时切口的敏锐程度，因此可用 $\left(\frac{dh}{dK_1}\right)_{K_1=0}$ 近似表示滴定方法的灵敏度，$\left(\frac{dh}{dK_1}\right)_{K_1=0}$ 的绝对值越大，终点越敏锐。由式（21）得

$$\left(\frac{dh}{dK_1}\right)_{K_2=0} \bigg/ \left(\frac{dh'}{dK_1}\right)_{K_2=0} = \frac{C_d}{C_d - K} \tag{22}$$

$\left(\frac{dh'}{dK_1}\right)_{K_1=0}$ 为不加电流反馈时滴定方法的灵敏度。可见加了电流反馈后，方法的灵敏度提高了 $\frac{K}{(C_d - K)}$

倍。实验结果证明（图1），使用反馈，可使灵敏度提高2～5倍。

K 值对 $\frac{dh^{-1}}{dc} \sim f^{-\frac{1}{2}}$ 的影响：切口相对高度的倒数为

$$\frac{1}{h} = \frac{K_1}{\sqrt{2\omega}(C_d - K)} + 1 \tag{23}$$

即理论上 $h^{-1}-c_{1a}$ 图应为一直线，而实验测得的 $h^{-1}-c_{1a}$ 图只有在低浓度范围才近似为直线关系。去极剂浓度越高，实验值偏离线性越远。当频率为50Hz时，$h^{-1}-c_{1a}$ 曲线在 $5 \times 10^{-6} \sim 4 \times 10^{-5}$ mol/L 范围内呈线性关系。这也说明了以上的理论公式只有在低浓度范围适用。

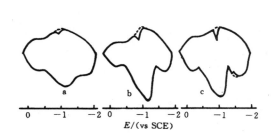

图 1 Zn^{2+} 的示波极谱图

汞膜电极 $f=50$Hz pH4.7 HAc-NaAc-4×10^{-5}mol/L Zn^{2+}

a. 未加电流反馈 b. 加电流反馈 c. 加电流反馈 $C_1 = 0.1\mu$F

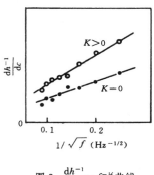

图 2 $\frac{dh^{-1}}{dc} \sim f^{-\frac{1}{2}}$ 曲线

底液：1mol/L NaOH

去极剂：PbO$_2^{2-}$

由一系列不同频率下测得的 $h^{-1}-c_{1a}$ 实验曲线可求得低浓度端的 dh^{-1}/dc_{1a} 值，作 $\frac{dh^{-1}}{dc^{1a}}-f^{-\frac{1}{2}}$ 图，基本上呈线性关系（见图2）。交流电的频率太高时体系的可逆性变差，因此实验值会偏低。频率太低，示波图闪动，所以一般宜选用的交流电频率约为10～100Hz。图2表明了加电流反馈后曲线的斜率比不加反馈的大，这与式（23）的结论相一致。

仪 器 装 置

电流反馈示波极谱滴定装置原理图见图3，粗线表示反馈回路。由于流经电解池的电流包括 $i_0\sin\omega t$, i_1 与 $\frac{KdE}{dt}$ 三部分，而 $\frac{dE}{dt}$ 值与电解池中溶液的组成有关，在滴定过程中 $\frac{dE}{dt} \sim t$ 曲线是变化的，所以电流波形并非像经典示波极谱滴定一样是恒定不变的，这也是该方法的一个特点。图4为电流反馈示波极谱滴定 Cu^{2+} 时流经电解池的电流波形，可见去极剂的存在对电流波形有影响。当去极剂的浓度增大时，由于去极剂在电极上的反应使得 E 变化较缓慢，电极所需的充电电流减小，相应地，流经电解池的电流下降。图5是对充电电流进行补偿前及补偿后的 Cu^{2+} 的示波极谱图。从图中可见加了电流反馈后，Cu^{2+} 切口的深度明显增加，而且切口也变得更尖锐。

从理论分析可知，只有当去极剂切口电位处的微分电容值比较小时，$\frac{KdE}{dt}$ 电流反馈才能使切口灵

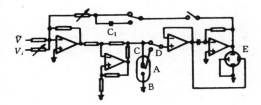

图 3　电流反馈的示波极谱滴定装置
A. 电解池　B. 极化电极　C. 辅助电极
D. 参比电极　E. 示波器

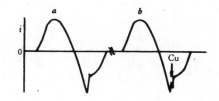

图 4　电流反馈示波极谱滴定 Cu^{2+} 时的电流波形
铂电极　$f=50Hz$　a. pH4.7 HAc-NaAc-KBr
b. 底液 $+3\times10^{-5}$ mol/L Cu(Ⅰ)

敏度有较明显的提高。实验表明,当切口电位处 C_d 值较大时,一个改善的方法是在反馈回路中串联一个电容（图3）,使反馈信号中增加 $\dfrac{d^2E}{dt^2}$ 分量。但所串电容的容量不可太小,否则 $\dfrac{KdE}{dt}$ 分量过小,起不到对充电电流进行补偿的作用,效果反而不好。

应　用

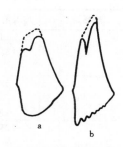

图 5　Cu(Ⅰ)的示波极谱图
铂电极　$f=50Hz$
pH4.7 HAc-NaAc-KBr
a. 无电流反馈,1.2×10^{-4}
mol/L Cu(Ⅰ)
b. 加电流反馈,3×10^{-5}
mol/L Cu(Ⅰ)

在经典的示波极谱滴定法中,当交流电频率为50Hz时,Ni^{2+},Co^{2+},Mn^{2+} 在汞膜电极示波极谱图上的切口及 Cu^{2+},Zn^{2+},Cd^{2+} 在铂电极示波极谱图上的切口均不灵敏,无法用来指示终点[3]。如果加上电流反馈,切口灵敏度增加,就可以利用这些离子的切口指示滴定终点。利用电流反馈也可使过去已研究过的示波极谱滴定的终点变化更敏锐。该方法还可应用于半微量滴定。

滴定步骤

在示波极谱滴定中,电流反馈量越大切口越灵敏,但电流反馈量又不可加得过大,否则整个回路发生振荡（图5）,使示波极谱曲线上出现许多振荡波形甚至完全被振荡波形所掩盖。在实际滴定中,先在未加电流反馈的情况下调到正常的示波极谱图形,然后接上电流反馈,加大电流反馈至回路将要产生或刚开始产生振荡。由于额外增加了一个反馈电流,所以正弦交流电流应适当调小,调好线路参数后便可进行滴定,以下的滴定步骤与经典示波极谱滴定法的相同。在整个滴定过程中,示波极谱图是很稳定的。

以氨羧配位剂滴定了 Cu^{2+},Pb^{2+},Zn^{2+},Cd^{2+},Co^{2+},Ni^{2+},Mn^{2+},滴定结果均符合定量分析的要求（见表1,2）。

表1 Cu，Cd，Zn，Pb 的滴定结果（铂电极）

被测离子	加入量 （mg）	测得量均值（mg）	测定次数 （n）	标准偏差 （mg）	CV （%）
Cu	32.91	32.92	4	0.013	0.04
	13.17	13.17	4	0.013	0.10
	6.59	6.58	4	0.013	0.20
Cd	28.42	28.41	4	0.010	0.04
	11.37	11.38	4	0.008	0.07
	5.69	5.68	4	0.008	0.14
Zn	66.65	66.93	4	0.040	0.06
	40.02	39.99	4	0.038	0.09
	26.65	26.67	4	0.034	0.13
Pb	12.38	12.39	4	0.010	0.08
	4.953	4.959	4	0.006	0.13
	2.477	2.479	4	0.006	0.22

表2 Cd，Ni，Mn，Zn，Co 的滴定结果（汞膜电极）

被测离子	加入量 （mg）	测得量均值（mg）	测定次数 （n）	标准偏差 （mg）	CV （%）
Cd	13.61	13.61	4	0.014	0.10
	5.446	5.449	4	0.0081	0.15
	2.723	2.720	4	0.0083	0.31
Ni	59.16	59.11	4	0.033	0.06
	35.50	35.48	4	0.030	0.08
	29.56	29.58	4	0.024	0.08
Mn	25.63	25.64	4	0.010	0.04
	10.25	10.26	4	0.008	0.08
	5.128	5.125	4	0.008	0.16
Zn	32.07	32.07	4	0.019	0.06
	12.83	12.82	4	0.019	0.15
	6.416	6.426	4	0.012	0.18
Co	68.01	67.97	4	0.079	0.12
	40.84	40.80	4	0.039	0.10

进行以上滴定时，必须注意以下几点：

1. EDTA 滴定 Pb^{2+} 时，Pb^{2+} 在铂电极示波极谱图上的切口消失较慢，故临终点时必须缓慢滴定。

2. 使用汞膜电极时，临终点时需通较大的交流电流或负的直流电流电解数秒，使电极表面清洁，这样可获得正常的示波极谱图及敏锐的终点变化。

3. 用汞膜电极进行 Zn^{2+} 的滴定时，必须使用汞膜层较薄的小面积电极，否则到滴定终点时 Zn^{2+} 在阳极支上的切口不完全消失，干扰滴定终点的观察。

4. 在使用微铂电极为极化电极的示波极谱滴定中，应加入适量的 KBr，否则金属离子的切口均不敏锐。

参 考 文 献

〔1〕　K. Micka，Z. Phys. Chem.（Leipzig），206，345 (1957)

〔2〕　J. Heyrovsky，Oscillographic Polarography，Ed. by Longmuir，I . S.，Advances in Polarography，Pergamon Press，London，1,1 (1960)

〔3〕　杨昭亮、高鸿，高等学校化学学报,7, 211 (1986)

36

小电流交流示波极谱 $E \sim t$ 曲线理论公式的推导方法·

徐伟建　　高　鸿

摘　　要

　　本文用电极等效电路原理推导了小交流电流情况下的 $E \sim t$ 曲线方程式，在近似应用于大电流的情况时，与 Micka 公式相似，当进一步近似时即可得 Micka 公式，但在纯充电时可得到与 Heyovsky 公式相一致的结果，弥补了 Micka 公式的不足，能说明一些 Micka 公式不能说明的现象。

　　Micka 推导了交流示波极谱 $E \sim t$ 曲线的理论公式[1]，当恒振幅交流电流通过电解池，若池的极化电极为微汞电极、支持电解质为钾盐、浓度为 C_{K^+}，溶液中被测定的去极剂的氧化态和还原态的浓度分别为 C_O 和 C_R，则电极反应为：

$$O + ne \Longleftrightarrow R \tag{1}$$

通电前溶液中不含有汞离子，电解后产生了 Hg^{2+}，浓度为 $C_{Hg^{2+}}$；通电前汞电极中 K 的浓度为零，通电后浓度为 C_K；D_O，D_R，D_{K^+}，D_K 和 $D_{Hg^{2+}}$ 依次代表去极剂的氧化态、还原态、K^+、K（在 Hg 中）及 Hg^{2+} 在溶液中的扩散系数。假定所有电极反应均可逆，为扩散所控制，则 $E \sim t$ 曲线方程式为：

$$-nF\sqrt{D_R}C_R + \frac{nF\left(\sqrt{D_R}C_R + \sqrt{D_O}C_O\right)}{1 + P_1} + \frac{F\sqrt{D_{K^+}}C_{K^+}}{1 + P_2}$$

$$-2F\sqrt{D_{Hg^{2+}}} + P_3^0 - \sqrt{\omega}(Q - Q_{max} + Q_O) = \frac{i_0}{\sqrt{\omega}}\sin\left(\omega t - \frac{\pi}{4}\right) \tag{2}$$

这就是只考虑交流成分的 Micka 公式，式中

　　• 原文发表于高等学校化学学报，9（8）780（1988）。

$$P_1 = \sqrt{\frac{D_O}{D_R}} P_1^0 = \exp \frac{(E - E_1^{1/2})nF}{RT} \tag{2a}$$

$$P_1^0 = \frac{C_O^0}{C_R^0} = \exp \frac{(E - E_1^0)nF}{RT} \tag{2b}$$

$$P_2 = \sqrt{\frac{D_{K^+}}{D_K}} P_2^0 = \exp \frac{(E - E_2^{1/2})F}{RT} \tag{2c}$$

$$P_2^0 = \frac{C_{K^+}^0}{C_K^0} = \exp \frac{(E - E_2^0)F}{RT} \tag{2d}$$

$$P_3^0 = C_{Hg^{2+}}^0 = \exp \frac{(E - E_3^0)2F}{RT} \tag{2e}$$

当通过电极的电流只有充电电流时，公式(2)可简化为

$$E = \overline{E} - \frac{i_0}{\omega C_d} \sin\left(\omega t - \frac{\pi}{4}\right) \tag{3}$$

而 Heyrovsky 所得公式[2]为

$$E = \overline{E} - \frac{i_0}{\omega C_d} \sin\left(\omega t - \frac{\pi}{2}\right) \tag{4}$$

两人所得结果相差 $\frac{\pi}{4}$。由于 Micka 公式是一种近似结果，要得到准确解很困难，但在小电流的情况下可得到较精确的解。因此本文利用法拉第等效阻抗的概念，推导了小电流下的交流示波极谱 $E \sim t$ 曲线的理论公式，并将结果近似应用于大电流的情况，对于纯充电的情况，本法结果与 Heyrovsky 的公式是一致的。

电极界面的等效电路

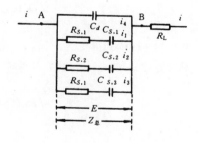

图1 三种电解过程的电极界面的等效电路

当电流较小时，电极界面可等效为电阻、电容等的组合[3~5]。图1中 R_L 为溶液电阻，C_d 为电极双层的微分电容。每一电极反应也可以用等效电路表示。R_S 为电解时的扩散极化电阻，C_S 为假电容，R_S 和 C_S 串联组成法拉第阻抗 Z，其值为：

$$Z = R_S - \frac{j}{\omega C_S} \tag{5}$$

交流示波极谱常有 3 种电极反应，可以看作是 3 个法拉第阻抗并联[3]。因为在一定的溶液中 R_L 为常数，因此只考虑 A，B 两点间电流和电位的关系。在控制电流的条件下，各个并联单元中流过的电流为 i_1，i_2，i_3 和 i_4，它们的矢量和为 i，显然在各单元上产生的电位是等同的，用 E 表示，这时电极界面的总阻抗为：

$$Z_{总} = \left(\frac{1}{Z_1} + \frac{1}{Z_2} + \frac{1}{Z_3} + \frac{1}{Z_{C_d}}\right)^{-1}$$

$$= \left[\frac{1}{R_{S,1} + \frac{1}{j\omega C_{S,1}}} + \frac{1}{R_{S,2} + \frac{1}{j\omega C_{S,2}}} + \frac{1}{R_{S,3} + \frac{1}{j\omega C_{S,3}}} + j\omega C_d\right]^{-1} \tag{6}$$

Z，R_S 和 C_S 的表达式

令去极剂、钾和汞的电极反应的 Z，R_S 和 C_S 分别为 Z_1，$R_{S,1}$，$C_{S,1}$，Z_2，R_{S2}，$C_{S,2}$，Z_3，$R_{S,3}$ 和 $C_{S,3}$，其表达式的推导如下。根据 Fick 第二定律。反应的扩散方程为：

$$\frac{\partial C}{\partial t} = \frac{D \partial^2 C}{\partial x^2} \tag{7}$$

当正弦交流电流 $i = i_0 \sin\omega t$ 流过电极时，通电的边界条件为：

$$D\left(\frac{\partial C}{\partial x}\right)_{x=0} = \frac{i}{nF} \tag{8}$$

当达到准稳态时，交流电已通过若干周期，这时初始状态的因素越来越不重要，将（8）式另一边界条件 $C_O(\infty, t) = C_O$ 和 $C_R(\infty, t) = C_R$ 联用，经拉普拉斯变换，得到扩散方程（7）的解：

$$(\Delta C_O)_{x=0} = C_O^0 - C_O = -\left[\frac{1}{nF\sqrt{D_O\omega}}\right]i_{0,1}\sin\left(\omega t - \frac{\pi}{4}\right) \tag{9}$$

$$(\Delta C_R)_{x=0} = C_R^0 - C_R = \left[\frac{1}{nF\sqrt{D_R\omega}}\right]i_{0,1}\sin\left(\omega t - \frac{\pi}{4}\right) \tag{10}$$

可见当交流电通过电极时，电极表面的浓度波动落后于电流 $\frac{\pi}{4}$。（9）（10）式可写成：

$$\sqrt{D_O}(C_O^0 - C_O) = \left(-\frac{1}{nF\sqrt{\omega}}\right)i_{0,1}\sin\left(\omega t - \frac{\pi}{4}\right) \tag{11}$$

$$\sqrt{D_R}(C_R - C_R^0) = \left(-\frac{1}{nF\sqrt{\omega}}\right)i_{0,1}\sin\left(\omega t - \frac{\pi}{4}\right) \tag{11a}$$

由（11）（11a）式得

$$\sqrt{D_O}(C_O^0 - C_O) = \sqrt{D_R}(C_R - C_R^0) \tag{12}$$

结合方程式（2a）和（11）可得到

$$\sqrt{D_O}(C_O^0 - C_O) = \sqrt{D_R}C_R - \frac{\sqrt{D_O}C_O + \sqrt{D_R}C_R}{1 + P_1}$$

$$= -\left(\frac{i_{0,1}}{nF\sqrt{\omega}}\right)\sin\left(\omega t - \frac{\pi}{4}\right) \tag{13}$$

或

$$-nF\sqrt{\omega D_R}C_R + nF\sqrt{\omega}\frac{\sqrt{D_O}C_O + \sqrt{D_R}C_R}{1 + P_1} = i_{0,1}\sin\left(\omega t - \frac{\pi}{4}\right) \tag{14}$$

同法并利用 $C_K = 0$ 和 $C_{Hg^{2+}} = 0$ 的初始条件可得

$$\frac{F\sqrt{\omega D_{K^+}}C_{K^+}}{1 + P_2} = i_{0,2}\sin\left(\omega t - \frac{\pi}{4}\right) \tag{15}$$

$$-2F\sqrt{\omega D_{Hg^{2+}}}P_3^0 = i_{0,3}\sin\left(\omega t - \frac{\pi}{4}\right) \tag{16}$$

流过电极的充电电流为 i_4，则

$$dQ = -i_4 dt = -i_{0,4}\sin\omega t dt \tag{17}$$

$$\frac{\mathrm{d}Q}{\mathrm{d}E}\mathrm{d}E = C_d\mathrm{d}E = -i_{0,4}\sin\omega t\mathrm{d}t \tag{18}$$

$$\mathrm{d}E = -\frac{i_{0,4}}{C_d}\sin\omega t\mathrm{d}t = \left(-\frac{1}{\omega C_d}\right)\mathrm{d}i_{0,4}\sin\left(\omega t - \frac{\pi}{2}\right) \tag{19}$$

两边积分并考虑通电前电极电位为 $\bar{E}$，得

$$E = \bar{E} + \frac{i_{0,4}}{\omega C_d}\cos\omega t = \bar{E} - \frac{i_{0,4}}{\omega C_d}\sin\left(\omega t - \frac{\pi}{2}\right) \tag{20}$$

可见充电时电极电位的相位落后于电流 $\frac{\pi}{2}$。

（14）（15）（16）和（20）式分别是 3 种电极反应和充电过程单独存在时 $E\sim t$ 曲线方程。交流电通过电极时，电极的阻抗可表示为

$$Z = -\frac{\mathrm{d}E}{\mathrm{d}i} \tag{21}$$

则等效电路中各支路的阻抗公式（14）（15）（16）和（20）式分别改写为

$$-nF\sqrt{\omega D_R}C_R + \frac{nF\sqrt{\omega}\left(\sqrt{D_O}C_O + \sqrt{D_R}C_R\right)}{1 + P_1}$$
$$= \left(\frac{1-j}{\sqrt{2}}\right)i_{0,1}\sin\omega t = \frac{(1-j)i_1}{\sqrt{2}} \tag{22}$$

$$\frac{F\sqrt{\omega D_{K^+}} + C_{K^+}}{1 + P_2} = \left(\frac{1-j}{\sqrt{2}}\right)i_{0,2}\sin\omega t = \frac{(1-j)i_2}{\sqrt{2}} \tag{23}$$

$$-2F\sqrt{\omega D_{Hg^{2+}}}P_3^0 = \left(\frac{1-j}{\sqrt{2}}\right)i_{0,2}\sin\omega t = \frac{(1-j)i_3}{\sqrt{2}} \tag{24}$$

$$E - \bar{E} = \frac{j}{\omega C_d}i_{0,4}\sin\omega t = \frac{ji_4}{\omega C_d} \tag{25}$$

由（22）（23）（24）和（25）式可得

$$Z_1 = -\frac{\mathrm{d}E}{\mathrm{d}i_1} = \frac{(1-j)RT(1+P_1)^2}{\sqrt{2}n^2F^2\sqrt{\omega}P_1\left(\sqrt{D_O}C_O + \sqrt{D_R}C_R\right)} \tag{26}$$

所以

$$R_{S,1} = \frac{RT(1+P_1)^2}{n^2F^2\sqrt{2\omega}P_1\left(\sqrt{D_O}C_O + \sqrt{D_R}C_R\right)} \tag{27}$$

$$C_{S,1} = \frac{n^2F^2\sqrt{2}P_1\left(\sqrt{D_O}C_O + \sqrt{D_R}C_R\right)}{RT(1+P_1)^2\sqrt{\omega}} \tag{28}$$

$$Z_2 = -\frac{\mathrm{d}E}{\mathrm{d}i_2} = \frac{(1-j)RT(1+P_2)^2}{F^2\sqrt{2\omega D_{K^+}}C_{K^+}P_2} \tag{29}$$

$$R_{S,2} = \frac{RT(1+P_2)^2}{F_2\sqrt{2\omega D_{K^+}}C_{K^+}P_2} \tag{30}$$

$$C_{S,2} = \frac{F^2\sqrt{2K_{K^+}}C_{K^+}P_2}{RT\sqrt{\omega}(1+P_2)^2} \tag{31}$$

$$Z_3 = -\frac{\mathrm{d}E}{\mathrm{d}i_3} = \frac{(1-j)RT}{4F^2\sqrt{2\omega D_{Hg^{2+}}}P_3^0} \tag{32}$$

$$R_{S,3} = \frac{RT}{4F^2 \sqrt{2\omega D_{Hg^{2+}}P_3^0}} \tag{33}$$

$$C_{S,3} = \frac{4F^2 \sqrt{2D_{Hg^{2+}}P_3^0}}{\sqrt{\omega}\,RT} \tag{34}$$

$$Z_{C_d} = -\frac{\mathrm{d}E}{\mathrm{d}i_4} = -\frac{j}{\omega C_d} = \frac{1}{j\omega C_d} \tag{35}$$

$E \sim t$ 曲线方程式

根据（21）式的定义可有

$$Z_{\text{总}} = -\frac{\mathrm{d}E_{\text{总}}}{\mathrm{d}i_{\text{总}}} = -\frac{\mathrm{d}E}{\mathrm{d}i_{\text{总}}} \tag{36}$$

因为在阻抗并联的条件下，必有 $E_{\text{总}} = E$，而 $i_{\text{总}}$ 为

$$i_{\text{总}} = i_1 + i_2 + i_3 + i_4 = i = i_{0\text{总}}\sin\omega t = i_0\sin\omega t \tag{37}$$

则

$$\mathrm{d}i_{\text{总}} = \mathrm{d}i_0\sin\omega t \tag{38}$$

将 Z_1，Z_2，Z_3 和 Z_{C_d} 代入（6）式可得

$$Z_{\text{总}} = \left\{ \left[\frac{RT(1+P_1)^2(1-j)}{n^2F^2\sqrt{2\omega}P_1}\left(\sqrt{D_O}C_O + \sqrt{D_R}C_R\right)\right]^{-1} + \left[\frac{RT(1+P_2)^2(1-j)}{F^2\sqrt{2\omega D_K}C_K + P_2}\right]^{-1} \right.$$
$$\left. + \left[\frac{RT(1-j)}{4F^2\sqrt{2\omega D_{Hg^{2+}}P_3^0}}\right]^{-1} + j\omega C_d \right\}^{-1} \tag{39}$$

（39）式就是总阻抗方程式。由（36）式可得

$$-\mathrm{d}E = Z_{\text{总}}\,\mathrm{d}i_{\text{总}} = Z_{\text{总}}\,\mathrm{d}i_0\sin\omega t = Z_{\text{总}}\,\omega i_0\cos\omega t\mathrm{d}t \tag{40}$$

所以

$$-\frac{\mathrm{d}E}{\mathrm{d}t} = Z_{\text{总}}\,\omega i_0\cos\omega t = |Z_{\text{总}}|e^{j\varphi}\omega i_0\cos\omega t = |Z_{\text{总}}|\omega i_0\cos(\omega t + \varphi) \tag{41}$$

式中 φ 为交流电通过 $Z_{\text{总}}$ 后引起的电位波动滞后的相位角，它由下式计算

$$\varphi = \mathrm{tg}^{-1}\frac{X_{\text{总}}}{R_{\text{总}}} \tag{42}$$

式中，$X_{\text{总}}$ 为 $Z_{\text{总}}$ 的虚部，$R_{\text{总}}$ 为 $Z_{\text{总}}$ 的实部。将（39）式取模后代入（41）式就得到 $\frac{\mathrm{d}E}{\mathrm{d}t} \sim E$ 曲线的表达式：

$$-\frac{\mathrm{d}E}{\mathrm{d}t} = \omega i_0\cos(\omega t + \varphi)\left|\left\{ \frac{n^2F^2\sqrt{2\omega}P_1\left(\sqrt{D_O}C_O + \sqrt{D_R}C_R\right)}{(1-j)RT(1+P_1)^2} + \frac{F^2\sqrt{2\omega D_K}C_K + P_2}{(1-j)RT(1+P_2)^2}\right.\right.$$
$$\left.\left. + \frac{4F^2\sqrt{2\omega D_{Hg^{2+}}P_3^0}}{(1-j)RT} + j\omega C_d \right\}^{-1}\right| \tag{43}$$

对于 $E \sim t$ 曲线方程式，由（36）式得

$$\mathrm{d}i_{\text{总}} = -\frac{\mathrm{d}E}{Z_{\text{总}}} \tag{44}$$

利用（38）式和（6）式可得

$$\mathrm{d}i_0\sin\omega t = \left(-\frac{\mathrm{d}E}{Z_1}\right) + \left(-\frac{\mathrm{d}E}{Z_2}\right) + \left(-\frac{\mathrm{d}E}{Z_3}\right) + \left(-\frac{\mathrm{d}E}{Z_{C_d}}\right) \tag{45}$$

对（45）式两边积分可得

$$\int \mathrm{d}i_0\sin\omega t = \int -\frac{\mathrm{d}E}{Z_1} + \int -\frac{\mathrm{d}E}{Z_2} + \int -\frac{\mathrm{d}E}{Z_3} + \int \frac{-\mathrm{d}E}{Z_{C_d}} \tag{46}$$

（46）式左边积分得

$$\int \mathrm{d}i_0\sin\omega t = i_0\sin\omega t + k \tag{47}$$

（46）式右边各积分是（22）～（25）式微分的逆过程，积分后应有原来的形式，因此只要将（22）～（25）式以适当形式代入（46）式，并考虑到下述关系 $\frac{\sqrt{2}}{1-j} = \frac{1+j}{\sqrt{2}}$ 和 $-\frac{1}{j} = j$，就可得到 $E \sim t$ 曲线的表达式

$$\frac{1+j}{\sqrt{2}}\left[-nF\sqrt{\omega D_R}C_R + \frac{nF\sqrt{\omega}\left(\sqrt{D_0}C_0 + \sqrt{D_R}C_R\right)}{1+P_1}\right.$$
$$\left. + \frac{F\sqrt{\omega D_{K^+}}C_{K^+}}{1+P_2} - 2F\sqrt{\omega D_{Hg^{2+}}}P_3^0\right] - j\omega C_d(E-\overline{E}) = i_0\sin\omega t + k \tag{48}$$

上述（43）和（48）式中当用 $\frac{\mathrm{d}Q}{\mathrm{d}E}$ 代替 C_d 时可得

$$-\frac{\mathrm{d}E}{\mathrm{d}t} = \omega i_0\cos(\omega t + \varphi) \left| \left\{ \frac{n^2F^2\sqrt{2\omega}P_1\left(\sqrt{D_0}C_0 + \sqrt{D_R}C_R\right)}{(1-j)RT(1+P_1)^2} + \frac{F^2\sqrt{2\omega D_{K^+}}C_{K^+}P_2}{(1-j)RT(1+P_2)^2}\right.\right.$$
$$\left.\left. + \frac{4F^2\sqrt{2\omega D_{Hg^{2+}}}P_3^0}{(1-j)RT} + j\omega \mathrm{d}Q/\mathrm{d}E \right\}^{-1} \right| \tag{49}$$

$$\frac{1+j}{\sqrt{2}}\left[-nF\sqrt{\omega D_R}C_R + \frac{nF\sqrt{\omega}\left(\sqrt{D_0}C_0 + \sqrt{D_R}C_R\right)}{1+P_1} + \frac{F\sqrt{\omega D_{K^+}}C_{K^+}}{1+P_2} - 2F\sqrt{\omega D_{Hg^{2+}}}P_3^0\right]$$
$$- j\omega(Q-Q_0) = i_0\sin\omega t + k \tag{50}$$

式中 Q_0 为通电前电极上的电量，Q 为通电后任一时刻电极上的电量。上述这些公式就是在小电流时用等效电路原理所推导的公式。

讨　论

若将上述结果应用于大电流时与 Micka 公式有许多相似之处，且优于 Micka 公式。

1. 在纯充电时可与 Heyrovsky 公式一致。在（48）式中利用 $j = -\frac{1}{j}$ 并略去 k 得

$$-\omega C_d(E-\overline{E}) = -ji_0\sin\omega t = i_0\sin\left(\omega t - \frac{\pi}{2}\right) \tag{51}$$

则

$$E = \overline{E} - \left(\frac{1}{\omega C_d}\right)i_0\sin\left(\omega t - \frac{\pi}{2}\right) \tag{52}$$

（52）式与（4）式是等同的。

2. 在某些特定条件下与 Micka 公式一致。在端点附近，电解电流很大，充电电流较小，可近似认为 $-j\sqrt{\omega}(Q-Q_0) \approx -\frac{1+j}{\sqrt{2}}(Q-Q_0)$ 即用 $Q_{\omega t+\pi/4}$ 代替 $Q_{\omega t}$，则有

$$\frac{1+j}{\sqrt{2}}\left[-nF\sqrt{D_R}C_R + \frac{nF\left(\sqrt{D_O}C_O + \sqrt{D_R}C_R\right)}{1+P_1} + \frac{F\sqrt{D_{K^+}}C_{K^+}}{1+P_2} - 2F\sqrt{D_{Hg^{2+}}}P_3^0 - \sqrt{\omega}\,(Q-Q_0)\right]$$

$$=\frac{i_0}{\sqrt{\omega}}\sin\omega t + k \tag{53}$$

略去 k 且整理后可得

$$-nF\sqrt{D_R}C_R + \frac{nF\left(\sqrt{D_O}C_O + \sqrt{D_R}C_R\right)}{1+P_1} + \frac{F\sqrt{D_{K^+}}C_{K^+}}{1+P_2} - 2F\sqrt{D_{Hg^{2+}}}P_3^0 - \sqrt{\omega}\,(Q-Q_0)$$

$$=\frac{\left[\sqrt{2}\,(1+j)\right]i_0}{\sqrt{\omega}\sin\omega t} = \frac{\left[\frac{1-j}{\sqrt{2}}\right]i_0}{\sqrt{\omega}\sin\omega t} = \frac{i_0}{\sqrt{\omega}\sin\left(\omega t - \frac{\pi}{4}\right)} \tag{54}$$

式中若采用与 Micka 公式中相同的 Q_0 的定义即可得到与 Micka 公式完全一样的方程式。对于纯底液的端点电位 E_{max} 和 E_{min} 用上述近似方法可导出与由 Micka 公式得到的结论[6]相同的结论，即

$$E_{max} = E_{Hg^{2+}}^0 + \frac{RT}{2F}\ln\left[\frac{i_0 - \omega Q_0}{2F\sqrt{\omega D_{Hg^{2+}}}}\right] \tag{55}$$

$$E_{min} = E_{K^+}^{1/2} + \frac{RT}{F}\ln\left[\frac{F\sqrt{\omega D_{K^+}}C_{K^+}}{i_0 - \omega Q_0} - 1\right] \tag{56}$$

3. 切口电位附近的 $E\sim t$ 曲线方程式。当切口电位远离两个端点时，$P_2\to\infty$，$P_3^0\to 0$，则（50）式为

$$(1+j)/\sqrt{2}\left[-nF\sqrt{D_R}C_R + nF\left(\sqrt{D_O}C_O + \sqrt{D_R}C_R\right)\right]/(1+P_1)$$

$$- j\sqrt{\omega}\,(Q-Q_0) = i_0/\sqrt{\omega}\sin\omega t + k \tag{57}$$

在切口刚出现时，去极剂浓度很小，其阻抗 Z_1 远大于 Z_{C_d} 或 $\frac{1}{Z_1}\ll\frac{1}{Z_{C_d}}$，此时 $\varphi\approx -\frac{\pi}{2}$，因此可将 Z_1 中实部略去仅保留虚部即 $Z_1\approx -\frac{j}{\omega C_{S,1}}$，则（57）式简化为

$$\sqrt{2}/j\left[-nF\sqrt{D_R}C_R + nF\left(\sqrt{D_O}C_O + \sqrt{D_R}C_R\right)/(1+P_1)\right]$$

$$- j\sqrt{\omega}\,(Q-Q_0) = i_0/\sqrt{\omega}\sin\omega t + k \tag{58}$$

整理后，不考虑积分常数时就可得到

$$-nF\sqrt{D_R}C_R + nF\left(\sqrt{D_O}C_O + \sqrt{D_R}C_R\right)/(1+P_1) - \sqrt{\omega}\,(Q-Q_0)/\sqrt{2}$$

$$=i_0/\sqrt{2\omega}\sin\left(\omega t - \frac{\pi}{2}\right) \tag{59}$$

而 Micka 公式为

$$-nF\sqrt{D_R}C_R + nF\left(\sqrt{D_O}C_O + \sqrt{D_R}C_R\right)/(1+P_1) - \sqrt{\omega}\,(Q-Q_{max}) + (Q_0)$$

$$=i_0/\sqrt{\omega}\sin\left(\omega t - \frac{\pi}{4}\right) \tag{60}$$

显然，（59）式中相角 $\frac{\pi}{2}$ 比（60）式中相角 $\frac{\pi}{4}$ 更符合实际，但随切口加深相角将趋向于 $\frac{\pi}{4}$。

对于 $\dfrac{\mathrm{d}E}{\mathrm{d}t}\sim E$ 曲线公式的情况也类似。

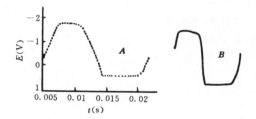

图 2　用本法所得公式计算的（A）和实验所得曲线（B）

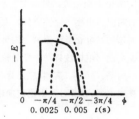

图 3　电极电位达到（实线）和未达
到（虚线）底液离子还原时 $E\sim t$
曲线和相位变化

纵坐标：实验 0.5/div　虚线 0.1/div

4. $E\sim t$ 曲线和 $\dfrac{\mathrm{d}E}{\mathrm{d}t}\sim E$ 曲线的对称性。在 Micka 公式中，由于采用了定值的相移 $\dfrac{\pi}{4}$，这一方面导致在纯充电时与 Heyrovsky 的公式的矛盾；另一方面导致了 $E\sim t$ 曲线和 $\dfrac{\mathrm{d}E}{\mathrm{d}t}\sim E$ 曲线上阴极支和阳极支为完全对称的镜像，与实际情况不符。而根据本法结果，由于 $Z_{\&}$ 是电位的函数，因此相移 φ 也是电位的函数，在整个 $E\sim t$ 进程中 φ 要发生变化，在电解占主导地位时 φ 接近 $\dfrac{\pi}{4}$，充电占主导地位时 φ 接近 $-\dfrac{\pi}{2}$。因此在由充电过程转为电解过程时，φ 从 $-\dfrac{\pi}{2}$ 向 $-\dfrac{\pi}{4}$ 靠近，在由电解转为充电时，φ 从 $\dfrac{\pi}{4}$ 向 $-\dfrac{\pi}{2}$ 靠近，因此使 $E\sim$

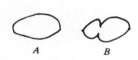

图 4　$\dfrac{\mathrm{d}E}{\mathrm{d}t}\sim E$ 曲线（A）和切口两边斜率的不对称（B）

t 曲线的斜率改变而使得阴极支和阳极支的形状不再对称，同理在折扭部分也是不对称的，表现在切口上就呈现出切口两边的斜率的不对称。但在纯充电时 $E\sim t$ 曲线是对称的。上述讨论可由实验证实（见图 2～4）。

利用本文推导方法可方便地推导交流极谱可逆波方程式。例如对于（1）式反应，若忽略充电过程的影响且有 $D_O=D_R=D$ 和 $C+C_R=C^{\cdot}$，在 $E=E_1^{1/2}$ 处的电极导纳 Y 为

$$|Y| = \frac{1}{|Z|} = \frac{n_1^2 F^2}{4RT}\sqrt{\omega D}C^{\cdot} \tag{61}$$

它与电极面积 A 和所加交流电压 V 相乘即可得交流极谱可逆波方程式

$$i_p = |Y|AV = \left(\frac{n_1^2 F^2}{4RT}\right)\sqrt{\omega D}AC^{\cdot}V \tag{62}$$

与文献[7]所给出的形式完全一致。

参 考 文 献

〔1〕　K. Z. Micka. , Physick Chem. , 206，345（1957）

〔2〕　J. 海洛夫斯基著，《极谱学专论》，北京科学出版社，4（1960）

〔3〕　田昭武，《电化学研究方法》，北京科学出版社，第 5 章和第 8 章（1984）

〔4〕　周伟舫，《电化学测量》，上海科学技术出版社，第 7 章（1985）

〔5〕　查全性，《电极过程动力学导论》，北京科学出版社，219（1976）

〔6〕　毕树平、马新生、高鸿，应用化学，4（4）6（1987）

〔7〕　高鸿、张祖训著，《极谱电流理论》，北京科学出版社，186（1986）

37

交流示波极谱基础研究

底液 Micka 公式的修正 [*]

毕树平　　　高　鸿

在交流示波极谱实际应用中，常需要叠加一个直流分量以改善示波极谱图形。Micka[1]采用恒定直流电流 i_1 的形式，令通过电解池的电流为 $i = i_0 \sin\omega t + i_1$，推导了交流示波极谱方程，其底液的 $E \sim t$ 曲线为

$$\frac{n_2 F \sqrt{D_3} C_{3a}}{1 + P_2} - 2F \sqrt{D_5} P_3^0 - \sqrt{\omega}\,(Q - Q_{max} + Q_0)$$

$$= \left(\frac{i_0}{\sqrt{\omega}}\right) \sin\left(\omega t - \frac{\pi}{4}\right) + \frac{2i_1 \sqrt{t}}{\sqrt{\pi}} \tag{1}$$

但 Micka 公式并不完善，存在如下问题：1. 由公式（1）导出的充电曲线方程为 $E = \bar{E} - \left(\frac{i_0}{\omega C_d}\right) \cdot \sin\left(\omega t - \frac{\pi}{4}\right)$，同 Heyrovsky 推导的纯充电曲线相矛盾，相位相差 $\frac{\pi}{4}$ [2]。2. Micka 公式中的电量 Q 及 Q_0 的物理意义不够明确，其数值无法从实验中观测。3. Micka 在处理恒定直流电流 i_1 时感到困难，在推导主要结论时都令 $i_1 = 0$，对 $\frac{2i_1 \sqrt{t}}{\sqrt{\pi}}$ 项采取了回避的态度。4. 在通常使用的线路中，直流部分很少使用高电压与高电阻，而采用小电压小电阻的直流偏压。本文利用直流电位 $\bar{E}$ 的概念处理直流分量，对充电过程进行了重新推导，修正后的 Micka 公式既简明，又可解释直流分量对示波图的影响，实验结果与之相符。

• 原文发表于高等学校化学学报，11 (5) 529 (1990)。

Micka 公式的修正

在纯底液中，当电极上通过交流电流 $i = i_0 \sin\omega t$ 而被极化时，由 Fick 第二定律和 Laplace 变换，按 Micka 方法处理得

$$\frac{n_2 F \sqrt{D_3} C_{3a}}{1 + P_2} - 2F \sqrt{D_5} P_3^0 = i * \left(\frac{1}{\sqrt{\pi t}} \right) + \frac{dQ}{dt} * \left(\frac{1}{\sqrt{\pi t}} \right) \tag{2}$$

由卷积定理

$$i * \left(\frac{1}{\sqrt{\pi t}} \right) = i_0 \int_0^t \left[\frac{\sin\omega(t - \zeta)}{\sqrt{\pi \zeta}} \right] d\zeta = \left(\frac{i_0}{\sqrt{2\omega}} \right) (\sin\omega t - \cos\omega t) \tag{3}$$

第二项 $\dfrac{dQ}{dt} * \left(\dfrac{1}{\sqrt{\pi t}} \right)$ 的求解很困难，采取如下近似：当没有电解电流通过时，电极过程为一纯充电过程，则 $\left(i + \dfrac{dQ}{dt} \right) * \left(\dfrac{1}{\sqrt{\pi t}} \right) = 0$，所以 $\dfrac{dQ}{dt} = -i_0 \sin\omega t$，定积分得 $Q = \left(\dfrac{i_0}{\omega} \right) + \cos\omega t + C$。当 $\omega t = \dfrac{\pi}{2}, \dfrac{3\pi}{2}, \cdots\cdots$ 时，积分常数 $C = \overline{Q}$，于是有

$$Q = \overline{Q} - \left(\frac{i_0}{\omega} \right) \sin\left(\omega t - \frac{\pi}{2} \right) \tag{4}$$

$\overline{Q}$ 为不加交流电时电极在溶液中所具有的初始电量。在底液中处于支持电解质析出和汞氧化之间的电位范围内是理想极化区，因此在电路中并联一个直流电源，调节直流电位 $\overline{E}$ 就可以得到相应的 $\overline{Q}$[3]，这样直流分量就隐含在 $\overline{Q}$ 中，而不以恒电流 i_1 形式出现了。进一步假定在有电解电流时充电过程与没有电解电流时相同，则有

$$\frac{dQ}{dt} * \left(\frac{1}{\sqrt{\pi t}} \right) = -i_0 \int_0^t \left\{ \frac{\sin[\omega(t - \zeta)]}{\sqrt{\pi \zeta}} \right\} d\zeta = -\frac{i_0}{\sqrt{2\omega}} (\sin\omega t - \cos\omega t) \tag{5}$$

Micka 用 $Q_{\omega t + \frac{\pi}{4}}$ 替代 $Q_{\omega t}$ 的近似处理导出了式 (1)，这在大电流下是可以的，但在示波图刚出现正负端亮点时的小电流充电情况下并不合适，因为由式 (1) 化简得到的充电曲线与 Heyrovsky 推导的纯充电方程在相位上差了 $\dfrac{\pi}{4}$。为解决这一矛盾，将式 (4) 代入式 (5)[4]

$$\frac{dQ}{dt} * \left(\frac{1}{\sqrt{\pi t}} \right) = -\frac{i_0}{\sqrt{2\omega}} \left[\sin\omega t - \frac{\omega}{i_0} (Q - \overline{Q}) \right] \tag{6}$$

由式 (3) ＋式 (6) 得

$$\left(i + \frac{dQ}{dt} \right) * \frac{1}{\sqrt{\pi t}} = -\frac{1}{\sqrt{2\omega}} \cos\omega t + \sqrt{\frac{\omega}{2}} (Q - \overline{Q}) \tag{7}$$

因此，修正后的 Micka 公式为

$$\frac{n_2 F \sqrt{2D_3 \omega} C_{3a}}{1 + P_2} - 2F \sqrt{2D_5 \omega} P_3^0 - \omega(Q - \overline{Q}) = i_0 \sin\left(\omega t - \frac{\pi}{2} \right) \tag{8}$$

可见修正后的 Micka 公式在形式上同 Micka 公式相似，但公式中每一符号的物理意义明确，可以方便地解释直流分量对示波图的影响，电量 Q 也可以用实验观测[5]，比 Micka 公式优越。

在 $E = E_{max} \approx E_3^0$ 的正端点电位处，$Q = Q_{max}$，$\left(\omega t - \dfrac{\pi}{2} \right)_{max} = 2k\pi - \dfrac{\pi}{2}$

$$E_{max} = E_3^0 - \frac{RT}{2F} \ln \frac{2F \sqrt{2D_5 \omega}}{i_0 - \omega(Q_{max} - \overline{Q})} \tag{9}$$

在 $E=E_{\min}\approx E_{\frac{1}{2},2}$ 的负端点电位处，$Q=Q_{\min}$，$\left(\omega t-\dfrac{\pi}{2}\right)_{\min}=2k\pi+\dfrac{\pi}{2}$

$$E_{\min}=E_{\frac{1}{2},2}+\frac{RT}{n_2F}\ln\left[\frac{n_2F\sqrt{2D_3\omega}C_{3a}}{i_0+\omega(Q_{\min}-\overline{Q})}-1\right]\tag{10}$$

在 $E_{\min}<E<E_{\max}$ 的电位范围内，$P_2\to\infty$，$P_3^0\to0$，则 $E\sim t$ 曲线为

$$E=\overline{E}+\frac{i_0}{\omega C_d}\cos\omega t\tag{11}$$

同 Heyrovsky 结论一致。按前文[6]的相同处理方法，可得临界电流表达式

$$i_a=\omega C_d\left(E_3^0-\overline{E}-\frac{RT}{2F}\right),\quad i_b=\omega C_d\left(\overline{E}-E_{\frac{1}{2},2}-\frac{2RT}{n_2F}\right)\tag{12}$$

$E\sim t$ 曲线正负端点的时滞长度

$$\tau_{\max}=\pi-2\arcsin\left(\frac{i_a}{i_0}\right),\quad \tau_{\min}=\pi-2\arcsin\left(\frac{i_b}{i_0}\right)\tag{13}$$

可见主要结论同前一样。

实验结果

实验线路及测量方法见文献[7]，文中电位标度均相对于 SCE。

1. 直流电位对端点电位的影响。当交流电流密度和频率一定时，改变直流电位 $\overline{E}$ 将使临界电流 i_a，i_b 改变，从而使示波图产生不同的变化。若不加外加直流极化偏压，直流电位 $\overline{E}$ 为自然电位，且电流 $i_a<i_0<i_b$ 时，汞氧化而钠不析出，则 $\dfrac{\mathrm{d}E}{\mathrm{d}t}\sim E$ 曲线的正端出现稳定的 $E_{\max}$ 亮点，并服从式（9），负端点为一近似充电过程

$$E_{\min}=\overline{E}-\frac{i_0}{\omega C_d}\tag{14}$$

若外加直流偏压使直流电位 $\overline{E}$ 移，则 i_a 增加，i_b 减小，当 $\overline{E}$ 负移到 i_0 小于 i_a 及 i_b 时，正端亮点消失，示波图为服从式（11）的充电曲线，负端点仍服从式（14），正端点为

$$E_{\max}=\overline{E}+\frac{i_0}{\omega C_d}\tag{15}$$

$E_{\max}$，$E_{\min}$ 同 $\overline{E}$ 呈线性关系，实验结果见表 1；当 $\overline{E}$ 很负使 $i_b<i_0<i_a$ 时，钠析出而汞不氧化，则 $\dfrac{\mathrm{d}E}{\mathrm{d}t}\sim E$ 曲线上出现稳定的负端 $E_{\min}$ 亮点，服从式（10），正端点 $E_{\max}$ 仍服从式（15）。直流电位对示波图变化的影响见图 1。

2. 直流电位对临界电流密度的影响。当电流密度、频率一定时，式（12）表明临界电流与 $\overline{E}$ 有线性关系，实验结果见表 2。

表 1　$E_{\max}$，$E_{\min}\sim\overline{E}$ 关系*

$-\overline{E}$ (V)	0.264	0.606	0.820	1.014	1.206
$E_{\max}$		0.15	0.18	0.25	0.35
$E_{\min}$	1.20	1.40	1.75	1.85	1.95

* 1 mol/L NaOH　$i_0=8.4\times10^{-3}\text{A/cm}^2$
$f=50\text{Hz}$　$t=25℃$

表 2　临界电流 i_b（A/cm²）与 $\overline{E}$ 的关系*

	$-\overline{E}$ (V)	0.264	0.606	0.820	1.014	1.205
$i_b\times10^3$	按式（12）计算	11.2	9.07	7.72	6.51	5.30
	实验值	14.1	11.8	9.90	8.49	7.07

*　1 mol/L NaOH　$f=50\text{Hz}$　$t=25℃$　计算时取 $C_d=20\mu\text{F/cm}^2$　$E_{1,\frac{1}{2}}=-2.10\text{V}$

利用公式（13）还可以解释直流电位 $\bar{E}$ 对示波图端点亮度的影响。当 $\bar{E}$ 变负时，i_a 变大，i_b 减小，则 τ_{max} 变短，τ_{min} 拉长，相应的 E_{max} 亮度减弱，E_{min} 亮度增强。

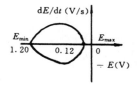

(a) 自然电位 ($i_a < i_0 < i_b$)

$E = 0.264V$

$i_a = 6.95 \times 10^{-3} A/cm^2$

$i_b = 1.41 \times 10^{-2} A/cm^2$

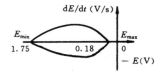

(b) 直流电位负移 ($i_0 < i_a, i_b$)

$E = 0.820V$

$i_a = 9.62 \times 10^{-3} A/cm^2$

$i_b = 9.90 \times 10^{-3} A/cm^2$

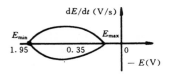

(c) 直流电位很负 ($i_b < i_0 < i_a$)

$E = 1.206V$

$i_a = 1.13 \times 10^{-2} A/cm^2$

$i_b = 7.07 \times 10^{-2} A/cm^2$

图 1　直流电位对示波图的影响

1 mol/L NaOH　$i_0 = 8.4 \times 10^{-3} A/cm^2$　$f = 50Hz$　$t = 25℃$

参 考 文 献

〔1〕 K. Micka, Z. Phys Chem. , 206, 345 (1957)

〔2〕 J. Heyrovsky,《极谱学基础》,北京科学出版社, 423 (1984)

〔3〕 A. J. 巴德,《电化学方法原理及应用》,北京化学工业出版社, 12 (1986)

〔4〕 杨昭亮,南京大学化学系博士论文 (1988)

〔5〕 毕树平、高鸿,化学研究与应用,2(1) 89 (1990)

〔6〕 毕树平、马新生、高鸿,应用化学,a. 4(4) 6 (1987);b. 4(6) 54 (1987)

〔7〕 毕树平、高鸿,电分析化学, 1, 17 (1988)

─38─

第一周期球形电极示波计时
电位理论方程的推导*

毕树平　　都思丹　　高　鸿

摘　要

本文用菲涅尔积分推导了非稳态条件下的第一周期示波计时电位方程，用球形扩散的边界条件和 Fick 第二定律，推导了球形电极示波计时电位理论方程，获得了一些有用的结论。

示波计时电位法（原称交流示波极谱）的基础研究近年来有了较大发展[1]。基于准稳态和平面扩散条件，人们对 Micka 公式进行了修正，使之与实际情况更加符合[2,3]，其理论方程为 $E\sim t$ 曲线（当 $C_{2a}=0$ 时）：

$$\frac{n_1 F \sqrt{2D_1\omega}C_{1a}}{1+P_1} + \frac{n_2 F \sqrt{2D_3\omega}C_{3a}}{1+P_2} - 2F \sqrt{D_s\omega}P_3^0 - \omega(Q-\overline{Q}) = i_0\sin\alpha \tag{1}$$

$\dfrac{\mathrm{d}E}{\mathrm{d}t}\sim E$ 曲线：

$$-\frac{\mathrm{d}E}{\mathrm{d}t} = \frac{i_0 \sqrt{\omega}\cos\alpha}{\dfrac{\sqrt{2}K_1P_1}{(1+P_1)^2} + \dfrac{\sqrt{2}K_2P_2}{(1+P_2)^2} + \sqrt{2}K_3P_3^0 + \sqrt{\omega}C_d} \tag{2}$$

公式中各参数的物理意义见文献[4,5]。

然而，在理论上仍有两点未能解决：（1）Micka[6]推导的示波计时电位方程是基于时间无穷大、电极表面达到了准稳态过程的前提下推导的，并用第 n 周解替代了第一周的解，这在经典的高的扫描速

• 原文发表于南京大学学报（自然科学），29 (1) 63 (1993)。

度下的示波计时电位法中是可行的。然而当扫描速度较低时，第一周的$\frac{dE}{dt} \sim E$曲线性质上应同准稳态时的第n周有所差别。(2) Micka 从平面线性扩散推导了$E \sim t$曲线，认为球形电极也适用，但却没有给出理论方程，未能予以满意的回答，而实际应用与理论研究中我们都使用球形电极。显然，上述两个重要问题如果不能从理论上予以解决，总是一个缺憾。本文就此问题进行了研究，得出几点结论：

1. 采用菲涅尔积分推导了全周期的示波计时电位方程，理论分析表明：第一周示波计时电位方程形式上同准稳态的第n周相似，但$\frac{dE}{dt} \sim E$曲线上的切口灵敏度大为提高，且阴极支、阳极支不对称。第三周以后，初始状态就愈不重要，电极表面达到准稳态，此时即可获得修正的 Micka 方程，示波图的主要性质（端点电位，切口等）也一样。

2. 利用球形扩散边界与初始条件及 Fick 第二定律求解了球形电极的示波计时电位理论方程，发现同平面扩散仅仅在系数上有一点差别。理论分析证实：在高扫速交流电的极化下，电极表面的扩散层极薄，球形方程可以回复到平面方程，因此用平面扩散替代球形扩散是可行的。

3. 上述两组方程均可以回复到修正的 Micka 公式，从而再一次检验和确证了 Micka 公式的正确。

第一周期示波计时电位曲线理论方程的推导

在含有去极剂的底液中，当汞电极被交流电$i = i_0 \sin \omega t$极化时，按 Micka 的处理可知[6]：

$$- n_1 F \sqrt{D_2} C_{2a} + \frac{n_1 F \left(\sqrt{D_1} C_{1a} + \sqrt{D_2} C_{2a} \right)}{1 + P_1} + \frac{n_2 F \sqrt{D_3} C_{3a}}{1 + P_2} - 2F \sqrt{D_5} P_3^0$$

$$= \left(i + \frac{dQ}{dt} \right) * \frac{1}{\sqrt{\pi t}} \tag{3}$$

公式(3)中
$$\left(i + \frac{dQ}{dt} \right) * \frac{1}{\sqrt{\pi t}} = i * \frac{1}{\sqrt{\pi t}} + \frac{dQ}{dt} * \frac{1}{\sqrt{\pi t}} \tag{4}$$

而
$$i * \frac{1}{\sqrt{\pi t}} = i_0 \sin \omega t * \frac{1}{\sqrt{\pi t}} = i_0 \int_0^t \sin \omega (t - \tau) \cdot \frac{1}{\sqrt{\pi \tau}} d\tau$$

即
$$i * \frac{1}{\sqrt{\pi t}} = i_0 \left(\sin \omega t \int_0^t \frac{\cos \omega \tau}{\sqrt{\pi \tau}} d\tau - \cos \omega t \int_0^t \frac{\sin \omega \tau}{\sqrt{\pi \tau}} d\tau \right) \tag{5}$$

令$\mu = \sqrt{\frac{2\omega \tau}{\pi}}$，则

$$i * \frac{1}{\sqrt{\pi t}} = \sqrt{\frac{2}{\omega}} i_0 \left[\sin \omega t \int_0^{\sqrt{\frac{2\omega t}{\pi}}} \cos \left(\frac{\pi}{2} \cdot \mu^2 \right) d\mu - \cos \omega t \int_0^{\sqrt{\frac{2\omega t}{\pi}}} \sin \left(\frac{\pi}{2} \cdot \mu^2 \right) d\mu \right]$$

或
$$i * \frac{1}{\sqrt{\pi t}} = \sqrt{\frac{2}{\omega}} i_0 [\sin \omega t \cdot C(\mu) - \cos \omega t \cdot S(\mu)] \tag{6}$$

其中$C(\mu) = \int_0^\mu \cos \left(\frac{\pi}{2} \cdot \mu^2 \right) d\mu$， $S(\mu) = \int_0^\mu \sin \left(\frac{\pi}{2} \cdot \mu^2 \right) d\mu$

对充电过程，假定电解电流存在时间同纯充电过程一样，令$\left(i + \frac{dQ}{dt} \right) * \frac{1}{\sqrt{\pi t}} = 0$，即$-\frac{dQ}{dt} = i_0 \sin \omega t$，则

$$Q = \bar{Q} + \frac{i_0}{\omega} \cos \omega t \tag{7}$$

$$\frac{dQ}{dt} * \frac{1}{\sqrt{\pi t}} = -i_0 \int_0^t \sin\omega t * \frac{1}{\sqrt{\pi t}} dt = -\sqrt{\frac{2}{\omega}} i_0 [\sin\omega t \cdot C(\mu) - \cos\omega t \cdot S(\mu)] \tag{8}$$

改写公式（7）有 $\cos\omega t = \frac{(Q-\overline{Q})}{i_0}\cdot\frac{\omega}{i_0}$，代入（8）式

$$\frac{dQ}{dt} * \frac{1}{\sqrt{\pi t}} = -\sqrt{\frac{2}{\omega}} i_0 \left[\sin\omega t \cdot C(\mu) - \frac{(Q-\overline{Q})\omega}{i_0} \cdot S(\mu)\right] \tag{9}$$

由（6）＋（9）得

$$\left(i + \frac{dQ}{dt}\right) * \frac{1}{\sqrt{\pi t}} = -\sqrt{\frac{2}{\omega i_0}}\cos\omega t \cdot S(\mu) + \frac{(Q-\overline{Q})\omega}{i_0} \cdot \sqrt{\frac{2}{\omega}} i_0 \cdot S(\mu) \tag{10}$$

再将（10）代入（3）可得 $E \sim t$ 曲线

$$\left[-n_1 F \sqrt{2\omega D_2} C_{2a} + \frac{n_1 F\left(\sqrt{2D_1 \omega} C_{1a} + \sqrt{2D_2 \omega} C_{2a}\right)}{1+P_1}\right.$$
$$\left. + \frac{n_2 F \sqrt{2D_3 \omega} C_{3a}}{1+P_2} - 2F\sqrt{2D_5 \omega} P_3^0 \right] \cdot \frac{1}{2S(\mu)} - \omega(Q-\overline{Q}) = -i_0 \cos\omega t \tag{11}$$

这就是全周期的示波计时电位曲线方程。

$\dfrac{dE}{dt} \sim E$ 曲线：

$$-\frac{dE}{dt} = \frac{i_0 \sqrt{\omega}\sin\omega t - \left[-n_1 F\sqrt{2D_2}C_{2a} + \frac{n_1 F\left(\sqrt{2D_1}C_{1a}+\sqrt{2D_2}C_{2a}\right)}{1+P_1} + \frac{n_2 F\sqrt{2D_3}C_{3a}}{1+P_2} - 2F\sqrt{2D_5}P_3^0\right]\cdot F(\mu)}{\left[\frac{\sqrt{2}K_1 P_1}{(1+P_1)^2} + \frac{\sqrt{2}K_2 P_2}{(1+P_2)^2} + \sqrt{2}K_3 P_3^0\right]\cdot\frac{1}{2S(\mu)} + \sqrt{\omega}C_d}$$

$$\tag{12}$$

菲涅尔积分 $S(\mu)$ 和 $F(\mu)$ 可用下述公式表达

$$S(\mu) = \sum_{K=0}^{\infty} \frac{(-1)^k}{(2K+1)!} \cdot \left(\frac{\pi}{2}\right)^{2K+1} \cdot \frac{\left(\frac{2\omega t}{\pi}\right)^{\frac{4K+3}{2}}}{4K+3} \tag{13}$$

$$F(\mu) = \frac{d}{dt}\left[\frac{1}{2S(\mu)}\right] = \sum_{K=0}^{\infty} \frac{(-1)^k}{(2K+1)!} \cdot \frac{\omega}{4} \cdot \sqrt{\frac{2}{\pi}}(\omega t)^{2K+\frac{1}{2}}. \tag{14}$$

其中 $\mu = \sqrt{\dfrac{2\omega t}{\pi}}$，$K$ 为整数。

纯底液的第一周示波计时电位曲线

在纯支持电解质溶液中，$C_{1a} = C_{2a} = 0$，则其全周期示波计时电位曲线方程为

$E \sim t$ 曲线

$$\left[\frac{n_2 F\sqrt{2D_3 \omega}C_{3a}}{1+P_2} - 2F\sqrt{2D_5 \omega}P_3^0\right]\cdot\frac{1}{2S(\mu)} - \omega(Q-\overline{Q}) = -i_0\cos\omega t \tag{15}$$

$\dfrac{dE}{dt} \sim t$ 曲线

$$-\frac{dE}{dt} = \frac{i_0 \sqrt{\omega}\sin\omega t - \left[\dfrac{n_2 F \sqrt{2D_3}C_{3a}}{1+P_2} - 2F\sqrt{2D_5}P_3^0\right]\cdot F(\mu)}{\left[\dfrac{\sqrt{2}K_2 P_2}{(1+P_2)^2} + \sqrt{2}K_3 P_3^0\right]\cdot\dfrac{1}{2S(\mu)} + \sqrt{\omega}C_d} \tag{16}$$

端点电位

$$E_{\max} = E_3^0 - \frac{RT}{2F}\ln\left[\frac{2F\sqrt{2D_5}\omega}{i_0 - \omega(Q_{\max}-\overline{Q})}\cdot\frac{1}{2S(\mu)}\right] \tag{17}$$

$$E_{\min} = E_{\frac{1}{2},2} + \frac{RT}{n_2 F}\ln\left[\frac{n_2 F\sqrt{2D_3}\omega C_{3a}}{i_0 + \omega(Q_{\min}-\overline{Q})}\cdot\frac{1}{2S(\mu)} - 1\right] \tag{18}$$

临界电流密度 i_a，i_b，时滞长度 $\tau_{\max}$，$\tau_{\min}$ 表达式同前文[5]一致。

上述公式表明，纯底液时全周期示波计时电位曲线方程形式上同修正的 Micka 公式一样，仅仅多了一项系数 $S(\mu)$，当时间趋于无限大时，即电极表面达到准稳态，$S(\mu)\rightarrow\dfrac{1}{2}$，于是就恢复到修正的 Micka 公式。示波图的基本性质如公式（17），（18）等描述的也同原来一样，从而再次证明了 Micka 修正公式是正确的，同时也说明用第 n 周解近似替代第一周期是可行的。

用微机求解了第一周示波计时电位曲线，并同第 n 周进行了比较。表1表明第一周示波计时电位曲线正端点电位较第 n 周时为负，$E_{\min}$ 也负，即整个示波图的负电位略为偏移，第二周、第三周之后就愈同第 n 周接近。

表1　不同周期时示波图的端点电位

0.1mol/L KNO₃　C_d=20μF/cm²　i_0=1.00×10⁻²A/cm²　f=50Hz　E=−0.800V　T=298K

	第一周（$n=1$）	第 n 周（$n\rightarrow\infty$）
$E_{\max}$（V）	+0.355	+0.439
$E_{\min}$（V）	−2.01	−2.00

表2说明，在开始扫描的第一周，在正负两端点附近的一段电位范围内，示波图 $\dfrac{dE}{dt}\sim E$ 曲线的阴极支和阳极支是不对称的，当 $n>3$ 即第三周之后示波图 $\dfrac{dE}{dt}\sim E$ 曲线基本上没有变化，即可以用 $n\rightarrow\infty$ 时准稳态公式来描述，阴极支和阳极支是对称的。

表2　不同周期时示波图的 $\dfrac{dE}{dt}$ 值

0.1mol/L KNO₃　C_d=20μF/cm²　i_0=1.00×10⁻²A/cm²　f=50Hz　E=−0.800V　T=298K

E（V）	$-dE/dt$（V/s）　第一周（$n=1$）		$\dfrac{dE}{dt}$（V/s）　第 n 周（$n\rightarrow\infty$）
	阴极支	阳极支	
0.355	306.1	−326.2	330.2
0.350	319.1	−333.3	336.1
0.340	336.3	−342.9	344.4
0.320	352.5	−353.7	354.2
⋮	⋮	⋮	⋮
−1.80	387.1	−387.3	386.7
−1.85	363.8	−364.3	360.9
−1.90	292.1	−298.8	280.6
−1.95	132.2	−134.1	110.8
−2.00	2.99	−34.1	7.52

切口的性质

若近似认为 $E_i = E_{\frac{1}{2},1}$，即切口电位等于半波电位，则切口方程为

$$-\frac{\mathrm{d}E}{\mathrm{d}t}\bigg|_{\min} = \frac{i_0\sqrt{\omega}\sin(\omega t)_i - \dfrac{n_1 F\sqrt{2D_1}C_{1a}}{2}\cdot F(\mu)}{\dfrac{\sqrt{2}K_1}{8S(\mu)} + \sqrt{\omega}C_d} \tag{19}$$

图 1 为第一周示波图 $\dfrac{\mathrm{d}E}{\mathrm{d}t} \sim E$ 上切口高度与第 n 周时切口的比较。理论计算表明，第一周时 $-\dfrac{\mathrm{d}E}{\mathrm{d}t}\bigg|_{\min}$ 比第 n 周的绝对值小，即切口显得更敏锐。

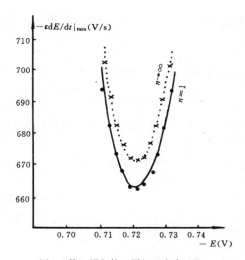

图 1　第一周与第 n 周切口高度比较

0.1mol/L KOH-1×10^{-5}mol/L Pb^{2+}　$\overline{E}=-0.300$V　$f=50$Hz　$i_0=2\times10^{-2}$A/cm^2　$T=298$K　$C_d=20\mu$F/cm^2

第一周时叠加一个负直流偏压有利于提高切口灵敏度。表 3 表明，当外加直流电位 $\overline{E}$ 变负时，第一周切口高度绝对值 $\left|-\dfrac{\mathrm{d}E}{\mathrm{d}t}\right|_{\min}$ 变小，即切口更灵敏，而第 n 周时的切口高度反而变高。

表 3　不同扫描周期时直流电位 $\overline{E}$ 对切口高度的影响

0.1mol/L KOH-1×10^{-4}mol/L Pb^{2+}　$f=50$Hz　$i_0=2\times10^{-2}$A/cm^2　$T=298$K

$\overline{E}$ (V)	$-\dfrac{\mathrm{d}E}{\mathrm{d}t}\bigg|_{\min}$ (V/s) 阴极支	$-\dfrac{\mathrm{d}E}{\mathrm{d}t}\bigg|_{\min}$ (V/s)
	第一周 ($n=1$)	第 n 周 ($n\to\infty$)
−0.100	171.1	169.4
−0.300	168.1	171.2
−0.500	164.3	173.2
−0.700	159.5	174.0
−0.900	153.9	174.1
−1.100	147.5	174.0
−1.300	140.5	172.4
−1.500	132.9	170.4

降低交流电频率也将大大提高切口灵敏度（见表 4）。

表 4　降低交流电频率提高了切口灵敏度

0.1mol/L KOH-1×10⁻⁴mol/L Pb²⁺　$i_0=2\times10^{-2}$A/cm²　$E=-0.300$V　$T=298$K

f (Hz)	70	50	30	10	1
$-\dfrac{dE}{dt}\Big|_{\min}$ (V/s) ($n=1$)	195.8	168.2	132.4	78.4	25.6

上述讨论表明，当交流频率很低、施加一个负直流电位时，第一周示波计时电位曲线的切口灵敏度将大大提高，从而解释了为什么在低扫描速度下，施加一个还原直流分量，记录第一周 $\dfrac{dE}{dt}\sim E$ 曲线能够使检测限提高到 10^{-9}mol/L 的实验事实。

球形电极示波计时电位曲线理论方程

当一个球形桂汞电极被交流电流 $i=i_0\sin\omega t$ 极化时，其 Fick 第二定律为

$$\frac{\partial C_1(r,t)}{\partial t}=D_1\left[\frac{\partial^2 C_1(r,t)}{\partial r^2}+\frac{2}{r}\frac{\partial C_1(r,t)}{\partial r}\right] \tag{20}$$

为理论推导方便起见，先考虑单组分体系，即电极上仅发生去极剂氧化还原，其初始条件和边界条件为[7]：

$$t>0 \quad r=r_0 \quad C_1(r_0,t)=C_{10}, \quad C_2(r_0,t)=C_{20}$$
$$r\to\infty \quad C_1(r,t)=C_{1a}, \quad C_2(r,t)=C_{2a}$$

若令 $V(r,t)=rC(r,t)$，则有

$$\frac{\partial V(r,t)}{\partial t}=D_1\frac{\partial^2 V(r,t)}{\partial r^2} \tag{21}$$

于是初始条件和边界条件变换为：

$$t>0 \quad r=r_0 \quad V_1(r_0,t)=r_0C_{10}, \quad V_2(r_0,t)=r_0C_{20}$$
$$r\to\infty \quad V(r,t)=rC_{1a}, \quad V_2(r,t)=rC_{2a}$$

对（21）式进行 Laplace 变换可解出方程：

$$\overline{V}_1(r,s)=\frac{rC_{1a}}{S}+\frac{r_0(C_{10}-C_{1a})}{S}e^{-\sqrt{\frac{s}{D_0}}(r-r_0)} \tag{22}$$

或

$$\overline{C}_1(r,s)=\frac{C_{1a}}{S}+\frac{r_0(C_{10}-C_{1a})}{S}\cdot\frac{1}{r}e^{-\sqrt{\frac{s}{D_0}}(r-r_0)} \tag{23}$$

对（23）求导：

$$\frac{\partial\overline{C}_1(r,s)}{\partial r}\Big|_{r=r_0}=\frac{C_{1a}-C_{10}}{S}\cdot\left(\frac{1+\sqrt{\frac{S}{D_0}}r_0}{r_0}\right) \tag{24}$$

电极表面电流密度，依 Micka 方程处理

$$i=n_1FD_1\left(\frac{\partial C_1}{\partial r}\right)_{r=r_0}-\frac{dQ}{dt} \tag{25}$$

对（25）进行 Laplace 变换

$$I(S) = n_1 F D_1 \frac{\partial \overline{C}_1(r,s)}{\partial r}\bigg|_{r=r_0} - L\left(\frac{dQ}{dt}\right) \tag{26}$$

将（24）代入（26）整理可得

$$n_1 F \sqrt{D_1} \frac{C_{1a} - C_{10}}{S}\left[1 + \frac{1}{r_0}\sqrt{\frac{D_1}{S}}\right] = \frac{1}{\sqrt{S}}\left[I(S) + L\left(\frac{dQ}{dt}\right)\right] \tag{27}$$

将（27）两边同时 Laplace 逆变换则有

$$(C_{1a} - C_{10})n_1 F \sqrt{D_1}\left(1 + \frac{2}{\pi r_0}\sqrt{\pi D_1 t}\right) = \left(i + \frac{dQ}{dt}\right) * \frac{1}{\sqrt{\pi t}} \tag{28}$$

将 $C_{10} = \dfrac{P_1\left[C_{1a} + C_{2a}\sqrt{\dfrac{D_2}{D_1}}\right]}{1 + P_1}$ 代入左边，右边处理同前文[2]，可得球形电极示波计时电位曲线方程

$$\left[-n_1 F \sqrt{2D_2\omega}C_{2a} + \frac{n_1 F\left(\sqrt{2D_1\omega}C_{1a} + \sqrt{2D_2\omega}C_{2a}\right)}{1 + P_1}\right]\left(1 + \frac{2}{\pi r_0}\sqrt{\pi D_1 t}\right) - \omega(Q - \overline{Q})$$

$$= i_0 \sin\left(\omega t - \frac{\pi}{2}\right) \tag{29}$$

进一步考虑多组分体系，即有支持电解质溶液时（汞氧化和支持电解质阳离子氧化还原），则球形电极示波计时电位法的 $E \sim t$ 曲线为

$$\left[-n_1 F \sqrt{2D_2\omega}C_{2a} + \frac{n_1 F\left(\sqrt{2D_1\omega}C_{1a} + \sqrt{2D_2\omega}C_{2a}\right)}{1 + P_1} + \frac{n_2 F \sqrt{2D_3\omega}C_{3a}}{1 + P_2}\right.$$

$$\left. - 2F \sqrt{2D_5\omega}P_3^0\right] \cdot \delta - \omega(Q - \overline{Q}) = i_0 \sin\left(\omega t - \frac{\pi}{2}\right) \tag{30}$$

其中 $\delta = 1 + \dfrac{2}{\pi r_0}\sqrt{\pi D_1 t}$。

　　显然公式（30）同修正的 Micka 公式形式上相似，仅仅多了一个球形校正项 $\delta = 1 + \dfrac{2}{\pi r_0}\sqrt{\pi D_1 t}$。讨论可获以下结论：1. 当 $r_0 \to \infty$，即球形表面曲率无限大而成为平面电极时，$\delta \to 1$，方程（30）就复原为修正的 Micka 公式，从而再次证明了修正 Micka 公式的正确。2. 校正项 $\delta = 1 + \dfrac{2}{\pi r_0}\sqrt{\pi D_1 t}$ 中的 $\sqrt{\pi D_1 t}$ 为电极表面扩散层厚度，其中 $t \leqslant \dfrac{T}{2} \leqslant \dfrac{1}{2f}$，对于常规示波计时电位法，$f = 50\text{Hz}$，$r_0 = 0.05\text{cm}$，$D_1 = 1 \times 10^{-5}\text{cm/s}$，则 $\delta = 1 + 7.14 \times 10^{-3} \approx 1$，表明在经典示波计时电位法中，由于高扫描速度的交流电周期性极化，使得电极表面扩散层极薄，因此可以用平面扩散来替代球形扩散，两者没有明显差异。

参 考 文 献

〔1〕　高鸿，《示波滴定》，南京大学出版社，14～38 (1990)

〔2〕　毕树平、高鸿，高等学校化学学报，11(5) 529～531 (1990)

〔3〕　毕树平、高鸿，高等学校化学学报，11(6) 579～582 (1990)

〔4〕 毕树平、马新生、高鸿，应用化学，4(4) 6～11 (1987)

〔5〕 毕树平、马新生、高鸿，应用化学，4(6) 54～58 (1987)

〔6〕 K. Z. Micka，Phys Chem.，206，345～368 (1957)

〔7〕 高鸿、张祖训，《极谱电流理论》，北京科学出版社，20～21 (1986)

39

交流示波极谱基础研究

底液示波极谱曲线的端点电位理论[*]

毕树平　　马新生　　高　鸿

摘　要

利用临界电流的概念，把 Micka 的复杂公式分解为不同电流密度下的简单公式来说明底液交流示波极谱图端点电位的原理。实验结果与理论基本相符。

自 1941 年 Heyrovsky 提出交流示波极谱法[1]，1956 年 Treindl[2]提出示波滴定以来，交流示波极谱[3]和示波极谱滴定[4]都有了一定的发展。但是关于交流示波极谱的理论研究工作却进展不大。

Kambara[5]首先试图对示波极谱的复杂曲线进行理论解释，然而没有取得成功，因为没有考虑充电电流。Micka 提出了比较完整的交流示波极谱理论[6]，但其 $E \sim t$ 曲线理论公式的形式过于复杂，用它来直接解释示波极谱图像时还存在很大困难。本文将 Micka 复杂的理论公式分解为各种特殊条件下的简单公式，用来解释不同电流条件下在汞电极上所得的示波极谱图，并用实验加以验证。实验线路与常用的一致[4]，使用三电极，以铂片为对电极，悬汞为指示电极，饱和甘汞为参比电极，用示波器观察微汞电极对参比电极的示波图。

Micka 公式

具有恒定表面 A 的汞电极，在含有支持电解质和去极剂的溶液中，通过施加交流电流而被极化。假

• 原文发表于应用化学，4（4）6（1987）。

定所有电极反应均为可逆而且电解质不与汞形成难溶化合物，通过电解池的电流为 $i=i_0\sin\omega t+i_1$（i_1 为直流分量），则 $E{\sim}t$ 曲线的表达式为[6]

$$-n_1F\sqrt{D_2}C_{2a}+\frac{n_1F(\sqrt{D_1}C_{1a}+\sqrt{D_2}C_{2a}+}{1+P_1}+\frac{n_2F\sqrt{D_3}C_{3a}}{1+P_2}-2F\sqrt{D_5}P_3^0$$

$$-\sqrt{\omega}(Q-Q_{max}+Q_0)=\frac{i_0}{\sqrt{\omega}}\sin(\omega t-\frac{\pi}{4})+\frac{2i_1}{\sqrt{\pi}}\sqrt{t} \tag{1}$$

这就是 Micka 公式。在不含去极剂的支持电解质溶液中，$C_{1a}=C_{2a}=0$，又令 $i_1=0$，即不加直流分量，于是 $E{\sim}t$ 曲线简化为

$$\frac{n_2F\sqrt{D_3}C_{3a}}{1+P_2}-2F\sqrt{D_5}P_3^0-\sqrt{\omega}(Q-Q_{max}+Q_0)=\frac{i_0}{\sqrt{\omega}}\sin(\omega t-\frac{\pi}{4}) \tag{2}$$

(1) 式中各项符号的意义见表 1。

表 1　Micka 公式中各项符号的意义

$$P_1=\sqrt{\frac{D_1}{D_2}}P_1^0=\sqrt{\frac{D_2}{D_1}}\exp\frac{n_1F}{RT}(E-E_{1/2.1}),(P_1^0=\exp\frac{n_1F}{RT}(E-E_1^0)=\frac{C_{1.0}}{C_{2.0}}$$

$$P_2=\sqrt{\frac{D_3}{D_4}}P_2^0=\sqrt{\frac{D_4}{D_3}}\exp\frac{n_2F}{RT}(E-E_{1/2.2}),(P_2^0=\exp\frac{n_2F}{RT}(E-E_2^0)=\frac{C_{3.0}}{C_{4.0}}$$

$$P_3^0=\exp\frac{2F}{RT}(E-E_3^0)=C_{5.0}$$

浓度下标零表示组分的表面浓度

$E_{1/2.1}$：	去极剂的极谱半波电位（V）
$E_{1/2.2}$：	支持电解质阳离子的极谱半波电位（V）
E_3^0：	汞电极标准电位（V）
Q：	任一时刻 t 时的电极电荷密度（Q/cm²）
Q_{max}：	对应于正端点电位 E_{max}时的电极电荷密度（Q/cm²）
Q_{min}：	对应于负端点电位 E_{min}时的电极电荷密度（Q/cm²）
Q_0：	电极电荷密度的变化幅值
C_{1a}：	去极剂氧化态的本体浓度
C_{2a}：	去极剂还原态的本体浓度
C_{3a}：	支持电解质阳离子的本体浓度
	假定金属在汞中的本体浓度 C_{4a}和汞离子的本体浓度 C_5 均为零
D_i：	扩散系数　　　（$i=1,2,3,4,5$）
	如不特别标明，文中电位标度均相对于饱和甘汞电极 vs SCE

不同电流密度下底液的示波极谱图及其端点电位公式

工作电极的电位及电极过程与电流密度 i_0 有关。在不同的电流密度下，可以得到不同形状的示波极谱图。当 i_0 值很小时，工作电极可看作理想极化状态，只有充电电流通过电解池。当电流 i_0 增大到某一定值时，在工作电极的正端出现时滞平阶，$\left(\dfrac{dE}{dt}\right){\sim}E$ 曲线上则有相应的亮点。当电流继续增大到另一特征值时，才发生支持电解质的氧化还原。这里提出："临界电流"的概念。临界电流是分别使汞和支持电解质氧化还原所需的最小电流密度，分别用 i_a 和 i_b 表示。对于一定的体系，临界电流 i_a 和 i_b 有确定的数值，关于临界电流 i_a 及 i_b 的测量及性质将有另文报道。

利用"临界电流"这个概念,把复杂的Micka公式分解为各种特殊条件下的简单公式。就可以得到不同电流密度下底液的示波极谱图及其端点电位的公式,表2列举了简化过程及所得结果,下面对各简化公式再进行讨论。

1. 当$i_0 < i_a$时,电极上仅有充电电流,$E \sim t$曲线为表2(5)式(式中E为电极在溶液中直流电位值)。可见在$i_0 < i_a$时,$E \sim t$曲线为一叠加在直流电位E上的正弦曲线,$\left(\dfrac{dE}{dt}\right) \sim E$曲线可调节为一个近似圆,并随电流的增加而变大,但看不到E_{max},E_{min}两个稳定亮点(图1)。从公式(6)可以

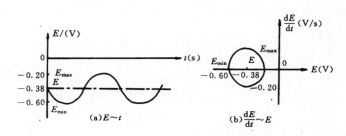

图1　当$i_0 < i_a$时的示波极谱图

1mol/L KNO_3　$i_a = 6.90 \times 10^{-3} A/cm^2$　$f = 50Hz$　$t = 9\,℃$　$i_0 = 4.28 \times 10^{-4} A/cm^2$

表2　不同电流密度下底液的示波极谱图及其端点电位公式

电流密度		$i_0 > i_a$	$i_a < i_0 < i_b$	$i_0 > i_b$
简化过程		$P_2 \to \infty$, $P_3^0 \to 0$, 代入(2)式 $-\sqrt{\omega}\,(Q - Q_{max} + Q_0)$ $= \dfrac{i_0}{\sqrt{\omega}}\sin(\omega t - \dfrac{\pi}{4})$ (3) $-\dfrac{dQ}{dt} = i_0\cos(\omega t - \dfrac{\pi}{4})$ 因 $\dfrac{dQ}{dt} = C_d\dfrac{dE}{dt}$, 则 $-\dfrac{dE}{dt} = \dfrac{i_0}{C_d}\cos(\omega t - \dfrac{\pi}{4})$ (4) 积分(4)式 $E = \overline{E} - \dfrac{i_0}{\omega C_d}\sin(\omega t - \dfrac{\pi}{4})$ (5)	$E = E_{max} \approx E_3^0$ 处 $Q = Q_{max}$ $P_2 \to \infty$, $P_3^0 \to 1$, 代入(2) 得 $2F\sqrt{D_5\omega}P_3^0 + \omega Q_0 = i_0$ $E = E_{min} \gg E_{1/2,2}$ 处 $P_2 \to \infty$, $P_3^0 \to 0$ 由(2)简化为(5)式	$E = E_{max} \approx E_3^0$ 处 $Q = Q_{max}$ $P_2 \to \infty$, $P_3^0 \to 1$, 代入(2) 得 $2F\sqrt{D_5\omega}P_3^0 + \omega Q_0 = i_0$ $E = E_{min} \gg E_{1/2,2}$ 处 $Q = Q_{min}$ $Q_0 = \dfrac{1}{2}(Q_{max} - Q_{min})$ $P_2 \to 1, P_3^0 \to 0$, 代入(2)得 $\dfrac{n_2 F\sqrt{D_3\omega}C_{3a}}{1 + P_2} + \omega Q_0 = i_0$
端点电位	正端点 $(\omega t - \dfrac{\pi}{4})_{max}$ $= 2k\pi - \dfrac{\pi}{2}$	$E_{max} = \overline{E} + \dfrac{i_0}{\omega C_d}$ (6)	$E_{max} = E_3^0 - \dfrac{RT}{2F}$ $\ln\left(\dfrac{2F\sqrt{D_5\omega}}{i_0 - \omega Q_0}\right)$ (8)	$E_{max} = E_3^0 - \dfrac{RT}{2F}$ $\ln\left(\dfrac{2F\sqrt{D_5\omega}}{i_0 - \omega Q_0}\right)$ (8)
	负端点 $(\omega t - \dfrac{\pi}{4})_{min}$ $= 2k\pi + \dfrac{\pi}{4}$	$E_{min} = \overline{E} - \dfrac{i_0}{\omega C_d}$ (7)	$E_{min} = \overline{E} - \dfrac{i_0}{\omega C_d}$ (7)	$E_{min} = E_{1/2,2} + \dfrac{RT}{n_2 F}$ $\ln\left(\dfrac{n_2 F\sqrt{D_5\omega}C_{3a}}{i_0 - \omega Q_0} - 1\right)$ (9)

看出，当频率为一定时，E_{max} 与 i_0 之间呈线性关系，且 $(\partial E_{max}/\partial i_0)_f \cdot f$ 之值等于 $1/2\pi C_d$ 为一常数，实验结果（表 3）与理论一致。

表 3　$E_{max} \sim i_0$ 关系　　　($i_0 < i_a$　0.1mol/L KNO₃　$t = 25 \pm 1$℃)

f (Hz)	50					80				
$i_0 \times 10^3$ (A/cm²)	2.06	2.76	3.80	4.46	5.47	4.09	6.59	8.09	9.52	11.7
E_{max} (V)	0.10	0.13	0.17	0.21	0.26	0.15	0.18	0.24	0.26	0.30
$\left(\dfrac{\partial E_{max}}{\partial i_0}\right)_f \cdot f$ (cm² · f^{-1})	2.5×10^3					2.2×10^3				

2. 当 $i_a < i_0 < i_b$，汞氧化而钾不析出，正端点电位表达式为表 2（8）式，可见 E_{max} 决定于 E_3^0 及 i_0, f 等，由于对数项 $\dfrac{RT}{2F}\ln\left(\dfrac{2F\sqrt{D_5\omega}}{i_0 - \omega Q_0}\right)$ 仅为 0.1V 左右，而 E_3^0 为 +0.552V，因而此时在 $E \sim t$ 曲线上，在 E_3^0 电位附近出现电位时滞平阶，$\dfrac{dE}{dt} \sim E$ 曲线的正端出现稳定的 E_{max} 亮点。$E \sim t$ 曲线不再为一标准的正弦曲线，$\dfrac{dE}{dt} \sim E$ 曲线也失去对称性质（图 2）。负端点 E_{min} 仍然服从（7）式，表明在此电流范围内，阴极过程将近似为一充电过程。

在 i_0 大于 i_a 若干倍后，认为 $i_0 \gg \omega Q_0$，则（8）可简化为

$$E_{max} = E_3^0 - \frac{RT}{2F}\ln\left(\frac{2F\sqrt{D_5\omega}}{i_0 - \omega Q_0}\right)$$

把常数归为一项，得

$$E_{max} = 常数 + \frac{RT}{2F}\ln i_0 + \frac{RT}{4F}\ln f \tag{10}$$

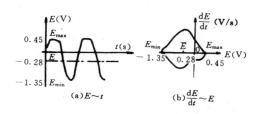

图 2　当 $i_a < i_0 < i_b$ 时的示波极谱图
1mol/L KNO₃　$i_a = 6.90 \times 10^{-3}$A/cm²
$i_b = 2.51 \times 10^{-2}$A/cm²　$i_0 = 9.61 \times 10^{-3}$A/cm²
$f = 50$Hz　$t = 9$℃

(a) $E \sim t$　　(b) $\dfrac{dE}{dt} \sim E$

因此在一定电位范围内，E_{max} 与 $\lg i_0$ 呈线性关系，E_{min} 与 i_0 仍呈线性关系，且 $\left(\dfrac{\partial E_{min}}{\partial i_0}\right)_f \cdot f = \dfrac{1}{2\pi C_d} = 常数$，实验结果见图 3 及表 4。

表 4　$E_{min} \sim i_0$ 关系　　　($i_0 < i_d$　0.1mol/L KNO₃　$t = 25 \pm 1$℃)

f (Hz)	50					70				
$i_0 \times 10^2$ (A/cm²)	1.5	1.79	1.95	2.05	2.26	2.32	2.59	2.78	2.92	3.16
E_{min} (V)	−0.44	−0.80	−1.10	−1.25	−1.50	−0.56	−0.76	−1.00	−1.15	−1.40
$\left(\dfrac{\partial E_{min}}{\partial i_0}\right)_f \cdot f$ (cm² · f^{-1})	7.1×10^3					7.0×10^3				

3. 当 $i_0 > i_b$，电流很大使钾析出，正端点电位的性质同（8）式。负端点电位表达式服从表 2（9）式，可见 E_{min} 决定于 $E_{1/2,2}$, i_0, f 及 C_{3a} 等，对数项仅为 0.15V 左右，远较 $|E_{1/2,2}|$ 为小，因此，$E \sim t$ 曲线出现上下两段电位时滞平阶，$\dfrac{dE}{dt} \sim E$ 曲线呈现两个稳定亮点（图 4）。在 i_0 大于 i_b 若干倍后，可认为

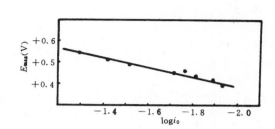

图 3 $E_{max} \sim \lg i_0$ 关系

1mol/L KNO$_3$ $f=50$Hz $i_a=6.50\times10^{-3}$A/cm^2 $t=11$℃

$i_0 \gg \omega Q_0$,且$\dfrac{n_2F\sqrt{D_3\omega}}{i_0}C_{3a}\gg1$,则(9)式可简化为:

$$E_{min} = 常数 - \frac{RT}{n_2F}\ln i_0 + \frac{RT}{2n_2F}\ln f \qquad (11)$$

所以 E_{min} 与 $\lg i_0$ 呈线性关系,实验结果见图 5。

难溶汞化合物生成对端点电位 E_{max} 的影响

实际应用中常使用各类底液,如 NaOH,NaCl 及 NH$_3\cdot$H$_2$O-NH$_4$Cl 等,此时端点 E_{max} 附近电极反应已不再是 $2Hg \rightleftharpoons Hg_2^{2+}+2e$,因此其表达式不再服从(8)式。

若溶液中含有 X$^-$,X$^-$ 与 Hg$_2^{2+}$ 形成了难溶汞

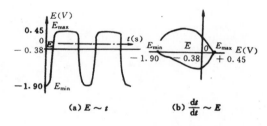

图 4 当 $i_a > i_b$ 时的示波极谱图

1mol/L KNO$_3$ $i_a=6.90\times10^{-3}$A/cm^2

$i_b=2.5\times10^{-2}$A/cm^2 $i_0=2.5\times10^{-2}$A/cm^2

$f=50$Hz $t=9$℃

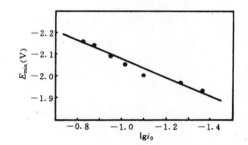

图 5 $E_{min} \sim \lg i_0$ 关系 ($i_0 > i_b$)

1mol/L KNO$_3$ $f=50$Hz $i_b=2.20\times10^{-2}$A/cm^2 $t=12$℃

化合物,汞氧化的电极反应为 $2Hg+mX^- \rightleftharpoons Hg_2X_m+2e$,Micka 认为此时不能形成完全的沉淀,这种中间状态沉淀的溶度积的标准电位无法从理论上计算,但仍有下列关系:

$$E_{max} = E_3^{0'} - \frac{RT}{2F}\ln[X]^m \qquad (12)$$

其中 $E_3^{0'}$ 为汞电极的式量电位, $E_3^{0'} = E_3^0 + \dfrac{RT}{2F}\ln K_{sp}$。由(12)可见,在 i_0,f 一定时,应有 E_{max} 与 $E_3^{0'}$ 或 $\lg K_{sp}$ 呈线性关系,实验结果见表 5。

表 5 不同底液中 E_{max} 值与 PK_{sp} 关系 ($f=50$Hz $t=13$℃)

底液 (1mol/L)	KI	NaOH	KBr	NaCl
难溶汞化合物	Hg$_2$I$_2$	Hg$_2$(OH)$_2$	Hg$_2$Br$_2$	Hg$_2$Cl$_2$
PK_{sp}	28.4	23.7	22.2	17.9
$E_3^{0'}$ 理论值 (V)	-0.29	-0.15	-0.10	$+0.02$
E_{max} (V)	-0.33	-0.06	-0.04	$+0.21$
i_0 (A/cm^2)	2.47×10^{-2}	2.74×10^{-2}	2.57×10^{-2}	3.06×10^{-2}

参 考 文 献

〔1〕 J. Heyrovsky and J. Forejt，Z. physik. Chem. ，139，77(1943)

〔2〕 L. Treindl，Collect. Czech. Chem. Commun. ，22，1574(1957)

〔3〕 Robert Kalvoda，Technicka Oscilopolarografickych měřeni (1963)

〔4〕 高鸿，《示波极谱滴定》,江苏科学技术出版社(1985)

〔5〕 T. Kambara，Leybold Polarogr. Ber. ，2，41(1957)

〔6〕 K. Z. Micka，Phys. Chem. ，206，315(1957)

40

交流示波极谱基础研究

临界电流密度*

毕树平　　马新生　　高　鸿

摘　要

临界电流密度是交流示波极谱图中分别使汞和支持电解质氧化还原所需的最小电流密度。对于给定的溶液，临界电流密度是特征性的。本文导出临界电流密度公式，报道了它们的测定方法，结果与理论基本一致。

交流示波极谱中工作电极的电位及电极过程与通过电解池的电流密度有关。在不同的交流电流密度幅值 i_0 下，可以得到不同形状的示波极谱图。当 i_0 很小时，可以认为工作电极处于理想极化状态，只有充电电流通过电解池。当电流密度 i_0 增大到某一定值时，在电极电位的正端由于 Hg 氧化还原而出现时滞平阶，$dE/dt \sim E$ 曲线上则有相应的亮点。当电流密度继续增大到另一特征值时，才发生支持电解质的氧化还原。我们把使汞和支持电解质氧化还原所需的最小电流密度分别用 i_a 和 i_b 表示，并称为"临界电流密度"。对于一定的体系，临界电流密度 i_a 和 i_b 有确定的数值。前文[1]报道了利用临界电流密度的概念把复杂的 Micka 公式分解为各种特殊条件下的简单公式，用于说明端点电位。本文报道临界电流密度的实际测定及其性质。

• 原文发表于应用化学，4（6）54（1987）。

"临界电流密度"的测定

使汞溶出及钾还原所需的临界电流密度 i_a 和 i_b 是不同的。当电流密度幅值 $i_0 < i_a$ 和 $i_0 > i_a$ 时，$E \sim t$ 曲线的正端电位 E_{max} 分别由（1）和（2）式表示[1]

$$E_{max} = E + \frac{i_0}{\omega C_d} \tag{1}$$

$$E_{max} = E_3^0 - \frac{RT}{2F}\ln\left[\frac{2F\sqrt{D_5\omega}}{i_0 - \omega Q_0}\right] \tag{2}$$

临界电流 i_a 可由方程（1）和（2）联立求解。简便的方法是通过 $E_{max} = E_3^0$ 时的（2）式曲线之切线与直线（1）的交点求出 i_a（图1）。其近似表达式为：

$$i_a = \omega C_d(E_3^0 - \overline{E} - \frac{RT}{2F}) \tag{3}$$

实验中只要在不同 i_0 下测量相应的 E_{max} 值，对 i_0 作图，利用曲线切线之交点就可求出 i_a。同理 i_b 可由（4）与（5）式求出。

$$E_{min} = \overline{E} - \frac{i_0}{\omega C_d} \tag{4}$$

$$E_{min} = E_{\frac{1}{2},2} + \frac{RT}{n_2 F}\ln\left[\frac{n_2 F\sqrt{D_3\omega}C_{3a}}{i_0 - \omega Q_0} - 1\right] \tag{5}$$

i_b 的近似表达式是

$$i_b = \omega C_d(\overline{E} - E_{1/2,2} - \frac{2RT}{n_2 F}) \tag{6}$$

实验结果见表1。

临界电流密度 i_a, i_b 与频率成正比，实验结果见图2，与理论一致。

若 C_d 变动不大而近似为一常数，用（6）/（3）得

$$\frac{i_b}{i_a} = \frac{\overline{E} - E_{\frac{1}{2},2} - \frac{2RT}{n_2 F}}{E_3^0 - \overline{E} - \frac{RT}{2F}} \tag{7}$$

因此临界电流密度比值 i_b/i_a 在某一确定体系中近似为一常数，与频率无关，实验结果见表2。

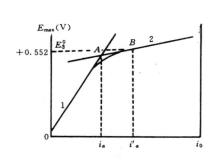

图1 切线法求 i_a 值

1. $E_{max} = \overline{E} + \frac{i_0}{\omega C_d}$

2. $E_{max} = E_3^0 + \frac{RT}{2F}\ln\left(\frac{2F\sqrt{D_5\omega}}{i_0 - \omega Q_0}\right)$

表1 临界电流的实验值和理论值

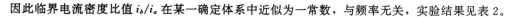

0.1mol/L KNO_3　$f = 50Hz$　$\overline{E} = +0.130V$　$t = 25℃$

	i_a (A/cm²)	i_b (A/cm²)	$\frac{i_b}{i_a}$
按公式（3），（6）计算	3.21×10^{-3}	1.75×10^{-2}	5.5
	4.52×10^{-3}	3.85×10^{-2}	8.5
实验值	4.81×10^{-3}	3.54×10^{-2}	7.4
	5.09×10^{-3}	3.62×10^{-2}	7.1
平　均	4.81×10^{-3}	3.67×10^{-2}	7.7

理论计算取 $C_d = 25\mu F/cm^2$　$E_3^0 = +0.552V$　$E_{1/2,2} = -2.15V$

表2 临界电流比值 $\dfrac{i_b}{i_a}$

0.1mol/L KNO₃ $\overline{E}=+0.130V$ $t=25℃$

f (Hz)	理论计算值			实 验 值		
	i_b (A/cm²)	i_a (A/cm²)	$\dfrac{i_b}{i_a}$	i_b (A/cm²)	i_a (A/cm²)	$\dfrac{i_b}{i_a}$
50	1.75×10^{-2}	3.21×10^{-3}	5.5	3.67×10^{-2}	4.81×10^{-3}	7.7
70	2.45×10^{-2}	4.50×10^{-3}	5.5	4.86×10^{-2}	6.79×10^{-3}	7.2
90	3.15×10^{-2}	5.78×10^{-3}	5.5	5.26×10^{-2}	7.64×10^{-3}	6.9

去极剂存在时示波极谱图的端点电位及临界电流密度

示波极谱滴定开始前,溶液中去极剂的浓度一般很大。当溶液中含有浓度为 C_{1a} 的去极剂时,若令

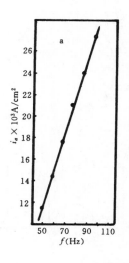

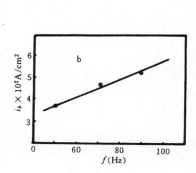

图2 i_a (a), i_b (b) 与 f 关系

0.1mol/L KNO₃ $t=25℃$

$C_2=0$,$i_1=0$,则由 Micka 方程[2]可得 $E\sim t$ 曲线:

$$\frac{n_1F\sqrt{D_1}C_{1a}}{1+P_1}+\frac{n_2F\sqrt{D_3}C_{3a}}{1+P_2}-2F\sqrt{D_5}P_3^0-\sqrt{\omega}(Q-Q_{max}+Q_0)=\frac{i_0}{\sqrt{\omega}}\sin(\omega t-\frac{\pi}{4}) \quad (8)$$

对 t 求导则得 $\dfrac{dE}{dt}\sim t$ 曲线

$$-\frac{dE}{dt}=\frac{i_0\sqrt{\omega}\cos(\omega t-\frac{\pi}{4})}{\dfrac{K_1P_1}{(1+P_1)^2}+\dfrac{K_2P_2}{(1+P_2)^2}+K_3P_3^0+\sqrt{\omega}C_d} \quad (9)$$

其中 $K_1 = \dfrac{n_1^2 F^2 \sqrt{D_1} C_{1a}}{RT}$，$K_2 = \dfrac{n_2^2 F^2 \sqrt{D_3} C_{3a}}{RT}$，$K_3 = \dfrac{4F^2 \sqrt{D_5}}{RT}$。这时，随着电流密度 i_0 的增加，$\dfrac{\mathrm{d}E}{\mathrm{d}t} \sim E$ 曲线上将会先后出现两个 $E_{\min}$ 亮点，如图 3。图中（a）表明当 i_0 小于 $i_{b,1}$ 时，负端点电位 $E_{\min,1}$ 仍处于充电过程，当 $i_0 > i_{b,1}$ 后，将出现由反应 $Pb^{2+} + 2e + Hg \longrightarrow Pb(Hg)$ 决定的 $E_{\min,1}$ 亮点，如（b）所示。当 i_0 增加到使钾还原时，出现 $E_{\min,2}$，而 $E_{\min,1}$ 就转变为切口，即（d）。利用前述讨论的同样的方法求得端点电位为：

$$E_{\max} = E_3^0 - \frac{RT}{2F}\ln\left[\frac{2F\sqrt{D_5}\omega}{i_0 - \omega Q_0}\right] \tag{2}$$

$$E_{\min,1} = E_{1/2,1} + \frac{RT}{n_1 F}\ln\left[\frac{n_1 F\sqrt{D_1}\omega C_{1a}}{i_0 - \omega Q_0} - 1\right] \tag{10}$$

$$E_{\min,2} = E_{1/2,2} + \frac{RT}{n_2 F}\ln\left[\frac{n_2 F\sqrt{D_3}\omega C_{3a}}{i_0 - \omega Q_0 - n_1 F\sqrt{D_1}\omega C_{1a}} - 1\right] \tag{11}$$

各自对应的临界电流密度近似为

$$i_a = \omega C_d\left(E_3^0 - \overline{E} - \frac{RT}{2F}\right) \tag{3}$$

$$i_{b,1} = \omega C_d\left(\overline{E} - E_{1/2,1}\frac{2RT}{n_1 F}\right) \tag{12}$$

$$i_{b,2} = \omega C_d\left(\overline{E} - E_{1/2,2} - \frac{2RT}{n_2 F}\right) \tag{6}$$

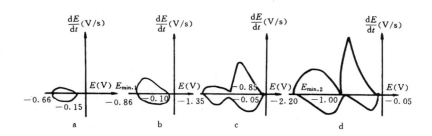

图 3　去极剂存在时端点电位 $E_{\min}$ 随 i_0 变化

1mol/L NaOH-0.8×10^{-3}mol/LPb^{2+}　$f = 50$Hz　$t = 18$℃　$i_{b,1} = 200 \times 10^{-2}$A/cm²　$i_{b,2} = 9.40 \times 10^{-2}$A/cm²

（a）$i_0 = 1.66 \times 10^{-2}$A/cm²（$i_0 < i_{b,1}$）　　（b）$i_0 = 2.75 \times 10^{-2}$A/cm²（$i_0 < i_{b,1}$）

（c）$i_0 = 8.35 \times 10^{-2}$A/cm²（$i_0 < i_{b,1}$）　　（d）$i_0 = 0.135$A/cm²（$i_0 < i_{b,2}$）

若固定频率，且电流较大而令 $i_0 \gg \omega Q_0$ 及 $\dfrac{n_1 F\sqrt{D_1}\omega C_{1a}}{i_0} \gg 1$，则（10）（11）可简化为

$$E_{\min,1} = 常数 - \frac{RT}{n_1 F}\ln i_0 \tag{13}$$

$$E_{\min,2} = 常数 - \frac{RT}{n_2 F}\ln i_0 \tag{14}$$

因此在一定电流密度范围内，$E_{\min,1} \sim \lg i_0$ 成线性，但其线性区域长度与去极剂浓度 C_{1a} 有关，因为

（14）式中常数项含有 $\frac{RT}{n_1F}\ln\left(n_1F\sqrt{D_1\omega C_{1a}}\right)$ 项，当电流 i_0 足够大时，E_{min} 迅速向负电位方向跃迁，直至达到 $-2V$ 时支持电解质阳离子析出而形成第二个 $E_{min,2}\sim\lg i_0$ 线性平台。实验结果与预计相符合，见图4。

示波极谱图端点的亮度

示波极谱图端点的亮度与 $E\sim t$ 曲线上正负端时滞长度有关。当 $i_0 > i_b$ 时，$E\sim t$ 曲线出现上下两段电位时滞平阶。分别联立方程 $E = \overline{E} - \frac{i_0}{\omega C_4}\sin\left(\omega t - \frac{\pi}{4}\right)$ 与（2）及（5），求了直线与正弦曲线交点处的

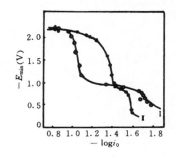

图4　$E_{min}\sim\lg i_0$ 关系

1mol/L NaOH-Pb^{2+}　$f=50Hz$　$t=16℃$

$E_{min,1}$： Pb(OH)$_3^-$+Hg+2e $\Longrightarrow$ Pb(Hg)+3OH$^-$

$E_{min,2}$： Na$^+$+e+Hg $\Longrightarrow$ Na(Hg)

Ⅰ．C^*Pb (Ⅱ) $=8\times10^{-4}$mol/L

Ⅱ．C^*Pb (Ⅱ) $=3\times10^{-4}$mol/L

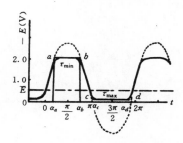

图5　时滞长度的求解

实线：理论计算的 $E\sim t$ 曲线[2]

0.1mol/L KOH　$f=50Hz$

$i_0=1.41\times10^{-2}$A/cm^2　$E_{1/2,2}=-2.15V$

虚线：假设的正弦波充电曲线

时间 $\left(\omega t - \frac{\pi}{4}\right)_{a,b,c,d}$，就可以求得时滞长度 τ_{max}，τ_{min}（图5）。

$$\tau_{max} = \pi - 2\arcsin\left(\frac{i_a}{i_0}\right) \tag{15}$$

$$\tau_{min} = \pi - 2\arcsin\left(\frac{i_b}{i_0}\right) \tag{16}$$

利用（15）（16）式可以解释 $\frac{dE}{dt}\sim E$ 图形端点电位 E_{max}，E_{min} 亮度与 i_0，f 的关系。当频率固定时，增大电流 i_0 可以使端点亮度增强，因为 i_0 增加，必有 $\frac{i_b}{i_0}$，$\frac{i_a}{i_0}$ 减小，τ_{max}，τ_{min} 拉长，亮点就愈亮。当 i_0 固定时，降低 f 有利于增强端点亮度，因为 f 降低，必有 i_b，i_a 下降，于是 τ_{max}，τ_{min} 拉长，E_{max}，E_{min} 亮度增强。

参　考　文　献

〔1〕 毕树平、马新生、高鸿,应用化学,4(4)6(1987)

〔2〕 K. Z. Micka, Phsick Chem. , 206, 345(1957)

—41—

电极双电层微分电容的快速估算方法˙

毕树平   高 鸿

摘 要

本文报道了用交流示波极谱快速估算电极双电层微分电容的方法，与交流电桥法相比，该方法具有测量快速、操作简便的突出优点，在无须知道微分电容精确值的分析工作中很有用处。

经典的微分电容测量采用交流电桥法[1]，该方法准确灵敏，却麻烦费时，实验条件苛刻；Breyer[2] 提出的"交流伏安法"可以获得微分电容与电位的关系，但不能测定微分电容的绝对值；Сухотин 等[3] 提出的交流阻抗法原理及交流电桥法并无区别，而且也是逐点测量，不能算作快速方法。本文提出了用交流示波极谱快速估算电极双电层微分电容的方法，即在示波器上直接测量示波极谱图 $\frac{\mathrm{d}E}{\mathrm{d}t} \sim E$ 曲线的高度或端点电位，求得微分电容随电位变化的曲线。该方法不仅具有仪器简单、操作方便、测量快速的突出优点，而且证明了前文[4]所提出的底液交流示波极谱曲线的端点电位理论是正确的。在无须知道微分电容精确值的分析工作中是很有用处的。

原 理

前文指出，[4]当电解池内通过一个恒振幅的交流电 $i = i_0 \sin\omega t$ 时，若电流较大（i_0 大于临界电流 i_b 时），在 E_{min} 到 E_{max} 的电位范围内，电极过程可以近似认为是一个充电过程，$E \sim t$ 曲线和 $\frac{\mathrm{d}E}{\mathrm{d}t} \sim t$ 曲线服

• 原文发表于电分析化学，2 (1) 17 (1988)。

从 (1)(2) 式：

$$E = \overline{E} - \frac{i_0}{\omega C_d}\sin\left(\omega t - \frac{\pi}{4}\right) \tag{1}$$

$$-\frac{dE}{dt} = \frac{i_0}{C_d}\cos\left(\omega t - \frac{\pi}{4}\right) \tag{2}$$

若令 $a = \omega t - \dfrac{\pi}{4}$，且 $-\dfrac{dE}{dt} = \dfrac{V_R^{(5)}}{RC}$（$RC$ 为微分线路的时间常数，V_R 为 R 上的电压降，即示波图 $\dfrac{dE}{dt} \sim E$ 曲线的高度），则由 (1)(2) 式可得：

$$\mathrm{tg}\,a = \frac{\omega(E - \overline{E})RC}{V_R} \tag{3}$$

$$C_d = \frac{i_0 RC \cos a}{V_R} \tag{4}$$

图 1 为 KCl 底液的示波极谱图 $\dfrac{dE}{dt} \sim E$ 曲线，实验中只要测量不同电位 Ei 下阴极支上对应的示波图高度 V_{Ri}，而 ω，i_0，$\overline{E}$ 及 RC 均已知，则由 (3) 及 (4) 式就可算出微分电容随电位变化的曲线。

当电流较小、电极上没有电化学反应时，电极过程为一充电过程，$\dfrac{dE}{dt} \sim E$ 曲线可以调节为一个圆（图 2），并用下式描述：

正端点电位
$$E_{max} = \overline{E} + \frac{i_0}{\omega C_d} \tag{5}$$

负端点电位
$$E_{min} = \overline{E} + \frac{i_0}{\omega C_d} \tag{6}$$

示波图宽度
$$\Delta E_m = \frac{2i_0}{\omega C_d} \tag{7}$$

示波图高度
$$-\frac{dE}{dt}_{max} = \frac{i_0}{C_d} \tag{8}$$

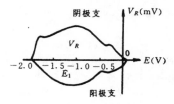

图 1 大电流下由 $\dfrac{dE}{dt} \sim E$ 曲线高度
观测微分电容曲线

0.1mol/L KCl $i_0 = 9.74 \times 10^{-3}$A/cm² $\overline{E} = 0.950$V

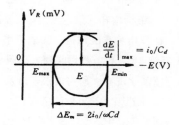

图 2 小电流下的示波极谱图 $\dfrac{dE}{dt} \sim \overline{E}$ 曲线

如果固定频率 ω 及直流电位 $\overline{E}$，改变电流密度 i_0，测出相应的端点电位 E_{max}，E_{min}，就可以用 (9) 与 (10) 式求出 E_{max}，E_{min} 电位下的微分电容：

$$C_d = \frac{i_0}{\omega(E_{max} - E)} \tag{9}$$

$$C_d = \frac{i_0}{\omega(E - E_{\min})} \qquad (10)$$

如果固定交流电频率 ω 和电流密度 i_0，调节外加直流极化电压来改变电极的直流电位 $\overline{E}$，测出不同电位 $\overline{E}$ 下相应的示波图宽度 ΔE_m，由 （11） 式可以算出在 $\overline{E}$ 电位下的微分电容。

$$C_d = \frac{2i_0}{\omega \Delta E_m} \qquad (11)$$

实　验　方　法

图 3 为大电流下用 $\frac{dE}{dt} \sim E$ 示波图观测微分电容的实验线路，采用 220V～50Hz 的市电。调节 R_2 可以改变通过电解池的交流电流密度 i_0，用数字显示万用表（DT-830 型）测出采样电阻 R_0 上的交流电压 $\tilde{v}$，则流过电解池的交流电流密度有效值为 $i_0 = \tilde{V}/R_i \cdot A$，其中 A 为电极面积。文中 i_0 均指有效值，由于示波器所测电位为幅值，因此在求算微分电容时还须在 i_0 前乘上 $\sqrt{2}$。通过调节 R_3 可以改变外加直流极化电压，进而改变指示电极的直流电位 $\overline{E}$，在不加交流电时用离子计可以直接测出汞电极对饱和甘汞电极的电位 $\overline{E}$。微分电阻 R_5 及微分电容 C_2 均用万用电桥准确测定。线路中 C_1 作用是隔绝直流，L 作用是阻止交流电通过直流极化电路。电位 E_i 值在示波器上直接读出，面板值事先按文献[6]方法校准。

小电流下用示波图宽度测量微分电容的线路同图 3 一样，采用 ZD-12 型频率信号发生器为交流源，借以改变交流电频率。用端点电位估算微分电容的线路也同图 3 一样，只是采用 12V 交流电源，并除去直流极化电路，因此所测直流电位 $\overline{E}$ 就是指示电极在溶液中的平衡电位。

实验中采用铂基挂汞电极和光亮铂片电极为指示电极（$A = 0.30\text{cm}^2$），对电极为大面积铂片（$A = 4\text{cm}^2$），参比电极为饱和甘汞电极。汞电极按文献[7]方法制备，面积由称重法求得。铂电极事先在 1：1HNO$_3$ 中浸泡 10 分钟，然后再浸入硫酸亚铁溶液中，最后用重蒸水洗净。所有玻璃器皿及电解池均用 1：1H$_2$SO$_4$ 洗涤及水洗，以除去有机杂质。所有试剂均为分析纯级，用二次重蒸水配制，通 N$_2$ 除 O$_2$ 并恒温 25±1℃（除特别注明，文中电位标度均相对于饱和甘汞电极 vs. SCE）。

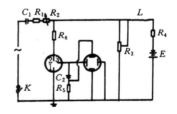

图 3　实验线路

$R_1 = 47\text{K}$　$R_2 = 470\text{K}$　$R_3 = 150\text{K}$　$R_4 = 2\text{K}$
$R_5 = 0.955\text{K}$　$R_6 = 0.959\text{K}$　$C_2 = 0.0100\mu\text{F}$
$C_1 = 0.15\mu\text{F}$　扼流圈 $L = 13\text{H}$　E：直流电源
（−3V）　K：开关　1. 指示电极　2. 对电极
3. 参比电极　4. 双踪示波器

实 验 结 果

表 1 及图 4 列出了大电流下用 $\dfrac{dE}{dt} \sim E$ 曲线高度测量汞电极上 0.1mol/L KCl 及 0.1mol/L KNO$_3$ 的微分电容曲线，与交流电桥法[8][9]所得结果一致。

小电流下用端点电位估算电极上 1mol/L NaOH 的微分电容曲线见表 2，与文献[10]报道的结果也是一致的。

表 3 列出了小电流下用端点电位及示波图宽度估算铂电极微分电容的实验结果，其数量级及随电位变化的趋势也是同交流电桥法[11]及交流阻抗法一致的。

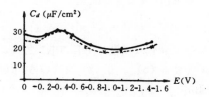

图 4 0.1mol/L KNO$_3$ 的微分电容曲线
—— 实验值 $i_0 = 1.39 \times 10^{-2}$A/cm^2 $E = 0.706$V
······交流电桥法[9]

表 1 0.1mol/L KCl 的微分电容曲线

	$-E$ (V)	0.10	0.20	0.30	0.40	0.50	0.80	1.00	1.40	1.60	1.80
实验值	$-E_R$ (mV)	1.5	2.6	2.5	3.5	5.0	7.0	7.5	6.5	6.0	5.0
	C_d (μF/cm^2)	44	38	41	34	25	19	18	20	21	24
交流电桥法[8]	$-E$ (V)	0.07	0.23	0.32	0.37	0.45	0.77	1.07	1.39	1.55	1.81
	C_d (μF/cm^2)	44.79	38.37	39.85	38.67	31.88	18.30	16.06	17.22	18.70	24.03

$$i_0 = 9.74 \times 10^{-3}\text{A/cm}^2 \quad f = 50\text{Hz} \quad E = -0.960\text{V}$$

表 2 1mol/L NaOH 的微分电容曲线

$i_0 \times 10^3$ (A/cm^2)	0.250	0.803	1.24	1.91	2.00	2.61	3.36	4.17	5.21	6.88	.41	9.42
E_{min} (V)	−0.18	−0.25	−0.31	−0.45	−0.54	−0.77	−0.95	−1.12	−1.24	−1.36	−1.46	−1.65
C_d (μF/cm^2)	63	41	38	30	24	22	19	18	20	22	26	29

$$f = 50\text{Hz} \quad \overline{E} = -0.162\text{V}$$

表 3 铂电极上微分电容的估测

底液	1mol/L KBr		1mol/L K	
E (mV)	+150	+350	−190	−260
交流电桥法[11]	24	18	25	30
交流阻抗法	21.3	18.6	18.8	30.8
用端点电位估算	16	10	18	20
用示波图宽度估算	14	10	15	17

讨　论

1. 通过大电流用示波极谱图高度直接观测汞电极上的微分电容曲线，使我们加深了对示波极谱图的理解。前文指出[4]，当 $i_0 > i_b$ 时，$\dfrac{\mathrm{d}E}{\mathrm{d}t} \sim E$ 曲线将出现两个稳定亮点，表明端点电位 $E_{\max}$，$E_{\min}$ 分别由电极反应 $Hg_2^{2+} + 2e = 2Hg$ 及 $K^+ + e + Hg = K(Hg)$ 所控制，但在 $-1.8V \sim +0.3V$ 之间的电位范围内电极过程仍可近似认为是一个充电过程，并服从公式（1）与（2）式，因此 $\dfrac{\mathrm{d}E}{\mathrm{d}t} \sim E$ 曲线高度随电位的变化实际上就代表了微分电容与电位的关系，把图 1 倒过来就能直接看到一条微分电容曲线（比较图 5（a）与图 5（b）），用（3）及（4）式可以测算出这条微分电容曲线，实验结果证明了这一看法是基本正确的。

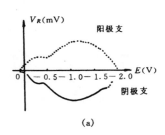 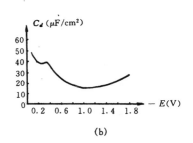

图 5　从示波图上观察微分电容曲线

（a）从示波图上直接观察 0.1mol/L KCl 的微分电容曲线

（b）0.1mol/L KCl 的微分电容曲线[8]

在大电流下不仅可以直接从示波器上观测汞电极的微分电容曲线，而且可以测量某些底液的零电荷电位 φ_0，以及有机吸附的吸脱附电位，实验结果见表 4 及图 6。

表 4　零电荷电位 φ_0 的测量

底液	φ_0 文献值（V）[12]	φ_0 实验值（V）			平均值（V）
1mol/L KCl	-0.56	-0.55	-0.57	-0.55	-0.56
0.1mol/L KCl	-0.47	-0.48	-0.45	-0.50	-0.48
0.1mol/L KBr	-0.538	-0.55	-0.50	-0.55	-0.55

2. 通过小电流下用示波图宽度估算铂电极上的微分电容，可以解释小电流下示波极谱中和滴定过程中示波图大小的变化。因为指示电极的直流电位 $\overline{E}$ 随溶液 pH 变化而变化，微分电容 C_d 又是电位的函数，因此滴定过程中示波图的大小将发生变化。利用该方法还可以估测交流电频率对铂电极微分电容的影响，实验趋势与文献报道[11]一致（表 5）。

表 5　频率对铂电极微分电容的影响　　　　　　（1mol/L KBr　$\overline{E} = -80$mV）

f（Hz）	200	400	800	2000	5000
C_d（μF/cm²）	26	22	21	20	16

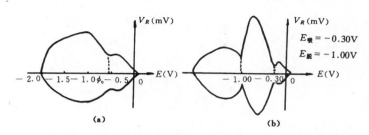

图 6　1mol/L KCl（a）及饱和了正辛醇后（b）的示波极谱图

(a) 零电荷电位 φ_0 的测量

(b) 吸脱附电位的测量

1mol/L KBr　$\overline{E} = -80\text{mV}$

3. 用交流示波极谱法估算微分电容的主要误差在于理论模型的近似性，有时电极过程不完全是充电过程。在大电流下观测时，调节直流电位 $\overline{E}$ 在 -0.8V 左右，调节电流密度 i_0 使得 $E_{\max}$，$E_{\min}$ 刚出现亮点，此时测得的微分电容曲线最准确，在电流过大或 $\overline{E}$ 过正的情况下出现稳定亮点时，实验值将偏高，这是因为电极反应消耗了一部分电流，而它又无法扣除的缘故。在酸性溶液中 $\dfrac{\mathrm{d}E}{\mathrm{d}t} \sim E$ 曲线虽然反映了微分电容曲线，但其第一平台值较文献[10]高 $10\mu\text{F/cm}^2$，这是因为负端点 $E_{\min}$ 由不可逆反应 $2H^+ + 2e = H_2$ 所决定，$E \sim t$ 曲线不对称所造成的（图略）。在用端点电位及示波图宽度估测铂电极上微分电容时，电流密度不可过大，否则由于电极反应的发生而使 $E \sim t$ 曲线发生变形，$\dfrac{\mathrm{d}E}{\mathrm{d}t} \sim E$ 曲线也不再是一个圆，不能用公式（5）～（8）计算微分电容。

本文得到了复旦大学化学系分析教研室何佩鑫老师的指导和帮助，在此表示感谢。

参 考 文 献

〔1〕　查全性,《电极过程动力学导论》,科学出版社,69(1971)

〔2〕　B. Breyer，Trans. Faraday Soc.，42，645(1946)

〔3〕　A. M. Сухотин,К. М. Каряамава,ЖФХ.，33，2145(1959)

〔4〕　毕树平、马新生、高鸿,《应用化学》,4(4)6(1987)

〔5〕　J. Heyrovský, Oszillographische Polarographie mit Wechse Istrom，25(1960)

〔6〕　杨中电子仪器厂,SR-071 型双踪示波器技术说明书

〔7〕　方惠群、虞振新等编著,《电化学分析》,原子能出版社,444(1984)

〔8〕　杭州大学化学系编,《分析化学手册》,155 页

〔9〕　D. C. Grahame，J. Amer，Chem. Soc.，74，4422(1992)

〔10〕　M. Proskurnin，Trans. Faraday Soc.，31，110(1935)

〔11〕　J. N. Sarmousakis and M. J. Prager，J. Electrochem. Soc.，104，454(1957)

〔12〕　汪尔康等,《示波极谱及其应用》,四川科学技术出版社,14(1984)

—— 42 ——

交流示波极谱图测定微分电容法和卤素离子吸附对示波图的影响[*]

祁　洪　　高　鸿

摘　要

　　本文提出了一种利用交流示波极谱图和微型计算机快速测定电极溶液界面微分电容的方法, 研究了卤素阴离子的特性吸附对示波极谱图的影响, 并测定了一些离子的零电荷电位。

　　关于微分电容的测定方法, 已有很多报道[1~3], 而直接利用示波极谱图测定微分电容, 扣除充电电流[4], 以提高交流示波极谱灵敏度的方法却很少, Kalvoda[5,6]利用一个方波电流激励信号, 分别施加于研究电极和标准电容上以获得$\frac{dE}{dt} \sim E$曲线, 通过对两条$\frac{dE}{dt} \sim E$曲线的比较, 得到研究电极和溶液界面间的微分电容曲线, 但是这种曲线, 较适合于方波交流示波极谱充电电流的扣除, 而对于正弦波交流示波极谱是欠合适的; 此外, 这种逐点比较的方法太费时, 又欠精确, 近来毕树平等[7]根据示波图端点电位理论, 也提出了一种测量电极微分电容的方法, 但该法只能估算微分电容, 并不能进行很准确的测定, 本文设计了一种新型的测定电极-溶液界面微分电容的方法——直接利用交流示波的基本曲线 $i \sim t$, $\frac{dE}{dt} \sim t$, 运用计算机进行实时数据采集和运算, 立即输出 $C_d \sim E$ 曲线, 整个测量过程不足 1min.

　　•　原文发表于高等学校化学学报, 12 (7) 872 (1991).

方法原理和实验

交流示波极谱的电极总电流可用下式表述：

$$i = i_f + i_c = i_f - C_d\left(\frac{\mathrm{d}E}{\mathrm{d}t}\right) \tag{1}$$

式中 i_f 是电解电流，i_c 是充电电流，在示波图左、右 2 个亮点之间，$i_f = 0$，从而有

$$C_d = -i / \left(\frac{\mathrm{d}E}{\mathrm{d}t}\right) \tag{2}$$

式中，i 为外加激励电流，是已知的时间函数；$\frac{\mathrm{d}E}{\mathrm{d}t}$ 也是时间的函数，其值可由 $\frac{\mathrm{d}E}{\mathrm{d}t} \sim t$ 曲线求得。因此，从式（2）求得的是随时间变化的微分电容，用 $C_d(t)$ 表示。

为了精确获得随电位变化的微分电容 $C_d(E)$，我们设计安装了一种微机控制的交流示波极谱仪[8]，它可以显示出数字化的 $i \sim t$，$E \sim t$，$i \sim E$，$\frac{\mathrm{d}E}{\mathrm{d}t} \sim t$，$\frac{\mathrm{d}E}{\mathrm{d}t} \sim E$ 和 $C_d \sim E$ 曲线。

根据 $i \sim E$，可以从示波图 $\frac{\mathrm{d}E}{\mathrm{d}t} \sim E$ 上定性地观测到微分电容随电位变化的情况，当 i 为方形波时，电流表现为恒定的阳极电流或阴极电流，这表明式（2）中的 i 为常数。这样，示波图 $\frac{\mathrm{d}E}{\mathrm{d}t} \sim E$ 将直接反映微分电容随电位变化的情况，将其阴极支曲线从电位轴上边翻转到下边，即代表微分电容的变化趋势，其阳极支曲线也直接反映了 $C_d \sim E$ 的变化趋势。

采用正弦波或三角波电流作交流激励源时，调节直流电流的量，可使 $i \sim E$ 曲线在 -0.3 至 $-1.7V$ 的阴极电流为定值，$C_d \sim E$ 曲线仍可以从示波图 $\frac{\mathrm{d}E}{\mathrm{d}t} \sim E$ 上得到定性的观察。

为保证研究电极（微汞电极）具有较理想的极化电极的特性，实验中选用了新处理的纯洁汞滴，二次亚沸蒸馏水，试剂为分析纯或优级纯，在实验前仔细除氧，实验自始至终处于 N_2 气氛下，电解池温度由超级恒温槽控制在 20℃。电极面积 S 由称量法求得（$S = 0.0165cm^2$）。施加到电解池的电流为 35Hz，幅度为 2mA 左右的正弦波，实验电极系统为 PAR M303 静汞电极（工作电极为悬汞电极；对电极为铂丝电极；参比电极为 Ag/AgCl 电极），输出 $\frac{\mathrm{d}E}{\mathrm{d}t}$ 信号的微分线路的时间常数可由标准频率的正弦波信号校准[9]。

结果与讨论

利用方程（2）测定了 0.1mol/L KCl 溶液的 $C_d \sim E$ 曲线（图 1）。它与用经典的交流电桥法[1]的结果基本一致，由于图 1（a）是采用大幅度、快速周期电流的循环极化的情况下获得的，且全部测量时间小于 1min，故这种方法更便于进行交流示波极谱和其它暂态电化学反应行为的研究。

图 1(b)是测定图 1(a)时得到的 $\frac{\mathrm{d}E}{\mathrm{d}t} \sim E$ 曲线，通过比较可以看到，当在电极上发生吸脱附反应时，$\frac{\mathrm{d}E}{\mathrm{d}t} \sim E$ 曲线将发生畸变，这种畸变与去极剂离子的氧化还原反应有所不同，它使 $\frac{\mathrm{d}E}{\mathrm{d}t} \sim E$ 曲线在一个较

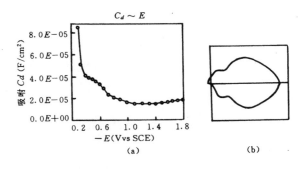

图 1　0.1 mol/L KCl 溶液 20℃下的微分电容曲线(Hg 电极)(a)

和 $\dfrac{\mathrm{d}E}{\mathrm{d}t}\sim E$ 曲线图 （b）

大的电位范围内发生扭变，而不表现为明显的切口。

无机阴离子在汞电极上具有较强的吸附能力，图 2 显示的 $\dfrac{\mathrm{d}E}{\mathrm{d}t}\sim E$ 曲线反映了卤素离子的这种吸附行为，随着特性吸附的增强，示波图发生了较大的形变，KF 溶液的示波图最规则，其左右亮点也较清晰；KI 溶液的示波图扭变最大，汞亮点不清晰，图形不稳定。

电解质溶液的浓度，特别是阴离子的浓度，对微分电容曲线有较大影响，在 KCl 溶液中，浓度减小时，微分电容 C_d

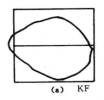
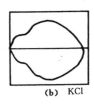
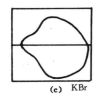

(a) KF　　**(b) KCl**　　**(c) KBr**　　**(d) KI**

图 2　卤素阴离子 （0.1mol/L）的特性吸附对示波图的影响

也有所减小；当 Cl^- 离子浓度较小时，在微分电容曲线上可以看到一个明显的极小值，其电位与稀溶液中的零电荷电位 φ_0 相同。在交流示波极谱图 $\dfrac{\mathrm{d}E}{\mathrm{d}t}\sim E$ 上，也能看到这种零电荷电位，在零电荷电位 φ_0 处，有一对相互对应的 $\dfrac{\mathrm{d}E}{\mathrm{d}t}$ 峰 （图 3），该峰较 $C_d\sim E$ 曲线所示的更易观测，表 1 给出了某些底液的零电荷电位。

用交流示波极谱法测定微分电容曲线时，对溶液的要求、电极的选择，与经典的测定微分电容的方法相同。但是，由于交流示波极谱法采用的是电流激励，测定的是电极电位的变化，计算机只能采集等时间间隔的电流、电位或导数电位 $\dfrac{\mathrm{d}E}{\mathrm{d}t}$ 的分立值，在 Δt 时间内，电位的变化是不相同的，有时很小（<1mV），有时很大（>50mV），故难以测量任意电位处的微分电容值。对于这一

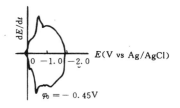

图 3　0.001mol/L KCl 溶液的

$\dfrac{\mathrm{d}E}{\mathrm{d}t}\sim E$ 曲线

问题，我们采用下列几种方法：（1）提高计算机的采样频率，使 Δt 足够小，以便 $\Delta E<10$mV。（2）调节直流电流、交流电流的幅度，使示波图亮点尽量变暗，即 $E\sim t$ 曲线时滞缩短，这样在一个电流周期内，用于电极反应——Hg 的氧化和 K^+ 的还原的采样点减少，而用于充电、放电的采样点增加，从而减小了 ΔE 的值。（3）运用数学的方法，对现有实验点进行曲线拟合，解出 C_d 关于 E 的方程，从而得

到任意电位处的微分电容值。(4) 调节电参数得到稳定的 $\frac{dE}{dt} \sim E$ 曲线后，连续采集 n 周的 $i \sim t$，$\frac{dE}{dt} \sim t$，$E \sim t$ 数据，对这些数据按周期截断，然后将其并入一个周期内，如此，可以大大改善 $C_d \sim E$ 曲线的分辨率。

表1　零电荷电位 φ_0 的测量

溶液 (mol/L)	$\frac{dE}{dt} \sim E$	φ_0 (V vs Ag/AgCl) $C_d \sim E$ 曲线	文献值
NaF 0.001	−0.48	−0.49	−0.482
KBr 0.01	−0.54	−0.53	−0.54
KI0.001	−0.60	−0.60	−0.59

参 考 文 献

〔1〕 M. Porskurnin, A. Frumkin, Trans. Faraday Soc. , 31, 10(1935)

〔2〕 D. C. Grahame, J. Electrochem. Soc. , 98,343(1951)

〔3〕 D. C. Grahame, M. A. Poth, J. Am. Chem. Soc. , 74, 4422(1952)

〔4〕 R. Kalvoda, Z. Fresenius′, Anal. Chem. , 224(1) 143(1967)

〔5〕 R. Kalvoda, Collection Czechoslov. Chem. Commun. , 33, 3939(1968)

〔6〕 毕树平、高鸿,电分析化学,2(1)17(1988)

〔7〕 祁洪、高鸿,高等学校化学学报,12, 447(1991)

〔8〕 祁洪,博士论文,南京大学化学系,147,230(1989)

〔9〕 冯建国、冯建新编,《分析仪器电子技术》,北京原子能出版社,88(1986)

——43——

三角波交流示波极谱的研究

示波极谱图的性质*

祁　洪　　马新生　　高　鸿

摘　　要

　　用三角波电流代替正弦波电流，进行交流示波极谱滴定，所得示波极谱图与正弦波结果相似。对一些离子的滴定表明，两法所得结果均在定量分析允许误差范围以内，报道了三角波交流示波极谱图的一些性质。

　　将一个周期性变化的三角波电流，通过一个极化电极和一个对电极，并用阴极射线示波器观察极化电极对另一参比电极的$\frac{\mathrm{d}E}{\mathrm{d}t} \sim E$曲线，这种方法称为三角波交流示波极谱法。

　　三角波交流示波极谱滴定，文献未见报道。本文的目的是进一步探讨正弦波交流示波极谱的原理。三角波交流示波极谱与正弦波交流示波极谱相似，但其数学处理较容易。

仪器与线路

　　PAR370 Electrochemistry system（美国）；YEM TYPE3036，X-Y 记录仪；SR071 B 型双踪示波器；XD₂ 信号发生器。

　•　原文发表于高等学校化学学报，9（5）564（1988）。

三角波交流示波极谱线路示意图见图1。三角波电流信号的性质见图2。图示表明，这种三角波电流形为 $i=i_A+i_B$，这里 i_B 系由 PAR 370 Electrochemistry system 中的 M175 部件产生，i_A 为 M173 部件产生。图1中的电极部分则由 M303 提供，即 $W.e$——HMDE；$C.e$——Pt 丝；$R.e$——Ag/AgCl，下文如非特别说明均采用这一电极系统。

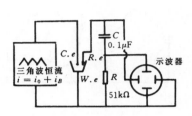

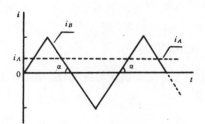

图1　三角波交流示波极谱线路示意图

$W.e$　悬汞电极或银基汞膜电极[1]
$C.e$　铂丝或铂片
$R.e$　Ag/AgCl 电极或饱和甘汞电极

图2　三角波交流示波极谱电流信号图

$i=i_A+i_B$

三角波交流示波极谱图的性质

三角波交流示波极谱与正弦波交流示波极谱相似，两者都是控制电流极谱法，电解池两电极上均为周期性变化的电流信号，$E \sim t$，$\dfrac{\mathrm{d}E}{\mathrm{d}t} \sim t$ 及 $\dfrac{\mathrm{d}E}{\mathrm{d}t} \sim E$ 曲线的形状相似，对去极剂离子的敏感度相近。

用 In^{3+}，Ga^{3+}，Pb^{2+}，Tl^+，As（Ⅲ）对两种方法进行比较[2~6a]，所得示波极谱滴定的结果相似（表1），精密度与准确度均符合容量分析的要求。

表1　两种交流示波极谱滴定的比较 （$n=8$）

标准溶液	滴定物质	标准偏差		变异系数（%）	
		三角波	正弦波	三角波	正弦波
EDTA	In^{3+}	0.028	0.030	0.68	0.70
EDTA	Ga^{3+}	0.026	0.027	0.61	0.64
K_2CrO_4	Pb^{2+}	0.030	0.032	0.70	0.75
$NaBPh_4$	Tl^+	0.019	0.022	0.45	0.52
$KBrO_3$	AS（Ⅲ）	0.028	0.028	0.68	0.67

当两者的电流源幅值和周期相同时，其 $\dfrac{\mathrm{d}E}{\mathrm{d}t} \sim E$ 曲线外观上极相似（图3）。但因三角波电流图形较陡峭，故滴定终点前后示波图形的变化较易观察[6b]。

示波图与三角波电流扫描速率 V 的关系

随着 V 的改变，示波图形形状不同，V 愈小，图形愈复杂，在图4中，示波图的正端已越过了汞电极氧化还原电位（$E_{Hg/Hg_2^{2+}}$）。

三角波电流的改变对示波图的影响

在 NH_4NO_3-$NH_3 \cdot H_2O$ 底液中，Tl^+ 具有较好的切口，NH_4^+ 产生的端点亦很明亮，但改变三角波电流形式，即增大扫速 V，或降低 i_{up}，$|i_{low}|$ 则可使 NH_4^+ 端点变暗，或 $E\sim t$ 曲线中因 NH_4^+ 产生的时滞长度（图 5a 中的 τ）缩短，直至不再发生 NH_4^+ 的氧化还原反应。图 5 所示为实验测得的 $E\sim t$ 曲线变化情况。

切口电位、切口高度与去极剂浓度及电流扫描速度的关系

切口电位 $E_切$ 是反映去极剂离子的重要参数，实验结果表明，对于可逆电化学反应，该值基本为一常数，稍正于半波电位 $E_{1/2}$，不随三角波电流扫描速率变化。$E_切$ 与去极剂的种类、性质有关，与去极剂浓度无关。

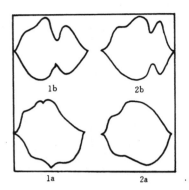

图 3　交流示波图的比较
1. 正弦波　　　2. 三角波
a. 底液：mol/LNH₄Ac
b. 底液+1.00×10⁻³mol/L Pb²⁺

切口高度 $h_切$ 与去极剂的浓度有关。对 Tl^+，Pb^{2+} 两个可逆体系的实验结果表明，$h_切 \propto C_0^{\cdot(-2/3)}$。$Tl^+$ 在 $0.5mol/L$ $NH_4NO_3+NH_3 \cdot H_2O$ 底液中，三角波电流设置 $i_{up}=100.0\mu A$，$i_{low}=-100.0\mu A/s$，$V=10\mu A/s$ 时，其 $h_切$ 与 $C_0^{\cdot(-2/3)}$ 间的回归方程为

$$h_切(mV) = -0.02300 + 4.702 \times 10^{-4} C_0^{\cdot(-2/3)}$$

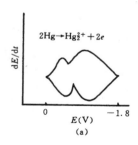
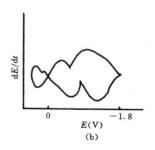

图 4　3.2×10^{-4}mol/L Tl^+的三角波示波图
底液：$0.5mol/L$ $NH_4NO_3+NH_3 \cdot H_2O$

i_{up}：$100\mu A$　　　i_{low}：$-100\mu A$

V：(a) 20mA/s　　(b) 10μA/s

其中 $S=1.86\times10^{-3}$，$r=0.9967$，$C_0^{\cdot}$ 变化区间是 2×10^{-3}mol/L 到 2×10^{-4}mol/L。电流扫描速率 V 较小时，$h_切 \propto V^{2/3}$。3.2×10^{-4}mol/L Tl^+ 在 $0.5mol/L$ $NH_4NO_3+NH_3 \cdot H_2O$ 中。电流设置 $i_{up}=100\mu A$，$i_{low}=-100\mu A$ 时，改变 V（$2\times10^{-7}\sim2\times10^{-6}$A/s），得到 $h_切$ 与 $V^{2/3}$ 间的回归方程为：

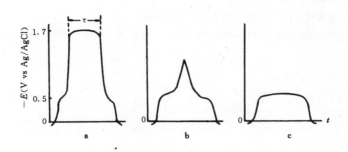

图 5　电流信号对 $E\sim t$ 曲线的影响

$i_0=0$（i 单位均为 μA）

i_{up}：a. 100　　b. 50　　c. 50

i_{low}：a. -100　　b. -50　　c. -50

V（$\mu A/s$）：a. 200　　b. 100　　c. 200

$$h_{切}(mV) = -0.02807 + 950.68V^{2/3}$$

其标准偏差 $S=0.00452$，相关系数 $r=0.9942$。

V 较小情况下的三角波示波极谱图

Tl^+，Pb^{2+}，ln^{3+} 等离子在浓度较低时，$\dfrac{dE}{dt}\sim E$ 曲线的阴极支观察不到切口，而阳极支却有较敏锐的切口，当电流扫描速率 V 很小时，这一现象尤为显著。对于 Tl^+，浓度低至 $5.0\times10^{-9}mol/L$ 仍有切口产生（见图 6）。去极剂浓度 C_0^i 与切口高度 $h_{切}$ 存在一定的线性关系。实验发现，Tl^+ 在 $2.0\times10^{-8}\sim1.0\times10^{-7}mol/L$ 浓度区间里及 NH_4NO_3-$NH_3\cdot H_2O$ 底液下，具有如下的回归方程：

$$h_{切}(cm) = 3.001 - 2.645 \times 10^7 C_{Ti^+}$$

其标准偏差 $S=0.137$，相关系数 $r=0.9901$。

关于慢扫描三角波交流波示波极谱的应用价值，有待进一步研究。

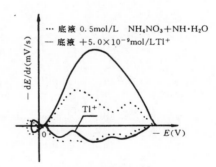

图 6　痕量组分的示波图

i_{up}：$100\mu A$　　i_{low}：$-100\mu A$

V：$2\mu A/s$

参 考 文 献

〔1〕　刘朝基、林洁赞、颜殆本，厦门大学学报（自然科学版），12(2)40(1965)

〔2〕　L. Treindl, Chem. Listy, 50，534(1956)

〔3〕　高鸿、彭慈贞、俞秀南、吴美玉，南京大学学报（自然科学版），8，417(1964)

〔4〕　高鸿、戴慈贞、张文彬，化学学报，31(5)428(1965)

〔5〕　高鸿，《示波极谱滴定》，江苏科学技术出版社，57(1985)

〔6〕　D. Stefanovich, Glas Hem, Drus Beograd. , 33(5～7), a. 377, b. 447(1968)

三角波交流示波极谱的研究

单组分三角波交流示波极谱理论[*]

祁　洪　　马新生　　高　鸿

摘　要

本文提出了单组分三角波交流示波极谱理论，推导了 $E{\sim}t, \frac{\mathrm{d}E}{\mathrm{d}t}{\sim}E$ 曲线的理论公式，对转移时间、切口电位、切口高度作了定量的描述。

前文[1]报道了三角波交流示波极谱图的性质。本文讨论单组分三角波交流示波极谱的理论。

在三角波交流示波极谱中，通过电解池的是恒定的周期三角波电流，其周期为 T，直流成分是 i_0，其上升和下降部分的扫描速率均为 V[1]。

与电位周期扫描的循环伏安法[2]相似，在三角波交流示波极谱中，经过若干周期的电流扫描，电极表面达到"准稳态"，电极表面的浓度和电位的变化周期性重复。实际上，开始扫描后，确实得到了稳定的 $E{\sim}t$ 曲线的 $\frac{\mathrm{d}E}{\mathrm{d}t}{\sim}E$ 交流示波图。为了处理方便，假定每一周期结束时，电极表面的状态能够回到扫描开始时刻的初态。

对于下列反应体系：

$$\mathrm{O} + ne \underset{el \cdot \infty}{\rightleftharpoons} \mathrm{R}$$

O 为氧化态，R 为还原态，电极反应为可逆反应。

• 原文发表于高等学校化学学报，9 (7) 665 (1988)。

在半无限扩散条件下

$$\frac{\partial C}{\partial t} = D\,\frac{\partial^2 C}{\partial x^2} \tag{1}$$

考虑初始与边界条件

$$t = 0;\ x \geqslant 0\ \text{时},\ C_O = C_O^*\,;\ C_R = C_R^* \tag{2}$$

$$t \geqslant 0;\ x \to \infty\ \text{时},\ C_O \to C_O^*\,;\ C_R \to C_R^* \tag{3}$$

$$t > 0;\ x = 0\ \text{时},$$

$$D_O\left[\frac{\partial C_O}{\partial x}\right] = \pm\, D_R\left[\frac{\partial C_R}{\partial x}\right] \tag{4}$$

$$E = E^0 + \frac{RT}{nF}\ln\frac{C_O}{C_R} \tag{5}$$

此处 C_O, C_R 分别为 O 与 R 的浓度，x 为距电极表面的距离，C_O^*, C_R^* 分别为 O，R 的本体浓度，D_O，D_R 为扩散系数，E^0 为式量电极电位，其它参数具有通常的意义。

（4）式中"＋"号表示氧化态与还原态扩散方向相同；"－"号表示方向不同。在三角波电流信号中电流上升部分密度为 $i = i_0 + V\,[t - (n-1)\,T]$，$n$ 是周期序号。电流下降部分，$i = i_m - V\,[t - (n - 3/4)\,T]$，$i_m$ 是电流密度的极大值（按惯例，还原电流为正），$i_m = i_0 + Vt_m$，$t_m = T/4$。

按前述假定，选第一周期三角波电流密度的表达式 $i\,(t) = i_0 + Vt$ 处理单组分体系，以导出 $E\sim t$，$\dfrac{\mathrm{d}E}{\mathrm{d}t}\sim t$ 方程。

根据 Fick 第一定律，任何时刻电极表面的流量为：

$$D_O\left[\frac{\partial C_O(x,t)}{\partial x}\right]_{x=0} = \frac{i(t)}{nF}\,;\quad D_R\left[\frac{\partial C_R(x,t)}{\partial x}\right]_{x=0} = -\frac{i(t)}{nF} \tag{6}$$

这里对（4）式取负号。对（1）式进行 Laplace 变换，根据边界条件（2）及（3）可得：

$$\bar{C}_O(x,S) = C_O^*/S + M_O\exp[-(S^{1/2}/D_O^{1/2})x] \tag{7a}$$

$$\bar{C}_R(x,S) = C_R^*/S + M_R\exp[-(S^{1/2}/D_R^{1/2})x] \tag{7b}$$

对（6）式进行 Laplace 变换，并与上式联立解得：

$$M_O = -(i_0/S^{3/2} + V/S^{5/2})/(nFD_O^{1/2});\quad M_R = (i_0/S^{3/2} + V/S^{5/2})/(nFD_R^{1/2})$$

取这样一种代换：

$$m' = m/(nFD_O^{1/2});\ \zeta = D_O^{1/2}/D_R^{1/2}$$

在 $x=0$ 时，（7）式成为：

$$\bar{C}_O(0,S) = C_O^*/S - (i'_0/S^{3/2} + V'/S^{5/2});\quad \bar{C}_R(0,S) = C_R^*/S + \zeta(i'_0/S^{3/2} + V'/S^{5/2})$$

对以上两式进行 Laplace 逆变换，即得以下一般方程：

$$C_O(0,t) = C_O^* - 2i'_0 t^{1/2}/\pi^{1/2} - 4V't^{3/2}/3\pi^{1/2}$$

$$C_R(0,t) = C_R^* + \zeta\cdot(2i'_0 t^{1/2}/\pi^{1/2} + 4V't^{3/2}/3\pi^{1/2}) \tag{8}$$

也即：

$$C_O(0,t) = C_O^* - \frac{2it^{1/2}}{nFD_O^{1/2}\pi^{1/2}} - \frac{4Vt^{3/2}}{3nFD_O^{1/2}\pi^{1/2}}$$

$$C_R(0,t) = C_R^* + \frac{2i_0 t^{1/2}}{nFD_R^{1/2}\pi^{1/2}} + \frac{4Vt^{3/2}}{3nFD_R^{1/2}\pi^{1/2}} \tag{9}$$

以上我们导出了电极表面浓度变化的表达式，若令（9）式的 $C_O(0, t) = 0$，则可得过渡时间 τ 的关系式如下：

$$C_O^* = 2i_0\tau^{1/2}/(nFD_O^{1/2}\pi^{1/2}) + 4V\tau^{3/2}/(3nFD_O^{1/2}\pi^{1/2}) \tag{10}$$

当直流成分 $i_0 = 0$，且 $C_R^* = 0$ 时，将（9）式代入 Nernst 方程，在 E 达到式量电位 E^0 的时刻 t_0 为：

$$4Vt_0^{3/2}/(3nFD_O^{1/2}\pi^{1/2}) = C_O^*/(1 + \xi)$$

$$t_0 = (1 + \xi)^{-2/3} \cdot \tau \tag{11}$$

上面导出了三角波交流示波极谱的两个重要物理量 τ，t_0。由于 τ 的存在，使本法具有计时电位法的一切性质[3]，由于 t_0 的存在，使得去极剂的特征值 E^0 有了实在的意义。

为使单组分电位方程处理方便，令

$$Z = 2i'_0 t^{1/2}/\pi^{1/2} + 4V't^{2/3}/3\pi^{1/2}$$

因此

$$E = E^0 + \frac{RT}{nF}\ln\frac{C_O^* - Z}{\xi \cdot Z} = E_{1/2} + \frac{RT}{nF}\ln\frac{C_O^* - Z}{Z} \tag{12}$$

其中

$$E_{1/2} = E^0 - (RT/nF)\ln\xi.$$

不难看出，当 $E(t) = E_{1/2}$时

$$Z = C_O^*/2, \quad 4V't_{1/2}^{3/2}/3\pi^{1/2} = 4V'\tau^{3/2}/2 \times 3\pi^{1/2}(i_0 = 0)$$

即

$$t_{1/2} = 2^{-2/3}\tau = 0.63\tau \tag{13}$$

为了得出 $\frac{dE}{dt} \sim t$ 方程，可对（12）式求导，得：

$$\frac{dE}{dt} = -RT/nF \cdot C_O^*/Z(C_O^* - Z) \cdot (i'_0 t^{-1/2}/\pi^{1/2} + 2V't^{1/2}/\pi^{1/2}) \tag{14}$$

对该式两次求导，并令 $\frac{d^2E}{dt^2} = 0$，可得 $\frac{dE}{dt} \sim t$ 曲线的极值点，即切口电位与切口高度。

当 $i_0 = 0$ 时，解得：

$$t_{切} = (3nFD_O^{1/2}\pi^{1/2}C_O^*/10V)^{2/3} \tag{15}$$

结合（11）式，注意此时 $\tau = (3nFD_O^{1/2}\pi^{1/2}C_O^*/4V)^{2/3}$

则 $t_{切} = 0.4^{2/3}\tau$。因此 $Z_{切} = 0.4C_O^*$。

$$E_{切} = E_{1/2} + 0.4055RT/nF \tag{16}$$

$$h_{切} = \left(\frac{dE}{dt}\right)_{max} = -3.809RT/(nF)^{5/3}D_O^{1/3} \cdot (V/C_O^*)^{2/3} \tag{17}$$

从上式可知，切口电位与电流扫描速率 V 无关，而 $h_{切} = f(C_O^*, V, T, n, D_O)$，它与去极剂本体浓度 C_O^* 及扫描速率 V 密切相关，这已由前文[1]证实。

对于 i_0 不可忽略的情况，经数值运算得表1，表2。τ 为转移时间，$t_{切}$ 为切口出现时刻。表1给出了示波曲线切口点随扫描速率 V 变化的关系。V 增大，转移时间 τ 减小，$t_{切}/\tau$ 增大，切口电位略变正，切口高度 $\left|-\left(\frac{dE}{dt}\right)\right|$ 增加。

表2给出了示波曲线切口点随直流分量 i_0 变化的关系。i_0 增大，转移时间 τ 减小；而 $t_{切}/\tau$ 亦减小，切口电位、切口高度略变大。

由此看出，直流分量 i_0 对切口电位的变化起主要作用，电流扫描速率 V_0 则对切口高度的变化起主要作用。所以，对于 $\frac{dE}{dt} \sim E$ 示波图应综合考虑两者的影响。

$h_{切}$ 分别对 V，C_O^* 求导

$$\frac{dh_{切}}{dV} = -0.2539RT/(nF)^{5/3}D_O^{1/3} \cdot V^{-1/3}/C_O^{*2/3} \tag{18}$$

$$\frac{dh_{切}}{dC} = \{2.539RT/[(nF)^{5/3}D_O^{1/3}]\} \cdot V^{2/3}/C_O^{*5/3} \tag{19}$$

表 1 不同扫速 V 下示波曲线切口点变化值*

$T=298K$ $n=1$ 电极面积 $1.0cm^2$

V (A/s)	τ (s)	$t_{切}/\tau$	E (V)	dE/dt (V/s) $\times 10^2$
1.00×10^{-5}	11.309	0.524	-0.5897	-1.003
2.00×10^{-5}	7.189	0.528	-0.5896	-1.592
3.00×10^{-5}	5.509	0.530	-0.5896	-2.085
4.00×10^{-5}	4.560	0.531	-0.5896	-2.525
5.00×10^{-5}	3.938	0.532	-0.5896	-2.930
6.00×10^{-5}	3.492	0.532	-0.5896	-3.309
7.00×10^{-5}	3.155	0.533	-0.5896	-3.667
8.00×10^{-5}	2.889	0.533	-0.5896	-4.008
9.00×10^{-5}	2.673	0.534	-0.5896	-4.335
1.00×10^{-4}	2.493	0.534	-0.5896	-4.651
1.10×10^{-4}	2.341	0.534	-0.5896	-4.956
1.20×10^{-4}	2.211	0.535	-0.5896	-5.251
1.30×10^{-4}	2.097	0.535	-0.5896	-5.539
1.40×10^{-4}	2.000	0.535	-0.5896	-5.819
1.50×10^{-4}	1.908	0.535	-0.5896	-6.094
1.60×10^{-4}	1.828	0.535	-0.5896	-6.361
1.70×10^{-4}	1.756	0.535	-0.5896	-6.623
1.80×10^{-4}	1.691	0.536	-0.5896	-6.881
1.90×10^{-4}	1.632	0.536	-0.5896	-7.133
2.00×10^{-4}	1.577	0.536	-0.5896	-7.381

* $i=i_0+V\cdot t$ $i_0=5.0\times10^{-6}A$ $C_O=1.00\times10^{-3}mol/L$ $D_O=D_R=1.0\times10^{-5}cm^2/s$ $E_0=-0.6000V$

表 2 不同 I_0 下示波曲线切口点变化值*

I_0 (A)	τ (s)	$t_{切}/\tau$	E (V)	dE/dt (V/s) $\times 10^2$
0.00	2.543	0.543	-0.5896	-4.650
5.00×10^{-6}	2.493	0.534	-0.5896	-4.650
1.00×10^{-5}	2.444	0.525	-0.5897	-4.655
1.50×10^{-5}	2.396	0.517	-0.5898	-4.664
2.00×10^{-5}	2.347	0.509	-0.5899	-4.676
2.50×10^{-5}	2.300	0.501	-0.5901	-4.692
3.00×10^{-5}	2.252	0.494	-0.5903	-4.712
3.50×10^{-5}	2.206	0.488	-0.5906	-4.736
4.00×10^{-5}	2.160	0.481	-0.5909	-4.765
4.50×10^{-5}	2.114	0.476	-0.5913	-4.798
5.00×10^{-5}	2.069	0.471	-0.5916	-4.836

* $I=I_0+V\cdot t$ $V=1.0\times10^{-4}A/s$ 电极面积$=1.0cm^2$ $C_O^*=1.00\times10^{-3}mol/L$

$D_O=D_R=1.0\times10^{-5}cm^2/s$ $n=1$ $T=298K$ $E_0=-0.6000V$

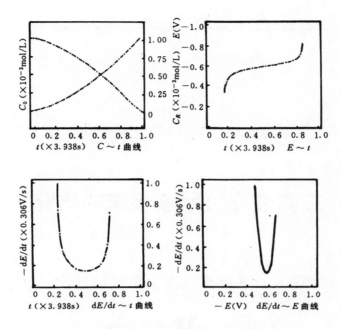

图 1 三角波交流示波极谱在切口附近的特征曲线

$$I=i_0+Vt \quad i_0=0A/cm^2 \quad V=1.0\times10^{-4}A/s\cdot cm^2$$

$$C_O=1.0\times10^{-3}mol/L \quad E_0=-0.600V \quad n=1$$

方程式（18）表明，电流扫描速率 V 愈小，示波图的切口高度变化率愈大，这可部分地解释为何在低扫速时，示波图切口增多，且变化敏锐[1]。

而方程（19）则反映了在交流示波极谱滴定中，随着 C_O^s 的减小，切口的变化率增大，即在示波滴定终点时，常观察到示波图形的扩张和收缩。

根据单组分三角波交流示波极谱理论，我们计算了去极剂离子在电极表面处，浓度与时间、电极电位与时间、导数电位与时间的关系以及导数电位与电位的关系曲线（见图 1）。当电流扫描速率 V 一定，直流分量 i_0 变化时，i_0 愈大，切口愈窄，而切口深度变化不大，当 i_0 一定，V 变化时，示波图形将有较大的变化。V 愈大，切口愈窄，但切口深度减小；故要使切口适当，选择适当的 V 值非常必要。

参 考 文 献

[1] 祁洪、马新生、高鸿,高等学校化学学报,9(6)658(1988)

[2] R. S. Nicholson, I. Shain, Anal. Chem., 36, 706(1964)

[3] P. Delahay, G. Mamantov, Anal. Chem., 27,478(1955)

45

三角波交流示波极谱的研究

双组分三角波交流示波极谱理论*

祁 洪 马新生 高 鸿

摘 要

本文逐步运用初始条件，建立了双组分三角波交流示波极谱理论，该理论可较好地还原到前文[1,2]报道的单组分状态时的各类方程，与实验结果一致。讨论了影响去极剂切口性质的主要因素。如去极剂浓度、前还原组分浓度以及三角波电流直流分量和电流扫描速率。

前文已讨论过三角波交流示波极谱图的性质以及单组分在电极上反应的三角波交流示波极谱理论[1]。由于在实际情况中经常遇到一个以上的组分在电极上反应，因此，研究双组分的三角波交流示波极谱具有更大的意义。

理 论

假定所研究的体系为：

$$O_1 + n_1 e \Longrightarrow R_1$$
$$O_2 + n_2 e \Longrightarrow R_2$$

• 原文发表于高等学校化学学报，9 (9) 891 (1988)。

电流密度施加方式是这样的：

$$i = i_0 + V_0 t$$

设组分 1 为 O_1，τ_1 为其转移时间。那么在 $t \leqslant \tau_1$，组分 2 为 O_2 的存在将不影响组分 1 的还原反应。这样对于组分 1 的一切处理方式同前[1]，因此

$$\overline{C}_{O_1}(x,S) = C_{O_1}^{\bullet}/S - (i'_0/S^{3/2} + V'/S^{5/2}) \cdot \exp[-(S/D_R)^{1/2}x] \tag{1}$$

$$\overline{C}_{R_1}(x,S) = C_{R_1}^{*}/S + \xi \cdot (i'_0/S^{3/2} + V'/S^{5/2}) \cdot \exp[-(S/D_R)^{1/2}x]$$

这里

$$i'_0 = i_0/n_1 F D_{O_1}^{1/2} \qquad V' = V_0/n_1 F D_{O_1}^{1/2} \tag{2}$$

对 (1) 式 $\overline{C}_{O_1}(x, S)$ 取 Laplace 反变换，有

$$\overline{C}_{O_1}(x,t) = C_{O_1}^{\bullet} - \frac{i_0}{nFD_{O_1}^{1/2}} \cdot \left[2\sqrt{\frac{t}{\pi}}\exp\left(-\frac{x^2}{4D_{O_1}t}\right) - \frac{x}{\sqrt{D_{O_1}}} \cdot \mathrm{erfc}\left[\frac{x}{2\sqrt{D_{O_1}t}}\right]\right]$$

$$- (4t)^{3/2}V_0/n_1 F D_{O_1}^{1/2} \cdot i^3\mathrm{erfc}(x/2\sqrt{D_{O_1}t}) \tag{3}$$

我们知道，当 $t > \tau_1$ 时，总存在

$$C_{O_1}(0,t) = 0$$

而且

$$C_{O_1}(x,\tau_1) = C_{O_1}^{\bullet} - \lambda_1[(1/a_1\pi^{1/2})\exp(-a_1^2x^2) - x\mathrm{erfc}(a_1x_1)]$$

$$- (4\tau_1)^{3/2}V_1 i^3\mathrm{erfc}(a_1x) \tag{4}$$

这里规定

$$\lambda_1 = i_0/n_i F D_{0i}; \; V_i = V_0/n_i F D_{0i}^{\frac{1}{2}}; \; a_i = 1/2D_{0i}^{\frac{1}{2}}\tau_i^{1/2}; \; i = 1,2$$

因为在 $t = \tau_1$，时刻 t 对应的是一个不连续点。为了解出组分 2 的浓度函数 $C_{O_2}(x, t')$，这里 $(t' = t - \tau_1)$，必须首先求出 $[\partial C_{O_1}(x, t')/\partial x]_{x=0}$，为此，我们分步地应用初始条件[2]。即把方程 (4) 作为以下扩散方程的初始条件。所以这里的 $C_{O_1}(x, t' = 0)$ 即相应于 (4) 式中的 $C_{O_1}(x, \tau_1)$。

Fick 第二定律

$$\partial C_{O_1}/\partial t' = D_{O_1}(\partial^2 C_{O1}/\partial x^2)$$

经 Laplace 变换，成为

$$\mathrm{d}^2\overline{C}_{O_1}(x,S)/\mathrm{d}x^2 - S/D_{O_1} \cdot \overline{C}_{O_1}(x,S) = -C_{O_1}(x,0)/D_{O_1} \tag{5}$$

微分方程 (5) 的通解为[3]

$$\overline{C}_{O_1}(x,S) = M \cdot \exp(-\sqrt{S/D_{O_1}}x) + N \cdot \exp(-\sqrt{S/D_{O_1}}x) + Cp \tag{6}$$

其中 M，N 为常数。

$$Cp = \frac{1}{2\pi i}\int_{r-i_\infty}^{r+i_\infty} \frac{\overline{\phi}(p)}{f(p)}e^{px}\mathrm{d}p \tag{7}$$

这里 $\overline{\varphi}(p)$ 为 $-C_{O_1}(x, 0)/D_{O_1}$ 对 x 的 Laplace 变换式

$$f(p) = p^2 - S/D_{O_1} = P^2 - q^2 \tag{8}$$

运用卷积定理对 (7) 式进行积分，并使

$$g_1(\eta) = \overline{\varphi}(\eta); \quad g_2(x) = L^{-1}f^{-1}(p) = (1/q)\mathrm{sh}(qx) \tag{9}$$

这样就得到下式

$$Cp = Cp(x,S) = \int_0^x g_1(\eta)g_2(x-\eta)\mathrm{d}\eta$$

$$= -C_{0_1}^{\circ}/(S \cdot D_{0_1})^{1/2}\int_0^x \mathrm{sh}[q(x-\eta)]\mathrm{d}\eta$$

$$+ \lambda_1/(S \cdot D_{0_1})^{1/2}\int_0^x [(1/a_1\pi^{1/2})\exp(-a_1^2\eta^2) - \eta\,\mathrm{erfc}(a_1\eta)] \cdot \mathrm{sh}[q(x-\eta)]\mathrm{d}\eta$$

$$+ (4\tau_1)^{3/2}/(D_{0_1} \cdot S)^{1/2}\int_0^x i^3\mathrm{erfc}(a_1\eta)\mathrm{sh}[q(x-\eta)]\mathrm{d}\eta \tag{10}$$

这里[4]： $i^n\mathrm{erfc}Z = 2/\sqrt{\pi}\int_z^\infty (t-Z)^n/n! \cdot e^{-t^2}\mathrm{d}t \tag{11}$

经一系列数学运算，解得

$$\overline{C}_{0_1}(x,S) = M'\exp(-qx) + N'\exp(qx) + C_{0_1}^{\circ}/S$$

$$- \frac{\lambda_1}{S} \cdot \left[\frac{1}{a_1\pi^{1/2}} \cdot e^{-a_1^2x} - x\,\mathrm{erfc}(a_1x)\right] - \frac{V_1(4\tau_1)^{3/2}}{S} \cdot i^3\mathrm{erfc}(a_1x)$$

$$- \frac{\lambda_1 D_{0_1}^{1/2}}{2S^{3/2}} \cdot e^{(qx+q^2/4a_1^2)}\mathrm{erfc}\left(a_1x + \frac{q}{2a_1}\right)$$

$$+ \frac{\lambda_1 D_{0_1}^{1/2}}{2S^{3/2}} \cdot e^{(-qx+q^2/4a_1^2)}\mathrm{erfc}\left(a_1x - \frac{q}{2a_1}\right)$$

$$- 2V_1\tau_1^{1/2}/S^2 \cdot i\,\mathrm{erfc}(ax) - V_1/2S^{5/2} \cdot e^{(qx+q^2/4a_1^2)}\mathrm{erfc}(a_1x + q/2a_1)$$

$$+ V_1/2S^{5/2} \cdot \exp(-qx + q^2/4a_1^2)\mathrm{erfc}(a_1x - q/2a_1) \tag{12}$$

在上式中，x 可在 $0 \sim \infty$ 之间任意变化，由于在还原体系中，$C_{0_1}(x, t)$ 为有限，$C_{0_1}(x, s)$ 亦为有限值，所以 N' 必为零。

而在 $x=0$ 时，总有 $C_{0_1}(0, t') = 0$，因此 $C_{0_1}(0, S)$ 亦为零。于是

$$M' = (\lambda_1 D_{0_1}^{1/2}/S^{3/2})\exp(q^2/4a_1^2) \cdot \mathrm{erfc}(q/2a_1) + 2\tau_1^{1/2}V_1/\pi^{1/2}S^2$$

$$+ (V_1/S^{5/2})\exp(q^2/4a_1^2)\mathrm{erfc}(q/2a_1) \tag{13}$$

将上式代入（12）式中，即得方程（5）的特解。再将 $\overline{C}_{0_1}(x, S)$ 对 x 求导一次，即

$$\left[\frac{\partial \overline{C}_{0_1}(x,S)}{\partial x}\right]_{x=0} = -qM' + \frac{\lambda_1}{S} + \frac{2a_1V_1\tau_1^{3/2}}{S} + \frac{2a_1V_1\tau_1^{1/2}}{S^2}$$

$$= \frac{\lambda_1}{S} + \frac{V_1}{D_{0_1}^{1/2}S^2} + \frac{V_1\tau_1}{D_{0_1}^{1/2}S} + \frac{2V_1\tau_1^{1/2}}{\pi^{1/2}D_{0_1}^{1/2}S^{3/2}}$$

$$- \frac{\lambda_1}{S}e^{q^2/4a_1^2}\mathrm{erfc}\left(\frac{q}{2a_1}\right) - \frac{V_1}{D_{0_1}^{1/2}S^2}\exp\left(\frac{q^2}{4a_1^2}\right)\mathrm{erfc}\left(\frac{q}{2a_1}\right) \tag{14}$$

考虑第二组分的反应，由于

$$n_1D_{0_1}\left(\frac{\partial C_{0_1}}{\partial x}\right)_{x=0} + n_2D_{0_2}\left(\frac{\partial C_{0_2}}{\partial x}\right)_{x=0} = \frac{i_0 + V_0\tau_1 + V_0t'}{F} \tag{15}$$

因此，

$$\left(\frac{\partial \bar{C}_{O_2}(x,S)}{\partial x}\right)_{x=0} = \frac{1}{n_2 D_{O_2}}\left[n_1 D_{O_1}\left(\frac{\partial \bar{C}_{O_1}(x,S)}{\partial x}\right)_{x=0} - \frac{L(i_0 + V_0\tau_1 + V_0 t')}{F}\right]$$

$$= -\frac{\lambda_2}{S}\exp\left(\frac{q}{4a_1^2}\right)\mathrm{erfc}\left(\frac{q}{2a_1}\right) - \frac{V_2}{D_{O_2}^{1/2}S^2}\exp\left(\frac{q^2}{4a_1^2}\right)\mathrm{erfc}\left(\frac{q}{2a_1}\right)$$

$$- \frac{2V_2\tau_1^{1/2}}{\pi^{1/2}D_{O_2}^{1/2}S^{3/2}} \tag{16}$$

由 Fick 第二定律

$$\partial C_{O2}(x,t')/\partial t' = D_{O_2}[\partial^2 C_{O_2}(x,t')/\partial x^2]$$

再令

$$h(x,t') = C_{O_2}^* - C_{O_2}(x,t') \tag{17}$$

解得

$$\bar{h}(x,S) = M_2\exp[-(S/D_{O_2})^{1/2}x] \tag{18}$$

让（18）式对 x 求导，（17）式进行 t' 的 Laplace 变换，再对 x 求导，从而有：

$$[\partial \bar{h}(x,S)/\partial x]_{x=0} = -[\partial \bar{C}_{O_2}(x,S)/\partial x]_{x=0} = M_2 \cdot (-\sqrt{S/D_{O_2}}) \tag{19}$$

联立（16）及（19）两式，考虑到 $q/a_1 = (\tau_1 \cdot S)^{1/2}$，则

$$\bar{h}(0,S) = M_2 = (\lambda_2 D_{O_2}^{1/2}/S^{3/2})\exp(\tau_1 S) \cdot \mathrm{erfc}(\tau_1 \cdot S)^{1/2}$$

$$+ 2V_2 D_{O_2}\tau_1^{1/2}/\pi^{1/2}S^2 + (V_2 D_{O_2}/S^{5/2})\exp(\tau_1 \cdot S) \cdot \mathrm{erfc}(\tau_1 \cdot S)^{1/2}$$

逆变换式

$$h(0,t') = \frac{\lambda_2 D_{O_2}^{1/2}}{\pi^{1/2}}\int_0^{t'}\frac{\mathrm{d}Z}{(\tau_1 + Z)^{1/2}} + \frac{2V_2 D_{O_2}\tau_1^{1/2}t'}{\pi^{1/2}}$$

$$+ \frac{V_2 D_{O_2}}{\pi^{1/2}}\int_0^{t'}\frac{Z\mathrm{d}Z}{(t'+\tau_1 - Z)^{1/2}}$$

$$= 2\lambda_2 D_{O_2}^{1/2}/\pi^{1/2} \cdot [(\tau_1 + t')^{1/2} - \tau_1^{1/2}] + 4V_2/3\pi^{1/2} \cdot [(\tau_1 + t')^{3/2} - \tau_1^{3/2}]$$

因此

$$C_{O_2}(0,t') = C_{O_2}^* - h(0,t')$$

$$= C_{O_2}^* - 2i_0/n_2 F D_{O_2}^{1/2}\pi^{1/2} \cdot [(t'+\tau_1)^{1/2} - \tau_1^{1/2}]$$

$$- 4V_0/3n_2 F D_{O_2}^{1/2}\pi^{1/2} \cdot [(t'+\tau_1)^{3/2} - \tau_1^{3/2}] \tag{20}$$

当 $\tau_1 = 0$ 时，（20）式还原为单组分的表达式[1]。

按照同样的方式，我们得到还原态在电极表面浓度随时间的变化方程：

$$C_{R_2}(0,t') = C_{R_2}^* + 2i_0/n_2 F D_{R_2}^{1/2}\pi^{1/2} \cdot [(t'+\tau_1)^{1/2} - \tau_1^{1/2}]$$

$$+ 4V_0/3n_2 F D_{R_2}^{1/2}\pi^{1/2} \cdot [(t'+\tau_1)^{3/2} - \tau_1^{3/2}] \tag{21}$$

以 Nernst 方程联立（20）及（21）两式，即得第二个组分的 $E \sim t$ 方程。

$$E = E_2^0 + RT/n_2 F \cdot \ln[C_{O_2}(0,t')/C_{R_2}(0,t')] \tag{22}$$

讨　论

如果体系的 $C_{R_2}^* = 0$，并让 $Z_2 = C_{R_2}(0,t')/\xi_2, \xi_2 = (D_{O_2}/D_{R_2})^{1/2}$，那么（22）式可改为

$$E = E_2^0 - \frac{RT}{n_2F}\ln\xi_2 + \frac{RT}{n_2F}\ln\frac{C_{\dot{O}_2} - Z_2}{Z_2} = E_{1/2} + \frac{RT}{n_2F}\ln\frac{C_{\dot{O}_2} - Z_2}{Z_2} \tag{23}$$

根据（21）式

$$Z_2 = 2i''_0(t_{1/2} - \tau_1^{1/2}) + 4V''/3 \cdot (t^{3/2} - \tau_1^{3/2}) \tag{24}$$

其中 $t = t' + \tau_1$；$i''_0 = i_0/n_2FD_{O_2}^{1/2}\pi^{1/2}$；$V'' = V_0/n_2FD_{O_2}^{1/2}\pi^{1/2}$

对（23）式求导一次，有

$$\frac{\mathrm{d}E}{\mathrm{d}t} = - RT/n_2F \cdot C_{\dot{O}_2}/Z_2(C_{\dot{O}_2} - Z_2) \cdot (i''_0 t^{-1/2} + 2V''t^{1/2}) \tag{25}$$

上式即为第二个组分完整的导数电位与时间的曲线方程（$\frac{\mathrm{d}E}{\mathrm{d}t} \sim t$）。

对（25）式再求导一次，即

$$\frac{\mathrm{d}^2E}{\mathrm{d}t^2} = - \frac{RT}{n_2F} \cdot \frac{C_{\dot{O}_2}}{Z_2^2(C_{\dot{O}_2} - Z)^2} \cdot \left[Z_2(C_{\dot{O}_2} - Z_2) \cdot \frac{\mathrm{d}^2Z_2}{\mathrm{d}t^2} - (C_{\dot{O}_2} - 2Z_2) \cdot \frac{\mathrm{d}Z_2}{\mathrm{d}t} \right] \tag{26}$$

这里我们又可以看到（25）及（26）两式与前文[1]单组分的方程形式是相同的。于是我们假定（26）式 $\frac{\mathrm{d}^2E}{\mathrm{d}t^2} = 0$，就可解得去极剂离子在 $\frac{\mathrm{d}E}{\mathrm{d}t} \sim t$ 曲线上的极值点，即切口值。

由以上一系列方程，我们绘得两种组分同时存在下的三角波交流示波极谱曲线，阴极支具有图1所示的形状。

在双组分体系中，为研究第一个组分对第二个组分的影响，我们考虑这样一种情形，即 $C_{\dot{R}_2} = 0$，$i_0 = 0$，以探讨切口的性质。

根据（24）式，并且注意到在 $i_0 = 0$ 时，$\tau_1 = (3n_1FD_{O_1}^{1/2}\pi^{1/2}C_{\dot{O}_1}/4V_0)^{2/3}$，故有

$$Z_2 = \frac{4}{3}\frac{V_0}{n_2FD_{O_2}^{1/2}\pi^{1/2}}(t^{3/2} - \tau_1^{3/2}) = mt^{3/2} - \frac{n_1D_{O_1}^{1/2}}{n_2D_{O_2}^{1/2}}C_{\dot{O}_1}$$

$$= mt^{3/2} - kC_{\dot{O}_1} \tag{27}$$

代入（31）式，得到切口处的 $Z_2(t)$ 为：

$$Z_2(t = t_{切}) = \left[- 3C_{\dot{O}_2} + C_{\dot{O}_2} + \sqrt{(3kC_{\dot{O}_1} + C_{\dot{O}_2})^2 + 3C_{\dot{O}_1} \cdot C_{\dot{O}_2}} \right]/5$$

由此可见第二个组分的切口性质会受到第一个组分的影响。当 $kC_{\dot{O}_1} = C_{\dot{O}_2}$ 时，有

$$Z_2(t_{切}) = 0.4718C_{\dot{O}_2} \tag{28}$$

$$E_{2切} = E_2^{1/2} + RT/n_2F \cdot \ln(0.5282/0.4718) = E_2^{1/2} + 0.113RT/n_2F \tag{29}$$

当 $k = 1$ 时，由（27）式解得

$$t'_{切} = (3 \times 1.472C_{\dot{O}_2} \cdot n_2FD_{O_2}^{1/2}\pi^{1/2}/4V_0)^{2/3} \tag{30}$$

将（28）及（30）两式代入（25）式，即有切口高度

$$h_{2切} = - 5.663RT/(n_2F)^{5/3}D_{O_2}^{1/3} \cdot (V_0/C_{\dot{O}_2})^{2/3} \tag{31}$$

我们曾用另一种方法导出与（29）～（31）完全相同的结果[5]。

在 $C_{\dot{O}_1} = C_{\dot{O}_2}$，$n_1D_{O_1}^{1/2} = n_2D_{O_2}^{1/2}$ 时，考察（20）式，并当 $i_0 = 0$，有

$$(\tau_1 + \tau_2)^{3/2} = 2\tau_1^{3/2} \text{ 或 } \tau_2/\tau_1 = 0.587$$

若 $V = 0$，即为恒电流双组分计时电位法，则 $(\tau_1 + \tau_2)^{1/2} = 2\tau_1^{1/2}$，或 $\tau_2/\tau_1 = 3$。这与文献[6]所导出结果相同。

因此，当 i_0，V_0 均存在时，总有 $0.587 < \tau_2/\tau_1 < 3$，$i_0$，$V_0$ 的改变必将导致示波图形 $\frac{\mathrm{d}E}{\mathrm{d}t} \sim E$ 的变化，

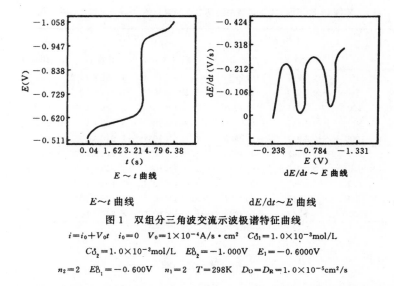

$E \sim t$ 曲线　　　　　　　　　$dE/dt \sim E$ 曲线

图 1　双组分三角波交流示波极谱特征曲线

$i = i_0 + V_0 t$　$i_0 = 0$　$V_0 = 1 \times 10^{-4} A/s \cdot cm^2$　$C\delta_1 = 1.0 \times 10^{-3} mol/L$

$C\delta_2 = 1.0 \times 10^{-3} mol/L$　$E\delta_2 = -1.000V$　$E_1 = -0.6000V$

$n_2 = 2$　$E\delta_1 = -0.600V$　$n_1 = 2$　$T = 298K$　$D_O = D_R = 1.0 \times 10^{-5} cm^2/s$

表 1 给出了 i_0 的变化对示波图切口电位 E_i，切口高度 H_i 和切口出现时刻 T_i 的影响。表 2 给出的是电流扫描速率 V_0 作用下的情况。从中不难看出，i_0 的增加将使切口电位负移，切口高度增大，切口出现时刻缩短，但这一作用对第 1 组份的影响较第 2 组分显著。而电流扫描速率 V_0 仅对切口高度有较大的影响，对切口电位无影响，其作用程度是第 2 组分大于第 1 组分。表 2 还给出了两组分相对浓度的改变与切口的关系。从中发现，浓度的变化不影响切口电位，而对切口高度有较大的影响。随着第 1 组分浓度的增加，组分 2 的切口高度也增大，而组分 1 的切口高度将减小。

综上所述，在多组分体系中，影响切口性质的因素要比单组分的复杂，除要考虑电参数 i_0，V_0 及去极剂浓度 C_{O2} 外，还要考虑前还原组分的浓度 C_{O1} 的影响。

表 1　不同 i_0 下示波曲线切口点的变化值（条件同图 1）

i_0 ($\mu A/cm^2$)	E_i (V)		H_i (V/s)		T_i (s)	
	组分 1	组分 2	组分 1（$\times 10^2$）	组分 2（$\times 10^2$）	组分 1	组分 2
0	-0.5947	-0.9985	-1.464	-2.176	2.191	5.224
1	-0.5947	-0.9985	-1.464	-2.176	2.181	5.214
5	-0.5947	-0.9985	-1.464	-2.176	2.142	5.174
10	-0.5948	-0.9985	-1.464	-2.176	2.094	5.124
15	-0.5948	-0.9985	-1.465	-2.177	2.046	5.075
20	-0.5948	-0.9985	-1.467	-2.177	2.000	5.026

表2 不同 V_0 和不同 $C_{O_1}^0$ 下示波曲线切口点的变化值 ($i_0=0$，其余条件同图1)

		E_i (V)		H_i (V/s)		T_i (s)	
		组分1	组分2	组分1	组分2	组分1	组分2
V_0 (μA/s·cm²)	10	−0.5947	−0.9985	−3.154×10⁻³	−4.689×10⁻³	10.17	24.24
	50	−0.5947	−0.9985	−9.223×10⁻³	−1.371×10⁻²	3.479	8.292
	100	−0.5947	−0.9985	−1.464×10⁻²	−2.176×10⁻²	2.191	5.224
	500	−0.5947	−0.9985	−4.281×10⁻²	−6.365×10⁻²	0.7496	1.786
	1000	−0.5947	−0.9985	−6.795×10⁻²	−1.010×10⁻¹	0.4722	1.125
$C_{O_1}^0/C_{O_2}^0$	0.1	−0.5947	−0.9959	−6.795×10⁻²	−1.574×10⁻²	0.4722	2.618
	0.5	−0.5947	−0.9947	−2.324×10⁻²	−1.893×10⁻²	1.380	3.920
	1.0	−0.5947	−0.9985	−1.464×10⁻²	−2.176×10⁻²	2.191	5.224
	10.0	−0.5947	−0.9997	−3.154×10⁻³	−4.176×10⁻²	10.17	19.35
	100.0	−0.5947	−0.9999	−6.795×10⁻⁴	−8.869×10⁻²	47.22	87.27

参 考 文 献

〔1〕 祁洪、马新生、高鸿,高等学校化学学报,9(6)564(1988);9(7)665(1988)

〔2〕 R. W. Murray,C. N. Reilley, J. Electroanal. Chem. , 2,182(1962)

〔3〕 I. N. Sneddon, Fourier Transforms, MeGraw Hill Book Co. , New York, N. Y. , 37(1951)

〔4〕 M. Ahramowitz, I. A. Stegun, Handbook of Methematical Functions with Formulas, Graphs and Mathematical Tables, National Bureau of Standards Applied Mathematics, Series, 55, 299(1965)

〔5〕 祁洪、马新生、高鸿,南京大学学报,25(3)85(1989)

〔6〕 T. Berzins and P. Delahay, J. Am. Chem. Soc. , 75, 4205(1953)

─46─

三角波交流示波极谱的研究

多组分三角波交流示波极谱理论[*]

祁　洪　　马新生　　高　鸿

摘　要

　　本文运用响应函数加和原理建立了多组分三角波交流示波极谱理论，它与由逐步运用初始条件建立的双组分理论完全一致。

　　前文曾讨论过三角波交流示波极谱的性质[5]和单组分[6]、双组分[7]三角波交流示波极谱理论，本文指出：利用响应函数加和原则同样可以导出上述公式。

　　对于下列反应体系

$$O + ne \xrightleftharpoons[]{el.\,\infty} R$$

O 为氧化态，R 为还原态，电极反应为可逆反应。

　　在半无限扩散条件下

$$\frac{\partial c}{\partial t} = D \frac{\partial^2 c}{\partial x^2} \tag{1}$$

考虑初始与边界条件

$$t = 0; x \geqslant 0 \text{ 时}, C_O = C_O^* ; C_R = C_R^* \tag{2}$$

$$t \geqslant 0; x \to \infty \text{ 时}, C_O = C_O^* ; C_R = C_R^* \tag{3}$$

● 原文发表于南京大学学报（自然科学），25（3）85（1989）。

$t>0$，$x=0$ 时

$$D_O\left[\frac{\partial C_O}{\partial x}\right]=D_R\left[\frac{\partial C_R}{\partial x}\right] \tag{4}$$

对（1）式进行 Laplace 变换，由边界条件（2）及（3）解得

$$\overline{C_{O(x,s)}}=\overline{C_O^*}-M_O\exp\left[-\left(\frac{S}{D_O}\right)^{1/2}x\right] \tag{5}$$

$$\overline{C_{R(x,s)}}=\overline{C_R^*}-M_R\exp\left[-\left(\frac{S}{D_R}\right)^{1/2}x\right] \tag{6}$$

其中

$$M_O=\frac{D_O^{1/2}}{S^{1/2}}\left[\frac{\partial\overline{C_O}(x,s)}{\partial x}\right]_{x=0}=(nFD_O^{1/2}S^{1/2})^{-1}\cdot\bar{i}(s)$$

$$M_R=\frac{D_R^{1/2}}{S^{1/2}}\left[\frac{\partial\overline{C_R}(x,s)}{\partial x}\right]_{x=0}=(-nFD_R^{1/2}S^{1/2})^{-1}\cdot\bar{i}(s)$$

在 $x=0$ 时，（5）式可以写成

$$\overline{C_O^*}-\overline{C_O}(0,S)=(nFD_O^{1/2}S^{1/2})^{-1}\cdot\bar{i}(s)$$

$$\overline{C_R^*}-\overline{C_R}(0,S)=(-nFD_R^{1/2}S^{1/2})^{-1}\cdot\bar{i}(s)$$

$\bar{i}(s)$ 是激发信号函数，$\overline{C^*}-\overline{C}(0,S)$ 是表面浓度的响应函数，$(nFD^{1/2}S^{1/2})^{-1}$ 是由体系的性质决定的函数，上式表明的在 Laplace 空间中的这一关系，即为响应函数原理。

在多个电活性组分同时存在时，根据响应函数加和原理[4]，由于

$$\sum_{i=1}^m n_iFD_{Oi}\left[\frac{\partial\overline{C_{Oi}}}{\partial x}\right]_{x=0}=\bar{i}_{(s)}$$

我们得到

$$\sum_{i=1}^m\left[\overline{C_{Oi}^*}-\overline{C_{Oi}}(0,s)\right]=\bar{i}(s)\cdot\sum_{i=1}^m(nFD_{Oi}^{1/2}S^{1/2})^{-1} \tag{7}$$

经过 Laplace 逆变换，上式成为

$$\sum n_iFD_{Oi}^{1/2}\left[C_{Oi}^*-C_{Oi}(0,t)\right]=\frac{1}{\sqrt{\pi t}}i(t) \tag{8}$$

对于线性扫描电流 $i(t)=i_0+vt$，（8）式右边的卷积积分为

$$\frac{1}{\sqrt{\pi t}}*i(t)\equiv L^{-1}\{S^{-1/2}\cdot\bar{i}(s)\}$$

$$=\int_0^t\frac{1}{\sqrt{\pi\xi}}[i_0+V(t-\xi)]d\xi$$

$$=\frac{2i_0}{\sqrt{\pi}}t^{1/2}+\frac{4V}{3\sqrt{\pi}}t^{3/2} \tag{9}$$

假定各组分的表面浓度均服从 Nernst 关系，即

$$C_{Oi}(0,t)=P_i^0 C_{Ri}(0,t)$$

其中 $P_i^0=\exp\left[\frac{n_iF}{RT}(E-E_i^{0'})\right]$，$E_i^{0'}$ 是式量电位。由（6）式经 Laplace 求逆，我们得到

$$D_{Oi}^{1/2}\left[C_{Oi}^*-C_{Oi}(0,t)\right]=-D_{Ri}^{1/2}\left[C_{Ri}^*-\frac{1}{\xi_i}C_{Ri}^*(0,t)\right] \tag{10}$$

用 P_i 和 $C_{Oi}(0,t)$ 表示上式中的 $C_{Ri}(0,t)$ 即得

$$C_{Oi}(0,t) = \frac{P_i}{1+P_i}\left(C_{Oi}^* + \frac{1}{\xi_i}C_{Ri}^*\right)^x \tag{11}$$

这里，$\xi_i = \left(\dfrac{D_{Oi}}{D_{Ri}}\right)^{1/2}$，$P_i = \xi_i P_i$

将（1）代入（8）式，将表面浓度表示为本体浓度与电位 P 的函数，并结合（9）式，便可写出多组分线性扫描电流的计时电位曲线：

$$\sum_{i=1}^{m} n_i F (D_{Oi}^{1/2}C_{Oi}^* + D_{Ri}^{1/2}C_{Ri}^*)/(1+P_i) - \sum_{i=1}^{m} n_i F D_{Ri}^{1/2}C_{Ri}^*$$

$$= \frac{2i_0}{\sqrt{\pi}}t^{1/2} + \frac{4V}{3\sqrt{\pi}}t^{1/2} \tag{12}$$

将上式微分，便得到导数电位-时间曲线

$$-\frac{dE}{dt} = \frac{i_0\pi^{-1/2}t^{-1/2} + 2V\pi^{-1/2}t^{1/2}}{\sum\limits_{i=1}^{m} K_i P_i/(1+P_i)^2} \tag{13}$$

其中 $K_i = \dfrac{i_0 F^2}{RT}\left(\sqrt{D_{Oi}}C_{Oi}^* + \sqrt{D_{Ri}}C_{Ri}^*\right)$

为求得切口电位，将上式再求导，并令 $\dfrac{d^2E}{dt^2}=0$，切口处的电位-时间关系应满足下式：

$$\left(-\frac{1}{2}i_0\pi^{-1/2}t^{-3/2} + V\pi^{-1/2}t^{-1/2}\right)\sum_{i=1}^{m} K_i P_i/(1+P_i)^2$$

$$-\frac{dE}{dt}\sum_{i=1}^{m}\frac{n_i F}{RT}K_i P_i(1-P_i)/(1+P_i)^3 = 0 \tag{14}$$

讨　　论

首先考察第一组分还原的切口。我们假定 $E_1^0 \gg E_2^0 \gg E_3^0\cdots$，那么在第一切口附近，$P_2$，$P_3$ 等均趋于无穷大。当 $i_0=0$ 且 $C_{Ri}^*=0$ 时，（14）式简化为

$$2t\cdot\frac{dE}{dt}\cdot\frac{n_1 F}{RT}\cdot\frac{1-P_1}{1+P_1} = 1 \tag{15}$$

在上述假定下，根据（12）和（13），在第一切口附近，存在下列关系：

$$\frac{n_1 F\sqrt{D_{O1}}C_{O1}^*}{1+P_1} = \frac{4V}{3\sqrt{\pi}}t^{3/2} \tag{16}$$

和

$$-\frac{dE}{dt} = \frac{2V\pi^{-1/2}t^{1/2}}{K_1 P_1}(1+P_1^2) \tag{17}$$

将（16）及（17）代入（15），我们便得到第一切口处的电位为

$$P_1 = \xi_1\exp\left[\frac{n_1 F}{RT}(E - E_1^{0'})\right] = 1.5 \tag{18}$$

或

$$E = E_1^{0'} + \frac{RT}{n_1 F}\ln\frac{1.5}{\xi} = E_1^{1/2} + \frac{RT}{n_1 F}\ln 1.5 \tag{19}$$

将（18）代入（16），得到第一切口出现的时刻 t_1 为

$$t_1 = \left(\frac{1}{1+P_1}\right)^{2/3} \cdot \left[\frac{3n_1F\sqrt{\pi D_{O1}}C_{O1}^{*}}{4V}\right]^{2/3} = 0.5429 \qquad (20)$$

τ_1 是组分 1 的过渡时间。在切口处，$-\dfrac{dE}{dt}$ 取极小值即得高度，或由（17）结合（19）及（20）得到：

$$h_1 = \frac{2(1+P_1)^{5/3}V\tau_1^{1/2}}{\pi^{1/2}K_1P_1} = 3.809\frac{RT}{(n_1F)^{5/3}D_{O1}^{1/3}}\left(\frac{V}{C_{O1}^{*}}\right)^{2/3} \qquad (21)$$

可以看出，由多组分的电位-时间曲线（12）式导出的第一组分的切口性质-切口时刻、电位及切口高度与单组分的相应公式[1]完全一致。

现在我们考察第二组分的切口性质。由于受到前极化物质（第一组分）的影响，第二切口的性质将与第一组分有所不同，在相同的假定下，即 $i_1 \cdot C_{R1}^{*}$ 在第二切口处，$P_1 \rightarrow 0$，P_3，P_4 等趋于无穷大，因此满足：

$$2t \cdot \frac{dE}{dt} \cdot \frac{n_2F}{RT} \cdot \frac{1-P_1}{1+P_1} = 1$$

$$-\frac{dE}{dt} = 2V\pi^{-1/2}t^{1/2}\frac{(1+P_2)^2}{K_2P_2}$$

$$n_1F\sqrt{D_{O1}}C_{O1}^{*} + \frac{n_2F\sqrt{D_{O2}}C_{O2}^{*}}{1+P_2} = \frac{4V}{3\sqrt{\pi}}t^{3/2}$$

综合以上三式，并假定 $n_1F\sqrt{D_{O1}}C_{O1}^{*} = n_2F\sqrt{D_{O2}}C_{O2}^{*}$，得到第二切口处的电位

$$P_2 = \xi_2\exp\left[\frac{n_2F}{RT}(E-E_2^{0'})\right] = 1.12 \qquad (22)$$

或 $\quad E = E_2^{1/2} + \dfrac{RT}{2F}\ln 1.12$

切口出现的时刻及切口高度分别为

$$t_2 = \left(\frac{2+P_2}{1+P_2}\right)^{2/3}\left[\frac{3n_2F\sqrt{\pi D_{O2}}C_{O2}^{*}}{4V}\right]^{2/3} = 1.294\tau_1 \qquad (23)$$

$$h_2 = \frac{2(1+P_2)^{5/3}(2+P_2)^{1/3}V\tau_1^{1/2}}{\pi^{1/2}K_2P_2}$$

$$= 5.663\frac{RT}{(n_2F)^{5/3}D_{O2}^{1/3}}\left(\frac{V}{C_{O2}^{*}}\right)^{2/3} \qquad (24)$$

在上述同样的假定下，我们将第一与第二组分的切口性质作一比较。由（20）和（23）式及 $\tau_2 = 0.5874\tau_1$ 的结果我们看到 $t_1 = 0.5429\tau_1$，但 $(t_2 - t_1) = 0.500\tau_2$，即第二切口靠近些。另外，由（21）及（24）式可见，在扩散系数与浓度相同时，切口高度之比 h_2/h_1 为 1.487，即第二切口的高度相对地较高，或切口较不灵敏。

上面的这些结果和通过两组分体系表面浓度函数导出的公式[2]也是完全相同的，因而证实了两种方法结论的正确性。在逐级应用初始条件的求解中，我们曾假定在 $t \gg \tau_1$ 时总有 $C_{O1}(0, t) = 0$，即 $P_1(t > \tau_1) = 0$，为了考察这一假定的合理性及由此引入的误差，我们用数值法分别对上述两种方法得到的整个 $E \sim t$ 曲线进行了比较（表1，表2）。表中 E_a 为由本法所导时刻 t 对应之电位，E_b 为文献[3]所导相应时刻之电位，τ_1 为双组分体系中第一还原组分的过渡时间，τ_2 为第二还原组分对应的过渡时间，反应电子 n_1 及 n_2 均为 1。计算结果表明，无论直流是否存在，两种方法得到的 $E \sim t$ 曲线都是吻合的，

任一时刻的电位差值在电位平阶部分小于 10^{-4}（V），在电位下降部分小于 10^{-2}（V）。

在计时电位法中，电流的不连续性如双阶跃电流或三角小电流扫描的转折点，或在某一时刻新的组分参与了电极反应，则将导致电极过程的不连续性。逐级应用初始条件和响应函数原理是处理这类不连续边值问题两种基本方法。我们已经看到，这两种方法获得了相同的结果。应用响应函数加和原理可以直接描绘整个 $E \sim t$ 曲线，进而给出各个切口的特征（切口时刻，电位及高度）；而逐级应用初始条件的求解则可得到表面浓度函数，从而得到过渡时间，并通过分析阶段应用 Nernst 关系给出 $E \sim t$ 曲线和切口的特征。

表 1 两种方法的计时电位曲线比较（$i_0 = 1.0 \times 10^{-6}$A）

$T = 298K$ $n = 1$ $D = 1.0 \times 10^{-6} \text{cm}^2/\text{s}$ Electrode Area 1.0cm²

N	t (s)	E_a (V)	E_b (V)	$E_a - E_b$ (V)
1	$1.750E-06$	-0.1000	$-1.248E-01$	$2.480E-02$
2	$1.671E-04$	-3.0000	$-3.000E-01$	$1.841E-05$
3	$2.241E-03$	-0.4000	$-4.000E-01$	$1.303E-08$
4	$1.008E-01$	-0.5500	$-5.500E-01$	$5.820E-09$
5	$2.341E-01$	-0.5940	$-5.940E-01$	$1.396E-08$
6	$2.543E-01$	-0.6000	$-6.000E-01$	$1.746E-08$
7	$2.736E-01$	-0.6060	$-6.060E-01$	$2.258E-08$
8	$3.693E-01$	-0.6500	$-6.500E-01$	$2.281E-07$
9	$3.983E-01$	-0.7000	$-7.000E-01$	$1.106E-05$
10	$4.037E-01$	-0.8020	$-7.522E-01$	$-4.972E-02$
11	$4.090E-01$	-0.9000	$-8.999E-01$	$-1.106E-05$
12	$4.366E-01$	-0.9500	$-9.499E-01$	$-2.821E-07$
13	$5.152E-01$	-0.9940	$-9.939E-01$	$-2.258E-08$
14	$5.289E-01$	-1.0000	$-9.999E-01$	$-1.769E-08$
15	$5.425E-01$	-1.0060	$-9.005E-01$	$-1.396E-08$
16	$6.365E-01$	-1.1000	$-9.099E-01$	$-6.519E-09$
17	$6.407E-01$	-1.2000	$-9.199E-01$	$-4.749E-08$
18	$6.408E-01$	-1.3000	$-9.299E-01$	$-8.265E-06$
19	$6.408E-01$	-1.40800	$-9.483E-01$	$-3.369E-03$

$i = i_0 + V \cdot t$；$V = 5.0 \times 10^{-6}$A/s

$C_{O1} = 1.00 \times 10^{-4}$mol/L；$C_{O2} = 1.00 \times 10^{-4}$mol/L

$E_1 = -0.6000$V；$E_2 = -1.0000$V

E_a：potential obtained from Equation 12

E_b：potential obtained from Reference 7

表 2　两种方法的计时电位曲线比较 ($i_0 = 1.0 \times 10^{-6}$A)

$T = 298$K　$n = 1$　$D = 1.0 \times 10^{-6}$cm^2/s　Electode Area 1.0cm^2

N	t (s)	E_a (V)	E_b (V)	$E_a - E_b$ (V)
1	1.616$E-13$	-0.1000	$-1.667E-01$	6.674$E-02$
2	5.183$E-09$	-3.0000	$-3.000E-01$	6.508$E-07$
3	1.250$E-05$	-0.4000	$-3.999E-01$	1.303$E-08$
4	8.188$E-02$	-0.5500	$-5.500E-01$	5.587$E-09$
5	2.146$E-01$	-0.5940	$-5.940E-01$	5.820$E-09$
6	2.347$E-01$	-0.6000	$-6.000E-01$	1.746$E-08$
7	2.540$E-01$	-0.6060	$-6.060E-01$	2.258$E-08$
8	2.496$E-01$	-0.6500	$-6.500E-01$	2.800$E-07$
9	3.496$E-01$	-0.7000	$-7.000E-01$	1.106$E-05$
10	3.785$E-01$	-0.8020	$-7.522E-01$	$-4.972E-02$
11	3.839$E-01$	-0.9000	$-8.999E-01$	$-1.106E-05$
12	4.168$E-01$	-0.9500	$-9.499E-01$	$-2.791E-07$
13	4.954$E-01$	-0.9940	$-9.939E-01$	$-2.235E-08$
14	5.091$E-01$	-1.0000	$-9.999E-01$	$-1.722E-08$
15	5.277$E-01$	-1.0060	$-1.005E-01$	$-1.396E-08$
16	5.940$E-01$	-1.1000	$-1.099E-01$	$-7.450E-09$
17	6.208$E-01$	-1.2000	$-1.199E-01$	$-5.587E-08$
18	6.209$E-01$	-1.3000	$-1.299E-01$	$-1.080E-05$
19	6.209$E-01$	-1.40800	$-1.490E-01$	$-1.075E-02$

$i = i_0 + V \cdot t$；$V = 5.0 \times 10^{-6}$A/s

$C_{O1} = 1.00 \times 10^{-4}$mol/L；$C_{O2} = 1.00 \times 10^{-4}$mol/L

$E_1 = -0.6000$V；$E_2 = -1.0000$V

E_a：potential obtained from Equation 12

E_b：potential obtained from Reference 7

参 考 文 献

〔1〕　P. Delahy，G. Mamantov，Anal. Chem.，27，478(1955)

〔2〕　A. J. Bard，B. R. Faulker，Electrochemical Methods，Fundamentals and Applications，New York，John Wiley and Sons，Chapter 7(1980)

〔3〕　田昭武，《电化学研究方法》，北京科学出版社，第 2 章(1984)

〔4〕　R. W. Murray，C. N. Reillcy，J. Eletroanal. Chem.，3，64(1962)

〔5〕　祁洪、马新生、高鸿，高等学校化学学报，9(6)564(1988)

〔6〕　祁洪、马新生、高鸿，高等学校化学学报，9(7)665(1988)

〔7〕　祁洪、马新生、高鸿，高等学校化学学报，9(9)891(1988)

〔8〕　R. W. Murray，C. N. Reilley，J. Electroanal. Chem.，3，182(1962)

—— 47 ——————————————————————————

示波极谱中和指示剂的原理

苯胺与荧光素钠*

陈　杨　　翁筠蓉　　高　鸿

示波极谱滴定所用的中和滴定指示剂，其终点的 pH 值变化范围为普通中和指示剂的 1/10，可用于水溶液中极弱酸（碱）的直接滴定，非常有用，但示波中和指示剂切口变化的机理没有研究过，本文研究了示波中和指示剂荧光素钠和苯胺随 pH 的变化，以及其切口产生或消失的机理。

示波中和指示剂荧光素钠

在 pH=0～13 的水溶液中荧光素有 5 种存在形式[1]，采用微分装置[2]及三电极系统（银基汞膜电极[2]为 WE，钨电极为 CE，S.C.E. 为 RE）获得的荧光素钠示波图见图 1 (a)，碱性溶液中出现的切口 2 作为终点指示切口，新极谱仪上得到的荧光素钠循环伏安图见图 1 (b)，F-79 型脉冲极谱仪上得到的荧光素钠极谱图见图 1 (c)，(d)。

荧光素钠的循环伏安性质和极谱性质说明荧光素钠的交流示波图上切口 1，2 的形成是一个氧化还原过程。

示波图阴极支上出现的 2 个切口中，切口 1 对应循环伏安图中的一对氧化还原峰和极谱图中的第二波，它们的电位值一致，切口 2 对应循环伏安图中的不可逆还原峰和极谱图中第二波，三者有相同的变化规律：随 pH 值增大，电位向负的方向明显移动，其相应的 pH 值下的电位值彼此一致，Dalahay[3]认为荧光素在酸性、中性溶液中形成第一波是荧光素醌体的还原（见式（1）），碱性范围内，出现 2 个波由式（2）反应形成：

• 原文发表于高等学校化学学报，13 (5) 605 (1992)。

$$(1) \qquad (2)$$

本文参考文献[4]，认为酸性溶液中式（1）还原分为两步：

$$(1a)$$

碱性溶液中式（2）为 2 个单电子的还原反应：

$$(2a)$$

上面过程可简写为

$$酸性、中性溶液中：I \xrightarrow[E^1_{1/2}]{+e+H^+} VI \xrightarrow[E^2_{1/2}]{+e+H^+} VII \qquad (1b)$$

$$碱性溶液中：V \xrightarrow[E^1_{1/2}]{+e+H^+} VIII \xrightarrow[+H^+]{-H^+} IX \xrightarrow[E^2_{1/2}]{+e+H^+} X \qquad (2b)$$

酸性溶液中，$E^1_{1/2}$ 与 $E^2_{1/2}$ 的电位很接近，只形成一个波；碱性溶液中，VIII 转变为长寿命的游基 IX，IX 的还原形成第二波，反应中有游基的结论由文献[5]可以证实。

联系示波图，可以认为荧光素钠示波图上切口 2 对应于第二波，来源于还原反应：$IX \xrightarrow{+e+H^+} X$，H+ 参加了反应，所以该溶液的 pH 值决定了反应中间产物 IX 的形成与其稳定性，直接影响切口的产生与消失。

示波中和指示剂苯胺

苯胺可作为示波中和滴定碱性范围内使用的指示剂[2]，其终点指示切口的产生机制，本文认为是由于苯胺分子在电极上的吸附所引起。

采用交流示波极谱测定微分电容原理[6]测定苯胺在不同 pH 时的界面微分电容曲线［见图 2 (a)］，电极仍采用微球汞膜电极，电极面积用悬汞电极调节相同的示波图后称重求得，图 2 (a) 呈现表面活性物质在电极上吸附时所具有的典型特点。

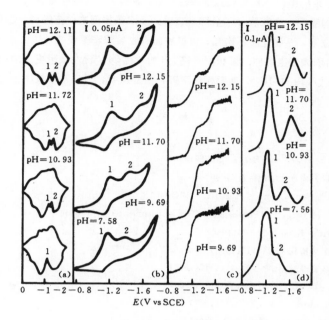

图1 5×10⁻⁴mol/L 荧光素钠极谱图

(底液：1g/40mlKCl) (a) $\frac{dE}{dt}\sim E$ 曲线 (b) 循环伏安图，100mV/s

(c) 极谱图，10mV/s (d) 脉冲极谱图，10mV/s，$\Delta E=50$mV

吸附产生的示波极谱切口的深度将随着温度的上升而缩短[7]，苯胺终点指示切口的高度（图2(b)中h）随温度上升而上升，而切口深度缩短以至消失，pH=11.90时，温度（℃）15，25，35，45，55分别对应切口高度（V）为0 0.05，0.20，0.60，0.90，1.10。苯胺用于终点指示的切口具有一个有趣的现象：即加入具有特性吸附的离子如Br⁻，SCN⁻，结果像加入H⁺一样能使切口消失，继续滴加OH⁻切口不再出现。

在电极上，具有π电子的芳香族化合物，在不同电极电位范围内，吸附层结构可能变化，具有不同排列方式。Damaskin[8]认为苯胺微分电容曲线上阳极峰是由于已吸附的苯胺分子的重新取向过程造成的，汞电极表面电荷较正时，由于苯环π电子与电极表面的相互作用，苯胺采取与电极表面水平取向排列；汞电极表面电荷较负时，苯胺分子采取与

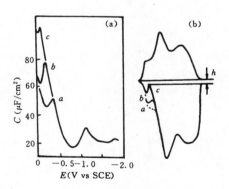

图2 0.02mol/L 苯胺微分电容曲线 (a) 和

$\frac{dE}{dt}\sim E$ 曲线 (b)

$i=1.04$mA $A=0.0415$cm² $\bar{E}=0.515$V

$Rc=2.73\times10^{-3}$s $f=50$Hz

电极表面垂直的取向排列，两种排列方式的转变，引起界面结构变化，一般认为 OH^- 为非特性吸附离子，其在浓度较大和很正的电位下具有较强的特性吸附，能引起界面微分电容上升[9,10]，溶液中存在苯胺分子时，由于苯胺的吸附，在苯胺分子全部垂直排列及水平排列电位范围内，OH^- 吸附不上；但在较正的阳极峰产生电位下，界面介质不饱和，电极表面有未被苯胺覆盖的点位，且 OH^- 浓度大时，可特性吸附于电极上，出现微分电容曲线阳极峰升高。当加入比 OH^- 特性吸附更强的离子 Br^-，SCN^- 时，Br^-，SCN^- 将逐步取代吸附的 OH^-，使阳极峰下降，恢复原状，对应于示波图上的切口下降或消失。

参 考 文 献

〔1〕 V. Zanker，W. Peter，Chem. Ber.，91,572(1958)

〔2〕 高鸿,《示波预定》,南京大学出版社(1990)

〔3〕 P. Delahay，Bull. Soc. Chim.，France，15,348(1948)

〔4〕 F. A. Gollmick，H. Berg，Ber Bunscenges. Physik. Chem.，69,196(1965)

〔5〕 L. Lindquist，Ark. Kemi.，16，79(1960)

〔6〕 毕树平、高鸿,电分析化学,2(1)17(1988)

〔7〕 韩组康、单元琅、袁倬斌,化学学报,31(1)12(1965)

〔8〕 B. B. Damaskin，Electrochim. Acta，9,231(1964)

〔9〕 D. C. Grahame，Chem. Rev.，41，441(1947)

〔10〕 R. Payne，J. Electroanal. Chem.，7，343(1964)

示波极谱图的伸缩及位移·

徐伟建　　高　鸿

摘　要

利用示波极谱图的伸缩或位移指示滴定终点是示波极谱滴定的一种新技术。本文全面探讨了示波极谱图伸缩及位移的原理，并用实验作了对照，理论计算与实验结果一致，伸缩来源于电极阻抗的变化，位移则主要由动力学因素引起。

我们曾提出不用切口的示波极谱滴定法[1a,2a]，该法利用示波极谱图整个图形的伸缩或位移指示滴定终点，不要求图上有足够灵敏的切口，因而扩大了示波极谱滴定的范围，有较大的实用价值[1b,3~5]，对此法的基本原理曾定性地作过一些解释[2a,2b]，本文将详细阐述示波极谱图伸缩及位移的原因。

示波极谱图的伸缩

示波极谱图在 x 轴方向的伸缩

根据 $\dfrac{\mathrm{d}E}{\mathrm{d}t} \sim E$ 示波极谱图的形成原因，示波极谱图在 x 轴方向的长度代表两个端点（即 $E \sim t$ 曲线上两个顶点）间的电位差 $\Delta E_{\mathrm{p+p-}}$，在 x 轴方向的伸缩就是这个电位差的变化，这种电位差实际上就是双铂电极交流示波双电位滴定法[1c]中的荧光电位线长度 L_{fl}，所不同的是本法中使用的是一大一小两个铂电极，作者在前文[1c]中曾给出了 L_{fl} 的简化计算方法，当流过电解池的交流电流密度不大时，可用下

• 原文发表于高等学校化学学报，10（9）890（1989）。

式计算 L_{fl}

$$L_{fl} = 4|Z_{\text{总}}|i_0 = 2|Z_{\text{总}}|i_0^1 + 2|Z_{\text{总}}|i_0^2 = \Delta E_{P_+P_-}^1 + \Delta E_{P_+P_-}^2 \tag{1}$$

式中 i_0^1，$\Delta E_{P_+P_-}^1$ 和 i_0^2，$\Delta E_{P_+P_-}^2$ 分别为电极 1 和电极 2 上的交流电流密度的幅值和产生的交流电位的峰对峰值，当两电极面积相等时，两个电极上的交流电流密度相等，即 $i_0^1 = i_0^2 = i_0$，$|Z_{\text{总}}|$ 为电极等效电路总阻抗 $Z_{\text{总}}$ 的模，假定滴定剂和被滴定物两个电对的电极反应均为可逆，则 $Z_{\text{总}}$ 的表达式为[1c]：

$$Z_{\text{总}} = \{n_1^2 F^2 \sqrt{2\omega} P_1(\sqrt{D_{O1}}C_{O1} + \sqrt{D_{R1}}C_{R1})/[(1-j)RT(1+P_1)^2]$$
$$+ n_2^2 F^2 \sqrt{2\omega} P_2(\sqrt{D_{O2}}C_{O2} + \sqrt{D_{R2}}C_{R2})/[(1-j)RT(1+P_1)^2] + j\omega C_d\}^{-1} \tag{2}$$

式中符号的定义参见前文[1c]，由于使用一大一小两个电极，当大电极面积足够大时，可视为去极化电极，忽略其影响，则交流电位差 $\Delta E_{P_+P_-}$ 主要来自小电极的贡献，由式（1）可得：

$$\Delta E_{P_+P_-} = \Delta E_{P_+P_-}^1 = 2|Z_{\text{总}}|i_0^1 \tag{3}$$

从式（3）可知，由于实验条件一定时 i_0^1 为常数，$\Delta E_{P_+P_-}$ 就与 $|Z_{\text{总}}|$ 成正比，因此 $\Delta E_{P_+P_-}$ 与滴定分数 λ 的关系就可用 $|Z_{\text{总}}| \sim \lambda$ 的关系来描述。利用式（2）计算的 $|Z_{\text{总}}|$ 与由实验测得的 $|Z_{\text{总}}|$ 随滴定分数 λ 的变化关系已在前文[1c]中给出，理论值与实验值相一致。

示波极谱图在 y 轴（$\frac{\mathrm{d}E}{\mathrm{d}t}$）方向的伸缩

示波极谱图在 y 轴方向的伸缩反映了 $\frac{\mathrm{d}E}{\mathrm{d}t} \sim E$ 曲线上 $\frac{\mathrm{d}E}{\mathrm{d}t}$ 值的变化，其最大长度反映了两个极值间的差异（图 1），其表达式为：

$$\left[\Delta\left(\frac{\mathrm{d}E}{\mathrm{d}t}\right)\right]_{\max} = \left(\frac{\mathrm{d}E}{\mathrm{d}t}\right)_{\max} - \left(\frac{\mathrm{d}E}{\mathrm{d}t}\right)_{\min}$$
$$= \left[\left(\frac{\mathrm{d}e^1}{\mathrm{d}t}\right) - \left(\frac{\mathrm{d}e^2}{\mathrm{d}t}\right)\right]_{\max} - \left[\left(\frac{\mathrm{d}e^1}{\mathrm{d}t}\right) - \left(\frac{\mathrm{d}e^2}{\mathrm{d}t}\right)\right]_{\min} \tag{4}$$

$\frac{\mathrm{d}e^1}{\mathrm{d}t}$ 和 $\frac{\mathrm{d}e^2}{\mathrm{d}t}$ 分别代表电极 1 和电极 2 的电位随时间的变化率，其变化形式为[1d]

$$-\frac{\mathrm{d}e}{\mathrm{d}t} = |Z_{\text{总}}|i_0 \sqrt{\omega}\cos(\omega t + \varphi)$$
$$= i_0 \sqrt{\omega}\cos(\omega t + \varphi)|\{k_1 \sqrt{2}P_1/[(1-j)(1+P_1)^2]$$
$$+ K_2 \sqrt{2}P_2/[(1-j)(1+P_2)^2] + j\sqrt{\omega}C_d\}^{-1}|$$
$$= i_0 \sqrt{\omega}\cos(\omega t + \varphi)/|\{k_1 \sqrt{2}P_1/[(1-j)(1+P_1)^2]$$
$$+ K_2 \sqrt{2}P_2/[(1-j)(1+P_2)^2] + j\sqrt{\omega}C_d\}^{-1}| \tag{5}$$

其中

$$K_1 = (n_1^2 F^2/RT)(\sqrt{D_{O1}}C_{O_1} + \sqrt{D_{R1}}C_{R_1}) \tag{6}$$

$$K_2 = (n_2^2 F^2/RT)(\sqrt{D_{O2}}C_{O_2} + \sqrt{D_{R2}}C_{R_2}) \tag{7}$$

由于电流流过两个电极时相位相差 180°，由式（5）得

$$-\frac{\mathrm{d}e^1}{\mathrm{d}t} = i_0^1 \sqrt{\omega}\cos(\omega t + \varphi)/|\left[\frac{k_1 \sqrt{2}P_1}{(1-j)(1+P_1)^2}\right.$$

$$+ \frac{K_2 \sqrt{2} P_2}{(1-j)(1+P_2)^2} + j \sqrt{\omega} C_d] | \tag{8}$$

$$- \frac{\mathrm{d}e^2}{\mathrm{d}t} = i_0^2 \sqrt{\omega} \cos(\omega t + \pi + \varphi) / |[\frac{k_1 \sqrt{2} P_1}{(1-j)(1+P_1)^2}$$

$$+ \frac{K_2 \sqrt{2} P_2}{(1-j)(1+P_2)^2} + j \sqrt{\omega} C_d] | \tag{9}$$

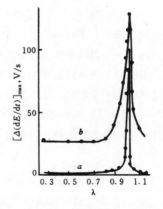

图 1　$\mathrm{d}E/\mathrm{d}t \sim t$ 曲线示意图

当一个电极面积很大，其上 i_0 很小（例如电极 2），它对 $\frac{\mathrm{d}E}{\mathrm{d}t}$ 的贡献可忽略时，$\frac{\mathrm{d}E}{\mathrm{d}t}$ 就等于 $\frac{\mathrm{d}e^1}{\mathrm{d}t}$。虽然可由式（8）计算 $\frac{\mathrm{d}e^1}{\mathrm{d}t}$ 或 $\frac{\mathrm{d}E}{\mathrm{d}t}$，但实际计算时比较困难，需要算出一个周期内的 $\frac{\mathrm{d}e^1}{\mathrm{d}t} \sim t$ 曲线才能确定出 $\left(\frac{\mathrm{d}e^1}{\mathrm{d}t}\right)_{\max}$ 和 $\left(\frac{\mathrm{d}e^1}{\mathrm{d}t}\right)_{\min}$，然而可通过一些假定使计算简化，在特定条件下估算 $\left(\frac{\mathrm{d}e^1}{\mathrm{d}t}\right)_{\max}$ 和 $\left(\frac{\mathrm{d}e^1}{\mathrm{d}t}\right)_{\min}$ 并考虑它们与 λ 的关系，这样仍可比较满意地解释示波极谱图在 $\frac{\mathrm{d}E}{\mathrm{d}t}$ 方向的伸缩变化。例如，假定式（8）分子上 $i_0^1\cos(\omega t + \varphi)$ 在 $\left(\frac{\mathrm{d}e^1}{\mathrm{d}t}\right)_{\max}$ 时正好达到幅值 $-i_0^1$，再假定在 $\overline{E}$（不加交流电时电极的电位）时 $\frac{\mathrm{d}e^1}{\mathrm{d}t}$ 有最大值或最小值，则计算起来要方便得多，并可将 $\left(\frac{\mathrm{d}e^1}{\mathrm{d}t}\right)_{\max}$ 和 $\left(\frac{\mathrm{d}e^1}{\mathrm{d}t}\right)_{\min}$ 与 λ 联系起来（$\overline{E}$ 随 λ 而变）。这样求得的 $\left(\frac{\mathrm{d}e^1}{\mathrm{d}t}\right)_{\max}$ 与 λ 的关系虽有一定的误差，但在变化趋势上与精密计算的 $\left(\frac{\mathrm{d}e^1}{\mathrm{d}t}\right)_{\max} \sim \lambda$ 关系应是相似的，仅数值上有些出入。在忽略另一个电极的贡献的条件下，根据式（4）有 $\left(\frac{\mathrm{d}E}{\mathrm{d}t}\right)_{\max} = \left(\frac{\mathrm{d}e^1}{\mathrm{d}t}\right)_{\max}$ 和 $\left(\frac{\mathrm{d}E}{\mathrm{d}t}\right)_{\min} = \left(\frac{\mathrm{d}e^1}{\mathrm{d}t}\right)_{\min}$，并且 $\left(\frac{\mathrm{d}e^1}{\mathrm{d}t}\right)_{\max} = -\left(\frac{\mathrm{d}e^1}{\mathrm{d}t}\right)_{\min}$，所以示波极谱图在 y 轴方向的最大长度 $\left[\Delta\left(\frac{\mathrm{d}E}{\mathrm{d}t}\right)\right]_{\max}$ 可表示为：

$$\left[\Delta\left(\frac{\mathrm{d}E}{\mathrm{d}t}\right)\right]_{\max} = \left(\frac{\mathrm{d}E}{\mathrm{d}t}\right)_{\max} - \left(\frac{\mathrm{d}E}{\mathrm{d}t}\right)_{\min} = 2\left(\frac{\mathrm{d}e^1}{\mathrm{d}t}\right)_{\max} \tag{10}$$

图 2 中曲线 a 是根据上述假定得到的理论计算值，曲线 b 是实验测得值，可见两者变化规律相似，等当点是一致的，因此由上述假定得到的 $\left[\Delta\left(\frac{\mathrm{d}E}{\mathrm{d}t}\right)\right]_{\max} \sim \lambda$ 曲线反映了示波极谱图在 y 轴方向的变化规律。曲线 a 和 b 在数值上的差异除了计算中的假定造成的误差外，还有实际存在的实验误差。例如，为了减小微分线路的干扰，采用了微分常数较小的微分线路，但这样得到的微分信号很小，为减小测量误差，不得不增大流过电极的电流密度 i_0^1，其结果电极反应的不可逆性增加使实验值偏离理论值。

图 2　理论计算和实验测得的

$$\left[\Delta\left(\frac{\mathrm{d}E}{\mathrm{d}t}\right)\right]_{\max} \sim \lambda$$ 曲线

（滴定体系同图 1）

$a.$ 理论曲线　$b.$ 实验曲线

此外，实际存在的溶液电阻和噪声信号的干扰等都是引起误差的重要因素，使相对误差增大，因此，上述验证结果只能是半定量的，只能反映趋势上的一致性。

上述讨论只是考虑了 $\frac{dE}{dt} \sim t$ 曲线上最大值和最小值的情况，实际上曲线上其它各点也有这种关系，在滴定中有时明显的变化并不一定出现在最大点。y 轴方向反映了 $E \sim t$ 曲线上各点斜率上的变化，比 x 轴方向两个端点间电位差的变化可获得更多的信息。

示波极谱图的位移

示波极谱图的位移是指滴定过程中示波极谱图中心点沿电位轴方向发生的移动，对三电极方法[1a,6]而言，这种位移来自指示电极在滴定过程中电极电位 E 的变化，但在两电极示波极谱滴定中，若两个电极材料相同，例如都是铂电极，从热力学上看，在同一溶液中两个电极的 $\overline{E}$ 应是相同的，不应发生示波极谱图的位移。因此，位移只能由动力学因素引起。产生位移的原因有两种：一种来源于两个电极的性质的差异；另一种来源于交流电的作用。

电极在制作、预处理和使用过程中的差异导致两个电极动力学性质的差异，从而形成两电极间的电位差，引起示波极谱图的位移。如果不加交流电，在示波器上看到的就是荧光点的位移，交流电流使两个电极达到平衡的速度加快，减小了这种位移。毕树平等[7]指出，随着交流电流密度的增加，示波极谱图在滴定终点时的变化由位移为主逐步过渡到伸缩和畸变为主。但示波极谱图的位移现象始终存在，只是随着电流的加大，不如伸缩和畸变明显。

位移的另一个原因是交流电流的作用，当交流电流流过电极时，该电极的平均电位常常不等于没有交流电流时的平衡电位，这种现象称为法拉第整流效应[8]，或氧化还原动力学效应[9]，把这样引起的直流电位变化称为氧化还原动力学电位（ψ），由下式表示[10]：

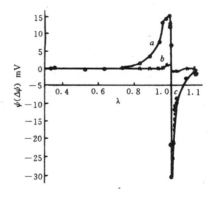

图 3 $\psi \sim \lambda$ 和 $\Delta\psi \sim \lambda$ 曲线

$$E - E_0 = \psi + V\sin\omega t \tag{11}$$

式中 E_0 为没有交流电流时电极的平衡电位，E，V 分别为交流电流通过时电极的电位和交流电位的振幅。由式（11）可看出 ψ 与 E_0 的关系，其差异是交流电流产生的影响。

本法中使用一大一小两个铂电极，当流过电极的交流电流强度一定时，两个电极上的电流密度不同，交流电位的幅度亦不相同，因此 ψ 就不相同，这就在两个电极间产生了直流电位差 $\Delta\psi$。大电极和小电极的 ψ 及 $\Delta\psi$ 与 λ 的关系见图 3（滴定体系同图 1）。大电极上的 ψ 较小（曲线 b），而小电极上的 ψ 较大（曲线 a），因此 $\Delta\psi$ 就近似等于小电极上的 ψ（曲线 c）。但更重要的是 $\Delta\psi$ 在等当点前后发生了显著的变化，引起了示波极谱图在滴定终点时的突然位移。实验结果表明，两个电极的面积相差较大时，位移较突出，两个电极的面积相差较小时，伸缩较明显。这一事实可解释如下：当两电极的面积相差较大时，伸缩变化主要来自小电极的贡献，而此时 $\Delta\psi$ 变化较大，示波极谱图就以位移为主；两个电极的面积相差较小时，则两个电极都对伸缩变化作出贡献，而 $\Delta\psi$ 变化反而减小，此时示波极谱图就以伸缩为主，位移减小；若两电极面积一样大时，$\Delta\psi$ 为零，示波极谱图不发生位移，而此时两个电极对伸缩变化贡献相同，示波极谱图的伸缩最明显。

参 考 文 献

〔1〕 徐伟建、高鸿,高等学校化学学报,a.7,989(1986);b.6,1059(1985);c.9,1002(1988);d.9,780(1988);e.10,792(1989)

〔2〕 徐伟建、张胜义、高鸿,高等学校化学学报,a.8,502(1987);b.8,424(1987)

〔3〕 彭庆初,见南京大学硕士论文集(1984)

〔4〕 向智敏、高鸿,分析化学,13(10)745(1985)

〔5〕 卢宗桂、瞿剑川、高鸿,分析化学,13(6)422(1985)

〔6〕 毕树平、马新生、高鸿,南京大学学报(自然科学版),25(2)371(1989)

〔7〕 毕树平、高鸿,分析化学,16(10)938(1988)

〔8〕 K. B. Oldham, Trans. Faraday Soc. ,53, 80(1988)

〔9〕 KSG Doss and H. P. Agarwal, J. Sci Ind Research (India),9,280(1950)

〔10〕 S. K. Rangarajan, J. Electroanal. Chem. , 1,396(1960)

——49——

示波极谱滴定的研究

双微铂电极示波极谱滴定的原理[*]

杨昭亮   高 鸿

摘 要

本文对 EDTA 等试剂在双微铂电极示波极谱图上产生切口的原因进行了探讨。双微铂电极示波极谱图上 EDTA 的切口主要来源于 EDTA 在铂电极上的吸附，使氧在电极上的吸附过程受阻而降低了氧的还原电流，因而使每一个电极上的 $E_i \sim t$ 曲线发生变形。双微铂电极上所得的 $E \sim t$ 曲线是两个 $E_i \sim t$ 曲线的叠加。因此在 $E \sim t$ 曲线上出现了明显的折扭，在 $\frac{\mathrm{d}E}{\mathrm{d}t} \sim E$ 曲线上出现切口。还解释了其它一些实验现象。

前文报道了双微铂电极示波极谱滴定法在络合滴定[1]及沉淀滴定[2]中的应用，本文讨论这一方法的原理。

示波极谱图的分解与重组

图 1 为三电极示波极谱滴定线路。若将 e, f 两点连接在电极 1a（或 1b）与电极 2 上，这就是单微铂电极示波极谱滴定法。EDTA 在单微铂电极示波极谱图上没有切口，但图形略有位移。如果把图 1 中

• 原文发表于高等学校化学学报，8（5）438（1988）。

的 e, f 两点与两个微铂电极 1a 及 1b 相连，这就是双微铂电极示波极谱线路。EDTA 在双微铂电极示波极谱图上出现明显切口[1]。EDTA 在单微铂电极示波极谱图上没有切口表明双微铂电极示波极谱图上所出现的切口不是 EDTA 在铂电极上发生氧化还原反应的结果。为了了解切口产生的原因，我们必须分别研究每个微铂电极上的 $E_i \sim t$ 曲线。

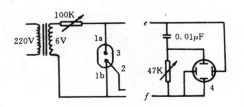

图 1　三电极示波极谱滴定装置
1. (a, b) 微铂电极　2. 饱和甘汞电极
3. 电解池　　　　4. 示波器

双微铂电极示波极谱滴定中的两个微铂电极都是极化电极，两电极同时向相反的方向极化，以饱和甘汞电极为参比，在双踪示波器上可同时观察 $E_a \sim t$ 及 $E_b \sim t$ 曲线（图2）。

观察单个微铂电极的 $E_a \sim t$（或 $E_b \sim t$）曲线，可看到当溶液中加入 EDTA 后，$E_a \sim t$ 曲线上无明显折扭出现，而极化曲线下半部左边向左移动，上半部右边向右移动，发生如图3所示的位移。

在双微铂电极示波极谱图中，$\frac{dE}{dt} \sim E$ 曲线中的 E 是两微铂电极间的电位差，即 $E = E_a - E_b$，所以双微铂电极 $E \sim t$ 曲线上的 E 是 E_a 与 $-E_b$ 的叠加（图4）。叠加后所得的 $E \sim t$ 曲线（图4中的虚线）上出现了折扭（空心箭头所指处）。这是由于溶液中加入 EDTA 后，$E_a \sim t$ 及 $-E_b \sim t$ 曲线在箭头所指处产生了向左右方向上的位移。因此，双微铂电极 $E \sim t$ 曲线上的折扭来自两个单微铂电极 $E_a \sim t$ 及 $-E_b \sim t$ 曲线的叠加。而每单个微铂电极 $E_i \sim t$ 曲线上半部与下半部的位移方向相反。

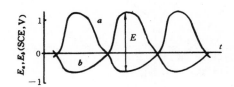

图 2　单个微铂电极的 $E_a \sim t$（a）及
$E_b \sim t$（b）曲线
溶液：0.5mol/L KCl-0.1mol/L HAc
-0.1mol/L NaAc

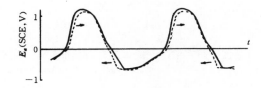

图 3　EDTA 对 $E_a \sim t$ 曲线的影响
实线：0.5mol/L KCl-0.1mol/L HAc
-0.1mol/L NaAc
虚线：底液+4×10^{-4}mol/L EDTA

$E_i \sim t$ 曲线位移的原因

与汞电极不同，铂电极对氢氧有较强的吸附能力，在循环伏安图上出现吸附氢及吸附氧的峰，双电层区在一个较窄的电位范围内[3]。在双微铂电极示波极谱滴定的条件下，由于含有较多的 Cl^-，铂电极表面可能还会被氧化成氯氧化物[4]。所以在氢氧析出之间的电位范围内，不能将铂电极当作理想的极化电极来处理，而必须考虑吸附氢及吸附氧的影响。在示波极谱滴定中的 $E_a \sim t$ 及 $E_b \sim t$ 曲线的阴极支

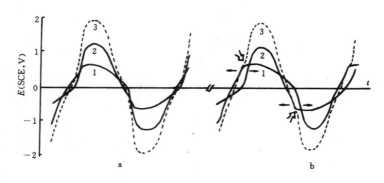

图 4　$E_a{\sim}t$ 曲线与 $-E_b{\sim}t$ 曲线的叠加

1. $E_b{\sim}t$　2. $E_a{\sim}t$　3. $E{\sim}t$

(a) 0.5mol/L KCl-0.1mol/L HAc-0.1mol/L NaAc　　(b) 底液+4×10⁻⁴mol/L EDTA

上，亦可看到氧的还原折扭（图5）。由于所用的是正弦信号，频率较高，电流密度较大，加上溶液中的 Cl⁻ 对铂电极上吸附氧的形成有阻化作用[5]，所以图5中曲线 b 的折扭很不明显，涉及的电位范围很宽。在 $\dfrac{\mathrm{d}E_a}{\mathrm{d}t}{\sim}E_a$ 曲线（或 $\dfrac{\mathrm{d}E_b}{\mathrm{d}t}{\sim}E_b$ 曲线）的阴极支上也无切口出现，只是阴极支中间部分向里凹。

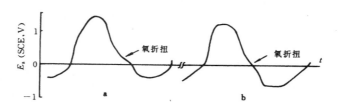

图 5　不同条件下的示波极谱滴定 $E_a{\sim}t$ 曲线

a. 0.5mol/L KNO₃-0.1mol/L HAc-0.1mol/L NaAc　$f=10$Hz

b. 0.5mol/L KCl-0.1mol/L HAc-0.1mol/L NaAc　$f=50$Hz

从以上分析可知，如果溶液中加入的试剂对铂电极上吸附氧的形成有阻化作用，或是对吸附氢的过程有促进作用，都会使 $Ea{\sim}t$ 曲线发生如图3所示的那一类变形。循环伏安实验表明，EDTA 阻滞氧在铂电极上的吸附使氧的阴极峰明显下降，并且对吸附氢的过程也有阻化作用（图6）。在恒电流方波充电曲线中（图7），EDTA 对铂电极上氧的还原时滞的影响则更为明显。示波极谱滴定法是控制电流的方法，与方波充电曲线法的情况更接近。因此，在示波极谱滴定的条件下，EDTA 对氧吸附过程的影响是主要的。EDTA 的存在使 $E_a{\sim}t$ 及 $E_b{\sim}t$ 曲线上相对应的氧的还原折扭变得更不明显，从而使阴极支下半部向左移动，在电流密度及频率不变的条件下，阳极支曲线也会由此发生右移（图3）。$E_a{\sim}t$ 及 $E_b{\sim}t$ 曲线的这种变化就会导致 $E{\sim}t$ 曲线出现明显的折扭。由此可见，EDTA 等试剂使铂电极上氧的吸附过程受阻是双微铂电极示波极谱图上产生切口的原因。

为了证实以上的结论，在 KNO₃-HAc 缓冲溶液中用循环伏安法研究了许多试剂对铂电极上吸附氢

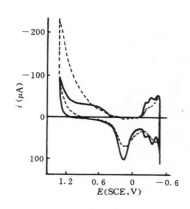

图 6　EDTA 对铂电极循环伏安
图的影响（$V=300\text{mV/s}$）

实线：0.5mol/L KNO₃-0.1mol/L
HAc-0.1mol/L NaAc

虚线：底液+10^{-3}mol/L EDTA

及吸附氧的影响。实验表明，EDTA，HEDTA，DTPA，TTHA，CyDTA，EGTA，DDTC，二甲酚橙，邻苯二甲酸氢钾，抗坏血酸，Cl⁻，Br⁻ 等能在双微铂电极示波极谱图上产生切口的试剂，对铂电极上吸附氢的影响各不相同，但都可使吸附氧的形成过程受阻。其阻化作用的大小和试剂在双微铂电极示波极谱图上产生切口的灵敏度的顺序基本一致。NTA 和草酸钾在双微铂电极示波极谱图上产生的切口不明显，灵敏度大约是 EDTA 的 1/20 及 1/50，相应地，它们对铂电极上氧吸附过程的影响就远比 EDTA 的小得多。

由图 6 可见，EDTA 在铂电极上也发生电化学反应而出现阳极峰，但其氧化电位处于示波极谱图电位范围的正电位端点附近，因此在单微铂电极示波谱图中无 EDTA 本身的反应切口出现，EDTA 的氧化只能使单微铂电极示波极谱图的正电位端点负移。

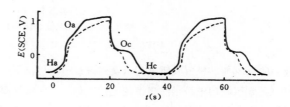

图 7　EDTA 对铂电极方波充电曲线的影响

$i=\pm250\mu\text{A/cm}^2$

实线：0.5mol/L KNO₃-0.1mol/L
HAc-0.1mol/L NaAc

虚线：底液+2×10^{-4}mol/L EDTA

铂电极循环伏安图上氧的还原峰之所以受卤素离子及一些有机试剂的影响，一般认为是由于这些试剂在铂电极上有较明显的吸附[5,6]。为了观察和比较 EDTA 及 NTA 在铂电极上的吸附，以并联等效电路用选相检波法测定了铂电极在 KCl-HAc-NaAc 底液中及加入 NTA 或 EDTA 后的微分电容曲线。在一定的溶液中，铂电极上的微分电容曲线还与电位扫描速率、扫描方向等因素有关[7,8]。实验中采用恒定的扫描速率，并经来回扫描数次后得到稳定图形时再记录。结果表明，NTA 对铂电极的微分电容曲线影响不大，而 EDTA 的存在却使微分电容明显下降，并且在双电层区的微分电容值下降最明显（图 8）。这表明 EDTA 在铂电极上的吸附比 NTA 强得多。在双微铂电极示波极谱图上，EDTA 产生切口的灵敏度约为 NTA 的 20 倍，这说明双微铂电极示波极谱图上切口的产生主要与 EDTA 在铂电极上的吸附有关。

铂电极循环伏安图上氧的阴极峰高还受电位扫描范围的影响[9]，扫描上限越负峰越低。同理，$E_a\sim t$ 曲线阴极支上吸附氧的还原折扭会随端电位的负移而变得更不明显。所以，EDTA 等试剂在铂电极吸附氧区的反应使 $E_a\sim t$ 曲线正电位端点负移也会引起阴极支上氧的还原折扭变小，这也会促使双微铂电极示波极谱图上出现切口。

为了进一步证实双微铂电极示波极谱图上切口的产生确实与铂电极上氢氧的吸附有关，观察了溶

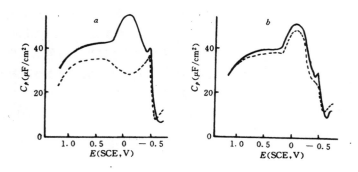

图 8　铂电极在不同溶液中的微分电容曲线

电位扫描速率 $V=100\mathrm{mV/s}$　$f=1\mathrm{kHz}$

实线：0.5mol/L KCl-0.1mol/l HAc-0.1mol/L NaAc

虚线：a. 底液+10^{-3}mol/L EDTA　b. 底液+1.4×10^{-3}mol/L NTA

液中的通氮气、氢气及氧气对双微铂电极示波极谱图的影响。根据以上分析，利于氢吸附过程的因素也可导致双微铂电极示波极谱图上出现切口。实验结果表明，溶液中通氧或氢气比通氮气对示波极谱图的影响更大。在 KCl-HAc 缓冲溶液中，当调至底液图形（即切口刚消失时的图形）时，通氮气除氧或通氢气都会使双微铂电极示波极谱图上出现切口，而且通氢气时出现的切口更深。如果在调至底液图形后再加数滴 EDTA 使示波极谱图出现很深的切口时，溶液中通氧气会使切口很快消失，这都证实了以上的看法。

双微铂电极示波极谱滴定中一些现象的解释

必须在含有 KCl 的底液中进行滴定的原因

在 50ml 含有较大量 KNO₃ 的 HAc 缓冲溶液中，需要加入十几滴 0.02mol/LEDTA 才能使双微铂电极示波极谱图上产生切口，故无法用来指示络合滴定的终点。但如先加入适量的 KCl，由于 Cl⁻ 在铂电极上的吸附，并且在铂电极的吸附氧区发生电化学反应而使 $E_i\sim t$ 曲线正电位端点明显负移，所以会影响氧的吸附而在双微铂电极示波极谱图上产生切口。调节电阻使切口刚好消失，此时加入 1 滴 0.02mol/LEDTA 就可使示波极谱图上产生明显的切口，这样就可用来指示络合滴定的终点，这就是为什么要在含有 KCl 的底液中进行双微铂电极示波极谱滴定的原因。

变阻箱阻值的影响

调节变阻箱的阻值也就是调节交流电流的大小，从而可以改变示波极谱图所要达到的电位范围。由于铂电极上氧的吸附与电极电位有关，故在双微铂电极示波极谱滴定中通过调节电阻可使切口出现或消失。

直流电位的影响

在双微铂电极示波极谱滴定中，虽然线路上去掉了直流叠加部分，但电极本身在溶液中还存在着一个电极电位。$E_i \sim t$ 曲线的电位范围也受这一电位的影响。如果在双微铂电极示波极谱滴定的终点附近，电极的直流电位变化比较大，$E_i \sim t$ 曲线的电位范围也会改变，由于氧的吸附与电位有关，所以滴定的终点指示就会受干扰。例如，滴定 Cu^{2+} 时，在滴定终点附近 $E_i \sim t$ 曲线的电位范围渐渐负移，在示波极谱图上会渐渐地产生切口，终点时 EDTA 切口的出现则无明显突跃。因此，在双微铂电极示波极谱滴定中较难进行 Fe^{2+}，Cu^{2+} 的滴定。

交流电频率的影响

当其它条件不变时，交流电频率变化对双微铂电极示波极谱图有影响。由于示波极谱滴定法是控制电流的方法，在一定的频率范围内，$E \sim t$ 曲线就主要与交流电流正半周或负半周内提供给电解池的电量 Q 的大小有关，而 Q 与交流电流幅值成正比，与频率成反比，$Q \propto i/f$。在各个交流电频率下，测定得到同一底液图形（切口刚出现或刚消失时的图形）所对应的电流值，然后作 $i \sim f$ 曲线，可得很好的线性关系。因此，在可进行双微铂电极示波极谱滴定的交流电频率范围内，频率主要是通过电量 Q 来影响示波极谱图形。若其它条件不变，而改变频率，则同一底液图形所对应的电量 Q' 值都一样。

Q' 值大小与电极面积有关。电极面积越大，极化所需的电量 Q' 也越大，$i \sim f$ 曲线的斜率反映了 Q 值的大小，对于同一微铂电极，在同一溶液中数次测得的 $i \sim f$ 曲线的斜率都相同。

其它因素对示波极谱图的影响

如果当直流成分为 0 时，某一物质能在单微铂电极示波极谱图上出现切口，那么有切口的 $\dfrac{dE_a}{dt} \sim t$ 及 $\dfrac{dE_b}{dt} \sim t$ 曲线叠加后切口一般不会消失，因此这一物质也会使双微铂电极示波极谱图上出现切口。

有的有机试剂会牢牢地吸附在铂电极表面，而使整个示波极谱图变形。所以，凡是对铂电极上吸附氧的过程有影响的试剂，并非都可使双微铂电极示波极谱图出现同类形状的切口。

参 考 文 献

〔1〕 杨昭亮、高鸿，高等学校化学学报，7，305(1986)

〔2〕 徐双华、高鸿，南京大学学报(自然科学版)，22(1)68(1986)

〔3〕 P. Delahay, Double Layer and Electrode Kinetics, New York, Interscience Publishers，132(1956)

〔4〕 D. G. Peters, J. J. Lingane, J. Electroanal. Chem.，4，193(1962)

〔5〕 M. W. Breiter, Electrochem. Acta, 8, 925(1963)

〔6〕 M. W. Breiter, J. Electrochem. Soc.，109(1)42(1962)

〔7〕 L. Formaro, S. Trasatti, Electrochim. Acta，12，1457(1967)

〔8〕 K. A. Nataragian, I. Iwasaki, J. Elecrochem. Soc. India.，24(2)61(1975)

〔9〕 H. A. Kozlowska, B. E. Conway, W. B. A. Sharp, J. Electroanal. Chem. Interfacial Electrochem.，43，9(1973)

—50—

交流示波极谱法中 $i_f \sim E$ 曲线的研究

$i_f \sim E$ 曲线的理论公式[*]

沈雪明　陈洪渊　高　鸿

摘　　要

提出利用 $i_f \sim E$ 曲线代替常用的 $\dfrac{\mathrm{d}E}{\mathrm{d}t} \sim E$ 曲线的新的交流示波极谱法，并研究了该法的基本理论，推导出 $i_f \sim E$ 曲线的理论公式。

在 $i_f \sim E$ 曲线测量方法中[1]，若实验控制流过研究电解池中工作电极的交流电流为

$$\Delta i = I \sin\omega t = I e^{j\omega t} \tag{1}$$

则该工作电极相应的电位波动为 ΔE，其变化速率为

$$\mathrm{d}\,\frac{\Delta E}{\mathrm{d}t} = Z(j\omega)\mathrm{d}\,\frac{\Delta i}{\mathrm{d}t} \tag{2}$$

式中 $Z(j\omega)$ 为研究电解池的运算阻抗，式中 Δi 同时用于电解和充电两种过程，因而有关系：

$$\Delta i = \Delta i_f + \Delta i_c, \quad \Delta i_c = C_d\,\frac{\mathrm{d}\Delta E}{\mathrm{d}t} = C_d Z(j\omega)\,\frac{\mathrm{d}\Delta i}{\mathrm{d}t} \tag{3}$$

式中 C_d 为研究电解池中工作电极的双电层微分电容。当实验控制空白电解池与研究电解池中工作电极的电位相同时，空白电解池中引起的双电层充电电流为：

$$\Delta i' = = C_d'\,\frac{d\Delta E}{\mathrm{d}t} \tag{4}$$

• 原文发表于高等学校化学学报，12（7）882（1991）。

式中 C_d' 为空白电解池中工作电极的双电层微分电容。

假设 $C_d'=C_d$，则 $\Delta i'=\Delta i_c$，因此差分装置输出的电流信号便为

$$\Delta i - \Delta i' = \Delta i_f = \Delta i - C_d Z(j\omega)\mathrm{d}\Delta i/\mathrm{d}t \tag{5}$$

这就是测量 $i_f \sim E$ 曲线基本原理。

$Z(j\omega)$ 的求法

统一的 $Z(j\omega)$ 表达式

考虑下述电化学系统：

$$\begin{array}{ccc} \mathrm{O} & + ne \overset{k_f}{\underset{k_b}{\rightleftharpoons}} & \mathrm{R} \\ \| & & \| \\ \mathrm{O_{ads}} & & \mathrm{R_{ads}} \end{array} \tag{6}$$

对该电化学系统建立模型，可以列出如下状态方程式[2]（规定阳极电流为正）：

$$i = i_f + i_n f \tag{7}$$

$$i_f = -nFk_f C_O + nFk_b C_R \tag{8}$$

$$i_f = -nFD_O[\partial C_O(x,t)/\partial x]_{x=0} + nF(\mathrm{d}\Gamma_O/\mathrm{d}t) = nFD_R[\partial C_R(x,t)/\partial x]_{x=0} + nF(\mathrm{d}\Gamma_R/\mathrm{d}t) \tag{9}$$

$$i_{nf} = \mathrm{d}q/\mathrm{d}t, \quad q = q(E,\Gamma_O,C_R) \tag{10}$$

$$\Gamma_O = \Gamma_O(E,C_O,C_R), \Gamma_R = \Gamma_R(E,C_O,C_R) \tag{11}$$

式（7）～（11）中 i 为实验控制的总电流密度，i_f，i_{nf} 为法拉第和非法拉第电流密度，k_f，k_b 为正向和反向电荷传递速率常数，C_O，C_R 为 O 和 R 的电极界面浓度，q 为电极电荷密度，E 为电极电位，Γ_O，Γ_R 为 O 和 R 的表面超量，n，F，D_O，D_R，x 和 t 具有通常的意义。

假设：（1）施加于电化学系统式（6）的电流扰动振幅小，则式（6）近似为线性系统，即系统的状态方程只取一级近似。（2）O 和 R 在溶液本体和电极表面间的传质服从半无限线性扩散规律。

由假设（1），方程（7）～（11）可写成：

$$\Delta_i = \Delta_{i_f} + \Delta_{i_{nf}} \tag{12}$$

$$\Delta_{i_f} = -nFk_f \Delta C_O + nFk_b \Delta C_R - nF(\partial k_f/\partial E)C_O'\Delta E + nF(\partial k_b/\partial E)C_R'\Delta E \tag{13}$$

$$\Delta_{i_f} = -nFD_O[\partial \Delta C_O(x,t)/\partial x]_{x=0} + nF(\mathrm{d}\Delta\Gamma_O/\mathrm{d}t) = nFD_R[\partial \Delta C_R(x,t)/\partial x]_{x=0} - nF(\mathrm{d}\Delta\Gamma_R/\mathrm{d}t) \tag{14}$$

$$\Delta_{i_{nf}} = \mathrm{d}\Delta q/\mathrm{d}t = (\partial q/\partial E)_{\Gamma_O,\Gamma_R}(\mathrm{d}\Delta E/\mathrm{d}t) + (\partial q/\partial \Gamma_O)_{E,\Gamma_R}(\mathrm{d}\Delta\Gamma_O/\mathrm{d}t) + (\partial q/\partial \Gamma_R)_{E,\Gamma_O}(\mathrm{d}\Delta\Gamma_R/\mathrm{d}t) \tag{15}$$

$$\Delta\Gamma_O = (\partial\Gamma_O/\partial E)_{C_O,C_R}\Delta E + (\partial\Gamma_O/\partial C_O)_{E,C_R}\Delta C_O + (\partial\Gamma_O/\partial C_R)_{E,C_O}\Delta C_R \tag{16}$$

$$\Delta\Gamma_R = (\partial\Gamma_R/\partial E)_{C_O,C_R}\Delta E + (\partial\Gamma_R/\partial C_O)_{E,C_R}\Delta C_O + (\partial\Gamma_R/\partial C_R)_{E,C_O}\Delta C_R \tag{17}$$

式（12）～（17）中 $\Delta i=i-i'$，$\Delta E=E-E'$，$\Delta C_K=C_K-C_K'$，$\Delta\Gamma_K=\Gamma_K-\Gamma_K'$，$k=$ O，R. 其中 i' 和 Δi 分别为控制的总电流密度中偏直流成分和小振幅交流扰动成分；E'，C_K' 和 Γ_K' 为 $i=i'$ 时，即只施加偏直流时的稳态电极电位、电极界面浓度和表面超量；ΔE，ΔC_K 和 $\Delta\Gamma_K$ 是由于施加 Δi 引起的电极电位、电极界面浓度和表面超量的波动。

由假设（2），解偏微分方程 $\partial\Delta C_K(x,t)/\partial t = D_K \partial^2\Delta C_K(x,t)/\partial x^2$ 得：

$$[\partial\Delta\overline{C_K}(x,S)\partial x]_{x=0} = -\Delta\overline{C_K}\sqrt{S}/\sqrt{D_K}, k = O, R \tag{18}$$

式（18）中 S 为 Laplace 变量。

对式（12）～（17）进行 Laplace 变换并考虑式（18）得：

$$\Delta\bar{i} = \Delta\bar{i}_f + \Delta\bar{i}_{nf} \tag{19}$$

$$\Delta_{i_f} = -nFk_f\Delta\overline{C}_O + nFk_b\Delta\overline{C}_R - nF(\partial k_f/\partial E)C_O'\Delta\overline{E} + nF(\partial k_b/\partial E)C_R'\Delta\overline{E} \tag{20}$$

$$\Delta_{i_f} = nF\sqrt{D_OS}\Delta\overline{C}_O + nFS\Delta\overline{\Gamma}_O = -nF\sqrt{D_RS}\Delta\overline{C}_R - nFS\Delta\overline{\Gamma}_R \tag{21}$$

$$\Delta_{i_{nf}} = (\partial q/\partial E)_{\Gamma_O,\Gamma_R}S\Delta\overline{E} + (\partial q/\partial\Gamma_O)_{E,\Gamma_R}S\Delta\overline{\Gamma}_O + (\partial q/\partial\Gamma_R)_{E,\Gamma_O}S\Delta\overline{\Gamma}_R \tag{22}$$

$$\Delta\overline{\Gamma}_O \doteq (\partial\Gamma_O/\partial E)_{C_O,C_R}\Delta\overline{E} + (\partial\Gamma_O/\partial C_O)_{E,C_R}\Delta\overline{C}_O + (\partial\Gamma_O/\partial C_R)_{E,C_O}S\Delta\overline{C}_R \tag{23}$$

$$\Delta\overline{\Gamma}_R = (\partial\Gamma_R/\partial E)_{C_O,C_R}\Delta\overline{E} + (\partial\Gamma_R/\partial C_O)_{E,C_R}\Delta\overline{C}_O + (\partial\Gamma_R/\partial C_R)_{E,C_O}\Delta\overline{C}_R \tag{24}$$

解方程(19)～(24)得电化学系统(6)的传递函数——运算导纳的表达式为

$$Y(S) = Y_f(S) + Y_{nf}(S) \tag{25}$$

$$\begin{aligned}
Y_f(S) &= \Delta\bar{i}_f/\Delta\overline{E} = (1/\Delta)[1 + (\partial\Gamma_O/\partial C_O)_{E,c_R}\sqrt{S}/\sqrt{D_O} + (\partial\Gamma_R/\partial C_R)_{E,c_O}\sqrt{S}/\sqrt{D_R}] \\
&\quad \times [-nF(\partial k_f/\partial E)C_O' + nF(\partial k_b/\partial E)C_R'] + (1/\Delta)[nFa_{11}k_f(\partial\Gamma_O/\partial E)_{c_O,c_R} \\
&\quad \times \sqrt{S}/\sqrt{D_O} + nFa_{12}k_f(\partial\Gamma_R/\partial E)_{c_O,c_R}\sqrt{S}/\sqrt{D_R}] - (1/\Delta) \\
&\quad \times [nFa_{21}k_b(\partial\Gamma_O/\partial E)_{c_O,c_R}\sqrt{S}/\sqrt{D_O} + nFa_{22}k_b(\partial\Gamma_R/\partial E)_{c_O,c_R}\sqrt{S}/\sqrt{D_R}]
\end{aligned} \tag{26}$$

$$\begin{aligned}
Y_{nf}(S) &= \Delta\bar{i}_{nf}/\Delta\overline{E} = (\partial q/\partial E)_{\Gamma_O,\Gamma_R}S + (\partial q/\partial\Gamma_O)_{E,\Gamma_R}(\partial\Gamma_O/\partial E)_{c_O,c_R}S + (\partial q/\partial\Gamma_R)_{E,\Gamma_O}(\partial\Gamma_R/\partial E)_{c_O,c_R}S \\
&\quad + (S/\Delta)[(\partial q/\partial\Gamma_O)_{E,\Gamma_R}(\partial\Gamma_O/\partial C_O)_{E,c_R} + (\partial q/\partial\Gamma_R)_{E,\Gamma_O}(\partial\Gamma_R/\partial C_O)_{E,c_R}][-(\partial k_f/\partial E)C_O' \\
&\quad + (\partial k_b/\partial E)C_R'](a_{11}/\sqrt{D_OS} - a_{12}/\sqrt{D_RS} + a_{21}/\sqrt{D_OS} - a_{22}/\sqrt{D_RS}) \\
&\quad - (S/\Delta)[(\partial q/\partial\Gamma_O)_{E,\Gamma_R}(\partial\Gamma_O/\partial C_O)_{E,c_R} + (\partial q/\partial\Gamma_R)_{E,\Gamma_O}(\partial\Gamma_R/\partial C_O)_{E,c_R}][(a_{11} + a_{21}) \\
&\quad (\partial\Gamma_O/\partial E)_{c_O,c_R}\sqrt{S}/\sqrt{D_O} + (a_{11} + a_{12})_{E,c_R}(\partial\Gamma_R/\partial E)_{c_O,c_R}\sqrt{S}/\sqrt{D_R}
\end{aligned} \tag{27}$$

其中

$$\begin{aligned}
\Delta &= [1 + (\partial\Gamma_O/\partial C_O)_{E,c_R}\sqrt{S}/\sqrt{D_O} + k_f\sqrt{D_OS}][1 + (\partial\Gamma_R/\partial C_R)_{E,c_O}\sqrt{S}/\sqrt{D_R} + k_b/\sqrt{D_RS}] \\
&\quad - [(\partial\Gamma_O/\partial C_R)_{E,c_O}\sqrt{S}/\sqrt{D_O} - k_b\sqrt{D_OS}][(\partial\Gamma_R/\partial C_O)_{E,c_R}\sqrt{S}/\sqrt{D_R} - k_b/\sqrt{D_RS}]
\end{aligned} \tag{28}$$

$$a_{11} = 1 + (\partial\Gamma_R/\partial C_R)_{E,c_O}\sqrt{S}/\sqrt{D_R} + k_b/\sqrt{D_RS} \tag{29}$$

$$a_{12} = -(\partial\Gamma_O/\partial C_R)_{E,c_O}\sqrt{S}/\sqrt{D_O} + k_b/\sqrt{D_OS} \tag{30}$$

$$a_{21} = -(\partial\Gamma_R/\partial C_O)_{E,c_R}\sqrt{S}/\sqrt{D_R} + k_f/\sqrt{D_RS} \tag{31}$$

$$a_{22} = 1 + (\partial\Gamma_O/\partial C_O)_{E,c_R}\sqrt{S}/\sqrt{D_O} + k_f/\sqrt{D_OS} \tag{32}$$

上述推导是从式（6）出发的，它涉及了扩散、电荷传递及表面吸（脱）附过程，式（25）～（27）是具有普遍意义的统一的运算导纳表达式，考虑几种特殊情况，式（25）～（27）可简化。

几种特殊情况下的 $Z(j\omega)$

第一种情况，电化学系统式（6）简化为：

$$O + ne \underset{k_b}{\overset{k_f}{\rightleftharpoons}} R \tag{33}$$

则式（25）～（27）简化为

$$Y_f(S) = [-nF(\partial k_f/\partial E)C_O' + nF(\partial k_b/\partial E)C_R']/(1 + k_f/\sqrt{D_O S} + k_b/\sqrt{D_R S}) \tag{34}$$

$$Y_{nf}(S) = (\partial q/\partial E)_{r_O \cdot r_R} S = C_d S \tag{35}$$

由 De Moirre 公式给出

$$1/\sqrt{S} = 1/\sqrt{j\omega} = (1 - j)/\sqrt{2\omega} \tag{36}$$

将式（36）代入式（34）及（35）得

$$Y_f(j\omega) = [-nF(\partial k_f/\partial E)C_O' + nF(\partial k_b/\partial E)C_R']/[(1 + k_f/\sqrt{D_O} + k_b/\sqrt{D_R})(1 - j)/\sqrt{2\omega}] \tag{37}$$

$$Y_{nf}(j\omega) = j\omega C_d \tag{38}$$

经过适当的代换，可以证明式（36）与 Randles 等[3~5]的结果相符。

当电化学系统（33）为可逆时，式（37）进一步简化为

$$Y_f(j\omega) = 1/[(RT/n^2 F^2)(1/\sqrt{D_O}C_O + 1/\sqrt{D_R}C_R)(1 - j)/\sqrt{2\omega}] \tag{39}$$

式（39）的倒数即为 Warburg[6]阻抗。

将 $\sqrt{D_O}C_O + \sqrt{D_R}C_R = \sqrt{D_O}C_O^{\cdot} + \sqrt{D_R}C_R^{\cdot}$ 关系[7]代入式（39）得

$$Y_f(j\omega) = (n^2 F^2/RT)[p/(1 + p)^2](\sqrt{D_O}C_O^{\cdot} + \sqrt{D_R}C_R^{\cdot})\sqrt{2\omega}/(1 - j) = \sigma/(1 - j) \tag{40}$$

式中 $p = \sqrt{D_O}C_O/\sqrt{D_R}C_R = \exp[(nF/RT)(E - E_{1/2})]$，$E_{1/2}$ 为半波电位，$C_O^{\cdot}$，$C_R^{\cdot}$ 为 O 和 R 的本体浓度，由式（38）及（40）得出运算阻抗为

$$Z(j\omega) = 1/Y(j\omega) = 1/[Y_f(j\omega) + Y_{nf}(j\omega)] = 1/[\sigma/(1 - j) + j\omega C_d] = |Z(j\omega)|e^{j\varphi} \tag{41}$$

当去极剂浓度很小，即 $\sigma/2 \ll \omega C_d$ 时，由式（41）得

$$Z(j\omega) = 1/(\sigma/2 + \omega C_d)e^{-j\pi/2} \tag{42}$$

第二种情况，电化学系统式（6）简化为：$O = O_{ads}$ (43)

则式（25）～（27）简化为

$$Y(j\omega) = Y_{nf}(j\omega) = j\omega C_d + (\partial q/\partial \Gamma_O)_E(\partial \Gamma_O/\partial E)C_O j\omega/[1 + (\partial \Gamma_O/\partial C_O)_E \sqrt{j\omega}/\sqrt{D_O}] \tag{44}$$

式（44）与 Frumkin 等[8]的结果相符，在 $1 \gg (\partial \Gamma_O/\partial C_O)_E \sqrt{j\omega}/\sqrt{D_O}$ 的情况下，式（44）简化为：

$$Y(j\omega) = j\omega C_d + j\omega(\partial q/\partial \Gamma_O)_E(\partial \Gamma_O/\partial E)_{c_O} = j\omega C_d + j\omega\sigma' \tag{45}$$

其中 $\sigma' = (\partial q/\partial \Gamma_O)_E (\partial \Gamma_O/\partial E)_{c_O}$. 此时，研究电解池的运算阻抗为：

$$Z(j\omega) = [1/(\omega\sigma' + \omega C_d)]e^{-j\pi/2} \tag{46}$$

显而易见，σ' 是因吸附引起的假电容，它与双电层电容并联。

$i_f \sim E$ 曲线的理论公式

在 $i_f \sim E$ 曲线测量中，当研究电解池属第一种情况时，由式（1）（5）和（42）得

$$\Delta i_f = I\sin\omega t / (1 + \zeta) \tag{47}$$

式中 $\zeta = \sqrt{2\omega}C_d / \{ (n^2F^2/RT)[p/(1+p)^2](\sqrt{D_O}C_O{}^\cdot + \sqrt{D_R}C_R{}^\cdot) \}$，式（47）即为可逆条件下，单组分体系的 $i_f \sim E$ 曲线理论公式，对可逆条件下多组分体系，可推导出如下 $i_f \sim E$ 曲线理论公式：

$$\Delta i_f = I\sin\omega t / (\zeta + \zeta_1 + \zeta_2 + \cdots + \zeta_n) = I\sin\omega t / (\zeta + \sum_{i=1}^{n}\zeta_i) \tag{48}$$

$$\zeta = \sqrt{2\omega}C_d / \{ \sum_{i=1}^{n}(n_i^2F^2/RT)[p_i/(1+p_i)^2](\sqrt{D_{O_i}}C_{O_i}{}^\cdot + \sqrt{D_{R_i}}C_{R_i}{}^\cdot) \}$$

$$\zeta_i = \frac{(n_i^2F^2/RT)[p_i/(1+p_i)^2](\sqrt{D_{O_i}}C_{O_i}{}^\cdot + \sqrt{D_{R_i}}C_{R_i}{}^\cdot)}{\sum_{i=1}^{n}(n_i^2F^2/RT)[p_i/(1+p_i)^2](\sqrt{D_{O_i}}C_{O_i}{}^\cdot + \sqrt{D_{R_i}}C_{R_i}{}^\cdot)}$$

在 $i_f \sim E$ 曲线测量中，当研究电解池属第二种情况时，由式（1）（5）和（46）得：

$$\Delta i_f = \{ [(\partial q/\partial \Gamma_O)_E (\partial \Gamma_O/\partial E)_{c_O}] / [(\partial q/\partial \Gamma_O)_E (\partial \Gamma_O/\partial E)_{c_O} + C_d] \} I\sin\omega t \tag{49}$$

式（49）为没有电荷传递过程发生、而只发生表面吸（脱）附过程的 $i_f \sim E$ 曲线理论公式。

参 考 文 献

〔1〕 沈雪明、陈洪渊、高鸿，高等学校化学学报，12(7)879(1991)

〔2〕 R. L. Birke, J. Electroanal. Chem. , 33, 201(1971)

〔3〕 J. E. B. Randles, Discuss Faraday Soc. , 1, 11(1947)

〔4〕 B. V. Ershler, Discuss Faraday Soc. , 1, 269, (1947)

〔5〕 R. De Levie et al. , J. Electroanal. Chem. , 22, 277(1969)

〔6〕 E. Warburg, Drud. Ann. der Physik. , 6, 125(1909)

〔7〕 W. H. Reinmuth, Anal. Chem. , 34, 1446(1962)

〔8〕 A. N. Frumkin et. al. , Dokl. Akad. Nauk SSSR, 78, 855(1951)

——51———

双铂电极交流示波双电位滴定法原理

荧光电位线的理论公式*

徐伟建 高 鸿

摘 要

本文讨论了双铂电极交流示波双电位滴定法的原理，推导了可逆体系滴定可逆体系时荧光电位线的普遍公式及不同滴定阶段的具体公式，理论与实验结果一致。

我们曾提出双铂电极交流示波双电位滴定法[1]，并定性地作了一些解释[1]。本文报道该法的基本原理和荧光电位线的理论公式。关于该法用于实际滴定的结果在前两文[1,2]中已有报道。

荧光电位线的理论公式

关于交流极化电位滴定的原理，文献已有报道[3~5]，但过去所得的公式都忽略了充电电流。本文根据作者提出的方法[6]，推导了本法中可逆对滴定可逆对时铂电极 $E \sim t$ 曲线方程及其阻抗 $Z_{\text{法}}$ 的表达式：

$$[(1+j)/\sqrt{2}]\{-n_1 F \sqrt{\omega D_{R_1}} C_{R_1} + [n_1 F \sqrt{\omega}/(1+P_1)](\sqrt{D_{O_1}} C_{O_1} + \sqrt{D_{R_1}} C_{R_1})$$

$$-n_2 F \sqrt{\omega D_R} C_{R_2} + [n_2 F \sqrt{\omega}/(1+P_2)](\sqrt{D_{O_2}} C_{O_2} + \sqrt{D_R} C_{R_2})\}$$

$$-j\omega C_d (E - \overline{E}) = i_0 \sin\omega t + K \tag{1}$$

• 原文发表于高等学校化学学报，9 (10) 1002 (1988)。

$$Z_{总} = \{[(1-j)RT(1+P_1)^2/(n_1^2F^2\sqrt{2\omega}P_1(\sqrt{D_{O_1}}C_{O_1}+\sqrt{D_{R_1}}C_{R_1}))]^{-1}$$

$$+ [(1-j)RT(1+P_2)^2/(n_2^2F^2\sqrt{2\omega}P_2(\sqrt{D_{O_2}}C_O+\sqrt{D_{R_2}}C_{R_2}))]^{-1}$$

$$+ j\omega C_d\}^{-1} \tag{2}$$

$$\varphi = \mathrm{tg}X_1/R_1 \tag{3}$$

其中：φ 为 $E\sim t$ 曲线相对于 $i\sim t$ 曲线的相移。

与文献中所载公式[3,4]相比，(1) 及 (2) 式有几个显著的特点：包含了双电层充电的影响；与电极电位、去极剂氧化态和还原态的浓度和扩散系数及交流电频率等的关系比较明确；包含了两个电对的共同影响,这在滴定等当点时十分重要;特别是它指出了相位角 φ 既随 $E\sim t$ 进程又随滴定过程而变,这对于解释本法原理是有用的。

假定所讨论的滴定反应体系均可逆,即

$$O_{x_2} + R_{ed_1} \rightleftharpoons O_{x_1} + R_{ed_2} \tag{4}$$

以 Ce(Ⅳ) 滴定 Fe(Ⅱ) 为例,滴定过程中随 Ce(Ⅳ) 的滴入,开始时荧光电位线迅速缩短,尔后缩短速度减慢,滴至 50% 时缩到最短,此后开始慢慢伸长,滴至 90% 时已有相当长度,此后一滴比一滴大,终点时那一滴变化最大,而终点后过量半滴都会使电位线显著缩短,这种明显的一伸一缩,直观地指示滴定终点,十分准确。

荧光电位线的长度（L_{fl}）就是 $\Delta E\sim t$ 曲线的两个峰值间的电位差（图 1c）。要了解 $\Delta E\sim t$ 曲线的特性,必须首先分析每个电极的 $E\sim t$ 曲线。图 1a 为一个铂电极的（对参比电极的）情况,交流电位围绕着直流电位 E 而变,其正、负峰值为 E_{P_+} 和 E_{P_-},电位相对于电流的相移为 φ,峰值间的相位角差为 $\Delta\varphi_{P_+P_-}$,电位差为 $\Delta E_{P_+P_-}=E_{P_+}-E_{P_-}$。实际滴定是在两个极化电极上进行的。电流通过电极时,两个电极相位差为 180°,一个电极上发生氧化,另一个电极上发生还原。两个电极的 $E\sim t$ 曲线可用图 1b 表示。若将电极 2 与示波器接地端相连,

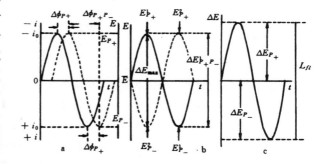

图 1　$E\sim t$ 曲线和 $\Delta E\sim t$ 曲线及各有关术语示意图

　　a. 虚线为 1 个铂电极上的 $E\sim t$ 曲线（实线为 $i\sim t$ 曲线）

　　b. 2 个铂电极上的 $E^1\sim t$ 和 $E^2\sim t$ 曲线

　　c. 2 个铂电极间的 $\Delta E\sim t$ 曲线及相应的荧光电位线 L_{fl}

则在两电极间产生由 $E^1\sim t$ 与 $E^2\sim t$ 叠加的总 $\Delta E\sim t$ 曲线,其正、负峰值分别为：

$$\Delta E_{P_+} = E_{P_+}^1 - E_{P_-}^2 = \Delta E_{\max} \tag{5}$$

$$\Delta E_{P_-} = E_{P_-}^1 - E_{P_+}^2 = \Delta E_{\max} \tag{6}$$

当两电极完全等同时：$E_{P_+}^1=E_{P_+}^2$, $E_{P_-}^1=E_{P_-}^2$, 所以 $\Delta E_{P_+}=E_{P_+}^1-E_{P_-}^2=E_{P_+}^1-E_{P_-}^1=\Delta E_{P_+P_-}^1$, $\Delta E_{P_-}=E_{P_-}^1-E_{P_+}^2=E_{P_-}^1-E_{P_+}^1=-\Delta E_{P_+P_-}^1$, 因此,荧光电位线长度 L_{fl} 为：

$$L_{fl} = \Delta E_{P_+} - \Delta E_{P_-} = 2\Delta E_{P_+P_-}^1 \tag{7}$$

原则上 $\Delta E_{P_+P_-}^1$ 可由 (1) 式计算,但 (1) 式中 E 与 i 是隐函数关系,计算较繁琐。当振幅较小的交流

电流 $i = i_0 \sin\omega t$ 流过电极时，该电极的电极电位 E 可用下式估算[4]：

$$E = |Z_{总}| i_0 \sin(\omega t + \varphi) \tag{8}$$

峰电位时 $E_{P\pm} = \pm|Z_{总}| \cdot i_0$，因此

$$\Delta E_{P_+ P_-}^1 = |Z_{总}| \cdot i_0 - (-|Z_{总}| \cdot i_0) = 2|Z_{总}| \cdot i_0 \tag{9}$$

将（9）式代入（7）式得

$$L_{fl} = 4|Z_{总}| \cdot i_0 \tag{10}$$

滴定各阶段荧光电位线长度的理论公式可用下法求得（λ 为滴定分数）。

1. $\lambda = 0.01$ 至 0.995：此时 C_{O_2} 近似为零，$P_2 = \sqrt{D_{O_2}/D_{R_2}} \cdot C_{O_2}^0/D_{R_2}^0 = 0$，有关 O_{x_2} 项可略去，令：$D_{O_1} = D_{R_1} = D_1$，$C_{O_1} + C_{R_1} = C_1$，$n_1 = 1$，则（2）式可简化为：

$$Z_{总} = \{[(1-j)RT(1+P_1)^2/(F^2\sqrt{2\omega D_1 P_1 C_1})]^{-1} + j\omega C_d\}^{-1} \tag{11}$$

在一定频率下 ω 为常数，若假定 C_d 为常数，则上式中仅 P_1 是变量，而 P_1 是 λ 的函数：

$$P_1 = \sqrt{D_{O_1}/D_{R_1}} C_{O_1}^0/C_{R_1}^0 = C_{O_1}/C_{R_1} = \lambda C_1/[(1-\lambda)C_1] = \lambda/(1-\lambda) \tag{12}$$

将 $(1+P_1)^2/P_1$ 与 λ 结合起来分析，仅当 $\lambda = 0.5$ 时，$(1+P_1)^2/P_1$ 有最小值为 4，所以随着滴定的进行 $Z_{总}$ 不断减小，至 $\lambda = 0.5$ 后又开始不断增大。若对（11）式各项赋予具体的数值就可直接计算出 L_{fl}。

2. $\lambda = 1.005$ 以后：此时 P_1 很大，而 $(1+P_1)^2/P_1$ 更大，有关 O_{x_1} 电对的项可略去，再令 $D_{O_2} = D_{R_2} = D_2$，$n_2 = 1$，$C_{O_2} + C_{R_2} = C_2$，则可得到：

$$Z_{总} = \{[(1-j)RT(1+P_2)^2/(F^2\sqrt{2\omega D_2 P_2 C_2})]^{-1} + j\omega C_d\}^{-1} \tag{13}$$

将 λ 与 $(1+P_2)^2/P_2$ 结合分析可知，仅当 $\lambda = 2.0$（即滴定剂过量 100%）时，$(1+P_2)^2/P_2$ 才有最小值。

3. λ 介于 0.995 和 1.005 之间：这时 O_{x_1} 和 O_{x_2} 两个电对的各项均不能忽略，再利用前述的假定条件得：

$$Z_{总} = \{[(1-j)RT(1+P_1)^2/(F^2\sqrt{2\omega D_1 P_1 C_1})]^{-1} + [(1-j)RT(1+P_2)^2/(F^2\sqrt{2\omega D_2 P_2 C_2})]^{-1} + j\omega C_d\}^{-1} \tag{14}$$

$\lambda = 1$ 时，P_1 和 P_2 都不能直接计算，必须根据平衡常数求得此时的平衡电位 $E_{平}$（即 $\bar{E}$），将 $E_{平}$ 代入到有关公式分别求出 P_1 和 P_2 再求 $Z_{总}$。

利用（11）（13）和（14）3 式，再假定：

$$D_1 = D_2 = 1 \times 10^{-5} \text{cm}^2/\text{s}$$

$$C_1 = C_2 = 0.00001 \text{mol/cm}^3$$

$$C_d = 20\mu\text{F/cm}^2, T = 298.2\text{K}$$

$$\omega = 2\pi f = 314.2\text{s}^{-1}$$

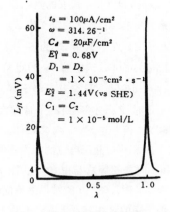

$t_0 = 100\mu\text{A/cm}^2$
$\omega = 314.26^{-1}$
$C_d = 20\mu\text{F/cm}^2$
$E_1^0 = 0.68\text{V}$
$D_1 = D_2$
$\quad = 1 \times 10^{-5}\text{cm}^2 \cdot \text{s}^{-1}$
$E_2^0 = 1.44\text{V (vs SHE)}$
$C_1 = C_2$
$\quad = 1 \times 10^{-5}\text{mol/L}$

图 2　L_{fl} 与 λ 的关系

将这些值与 $E_1^0 = 0.68V$，$E_2^0 = 1.44V$ 以及 R 和 F 2 个常数值代入并逐个代入 λ 值即可求得相应的 $Z_{总}$。由于 $Z_{总}$ 是复数形式，实际计算时常采用它们的模 $|Z_{总}|$。将求得的 $|Z_{总}|$ 代入（10）式就可得到一定的电流密度 i_0 时 L_{fl} 与 λ 的关系。图 2 是用此法求得的 L_{fl} 与 λ 的关系，其变化趋势与前述实验中的变化一致。

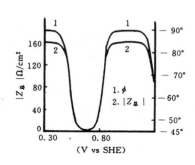

图 3 $|Z_{总}|\sim E$ 与 $\varphi \sim E$ 曲线
（条件同图2）

讨 论

φ 对荧光电位线长度的影响

φ 是随着电位而变的（图3）交流电位在 E_{P_+} 和 E_{P_-} 时，由于电位的不同 φ_{P_+} 和 φ_{P_-} 有差异，$\Delta\varphi_{P_+P_-}\neq180°$。表现在两个电极间就有 $E_{P_+}^1$ 与 $E_{P_-}^2$ 及 $E_{P_-}^1$ 与 $E_{P_+}^2$ 不处于同一时刻，这使得两电极间最大电位差 $\Delta E_{max}<\Delta E_{P_+P_-}^1$，仅在 λ 为 0.5 和 1 时才相等。因此 $\Delta E_{max}\leqslant\Delta E_{P_+P_-}^1$，从而有 $L_{fl}\leqslant2\Delta E_{P_+P_-}^1$。此结论已经实验证实（图4）。例如 Ce（Ⅳ）滴定 Fe（Ⅱ），在 $\lambda=0.5$ 附近，φ_{P_+} 与 φ_{P_-} 均接近 $-45°$，等当点前一滴 φ_{P_+} 为 $-85°$，φ_{P_-} 为 $-79°$；等当点时 φ_{P_+} 为 $-86°$，φ_{P_-} 为 $-87°$；等当点后一滴 φ_{P_+} 为 $-79°$，φ_{P_-} 为 $-81°$。这种 φ 的变化已有人用来指示滴定终点称为相角滴定[7]。受上述 φ 变化的影响，使得 $L_{fl}\leqslant(\Delta E_{P_+P_-}^1+\Delta E_{P_+P_-}^2)$（因为 2 个电极不完全等同），与上述滴定阶段相对应的 L_{fl} 和 $\Delta E_{P_+P_-}^1+\Delta E_{P_+P_-}^2$ 的值分别为：17.6 和 17.7，44.1 和 46.5，57.3 和 57.9，39.1 和 40.8mV。

$Z_{总}$ 对荧光电位线长度的影响

由图3可见，$|Z_{总}|$ 是随电位而变的，（8）式是近似关系，其条件是所达到的电位范围内 $|Z_{总}|$ 常数，因此，这个 $Z_{总}$ 代表的是电位与电流比值的平均形式为 $|\overline{Z}_{总}|$，它的定义为 $\overline{Z}_{总}=-\Delta E/\Delta i=-(E_P-\overline{E})/i_0$。（其中 E_P 为 $E\sim t$ 曲线上正或负峰电位值），而（2）式中的 $Z_{总}$ 的定义是微分形式，即 $\overline{Z}_{总}=-dE/di$。只有当 i_0 趋于零，电位变化也趋向于零时 $|\overline{Z}_{总}|$ 才等于 $|Z_{总}|$；i_0 越大，E_P 与 $\overline{E}$ 的差值越大，偏差也越大。考虑到 $|Z_{总}|$ 随电位 E 的变化，在 E 两边交流电位的峰值不等（仅在 λ 为 0.5 和 1 时才相等）。与由（8）式得的峰电位相比，在 λ 为 0.5 时，（8）式的结果是偏低的，在 λ 为 1 时则是偏高的，在其余 λ 值时不易比较。

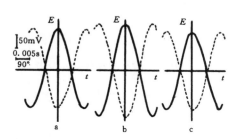

图 4 滴定终点附近 2 个铂电极的 $E\sim t$ 曲线间正、负峰电位时的相位角差及 $\Delta E_{P_+P_-}^1$ 和 ΔE_{max} 的变化

实线为电极 1，虚线为电极 2

a. 终点前 1 滴 b. 终点 c. 终点后 1 滴

滴定体系：Ce（Ⅳ）滴定 Fe（Ⅱ）

以上两个问题在用（1）式计算时可得到改善。就荧光电位线的变化而言，用近似式计算的结果与实验结果在趋势上是一致的，在所用 i_0 不大时，数值上差别也不大，但计算过程要简单得多。

参 考 文 献

〔1〕　徐伟建、高鸿,高等学校化学学报,7(11)989(1986)

〔2〕　徐伟建、张胜义、高鸿,高等学校化学学报,8(5)424(1987)

〔3〕　V. F. Franck, Z. Electrochem. , 58, 348(1954);62,245(1958)

〔4〕　森坂勝昭、原田多賀子,薬学雑誌,81,751(1961);80,532(1960)

〔5〕　T. J. N. Webber, E. Bishop, Proc. Soc. Analyt. Chem. , 4, 161(1967)

〔6〕　徐伟建、高鸿,高等学校化学学报,8,780(1988)

〔7〕　U. H. Narayanan, G. Dorairaj, Y. Mahadeva Lyer, J. Electroanal. Chem. , 8, 472(1965)

第 四 部 分

分 析 化 学 研 究
什 么 特 殊 矛 盾

概　　述

高鸿教授对马列主义的哲学很感兴趣，他试图用哲学思想指导他的工作，用矛盾论的观点分析工作中存在的问题。早在 50 年代后期他就开始思索一个问题——分析化学研究什么特殊矛盾？他提出了分析化学研究的特殊矛盾是对象和方法的矛盾。1960 年他写成了《分析化学研究什么特殊矛盾》一文，由于种种原因，他的这篇文章一直没有发表。文化大革命中，这篇文章被红卫兵抄家时抄走，因此原稿失落了。30 年来，他一直在思索这个问题，他的文章虽没有发表，但他却按照文章的观点处理问题。他认为分析化学家应具有数学的、物理的和电子学的知识。根据这种认识，早在 50 年代后期，他担任教研室主任的时候，就选派青年教师脱产去进修数学和电子学。他还大力提倡在分析化学教师中进行"无线电扫盲"。他的这些措施对发展南京大学的分析化学专业起了很大作用。1962 年他在北京民族饭店参加国家学科规划会议，化学组在制订规划过程中碰到了任务与学科的矛盾问题，会议中有人看过他写的上述文稿。有一天化学规划组召开全组会议请他专门谈了上述文章的内容，他着重谈任务与学科的矛盾问题。他的观点是既要解决任务又要发展学科。

他的文章虽未发表，但其中的主要观点却在他很多的文章和口头报告中表达出来。这些文章多以《分析化学发展趋势》的题目发表。他先后在北京、上海、西宁、长春、西安、兰州、福州、武汉、乌鲁木齐等 20 个城市就这个问题作过报告，对促进我国分析化学发展起了一定作用。国家教委科学技术委员会化学组 1990 年 5 月在北京召开了"分析化学前沿与教育座谈会"，高鸿教授在会上作了《分析化学现状和未来》的主题报告。这个报告是在高鸿教授主持下，以程介克教授为首的武汉大学、北京大学、南京大学、长春应用化学研究所的 5 位教授组成的写作班子写成的。科学出版社出版的《分析化学前沿》一书包括了这个报告和另外 22 篇由我国分析界各方面的学术带头人作的关于分析化学各分支发展趋势的报告。这本书宣告分析化学正在发展成为一门多学科性的综合性科学。这本书的出版将为国家制订分析化学发展规划提供材料。

由北京大学、南京大学、武汉大学等单位联合主办的我国分析化学杂志《痕量分析》从今年起改名《分析科学学报》。最近西北大学已发布文件，决定在西北大学建立"西北大学分析科学研究所"，这是我们国家建立的又一个分析科学研究机构。这两件事标志着我国的分析化学进入了一个新的时代。为了庆祝分析科学研究所的成立，高鸿教授根据他的回忆，重新撰写了《分析化学研究什么特殊矛盾》这篇在他的脑海中盘旋长达 34 年的短文，现在终于公开发表。

本书收集了这方面的三篇文章。

—— 1 ————————————————————————

分析化学研究什么特殊矛盾

高　鸿

分析化学研究什么特殊矛盾

科学研究的区分，就是根据科学对象所具有的特殊的矛盾性，对于某一现象的领域所特有的某一种矛盾的研究，就构成某一门科学的对象[1]。这就是说，每一门科学都在研究某一特殊矛盾。

分析化学研究什么特殊矛盾？

能不能这样说："分析化学是化学的一个分支，要问分析化学研究什么特殊矛盾，首先看化学研究什么特殊矛盾。"

不能这样说。因为分析化学的现状和发展趋势都在说明分析化学实际上不再是化学的一个分支，化学分析方法仅仅是分析方法的一种，虽然在今天，在很多场合，我们仍然把分析化学看成是化学的一个二级学科。作者写这篇文章的目的就是要讨论分析化学的发展动力，分析化学的发展规律，分析化学的发展趋势；要阐明分析化学正发展成为一门综合性的科学，一门边缘学科，化学是它的一个基础学科，它不再是化学的一个分支。因此不能用上述观点讨论分析化学研究的特殊矛盾。

那么分析化学究竟研究什么特殊矛盾？

分析化学是研究分析方法的科学。每一个完整的、具体的分析方法都包括两个部分：测定对象和测定方法。任何具体的分析手段都是为对象服务的，没有对象就谈不到方法；没有方法，对象的含量也不可知，失去使用的价值。所以对象和方法是相互依存的，它们是你中有我，我中有你；它们又是相互矛盾的，任何一个具体的分析方法都是对象与方法的矛盾的统一。

对象与方法共同存在于分析工作的每个方面。

一个生产部门的化验室，例如地质部门的化验室，它总有两类部门：一类是以对象为主的实验室，如铜矿分析实验室、钨矿分析实验室等，另一类是以方法为主的实验室如光谱分析室、色谱分析室等。

每年举行的国内外分析化学会议，也总有两种：一种是以对象为主的，如稀有元素分析会议、环

· 原文发表于西北大学学报（自然科学版），24（5）377（1994）。

境分析会议等；另一种是以方法为主的，如色谱分析会议、光谱分析会议等。

美国分析化学杂志 Analytical Chemistry 每年出版一期综述性文章，总结每两年来国际分析化学的进展。这种综述文章也分为两类：逢单年出版的文章以对象为主，总结分析化学的进展；逢双年出版的文章以方法为主，总结分析化学的进展。

分析化学文献及书籍也分为两大类：以对象为主的和以方法为主的，前者如《稀有元素分析》、《石油分析》等等，后者如《极谱分析》、《荧光分析》等等。

分析化学研究什么特殊矛盾？分析化学研究的特殊矛盾就是对象与方法的矛盾。所谓对象是指生产实践和科技实验对分析化学提出的问题和要求，所谓方法是指解决这些问题的手段。

对象和方法的矛盾是分析化学发展的动力，促进了分析化学的发展。生产实验与科学实验的发展不断向分析化学提出新的课题。分析化学吸取了当代科学技术最新成就，利用物质一切可以利用的性质来解决这些问题，促进分析化学不断发展。正如恩格斯所说，科学的发生和发展归根到底是由生产决定的。

分析化学三要素

分析方法包括理论与技术，分析化学的发展依赖于理论、技术与对象（问题）三者的相互作用[2]。

分析化学三要素间的关系反映了科学、技术与生产间的关系：

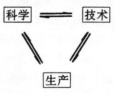

分析化学的发展取决于高等学校、科研单位的分析化学研究人员、仪器制造部门的分析人员与生产单位的分析人员间的有效合作：

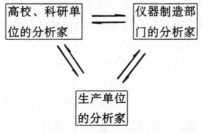

在对象与方法的矛盾中，对象是主要的。问题产生方法，问题产生理论与技术，生产决定科学技术的发展。但是在问题提出后，还没有解决的方法，方法就是起决定作用的东西；实验室的新方法出来以后，没有足够精密的仪器供应市场，方法也无法推广，仪器制造又成为决定性的东西。

在分析化学的发展史上方法的出现超前于对象（问题）的现象是不少的。

以光谱分析的发展历史为例。

1823 年 Herschel 用物质在火焰中产生的颜色来鉴定物质，创立了火焰光度法。

1856 年 Swan 用光谱方法可以测定很微量的 Na。

1860 年 Kirchoff 和 Bunsen，一个物理学家和一个化学家合作解决了光谱分析的理论问题与实际问题，奠定了近代光谱分析的基础。

100 多年以前原子吸收光谱已经出现了，有火焰、无火焰、单光路、双光路等等。由于当时光谱分析主要用于天文学研究，工农业生产当时还没有这方面的要求，工业技术上又生产不出很精密的仪器，因此这些方法当时不能得到发展，埋没了 100 多年，但是这些科学研究工作为光谱分析的发展打好了基础，一旦生产上需要，技术上有了进步，光谱分析马上就得到了很快的发展。这说明基础研究的重要性。因此，在处理对象与方法的关系上既要重视解决生产实践提出的实际问题，又要重视基础研究，发展分析学科；既要解决当前生产实践和科学技术提出的问题，又要着眼于未来，做好科学储备，为未来的发展早做准备，这样才能在科学技术上处于领先地位。"科学技术是第一生产力"就有这方面的涵义。因此在制订国家科技发展规划时，既要重视解决国民经济建设中提出的问题又要制订学科发展规划，既要看到现在又要考虑未来。

分析化学三要素的观点是正确的。要发展中国的分析化学，要大力提倡三种分析人员的分工协作，要三足鼎立，不能只有两只脚，更不能只有一只脚。在我们国家，目前分析仪器制造部门的科研力量还很薄弱，我们的高等院校培养这方面的分析人才的专业还没有或者说还很薄弱，应该引起足够的重视。

分析化学的发展规律

学科之间的相互渗透（包括分析方法中不同技术的联用）是分析化学发展的基本规律。

工农业生产的发展，新兴科学技术的发展，为分析化学提出了一系列难题，促进了分析化学的发展，也促进了相关学科的发展；另一方面新兴科学技术的发展也为分析化学的发展提供理论基础和技术条件，使分析化学的发展有了可能。因此一个时期分析化学的发展能达到什么水平，要看当时科学技术的发展向分析化学提出了什么问题又为解决这些问题提供了什么条件。一句话，学科之间的相互渗透、相互促进是分析化学发展的基本规律。

分析化学的发展历史证明了上述论点的正确性。分析化学的发展经历了三次巨大的变革[3]。

第一次变革发生在本世纪初，由于物理化学溶液理论的发展，为分析技术提供了理论基础，建立了溶液中四大平衡的理论，使分析化学从一门技术发展成一门科学，这也可以说是分析化学与物理化学结合的时代。这一时期分析化学的确是化学的一个分支。

第二次变革发生在第二次世界大战前后直到 60 年代。物理学、电子学、半导体及原子能工业的发展促进了分析中物理方法的大发展、仪器分析方法的大发展。因为化学方法在很多方面已无能为力，例如半导体学科向分析化学提出砷化镓中镓砷常量分析的测定准确度要求达到 10^{-6} 级（注意：是准确度不是灵敏度！），对高纯材料中杂质元素的含量最好能找出它含有几个原子。化学方法在这里毫无办法。化学方法讨论的物质浓度是以一定体积中含有多少"摩尔"为单位的，一个"摩尔"含有 10^{23} 个分子！因此在这一段时间物理方法大大发展。有人说与其把今天的分析化学叫"分析化学"还不如叫"分析物理"更符合实际。这足见物理方法在分析化学中的比重有多大。也可以说 60 年代是分析化学与物理学、电子学结合的时代。

从 70 年代末到现在,以计算机应用为主要标志的信息时代的来临,给科学技术的发展带来巨大的活力。分析化学正处在第三次变革时期,分析化学正走向分析科学的新阶段。分析化学正在成长为一门建立在化学、物理学、数学、计算机科学、精密仪器制造科学等学科以上的综合性的边缘科学——分析科学。

总结以上的讨论,我们得出以下结论。

分析化学研究的特殊矛盾是对象与方法的矛盾。所谓对象是指生产实践和科技实验对分析化学提出的问题,所谓方法是解决这些问题的手段。

对象与方法的矛盾促进了分析化学的发展。分析化学要利用当代科学技术的成就,利用物质一切可以利用的性质,解决对象与方法的矛盾,因此,分析化学必然要发展成为多学科的交叉学科。

学科之间的相互渗透是分析化学发展的基本规律。一个时期分析化学能发展到怎样的水平,要看生产实践和科学实验为分析化学提出什么样的问题,又为解决这些问题提供了什么条件。因此要讨论一个时期分析化学的发展趋势,要从两个方面下手:一是从对象看分析化学的发展趋势,二是从方法看分析化学的发展趋势。

方法又可细分为理论与技术两个部分,分析化学三要素(理论、技术和问题)的观点是正确的。对象(问题)是发展的动力,问题产生理论与技术;但理论与技术对分析化学发展起决定性作用。三种分析化学人才的相互协作、相互促进是分析化学发展的必要条件。

我们国家要发展分析化学首先要提高对分析化学重要性的认识。分析化学的发展水平是衡量一个国家科技水平的一个重要标志。要发展我国的分析化学首先要重视分析化学基础研究的重要性,稳住和发展方法研究的队伍,大力发展分析精密仪器工业,加强这方面科研人才的培养工作。

参 考 文 献

〔1〕　毛泽东,毛主席的四篇哲学著作,北京人民出版社,36 (1964)

〔2〕　D. Betteridtge Tell Me the Old Old Story or the Analytical Trinity, Anal. Chem. , 48(13) 1934A (1976)

〔3〕　H. A. Laitinen, Analytical Chemistry in A Changing World, Anal. Chem. , 52(6) 605A (1980)

2

分析化学的发展趋势·

高 鸿

最近 20 年来，分析化学有了很快的发展，怎样估计分析化学的发展趋势，以便制订措施，迎头赶上，这是我们大家都关心的问题。下面谈谈本人的一些看法。

分析化学的发展动力

事物发展的根本原因，不是在事物的外部而是在事物的内部，在于事物内部的矛盾性。分析工作包括两个方面：即测定对象和测定方法。对象和方法的矛盾促进了分析化学的发展。所谓对象是指生产发展和科学实验对分析化学提出的要求和问题；所谓方法是指解决这些问题的手段。生产的发展不断对分析化学提出新的课题，促进分析化学不断向前发展。正如革命导师恩格斯所说，科学的发生和发展，归根到底是由生产决定的。

近代工农业生产和科学实验，对分析化学提出哪些问题呢？提出的问题何止成千上万！但总的来看，在成分分析方面，主要有四个方面的问题：1. 准确度；2. 灵敏度；3. 快速自动；4. 微区分析。

随着生产的不断发展，对分析方法的要求越来越高。

准确度方面：半导体砷化镓中镓砷比的测定，准确度要求达到 10^{-6} 级，而且要快速自动。因为这是半导体工业的材料。10^{-6} 在这里不是灵敏度的要求而是准确度的要求；不是微量成分分析的要求而是常量成分分析的要求。

灵敏度方面：环境保护工作和半导体材料分析均要求痕量杂质成分的测定灵敏度达到 10^{-12} 级甚至更小，而且要求快速自动。

快速方面：炼钢工业的迅速发展要求测试手段更加快速。如果炼一炉钢只要二三十分钟的时间，钢中添加成分的炉前测定时间只能以秒计，因此要求提供更加快速的测试方法。随着工业生产的自动化程度的不断提高，对分析方法的快速自动化的要求也愈来愈高。

微区分析：半导体材料表面微小区域极微量杂质成分的非破坏性检查要求测定方法具有很高的选

· 在中国化学会 1978 年年会（上海）大会上的报告。

择性与灵敏度。

从对象看分析化学的发展趋势

从对象看分析化学的发展趋势，就是说，分析化学目前正忙于解决什么样的问题？分析化学要解决的问题成千上万。概括起来，主要是上述四个方面的问题。因此，从对象看发展趋势，有四个方面：1. 痕量杂质成分分析，简称痕量分析；2. 快速自动分析；3. 高准确度常量分析；4. 微区分析。在这四者中，面最广、量最大的问题是痕量分析与快速自动分析。

从方法看分析化学的发展趋势

分析化学是怎样解决生产上提出的这些问题呢？几乎是想尽了一切办法。这就是说，利用近代科学技术的成就，利用物质的一切可以利用的性质来解决物质的分析问题。

例如，高准确度常量分析的问题，测定含有百分之几十的常量砷，要准确到百万分之几。化学的方法解决不了这个问题；重量分析的方法不行，因为沉淀总有个溶解度；容量分析的方法也不行，因为容量分析的基础是"四大平衡"，每一种平衡都有一个逆反应。所以，利用化学性质，从理论到实践都是不行的。

现在解决高准确度常量分析的办法是一种电化学分析方法，称为恒电流库仑滴定法。在这里，把一个强度恒定的电流通过含有被测定的物质电解液中，只要工作电极上有被测定物质在起电极反应，电流效率为100%，根据 Faraday 电解定律，一个克当量的物质在电极上起反应就有一个 Faraday 的电量通过电解池，因此测量电量就可以计算在电极上起反应的物质的量。测量的具体对象是时间与电流强度，这两个物理量目前都能够很准确地测量，因此，库仑分析能解决高准确度常量分析问题。

又比如，关于高灵敏度的测定方法，半导体材料表面，一个微小区域有极微量的碳、硫、氯原子，用什么方法测定？灵敏度要求很高，又不许破坏样品。

我们不能利用物质的化学性质来解决这样的问题。一般的化学性质只利用原子最外层电子的性质。为了达到最高的选择性和灵敏度，只能利用元素间最根本的差别，即原子内部能级上电子能量的差别。在这个基础上人们创造了像电子能谱及 Auger 能谱等一系列光电子谱仪，以适应微区分析、表面分析的需要。

电子能谱的绝对灵敏度达到 10^{-18}mol/L。

Avogadro 常数等于 10^{23}。经典分析化学所讨论的物质的量是以摩尔、毫摩尔为单位的。这就是说，人们所讨论的物质的量是以 10^{23} 个原子为单位的。灵敏度达到 10^{-8}mol/L 意味着人们能测定的量减小到几万个原子。

激光的应用使测定的灵敏度有了很大的突破。1976 年 12 月美国橡树岭国家实验室宣布，他们已能从 10^{19} 个其它原子和分子中，鉴定出一个单独的 Cs 原子。他们让一束激光照射被测定的 Cs 原子，激光的频率是经过细心挑选的，一个 Cs 原子吸收一个共振光子，形成一个激发态的 Cs 原子，然后这个激发态的原子再吸收一个共振光子。这个吸收了两个光子的 Cs 原子最后电离，放出一个自由电子，这个自由电子在计数器中触发一个信号，表示 Cs 原子的存在。这样，人们就在 20 世纪 70 年代达到了定性分析的顶峰。

从分析方法的发展看分析化学的发展趋势，我们看到以下三点：

1. 由于学科之间的相互渗透，在测定方法中，非化学方法的应用愈来愈多，物理方法的比重越来越大。

　　2. 电子技术与电子计算机在分析化学上的应用改变了分析化学的面貌，如果说，60 年代是分析化学与电子学结合的时代，70 年代就是分析化学与电子计算机结合的时代。分析仪器的电子计算机化是近代分析仪器发展的主要趋势。

　　3. 分析方法之间的相互渗透或者说两种技术的联合应用已成为分析方法发展的一个基本规律。

　　这是近代分析化学发展的三条主要趋势，也是近代分析化学发展的三条基本规律。

　　分析方法中，非化学方法的应用愈来愈多，这是很明显的事实。人们早就在议论：今天的分析化学，与其叫做分析化学，还不如叫做"分析物理"。因此，有人提议把今日的分析化学改名叫做"近代分析"。事实上，今天不论在国外还是国内，应用得最广泛、研究得最多的分析方法是光学分析法（即与"光谱"有关的方法），其次是电化学分析法和色谱分析法。光学分析法约占 60%，电与色谱各占 10% 左右。

　　酶在分析化学中的应用标志着生物学对分析化学的渗透。随着科学技术的发展以及仿生学在分析化学中的应用，分析化学将向更高的阶段发展。

　　电子计算机的应用是分析化学发展过程中一个新的里程碑，是分析化学是否"现代化"的一个主要标志。因为：

　　1. 电子计算机的应用使已有的方法更加精密、快速。过去我们总有个概念，好像分析方法在准确、灵敏、快速三个方面不能兼顾，每一种方法只能有一种特长，其它两种就顾不上了。人们说，重量分析方法虽然慢，但它却比较准确；比色分析方法虽然灵敏，但不准确；如此等等。现在情况完全改观了。库仑法不但最准确，而且很快速；原子吸收光谱法不但灵敏，而且和重量分析方法一样准确（表1）。表 2 列举了利用一些方法进行常量分析时得到的准确度。其中不少的方法原来只能作微量分析，现在却能作常量分析，而且它们的准确度并不比重量分析差。在这些方法中，准确、灵敏、快速三种优点兼备。这是用电子计算机武装起来的近代分析仪器的一个特点。

表 1　原子吸收光谱测定精密度的一组数据

元　　素	含　　量　　(10⁻⁶g)	测　定　结　果
Zn	1.000	0.999 1.000 0.992 1.002
Cu	5.00	5.00 5.01 5.01 5.00
Pb	15.00	15.01 15.02 14.95 14.99

表 2　常量分析的准确度

分　析　方　法	准 确 度 （%）	分　析　方　法	准 确 度 （%）
重量法	± 0.3	库仑分析	$\pm 10^{-3} \sim 10^{-4}$
容量法	± 0.2	极　　谱	± 0.5
分光光度	$\pm 0.02 \sim 0.2$	中子活化	$\pm 0.1 \sim 0.6$
	（1%～40%Fe）	原子吸收	$\pm 0.1 \sim 0.5$
X 射线荧光	± 0.2		

2. 电子计算机的应用使有的老方法获得了新的活力。催化分析法（或者叫作动力学分析法）就是一个例子。这一类方法非常灵敏，可以测定 $10^{-6}\% \sim 10^{-9}\%$ 的杂质浓度。用这一类方法测定的元素也很多。根据 1970 年的统计，已经提出了能测定 40 种元素的 250 种测定方法。但是这些方法长期以来很少应用于实际工作中，因为测定的手续过于麻烦，方法太慢。电子计算机的应用有可能改变这种情况。据报道，1969 年以来，使用配有电子计算机的分光光度计，利用催化法测定血浆中的磷，每小时可测定 3000 个样品，成为一个很有用的快速方法。电子计算机的应用使催化法有了新的活力，不少人预言，它将在分析化学中打开一个新的领域。

3. 电子计算机的应用可能为分析化学开辟一些崭新的领域。过去为了消除元素间的相互干扰，我们发展了一系列分离元素的方法，另外，我们发展了一些选择性好的方法，其中最成功的是原子吸收光谱法。即利用一种原子灯测定一种元素。因而，测定 70 种元素要用 70 种灯。我们一般的想法总是把要测定的元素从样品中分离出来，然后加以测定。能不能就在同一个样品中同时测定许多元素？有些方法是可以做到的，例如 X-射线荧光分析法。利用分光光度法我们可以同时测定 2～3 个元素。多了，计算公式比较麻烦，人们不愿采用。利用电子计算机来解 10 个以上的联立方程是简便的事情。人们将来还可以利用分光光度法，不经过或者经过简单的分离手续，在同一样品中同时测定很多元素呢？看来，这也是可能的。电子计算机将使人们能够办到很多过去很难办到的事情。它的应用无疑将使分析化学达到一个新的境界。

分析方法间的相互渗透，从来就是分析化学发展的一个基本规律。

物理、化学测定法与滴定法的结合产生了各种物化滴定法。下面着重谈谈极谱与色谱的相互渗透。

极谱与色谱的相互渗透

P. Kissinger 写道（1974 年）："有许多例子说明，电化学方法可以单独发展下去，但有更多的例子说明，把化学方法与其它方法结合起来更加有利。"

以极谱分析为例。极谱分析仍然是电化学分析四大支柱之一。四大支柱是：极谱、库仑、电位与电滴定法。

极谱分析本身在发展：有机极谱分析、极谱仪器的电子计算机化、脉冲示波极谱以及极谱催化波在痕量分析中的应用、阳极溶出伏安法等等。在这些方面，极谱分析都在发展。这是极谱分析发展的一个方面。

极谱分析发展的另一个方面是极谱与色谱的结合以及极谱与光谱的结合。

1952 年 Kemula 开始把色谱与极谱结合起来，色谱是一种高效率的分离方法，极谱是一种具有高灵敏度与高选择性的检测手段，Kemula 把二者的结合称为色谱-极谱学 Chromato-Polarography。

极谱鉴定器的原理如图 1 所示。物质 E 能在电极上起还原反应产生电流 i_C，如果把电极的电位保持在较负的电位，就可使 E 在电极上还原。A，B，C，D 是能在电极上氧化的物质，把电极电位保持在 E_2 就可使 A 氧化，而不氧化 B 及 C。图 2 是 Kemula 最早应用的色谱-极谱装置。在滴汞电极与汞池电极之间加上一个恒电压 E，使色谱柱出来的流出液在电解池中产生极谱电流，用量筒测量流出液的体积。利用这样的装置得到色谱-极谱图如图 3 所示。作一次测定要二三个小时。此后，人们也作过多次尝试，但由于色谱柱分析所需时间太长，分析方法过慢，人们的兴趣不大。

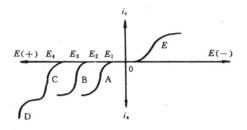

图 1　伏安曲线

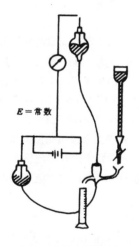

图 2　色谱-极谱装置

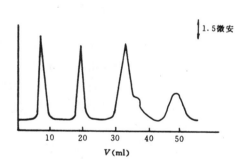

图 3　5 种硝基苯混合物的色谱-极谱分析

高速液相色谱的出现扩大了极谱鉴定器的用途。正像气相色谱在 60 年代迅猛发展一样，高速液相色谱很可能成为 70 年代最有生命力的分析工具之一。因为今天液相色谱的分离速度已达到与气相色谱相等的地步，分离几种物质只要几分钟的时间。限制高速液相色谱发展的主要障碍是缺乏高度灵敏的和能广泛应用的鉴定器。极谱鉴定器却能提供很大的希望，因为很多有机、无机功能团能在电极上氧化或还原。另一方面，极谱鉴定器的应用，可以扩大极谱方法的应用范围。因此液相色谱电化学鉴定器既是一个适用于痕量分析的新的色谱工具，也是自发现脉冲极谱以来电化学分析一个最重要的进展。

图 4 是 Takata 用的电化学鉴定器。工作电极 a 与辅助电极 e 嵌入两个硅橡胶片上中间的孔中。电极的材料用 Pt，Ag 或 C，被测定溶液通过工作电极。为了保持辅助电极的电位一定，通入一定的电解质溶液。例如，辅助电极为 Pt 电极时，可通入 $K_4Fe(CN)_6$-$K_3Fe(CN)_6$ 溶液，使它的电位保持一定。两电极之间用隔层（离子交换膜）分开。在工作电极与辅助电极间加上一定的电压，使被测定的离子在工作电极上析出。

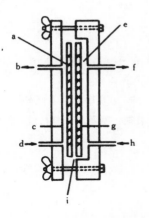

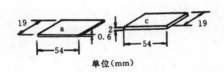

单位(mm)

图 4　电化学鉴定器

a. 工作电极　　b. 样品溶液出口　　c. 工作电极引线

d. 样品溶液入口　　e. 辅助电极　　f. 电解质溶液出口

g. 辅助电极引线　　h. 电解质溶液入口　　i. 隔层（离子交换膜）

有两种电化学鉴定器：安培鉴定器和库仑鉴定器。它们都是建立在极谱方法的基础上的。它们的区别仅在于电解效率。如果电解效率是 100%，即鉴定器溶液中所有被测定离子都在工作电极上起反应，这种鉴定器叫做库仑鉴定器；如果鉴定器的电解效率小于 100%，即鉴定器溶液中只有部分被测定离子在工作电极上起反应，这种鉴定器称为安培鉴定器。图 4 所示的鉴定器是库仑鉴定器。

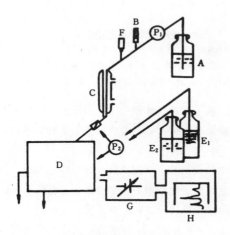

图 5　液相色谱仪及鉴定器

A. 冲洗液　　B. 脉动调节器　　C. 交换柱　　D. 鉴定器

E$_1$. 工作电极电解质溶液　　E$_2$. 辅助电极电解质溶液　P$_1$P$_2$ 泵

F. 样品注射器　　G. 电源　　H. 记录器

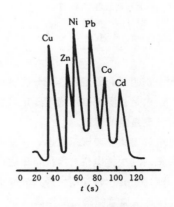

图 6　重金属的色谱-极谱图

图 5 是 Takata 使用的液相色谱及仑库鉴定器。由 F 处先将样品注射到色谱柱 C，让它在柱上展开。然后用泵 P$_1$ 将冲洗液打入色谱柱，让流出液进入鉴定器 D。E$_2$ 为辅助电极电解液，用泵 P$_2$ 送入鉴定器辅助电极一边。在两个电极上加入一定电压。如果流出液中的金属离子直接在工作电极上氧化或还原，就可得出色谱-极谱图。如果被测定的金属离子不容易直接还原，可以把它转换成易还原的物质。工

作电极电解液 E_1 起这样的作用：例如，金属离子 M^{2+} 不容易还原，但它可以与工作电极电解液中含有的 [Hg-DTPA]$^{3-}$ 起交换作用释放出 Hg^{2+}：

$$[Hg\text{-}DTPA]^{3-} + M^{2+} \longrightarrow [M\text{-}DTPA]^{3-} + Hg^{2+}$$

把工作电极的电位保持在 Hg^{2+} 还原的电位（+0.1V，对 S.C.E），有一份 M^{2+} 就交换出一份 Hg^{2+}，产生一份极谱电流。

图 6 是重金属离子的色谱-极谱图。送入样品的量为 $3×10^{-8}$mol，分析时间只有两分钟。

图 7 是稀土元素的色谱-极谱图。利用这种鉴定器还可以测定卤根、氨基酸、有机酸、酚类等。

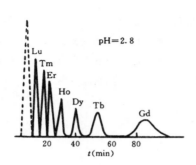

图 7　稀土元素的色谱-极谱图
虚线：单一树脂
实线：混合树脂

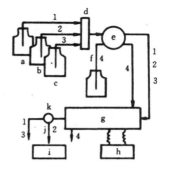

图 8　电解富集法装置示意图
a. 试样溶液　　b. 溶离液　　c. 软化水　　d. 换液阀
e. 泵　　f. 电解液　　g. 流动电解槽（鉴定器）
h. 电源　　i. 原子吸收分光光度计　　k. 三通阀

利用大面积的库仑鉴定器作为分离富集金属离子的工具可能是很有用处的。利用阳极溶出法的预电解阶段，让大量被测定溶液通过鉴定器，令被测定的金属在电极上析出，然后溶出于较小体积的溶液中，达到分离富集的目的。

图 8 是电解富集法装置示意图，首先将工作电极的电位调至溶出电位，打进洗净液洗净后，再用试样溶液冲洗。其次把电位改换成析出电位，通入一定量试样于电解槽中，把被测定金属离子析出于电极之上。然后旋转"转换阀"导入洗净液，把槽内充分洗净后转换成溶离液，同时把电位换至溶出电位，把被测定金属重新溶出到溶离液中，以备分析之用。利用电解富集-原子吸收光谱测定法测定纯试剂氯化钠中 10 级的 Zn，Pb，Co，Cu，Ni，Cd 含量时，通入试样 100 毫升，溶离液体积为 10 毫升，浓缩 10 倍，分析所需时间共 35 分钟。这说明利用库仑鉴定器来进行分离富集，是一个很好的方法。

以上的例子说明，把电化学方法与液相色谱方法结合起来，不但发展了电化学方法，而且发展了液相色谱方法。

对象和方法的矛盾是近代分析化学发展的动力；电子技术和电子计算机的应用为近代分析化学的飞跃发展提供了条件；学科之间的相互渗透和方法之间的相互渗透是近代分析化学发展的基本特点，这就是我们的结论。

3

分析化学的发展·

高　鸿

分析化学的三次革命

1981 年 10 月，美国著名分析化学家 H. A. 莱廷纳在南京大学讲学时曾讲过关于分析化学历史上三次革命的问题。他说，在分析化学的发展史上，曾出现过三次巨大的变革，或者说三次革命。

第一次革命发生于 19 世纪末到 20 世纪初，物理化学的发展为分析方法提供了理论基础，使分析化学从一门技术变成一门科学。

1945 年，第二次世界大战结束以后，分析化学出现了第二次巨大的变革。这次革命的特点是：仪器分析方法的大发展，使物理方法在分析化学中得到广泛的应用；物理学及电子技术的应用，推动了分析化学使其发展到新的阶段。

40 年代中期出现的分析化学革命是生产发展的必然结果。由于半导体、原子能工业的发展，不断向分析化学提出新的研究课题。当时要解决的分析科研课题就是今天生产部门的化验室在日常例行分析中所要解决的问题。

江苏省地质局化验室高级工程师张佩桦生动地概括了当前国内外地质部门分析工作的现状。他认为是："三高、三微、三谱。""三高"，指的是对分析方法的要求，即高灵敏度、高准确度和高效率（高速度）；"三微"，指的是分析的对象，即微量分析、微区分析和微粒分析；"三谱"，指的是目前国内外地质部门的化验室在金属元素分析中主要使用的三种光谱，即等离子发射光谱、原子吸收光谱和 X 射线荧光光谱。

上面讲的三谱，都是典型的物理方法而不是化学方法，所利用的是物质的原子的性质，不是化学的性质。

莱廷纳指出，目前分析化学正面临着第三次革命，它是已往种种成就的延伸。

这是作者 1983 年访问欧洲五国考察分析化学现状后，应邀为《国际学术动态》发表的文章，原文发表于《国际学术动态》，2（1984）。

莱廷纳又指出，由于工业和科学的发展，目前对分析化学的要求愈来愈高了。它表现在：第一，要求分析化学提供关于物质更加完备的知识，光搞成分分析是不行的。要分析三态：价态、相态、状态。第二，分析化学的趋势是向着直接测定复杂混合物（如生物流体或土壤提出物）的方向发展。第三，要求分析大量的样品和处理大量的分析结果。

目前，有的化验室一天要处理上万个样品。例如：在地质勘探中的大面积扫描探测，要分析上亿个样品；在环境检测中要处理数量庞大的样品，并处理大量的分析结果。

分析化学第三次革命的特点是什么呢？美国分析化学家 B.R. 卡瓦尔斯基明确地回答了这个问题。他在《分析化学是一门信息科学》的论文中指出，80 年代，对分析化学家来说，可能是最激动人心的时代，如果分析化学家能够认识到，并且参加到当前科学界和社会上正在发生的巨大变革中去。这些巨大变革的核心就是计算技术的发展。一门新的边缘科学"化学计量学"（Chemo metrics）正在兴起，它将训练分析化学家利用数学的和统计的方法去设计或选择最优的测量步骤，并从分析数据中获得最大限度的化学知识。"化学计量学"的发展将使分析化学家从单纯的"数据提供者"变成"问题解决者"。例如，运用数学的方法，一个环境分析家就可以把电测量得到的电流、电压数据转化为水样中各种化学物质的浓度，并运用统计的方法，在处理大量的样品提供的结果以后，得出关于水化学的理论，为水源的进一步处理提供依据。在数学的协助下，分析化学正在呈现出新的面貌。

下面谈谈分析化学第三次革命的核心内容和主要特点。从卡瓦尔斯基的话来看，数理统计和电子计算机在分析化学中的应用，"化学计量学"的兴起，将使分析化学的面貌发生巨大的变化。这就是分析化学第三次革命的主要特点。如果说 60 年代是分析化学与电子学结合的时代，那么 70 年代就是分析化学与电子计算机结合的时代了。微处理机的应用是分析化学大发展的一个新的里程碑；分析仪器的电子计算机化，是近代分析仪器的发展趋势，这已经成为大家公认的事实。电子计算机的应用，使固有的分析方法既准确、又灵敏。过去，我们认为，分析方法准确与灵敏两者不能兼顾。过去，重量分析法虽然慢，却比较准确；比色方法虽然灵敏，但不准确。现在，用微处理机控制的分析仪器可以使之两者兼顾。库仑法不但最准确而且十分灵敏；原子吸收光谱法不但灵敏而且和重量法一样准确（表 1）。表 2 列举了利用各种方法进行常量分析的准确度，其中不少方法原来只能作微量分析，现在却能作常量分析，甚至比重量法还好。

表 1 原子吸收光谱的精密度

元素	含量	测定结果（10^{-6}）	元素	含量	测定结果（10^{-6}）	元素	含量	测定结果（10^{-6}）
Zn	1×10^{-6}	0.999 1.000 0.992 1.002	Cu	5×10^{-5}	5.00 5.01 5.01 5.00	Pb	15×10^{-6}	15.01 15.02 14.95 14.99

表 2 常量分析的准确度

分 析 方 法	准 确 度（%）	分 析 方 法	准 确 度（%）
重量法	±0.3	库仑法	$±10^{-3}\sim10^{-4}$
容量法	±0.2	极谱法	±0.5
X-荧光	±0.2	中子活化	±0.1～0.6
分光光度	±0.02～0.2 （1%～40%Fe）	原子吸收	±0.1～0.5

化学计量学的兴起

去年八九月份，我去丹麦参加国际纯粹与应用化学联合会第三十二届年会，去荷兰参加国际第九届微量技术会议，先后到过五个国家。每到一个地方我都围绕着化学计量学的问题和一些知名人士交换看法，了解这方面的研究情况。通过一个多月的实地考察，我得到了这样的结论：正像卡瓦尔斯基所预料的那样，化学计量学正在欧洲和美国蓬勃兴起。

在巴黎，我参观了法国 R. 禾赛教授的实验室。禾赛教授送给我一本他写的书《溶液分析化学与微信息论》（微信息论是指用微处理机处理信息）。书中介绍了微处理机处理非常复杂的溶液平衡问题。他们研究的人工智能仪器可以处理含有 6 种基本成分和 10 个平衡常数的复杂的平衡体系，只要把信息（如溶液的名称、开始体积、开始浓度、平衡常数数值、溶度积数值等）输入到微处理机中，立即可以得到关于溶液平衡的严格数学公式和图表。例如用 $0.1mol/L$ NaOH 滴定 $10ml$ $0.1mol/L$ 草酸，只要你将有关的信息送进计算机，便可得到一个滴定曲线和三种组分（$H_2C_2O_4$，$HC_2O_4^-$，$C_2O_4^{2-}$）在滴定过程中的浓度变化曲线。

禾赛教授指出，微信息论大大加强了我们的思维。微信息论使复杂的计算成为实现的可能，并使我们能够在极短的时间内找出化学现象的体系方程。它可以使人们从总体上来研究和处理溶液的平衡问题，不须再寻找巧妙的近似手法。

在第九届国际微量化学技术会议上，最使人注目的是，关于化学计量学的报告和论文。比利时的马沙尔教授作了"化学计量学对微量分析的冲击"的特邀报告。他指出，任何分析工作都包括三个部分：1. 分析工作开始以前要选择最佳的分析方案；2. 用选择好的实验步骤进行操作；3. 分析完毕以后，要处理数据，并从数据中获得最大限度的化学知识。这是我们每个分析工作者都做的事情。问题是，我们做的都比较简单。一次只对样品中一种成分进行测定，只能得到一个或一组结果。如果我们遇到非常多而又非常复杂的样品，则情形就不同了。例如，在环境分析中关于石油的污染问题。据说，伊朗石油有 500 个品种，每个品种都要测定 $7\sim8$ 个脂肪酸。要分析的油样成千上万，并且在不同的时间来自不同的地区。在这种情况下，要选择最佳的分析方案和从分析数据中得出环境污染的正确认识，就不能不借助于数理统计的方法；而要解那些复杂的数学模式又不得不用微处理机。化学计量学就是指用数理统计和微处理机来解决分析工作中寻找最佳方案和处理复杂数据的问题。

因此，化学计量学的兴起是不可避免的。马沙尔教授告诉我们，应用于化学计量学的人工智能仪器正在研制之中。这种仪器的方框图有三个：1. 微处理机；2. 软件；3. 化学计量学。

在丹麦，匈牙利科学院的院士 Pungor 教授向我介绍了匈牙利开展化学计量学教学工作的情况。事后，他还寄来了匈牙利大学使用的讲义。当时，欧洲化学联合会分析化学工作组正在荷兰开会，会议的秘书给我送来一套欧洲 19 个国家 132 所高等院校分析化学教学情况调查表。调查表表明，欧洲（包括苏联）已有 57 所大学开设了化学计量学的课程，最多的学时为 196（荷兰 GA   Delft 高工）。

为了适应分析化学的发展，英国曼彻斯特大学理工学院（简称 UMIST）成立了一个系叫做 Department of Instrumentation and Analytical Science，这标志着分析化学已发展到一个新的阶段——"分析科学"阶段。

卡瓦尔斯基说，化学计量学的发展将使分析化学家从一个"数据提供者"变为"问题的解决者"。荷兰的化学计量学教授们还为国际会议的代表举办了一次"模拟游戏"，参加的人扮演一个化学计量学家的角色，通过指挥一个只有 5 个化验人员的分析室来管理 5 座化学工厂。整个游戏是通过电子计算机在电视机的荧光屏上进行的。它象征性地表明，分析化学家不仅能迅速地获得分析数据，而且能够迅速地解决工厂的生产问题。

新技术革命对我们的影响已经到来了。它不是明天将要发生的事情，而是今天正在发生的事情和已经发生的事情。

附录1　高鸿教授发表的论文目录

1. A Versatile Technique for X-ray Single-crystal Structural Analysis Applied to Benzaldehyde 2,4 Dinitrophenylhydrazone and Zinc Salts of Salicylic and Benzoic Acids
   G. L. Clark and Kao Hung, J. Am. Chem. Soc., 70, 2151 (1948)

2. Chemical Nature of Glutose
   G. L. Clark, Kao Hung, Louis Sattler and F. W. Zerban, Ind. Eng. Chem., 41, 530 (1949)

3. 大量锡中微量钨的极谱测定
   高鸿、许鸥泳,教学与研究汇刊,1,9～11 (1957)

4. 钴的极谱测定 I,乙二胺底液中 Co(II)的氧化
   高鸿、郭诗瑾,南京大学学报(自然科学),2,37 (1957)

5. 静止汞齐电极极谱分析法 I,镉汞齐电极
   高鸿、张祖训、蒋雄图、胡秀仁,化学学报,486 (1957)

6. 锗的极谱测定
   高鸿、彭永元、卢宗桂、黄君华、何振华,南京大学学报(自然科学),1,87 (1959)

7. 大铂片电极电流滴定的研究
   高鸿、张祖训、周冰心、周镐铭,南京大学学报(自然科学),1,93 (1959)

8. 铅肼铬离子的极谱研究
   高鸿、张秀娟,南京大学学报(自然科学),1,99 (1959)

9. 悬汞电极的研究 I,恒定电位伏安法悬汞电极扩散电流方程式的验证
   高鸿、赵龙森、邹爱民,南京大学学报(化学),1,75 (1962);高等学校自然科学学报(化学化工),1,14 (1964)

10. 悬汞电极的研究 II,线性变位伏安法悬汞电极电流的初步探讨
    高鸿、张祖训、夏桂珠,南京大学学报(化学),1,83 (1962);高等学校自然科学学报(化学化工),1,22 (1964)

11. 悬汞电极的研究 III,静止球面电极恒电位伏安法扩散电流方程式的验证
    高鸿、张长庚,化学学报,31,229 (1965)

12. 悬汞电极的研究 IV,恒电位伏安法球形汞齐电极扩散电流理论及验证
    高鸿、张长庚,南京大学学报,8(3) 401 (1964)

13. Theory of Diffusion Currents of Spherical Amalgam Electrode in Voltammetry with Constant Potential and Its Experimental Verification
    Kao Hung, Chang Ch'ang Geng, Scientia Sinica, XV, 344 (1966)

14. Experimental Verification of the Theory of Symmetrical Spherical Diffusion at Various Potentials
    Kao Hung and Chang Ch'ang Geng, Scientia Sinica, XV, 336 (1966)

15. 悬汞电极的研究 V,金属在汞中的扩散

高鸿、张长庚，南京大学学报，9(3) 326 (1965)

16. 线性变位示波极谱的研究Ⅰ，催化电流理论

高鸿、张祖训、张文彬，南京大学学报，1，65 (1963)；高等学校自然科学学报（化学化工），3，195 (1964)；中国科学（英文版），13(9) (1964)

17. 线性变位示波极谱的研究Ⅱ，一种新的催化电流方程式的推导方法

张祖训、高鸿，南京大学学报，249 (1963)

18. Theory of Catalytic Currents

Kao Hung, Chang Tsow Shien and Chang Wen Bin, Scientia Sinica, 13(9) 1411 (1964)

19. 方波极谱研究Ⅰ，振动子方波极谱仪

张祖训、王春霞、黄文裕、徐承古、高鸿，化学学报，30(2) 108 (1964)

20. 方波极谱研究Ⅱ，振动子方波可逆波电流方程式

张祖训、黄文裕、王春霞、高鸿，化学学报，30(2) 111 (1964)

21. 方波极谱研究Ⅲ，催化电流方程式

张祖训、高鸿，南京大学学报，1，55(1963)；高等学校自然科学学报（化学化工），3，206 (1964)

22. 方波极谱研究Ⅳ，催化电流理论的验证

高鸿、张祖训、黄文裕，化学学报，30(3) 275 (1964)

23. 方波极谱研究Ⅴ，受化学反应（超前反应）控制的方波极谱电流理论

张祖训、高鸿，中国化学会 1963 年年会论文摘要集，15 页

24. Investigation of Square Wave Polarography Ⅲ, Ⅳ Theory of Catalytic Currents and Its Experimental Verification

Kao Hung, Chang Tsow Shien and Huang Wen Yu, Scientia Sinica, 14(2) 193 (1965)

25. 交流极谱研究Ⅰ，催化电流理论

陈洪渊、张祖训、高鸿，南京大学学报，1，75 1963；高等学校自然科学学报（化学化工），3，185 (1964)

26. 极谱分析在超纯物质分析中的应用——从灵敏度的角度看近年来极谱分析的发展

高鸿，化学通报，4，11~15 (1964)

27. 交流示波极谱滴定的研究Ⅰ，EDTA 滴定镓

高鸿、彭慈贞、俞秀南、吴美玉，南京大学学报，8 (3) 417 (1964)

28. 交流示波极谱滴定的研究Ⅱ，铬酸钾滴定常量铅

高鸿、彭慈贞、张文彬，化学学报，31(5) 428 (1965)

29. 交流示波极谱法在痕量分析中的应用Ⅰ，纯盐酸中痕量铅的测定（内标法）

高鸿、彭慈贞、汤友三、吴志恒，南京大学学报，8(4) 549 (1964)

30. 悬汞电极的研究

高鸿等，全国科学大会学术会议报告稿(1978 年)

31. 近代极谱催化电流理论

高鸿、陈洪渊等，全国科学大会学术会议报告稿(1978 年)

32. 分析化学的发展趋势

高鸿，《中国化学会 1978 年年会学术报告集》，中国化学会编，科学出版社，105 (1981)

33. The Diffusion Coefficients of Metals in Mercury and the Methods of Their Determination
    高鸿,在檀香山美日等国联合举办的国际化学年会上的报告(1979 年 4 月 5 日)

34. 电分析化学三十年(庆祝中华人民共和国建国卅周年)
    高鸿、汪尔康、章咏华、高小霞、汪厚基、严辉宇,分析化学,7(5) 329 (1979)

35. 交流示波极谱滴定的研究 Ⅲ,EDTA 滴定锌及锌滴定亚铁氰化物
    翁筠蓉、吴财郁、张文彬、高鸿,南京大学学报,1, 53 (1980)

36. 交流示波极谱滴定的研究 Ⅳ,大量镁存在下用 EGTA 滴定钙
    高鸿、翁筠蓉、尹常庆,高等学校化学学报,2(1) 37 (1981)

37. 交流示波极谱滴定的研究 Ⅴ,丁二酮肟滴定镍
    翁筠蓉、沈祖荣、高鸿,Ibid, 117 (1981)

38. 交流示波极谱滴定的研究 Ⅵ,钙锶钡碳酸盐混合物中的钡的快速测定
    高鸿、金恒良,南京大学学报,2, 231 (1981)

39. 交流示波极谱滴定的研究 Ⅶ,EDTA 滴定铝
    高鸿、卢宗桂、吴志坚、杜玲珑,南京大学学报,4,485 (1981)

40. 交流示波极谱滴定的研究 Ⅷ,钙锶钡碳酸盐混合物中钙的测定
    金恒良、高鸿,分析化学,9(4) 422 (1981)

41. 交流示波极谱滴定的研究 Ⅸ,四苯硼钠滴定钾
    潘胜天、高鸿,高等学校化学学报,1,61 (1982)

42. 交流示波极谱滴定的研究 Ⅹ,钨与钼的测定
    高鸿、翁筠蓉、张琴,分析化学,9(6) 669 (1981)

43. 交流示波极谱
    高鸿,江苏化工,2 (1981)

44. 交流示波极谱滴定法
    高鸿,在全国电分析化学学术会议上的报告(1981)

45. 交流示波极谱滴定
    高鸿,化学通报,3,7 (1982)

46. Environmental Sciences in China
    Kao Hung, TRAC 1,5 (1982)

47. Oscillopolarographic Titrations
    Kao Hung, 中国科学(英文版),25(5) 461 (1982)

48. 悬汞电极的研究 Ⅵ,再论金属在汞中的扩散
    马新生、张长庚、高鸿,南京大学学报,2,321 (1982)

48A. Oscillopolarographic Titration：A Promising Volumetric Method with Visual End-point
    Detection
    Kao Hung, Trends in Analytical Chemistry，1(6) 140 (1982)

49. 示波极谱滴定在药物分析中的应用 Ⅰ,四苯硼钠滴定甲基硫酸新斯的明注射液
    黄铁华、潘定华、高鸿,药物学报,17(7) 534 (1982)

50. 示波极谱滴定在药物分析中的应用 Ⅱ,镉滴定二巯基丁二钠

乔正道、潘定华、高鸿,药物学报,17(8) 621 (1982)

51. 示波极谱滴定在药物分析中的应用 Ⅲ,银滴定磺胺噻唑

　　乔正道、潘定华、高鸿,药物学报,17(10) 798 (1982)

52. 示波极谱滴定在药物分析中的应用 Ⅳ,四苯硼钠滴定盐酸普鲁卡因注射液

　　黄铁华、潘定华、高鸿,药物分析杂志,4(1) 21 (184)

53. 示波极谱滴定在药物分析中的应用 Ⅴ,硝酸银滴定叶酸

　　乔正道、潘定华、高鸿,药物通报,17(9) 10 (1982)

54. 交流示波极谱滴定的研究 Ⅺ,锌和镉的连续滴定

　　高鸿、方惠群、呈孟玉,分析化学,10(9) 513 (1982)

55. 示波极谱滴定的研究 Ⅻ,中和滴定

　　陈淑萍、高鸿,高等学校化学学报(专刊),3 53 (1982)

56. 交流示波极谱滴定的研究 ⅩⅢ,有机碱及有机酸盐类药物在水溶液中的中和滴定

　　陈淑萍、高鸿,高等学校化学学报,4(1) 26 (1983)

57. 交流示波极谱滴定的研究 ⅩⅣ,四苯硼钠滴定含氮有机化合物

　　潘胜天、高鸿,分析化学,11(2) 98 (1983)

58. 交流示波极谱滴定的研究 ⅩⅤ,枸橼酸哌嗪的中和滴定

　　吴良清、高鸿,分析化学,11(10) 725 (1983)

59. 交流示波极谱滴定的研究 ⅩⅥ,磷的测定

　　卢宗桂、李立、何亚楠、高鸿,冶金分析,4(1) 24 (1984)

60. 交流示波极谱滴定的研究 ⅩⅦ,钒酸铵法测定马钱子碱

　　方惠群、黄剑辉、高鸿,药物分析杂志,4(1) 23 (1984)

61. 常量铁的交流示波极谱滴定

　　汪秀玲、张淑敏、任凤霞、高鸿,冶金分析,5,4 (1982)

62. 交流示波极谱滴定溴丁东莨菪碱制剂

　　程光炘、高鸿,南京药学院学报,3,1～7 (1983)

63. 分析化学的发展趋势

　　高鸿,化学通报,8,3 (1982)

64. 谈分析化学的作用及发展趋势

　　高鸿,世界科学,4,20 (1982)

65. 示波极谱滴定胃舒平片中的氢氧化铝

　　黄铁华、潘定华、高鸿,药学通报,18(4) 36 (1983)

66. On Diffusion of Metal in Mercury

　　X. S. Ma and H. Kao, Electroanal. Chem. , 151, 179～192 (1983)

67. Progress of Electroanalytical Chemistry in P.R.C (Part Ⅰ)

　　H. Kao, Reviews in Analytical Chemistry, 7 No. 1 & 2, 6 (1983)

68. Oscillopolarographic Titration

　　H. Kao, Ibid, 7, No. 1 & 2, 127～151 (1983)

69. 示波极谱滴定的研究 ⅩⅧ,四苯硼钠直接滴定钽及间接滴定硫酸根

翁筠蓉、徐卫、孙成、高鸿,冶金分析,4,46（1984）

70. 示波极谱滴定的研究 XIX,利用氨羧络合剂自身的切口的示波极谱络合滴定法

陶曙光、高鸿,高等学校化学学报,5(4) 477（1984）

71. 示波极谱滴定的研究 XX,CYDTA 直接滴定镍

徐金龙、高鸿,冶金分析,5,33（1984）

72. 示波极谱滴定的研究 XXI,铂电极上的示波极谱滴定

庄建元、高鸿,高等学校化学学报,5(6) 775（1984）

73. 示波极谱滴定的研究 XXII,锡青铜中锌的测定

卢宗桂、刘健、高鸿,南京大学学报（化学专刊）,117（1985）

74. 铂电极上示波极谱滴定

庄建元、高鸿,高等学校化学学报（英文版）,1,45（1984）

75. 示波极谱滴定的研究 XXIV,溴酸钾法测定奎宁

卢宗桂、瞿剑川、高鸿,分析化学,13(6) 422（1985）

76. 示波极谱滴定的研究 XXV,亚硝酸钠滴定法

徐伟建、高鸿,高等学校化学学报,6(12) 1059（1985）

77. 示波极谱滴定的研究 XXVI,亚硝酸钠滴定亚锡

徐伟建、王道垣、高鸿,冶金分析,6(3) 39～43（1986）

78. 示波极谱滴定的研究 XXVII,高钒铁中钒的快速测定

方惠群、谢建强、高鸿,分析化学,14(3) 216（1986）

79. 示波极谱滴定的研究 XXVIII,单微铂电极上的示波极谱络合滴定法

杨昭亮、高鸿,高等学校化学学报,7(3) 211（1986）

80. 示波极谱滴定的研究 XXIX,双微铂电极上的示波极谱络合滴定法

杨昭亮、高鸿,高等学校化学学报,7(4) 305（1986）

81. 示波极谱滴定的研究 XXX,铂电极上 As(III) 的示波极谱图

庄建元、高鸿,南京大学学报,22(2) 358（1986）

82. 示波极谱滴定的研究 XXXI,大量 Ca 存在时 Ca,Mg 的连续测定

翁筠蓉、赵克强、高鸿,南京大学学报,21(4) 667（1985）

83. 示波极谱滴定的研究 XXXII,金电极上的示波极谱滴定

向智敏、高鸿,分析化学,13(10) 745（1985）

84. 示波极谱滴定的研究 XXXIII,金电极上的铜滴定法

向智敏、高鸿,分析化学,13(11) 825（1985）

85. 分析化学的发展

高鸿,国际学术动态,2,22（1984）

86. 示波极谱滴定的研究 XXXIV,铁氰化钾滴定法

彭庆初、高鸿,化学学报,44,413～416（1986）

87. 示波极谱滴定的研究 XXXV,磁铁矿中亚铁和全铁的测定

彭庆初、高鸿,冶金分析,6(4) 68～69（1986）

88. 应用交流示波极谱滴定测定钨矿石中钨的方法研究

邹毓良、张明珠、翁筠蓉、高鸿,徐州师范学院学报,1,93(1983)

89. 示波极谱滴定的研究 XXXVI,铂电极上的沉淀滴定法

徐双华、高鸿,南京大学学报,22(1) 68 (1986)

90. EDTA 示波极谱滴定葡萄糖酸钙

黄铁华、潘定华、高鸿,药学学报,19(10) 769 (1984)

91. 铁氰化钾滴定亚钴

彭庆初、高鸿,冶金分析,7(2) 65 (1987)

92. 电滴定分析的新方法

徐伟建、高鸿,高等学校化学学报,7(11) 989 (1986)

93. 应用微型高效液体色谱——电化学检测法分离儿茶酚胺

邹公伟、史蓉蓉、高鸿,药学学报,20(11) 870 (1985)

94. 两铂电极示波电位滴定法 I,EDTA 滴定铁矿中的铁

陈羽薇、翁筠蓉、徐伟建、高鸿,分析化学,15(9) 820 (1987)

95. 一种最简单的电滴定法——两铂电极示波电位滴定法

高鸿、徐伟建、张胜义,分析化学,15(5) 40 (1987)

96. 双铂电极交流示波电位滴定法

徐伟建、张胜义、高鸿,高等学校化学学报,8(5) 424 (1987)

97. 交流示波极谱基础研究 IV,切口的性质

毕树平、高鸿,高等学校化学学报,116,579～582 (1990)

98. 示波极谱滴定的研究 XXXXI,双微铂电极示波极谱滴定的原理

杨昭亮、高鸿,高等学校化学学报,9(5) 438 (1988)

99. 交流示波极谱基础理论的研究 I,底液示波极谱曲线端点电位理论

毕树平、马新生、高鸿,应用化学,4(4) 6 (1987)

100. 交流示波极谱基础理论研究 II,临界电流密度

毕树平、马新生、高鸿,应用化学,4(6) 54 (1987)

101. 不用切口的示波极谱滴定法——新的单极化电极示波极谱滴定法

徐伟建、张胜义、高鸿,高等学校化学学报,8(6) 502 (1987)

102. 示波极谱滴定的新技术

毕树平、马新生、高鸿,南京大学学报,25(2) 371 (1989)

103. 示波滴定的定义及分类

IUPAC Report

104. 示波极谱滴定的研究 XXXVII,枸橼酸乙胺嗪的测定

卢宗桂、程光炘、沈明、高鸿,药物分析杂志,6(3) 148 (1986)

105. 两 Ag-TPB 电极上的零电流示波双电位滴定法

卜海之、高鸿,高等学校化学学报,9(4) 323 (1988)

106. 银电极上氯溴碘的零电流示波双电位滴定

卜海之、高鸿,分析化学,16(2) 114 (1988)

107. 两铂电极零电流示波双电位滴定法

徐伟建、高鸿，化学学报，47，42～48（1989）

108. 影响示波极谱中和滴定终点示波图变化的因素 I，交流电流密度
毕树平、高鸿，分析化学，16(10) 938 (1988)

109. 三角波交流示波极谱的研究 I，三角波交流示波极谱图的性质
祁洪、高鸿，高等学校化学学报，9(6) 564 (1988)

110. 三角波交流示波极谱的研究 II，单组分三角波交流示波极谱理论
祁洪、高鸿，高等学校化学学报，9(7) 665 (1988)

111. 小电流交流示波极谱 $E \sim t$ 曲线理论公式的推导方法
徐伟建、高鸿，高等学校化学学报，9(8) 780～787 (1988)

112. 铂电极上铜的示波极谱滴定
杨昭亮、傅斌、高鸿，南京大学学报，25(4) 716 (1989)

113. Oscillopolarographic Chelometeic Titration on Two Similar Micro Pt Electrodes
Yang Zhao Liang and Kao Hong (H. Kao), Chem. J. Chinese Universities (Eng. Ed.), 2(2) 18 (1986)

114. 高次微分示波极谱滴定法
杨昭亮、高鸿，科学通报，19，1479 (1989)

115. 三角波交流示波极谱研究 III，双组分三角波交流示波极谱理论
祁洪、马新生、高鸿，高等学校化学学报，9(9) 891 (1988)

116. 多组分三角波交流示波极谱理论
祁洪、马新生、高鸿，南京大学学报，25(3) 85 (1989)

117. 示波滴定
高鸿，高等学校化学学报，9(8) 740 (1988)

118. 分析化学发展趋势
高鸿，百科知识，4，42 (1987)

119. EDTA 滴定大量镍
徐金龙、陈鸿振、高鸿，南京大学学报（化学专刊），98 (1985)

120. 非配偶型铂电极上的螯合滴定，EDTA 滴定金属离子
沈雪明、高鸿，分析化学，17(3) 245 (1989)

121. 双铂电极交流示波双电位滴定法原理 I，荧光电位线的理论公式
徐伟建、高鸿，高等学校化学学报，9(10) 1002 (1988)

122. 示波双安培滴定的研究 I，氧化还原滴定
徐伟建、黄岚、高鸿，分析化学，17(3) 269 (1989)

123. 两铂电极示波电位滴定的研究 II，EDTA 滴定 Cu^{2+}，Pb^{2+}，Hg^{2+}，Co^{2+}
翁筠蓉、宋一麟、高鸿，分析化学，16(5) 434 (1988)

124. 电滴定分析新方法
徐伟建、高鸿，高等学校化学学报（英文版），3(1) 8 (1987)

125. Oscillographic Titrations I. Oscillographic Chronopotentiometric Titrations at Micro Thin Film Hg Electrodes

H. Kao，IUPAC Report

126. Oscillographic Titrations Ⅰ. at Pt Electrodes

H. Kao，IUPAC Report

127. 非配偶型电极上 EDTA 滴定焊锡中的 Pb 和 Sn

翁筠蓉、唐彤、卢宗桂、高鸿，分析化学，17(6) 536 (1989)

128. 零电流示波双电位中和滴定法

谢远武、高鸿，高等学校化学学报，9(12) 1233 (1988)

129. 微分示波电位滴定法 Ⅰ 总论

刘晓华、张文彬、高鸿，电分析化学，2(1) 63 (1988)

130. 浓盐溶液中极弱碱的控制电流示波电位滴定

谢远武、高鸿，南京大学学报，25(4) 723 (1989)

131. 铂电极上 Cu^{2+} 的 DDTC 滴定

刘晓华、张文彬、高鸿，应用化学，6(3) 81 (1989)

132. 两银电极示波电位滴定法测定盐酸小檗碱

卢宗桂、邓岩晖、钟军、高鸿，药物分析杂志，8(1) 43 (1988)

133. 示波电位滴定法测定度米芬

卢宗桂、秦俭、翁筠蓉、高鸿，分析化学，17(7) 625 (1989)

134. 山莨菪碱及其制剂的交流示波极谱滴定

程光炘、刘如瑾、高鸿，药物分析杂志，7(4) 236 (1987)

135. 影响交流示波极谱中和滴定终点示波图变化的因素 Ⅱ，交流电频率

毕树平、高鸿，分析化学，17(11) 1042 (1989)

136. 电极双电层微分电容的快速估算方法

毕树平、高鸿，电分析化学，2(1) 17 (1988)

137. 示波电导滴定

毕树平、高鸿，高等学校化学学报，10(8) 860 (1989)

138. 双铂电极交流示波双电位滴定法原理 Ⅱ，荧光电位线理论公式的实验验证

徐伟建、高鸿，高等学校化学学报，10(8) 792 (1989)

139. 示波极谱图的伸缩及位移

徐伟建、高鸿，高等学校化学学报，10(9) 890 (1989)

140. 高次微分示波极谱滴定法测定合金中的锰

杨昭亮、余仁扬、高鸿，南京大学学报，25(1) 57 (1989)

141. Antilog $\frac{dE}{dE} \sim E$ 曲线上的示波极谱滴定法

杨昭亮、高鸿，分析化学，17(10) 870 (1989)

142. 电流反馈高次微分示波极谱滴定法

杨昭亮、高鸿，高等学校化学学报，11(2) 131 (1990)

143. 铬(Ⅵ)-邻菲罗啉亚硝酸钠氨性缓冲体系中极谱催化波机理的研究

韩吉林、陈洪渊、高鸿，高等学校化学学报，10(12) 1189 (1989)

144. 不同预处理对 Pt 电极 pH 响应的影响

谢远武、高鸿,化学学报,47,1071～1075 (1989)

145. 修饰电极示波滴定法测定苯甲酸钠

卢宗桂、马福元、凌静、高鸿,中国医药工业杂志,21(3) 128 (1990)

146. 汞电极表面电荷的快速估算

毕树平、高鸿,化学研究与应用,2(1) 29 (1990)

147. 交流示波极谱基础研究 Ⅲ,底液 Micka 公式的修正

毕树平、高鸿,高等学校化学学报,11(5) 529～531 (1990)

148. 金属电极上的中和滴定法 Ⅳ,零电流双电位滴定曲线的理论推导

谢远武、高鸿,南京大学学报,26(4) 658 (1990)

149. 示波指示技术在动力学分析中的应用:交流示波双电位催化动力学法测定 Mo 和 Cu

徐伟建、黄岚、刘燕、高鸿,高等学校化学学报,11(11) 1191 (1990)

150. 钙镁和极弱酸的二次微分示波极谱滴定

翁筠蓉、陈新文、袁晓健、高鸿,应用化学,7(5) 83 (1990)

151. 电容电流下的示波极谱滴定的研究:亚铁氰化钾滴定法

郑建斌、高鸿,咸阳师专学报,5(1) 28 (1990)

152. 示波库仑滴定

徐伟建、林敏、高鸿,应用化学,7(6) 74～76 (1990)

153. 非配偶型电极上的电位滴定

刑宝忠、翁筠蓉、朱俊杰、高鸿,高等学校化学学报,12(2) 186 (1990)

154. 示波滴定法测定二巯基丙醇

卢宗桂、黄印平、缪纲、高鸿,分析试验室,9(6) 34 (1990)

155. 电流反馈示波极谱滴定法

杨昭亮、高鸿,化学学报,48,554 (1990)

156. Direct Titration of Very Weak Acids (Bases) in Aqueous Solution with Strong Bases (Acids) Using Visual End-point Indication without Indicator

Bi Shu Ping, Zhang Guang Yu and Kao Hong (H. Kao), Chinese Chemical Letters, 2(2) 153～154 (1991)

157. Reciprocal A. C. Oscillopolarogram

Bi Shu Ping, Du Si Dan, Wang Zhong and Kao Hong (H. Kao), Chinese Chemical Lette, 2(2) 147～150 (1991)

158. Separation of Overlapping Incisions of A. C. Oscillopolarogram Using Kalman's Filter Technique

Du Si Dan, Bi Shu Ping, Wang Zhong and Kao Hong (H. Kao), Chinese Chemical Letters, 2(2) 151～152 (1991)

159. Frequency-spectrum Analysis of A. C. Oscillopolarogram

Bi Shu Ping, Qi Hong, Du Si Dan and Kao Hong (H. Kao), Chinese Chemical Letters, 2(2) 143～146 (1991)

160. PVC 膜电极上的示波电位滴定法及其在药物分析中的应用

朱俊杰、卢宗桂、高鸿,化学研究与应用,3(4) 82 (1991)

161. 交流示波极谱图的频谱分析
毕树平、祁洪、都思丹、高鸿,高等学校化学学报,12(5) 604 (1991)

162. Micka 公式的修正及应用
毕树平、高鸿,化学研究与应用,3(1) 17 (1991)

163. $i_f \sim E$ 交流示波极谱法的研究
祁洪、高鸿,高等学校化学学报,12(4) 447 (1991)

164. 三论影响交流示波极谱中和滴定终点示波图变化的因素
毕树平、章广宇、高鸿,化学研究与应用,3(2) 27 (1991)

165. 微分示波电位滴定法在药物分析中的应用
朱俊杰、卢宗桂、高鸿,南京大学学报,27(2) 285 (1991)

166. 极弱酸(碱)的交流示波滴定:二次微分法
陈扬、翁筠蓉、高鸿,化学研究与应用,3(2) 34 (1991)

167. 再论极弱酸(碱)水溶液的直接测定
毕树平、章广宇、高鸿,化学研究与应用,3(3) 71 (1991)

168. 示波指示技术在动力学分析中的应用 Ⅳ,示波双安培法在 Landolt 效应测定钼(Ⅵ)、铁(Ⅲ)和钒(Ⅳ)中的应用
黄岚、高鸿,分析化学,19(9) 1053 (1991)

169. 交流示波极谱图测定微分电容法和卤素离子吸附对示波图的影响
祁洪、高鸿,高等学校化学学报,12(7) 872 (1991)

170. 交流示波极谱中 $i_f \sim E$ 曲线的研究(Ⅰ),求取 $i_f \sim E$ 曲线的仪器装置
沈雪明、陈洪渊、高鸿,高等学校化学学报,12(7) 879 (1991)

171. 交流示波极谱中 $i_f \sim E$ 曲线的研究(Ⅱ),$i_f \sim E$ 曲线的理论公式
沈雪明、陈洪渊、高鸿,高等学校化学学报,12(7) 882 (1991)

172. 交流示波极谱基础研究 Ⅴ,实验线路的改进
祁洪、毕树平、高鸿,南京大学学报,27(4) 694 (1991)

173. 示波极谱滴定法测定盐酸氯喘等药物
卢宗桂、朱俊杰、李伯南、高鸿,化学研究与应用,3(4) 93 (1991)

174. 分析化学现状和未来
高鸿,大学化学,6(3) 3 (1991)

175. Kalman 滤波分辨交流示波极谱图中重叠切口
毕树平、都思丹、王忠、高鸿,高等学校化学学报,12(12) 1592 (1991)

176. Alternating Current Adorptive Stripping Voltammetry in a Flow. System for the Determination of Ultratrace Amounts of Folic Acid
Han Ji Lin, Chen Hong Yuan and Kao Hong, Analytica Chimica Acta,252,47~52 (1991)

177. 铁氰化钾示波电位滴定钴
郑建斌、高鸿,咸阳师专学报,5(2) 46 (1990)

178. 交流示波极谱法中电流-电位曲线的研究 Ⅲ,电流-电位曲线示波极谱络合滴定法

沈雪明、陈洪渊、高鸿,分析化学,20(5) 511 (1992)

179. 示波指示技术在动力学分析中的应用(Ⅲ),示波双安培催化动力学法测定铜和碘
黄岚、高鸿,高等学校化学学报,13(2) 179 (1992)

180. 示波滴定法在环境监测中的应用——水中溶解氧、氯、钙及镁的测定
翁筠蓉、赵列军、高鸿,分析化学,20(3) 309 (1992)

181. 交流示波极谱图重现性的研究
郑建斌、毕树平、高鸿、卜海之、赵守孝、陈显瑶、郭庆东,高等学校化学学报,13(2) 167 (1992)

182. 示波非水滴定法
姚大庆、芦宗桂、高鸿,药物分析杂志,12(1) 48 (1992)

183. 示波中和指示剂的原理(Ⅰ),苯胺与荧光素钠
陈扬、翁筠蓉、高鸿,高等学校化学学报,13(5) 605 (1992)

184. 组合微电极的性质与应用
鞠煶先、陈洪渊、高鸿,分析化学,20(1) 107 (1992)

185. 微电极研究Ⅹ,微盘电极上稳态过程导数伏安法
鞠煶先、陈洪渊、高鸿,高等学校化学学报,13(5) 586 (1992)

186. 非水介质中示波滴定法测定药物氢溴酸苯甲托品和盐酸吗啉胍
朱俊杰、卢宗桂、张红兵、姚大庆、赵守孝、高鸿,分析化学,20(8) 929～931 (1992)

187. 改进示波计时电位法
朱俊杰、郑建斌、毕树平、高鸿,高等学校化学学报,13(8) 1039～1042 (1992)

188. 获得倒数计时电位图的新线路
郑建斌、朱俊杰、高鸿,高等学校化学学报,13(8) 1055～1056 (1992)

189. 交流示波极谱法中 $i_f\sim E$ 曲线的研究Ⅳ,示波极谱氧化还原滴定法
沈雪明、陈洪渊、高鸿,应用化学,9(3) 54～57 (1992)

190. Investigation on Improved Oscillographic Chronopotentiometry
Zhu Jun Jie, Zheng Jian Bin, Bi Shu Ping and Kao Hong(H. Kao),Chinese Chemical Letters, 3 (6) 449～452 (1992)

191. 倒数示波计时电位滴定法
毕树平、郑建斌、王庆锋、高鸿,高等学校化学学报,13(9) 1184～1187 (1992)

192. 倒数示波计时电位滴定新技术
毕树平、郑建斌、王庆峰、都思丹、高鸿,高等学校化学学报,13(9) 1196～1198(1992)

193. Fouries 变换在示波计时电位法中的应用
毕树平、都思丹、张明泉、高鸿,南京大学学报,28(3) 397～403 (1992)

194. Investigation on Microelectrodes Ⅻ, The Determination of the Inverse Current in the Processes of the Steady-state on Quasi-steady State
H. X. Ju, H. Y. Chen and H. Gao, Chinese Chemical Letters,3(6) 453～456 (1992)

195. 微分倒数示波计时电位滴定
郑建斌、毕树平、高鸿,高等学校化学学报,13(12) 1536～1538 (1992)

196. 示波分析

高鸿、毕树平,分析化学,20(9) 1093~1099 (1992)

197. 简易示波伏安曲线的研究

郑建斌、朱俊杰、高鸿,高等学校化学学报,14(1) 37~39 (1993)

198. 示波微分伏安滴定法

朱俊杰、郑建斌、毕树平、高鸿,分析化学,21(1) 79~82 (1993)

199. 微电极的研究 XV,微带电极及列微带电极上的扩散

鞠熀先、陈洪渊、高鸿,化学学报,50,895~900 (1992)

200. 微盘电极的研究Ⅷ,微盘电极上伏安曲线的滞留效应

鞠熀先、陈洪渊、高鸿,化学学报,50,1010~1016 (1992)

201. Investigation on Microelectrodes XVI. Study of the Shielding Effect at a Microbandarray Electrode

Ju Huang Xuan, Chen Hong Yuan and Kao Hong (H. Kao), J. Electroanal. Chem., 341, 35~46 (1992)

202. 示波计时电位法中重叠切口(峰)的分离

都思丹、毕树平、张明泉、高鸿,南京大学学报,28(4) 557~562 (1992)

203. 简易示波伏安法的研究——药物滴定分析

卢宗桂、陈莉、郑建斌、高鸿,分析化学,21(8) 939~941 (1993)

204. 第一周期用球形电极示波计时电位理论方程的推导

毕树平、都思丹、高鸿,南京大学学报,29(1) 63~71 (1993)

205. 非配对型电极上的示波沉淀滴定

朱俊杰、姚大庆、卢宗桂、高鸿,高等学校化学学报,14(5) 614~617 (1993)

206. Antilg i_f~E 曲线上的示波伏安滴定法

郑建斌、朱俊杰、毕树平、高鸿,高等学校化学学报,14(5) 527~629 (1993)

207. The Study of Differential Pulse Adsorptive Stripping Voltammetry of Co(Ⅱ) 1-Nitroso-2-Naphthol Chelate

Han Ji Lin, Chen Hong Yuan and Kao Hong (H. Kao), Electroanalysis 5, 619~622 (1993)

208. 生物分子电催化的研究Ⅱ,血红蛋白在甲酚固紫修饰石墨电极上的电催化

韩吉林、陈洪渊、高鸿,化学学报,51,683~689 (1993)

209. 生物分子电催化的研究Ⅰ,电子传递媒介体甲酚固紫电化学行为的研究

韩吉林、陈洪渊、高鸿,化学学报,51,568~574 (1993)

210. Investigation of Microelectrodes Ⅸ, Study of the Edge Effects at A Microdisk Electrode

Ju Huang Xuan, Chen Hong Yuan and Kao Hong, J. Electroanal. Chem., 361, 251~256 (1993)

211. 反对数简易示波伏安法的研究

朱俊杰、郑建斌、翁筠蓉、高鸿,分析化学,21(10) 1228~1231 (1993)

212. 玻碳电极上的倒数示波沉淀滴定法

胡娟、朱俊杰、郑建斌、沈岚、高鸿,分析化学,21(10) 1238 (1993)

213. Effect of Different Waveform's Alternating Current on the Incision's Sensitivity

Bi Shu Ping and Kao Hong (H. Kao), Chinese Chemical Letters, 4(11) 983 (1993)

214. 双电解池正反馈示波计时电位法研究
　　　郑建斌、高鸿、朱俊杰、胡娟,高等学校化学学报,15(4) 509~511 (1994)

215. 示波电位滴定法测定 COD 的研究
　　　朱俊杰、胡娟、郑建斌、高鸿,分析科学学报,10(3) 44~46 (1994)

216. 示波滴定法在环境监测中的应用——水中含氮量的测定
　　　翁筠蓉、朱洪忠、高鸿,分析化学,22(9) 972 (1994)

217. 分析化学研究什么特殊矛盾
　　　高鸿,西北大学学报(自然科学版),24(5) 377~380 (1994)

218. 含有吸附络合物溶液的倒数示波计时电位法的应用
　　　胡娟、朱俊杰、郑建斌、张莉、高鸿,分析测试学报,13(2) 54~57 (1994)

219. 选相示波伏安法
　　　毕树平、都思丹、高鸿,高等学校化学学报,15(7) 988~990 (1994)

220. 微分倒数示波计时电位法的研究——定量测试及滴定分析
　　　朱俊杰、卢宗桂、陈莉、郑建斌、高鸿,分析测试学报,13(6) 50~55 (1994)

221. 高次谐波示波计时电位法
　　　郑建斌、朱俊杰、胡娟、高鸿,分析化学,22(7) 748~751 (1994)

222. 倒数示波计时电位法在药物分析中的应用
　　　胡娟、朱俊杰、郑建斌、高鸿,化学研究与应用,6(4) 50~53 (1994)

223. Investigation on Simple Oscillographic Voltammetry with Feedback Voltage
　　　Zheng Jian Bin and Kao Hong, Chinese Chemical Letters, 5(12) 1041~1042 (1994)

224. 膜电极上并联电容和控制电流示波电位滴定法
　　　朱俊杰、高鸿,分析化学,23(5) 506~511 (1995)

225. 倒数示波计时电位滴定法测定鞣液中铬
　　　郑建斌、白育伟、胡娟、朱俊杰、高鸿,化学研究与应用,7(1) 76~78 (1995)

226. 玻碳电极单扫伏安法测定药物的研究
　　　朱俊杰、卢宗桂、李宣、李伯男、高鸿,化学研究与应用,7(2) 178~181 (1995)

227. Fourier Spectrum of a. c. Cyclic Oscillochronopotentiometry Responses
　　　Bi Shu Ping, Du Si Dan, Kao Hong, J. of Electroanalytical Chemistry, 390, 1~9 (1995)

228. 示波测定中示波图的调节
　　　郑建斌、高鸿,西北大学学报(自然科学版),25(4) 309 (1995)

229. 倒数示波计时电位法在合金样品测定中的应用
　　　胡娟、郑建斌、朱俊杰、高鸿,理化检验(化学分册),31(4) 210 (1995)

230. 离子敏感场效应晶体管及其应用
　　　郑建斌、李永利、高鸿,分析化学,23(7) 842 (1995)

231. 几种微分示波伏安曲线理论方程的推导
　　　毕树平、高鸿,高等学校化学学报,16(10) 1532 (1995)

232. 三角波电流激励示波计时电位法的研究
　　　祁洪、朱俊杰、高鸿,高等学校化学学报,16(10) 1527 (1995)

233. 倒数示波计时电位法研究——新线路研究与应用

朱俊杰、郑建斌、沈岚、高鸿、卜海之,化学学报,51(10) 999 (1993)

234. 慢扫描示波计时电位法

朱俊杰、郑建斌、胡娟、高鸿,高等学校化学学报,15(7) 994 (1994)

235. 双电解池电流反馈倒数示波计时电位法

朱俊杰、张丽、胡娟、郑建斌、高鸿,分析科学学报,11(4) 28 (1995)

236. 电压反馈倒数示波计时电位滴定法

毕树平、郑建斌、高鸿,分析化学,21(1) 112 (1993)

237. 倒数示波计时电位滴定法测定环境样品中的 Cr,Ca,Mg 和 S

胡娟、朱俊杰、郑建斌、高鸿,分析试验室,13(11) 10 (1994)

238. Differential Reciprocal Oscillographic Chronopotentiometric Titration

Zheng Jian Bin, Bi Shu Ping and Kao Hong, Chinese Chemical Letters, 3(5) 389 (1992)

239. 电流反馈倒数示波计时电位滴定法

郑建斌、毕树平、高鸿,应用化学,9(6) 77 (1993)

240. 吸附配合物体系的示波分析

胡娟、朱俊杰、张丽、郑建斌、高鸿,分析科学学报,12(2) 136 (1996)

241. 示波极谱滴定法测定生物碱盐酸盐类药物

孟昭仁、赵桂荣、战永复、郑建斌、高鸿,化学世界,37 (8) 438 (1996)

242. 程控电流示波计时电位法

田敏、郑建斌、祁洪、于科岐、高鸿,青岛化工学院学报(增刊,第六届全国电分析化学学术会议论文专集),17,236 (1996)

243. 示波计时电位法中高次谐波电位的研究

祁洪、田敏、郑建斌、于科岐、高鸿,Ibid,17,237 (1996)

244. Direct Determination of Iron in Ferritin Using the Polorographic Catalytic Current

Qiu Jiang, Song Jun Feng and Kao Hong, Fresenius J. Anal. Chem. , 356, 101~103 (1966)

245. 示波药物分析的研究——复方新诺明中 SMZ 和 TMP 的测定

战永复、郑建斌、高鸿,分析科学学报,13(3) 219 (1997)

246. Antilg $i_t''\sim E$ 法测定铝合金中的铜

傅业伟、郑建斌、高鸿,分析化学,12(25) 1460 (1997)

247. 简易二次微分伏安法测定分子筛中的钴

傅业传、郑建斌、高鸿,应用化学,15(1) 104 (1998)

248. 小波变换用于提取二次微分示波计时电位信号中用信息的研究

郑建斌、仲红波、张红权、潘忠孝、张懋森、高鸿,分析化学,26(1) 25 (1998)

249. 多功能示波计时电位测定仪研制

郑建斌、苏玉祥、高鸿,西北大学学报,25(5) 389 (1997)

250. 3.5 次微分示波计时电位法测定铅

郑建斌、傅业伟、李圆、高鸿,《分析化学新进展》,山西科学技术出版社,847 (1997)

附录 2　高鸿教授和他的研究小组先后提出的新的电化学理论公式

1. 恒电位伏安法球形汞齐电极扩散电流的理论公式

Ia. 一般公式

$$(i_a)_t = -nFAD_R C_R^* \frac{1}{1 + \sqrt{\dfrac{D_R}{D_O}}\theta'}\left[\frac{1}{\sqrt{\pi D_R t}} - \frac{1}{r_O}\right]$$

Ib. 极限电流公式

$$(i_a)_t = -nFAD_R C_R^*\left[\frac{1}{\sqrt{\pi D_R t}} - \frac{1}{r_O}\right]$$

上述公式发表于 1964 年 9 月 [南京大学学报 8 (3) 431～415 (1964)]，比 Stevens-Shain 得到同样公式〔W. G. Stevens and I. Shain, J. Phy. Chem., 70, 2276 (1966)〕早两年。

（论文 12*）

2. 金属在汞中扩散系数测定公式

$$D_R = \frac{r_O^2}{\pi t_O}$$

（论文 12,15）

3. 金属在汞中的扩散公式

$$D = \frac{RT}{A}\frac{1}{4\pi\eta r_{\text{eff}}}$$

$$r_{\text{eff}} = \left(\frac{3V_b}{\pi N}\right)^{\frac{1}{3}} \cdot \frac{1}{2}$$

（论文 15,48）

这项工作领先于国际同行 10 年。

4. 线性变位示波极谱催化电流理论公式

$$i = nFAD_O^{\frac{1}{2}}C_O^* \frac{1}{2}\int_0^t \frac{1}{\cos h^2 \dfrac{\beta}{2}(\tau - t_{\frac{1}{2}})} \cdot \frac{\beta}{2}\left\{\frac{\exp[-k_f C_Z^0(t-\tau)]}{\sqrt{\pi(t-\tau)}} + (k_f C_Z^0)^{\frac{1}{2}}\text{erf}[k_f C_Z^0(t-\tau)^{\frac{1}{2}}]\right\}d\tau$$

（论文 16）

---

*　指附录 1 中论文总目录的编号，下同。

5. 振动子方波极谱理论公式

$$i = \pm \frac{n^2 F^2}{RT} C_0 \Delta E \frac{P}{(1+P)^2} \sqrt{\frac{D_0}{\pi t}} \frac{2}{1-\beta} \cdot \sum_{M=\beta}^{\infty} (-1)^M [\sqrt{M+1} - \sqrt{M+\beta}]$$

（论文 20）

6. 方波极谱催化电流公式

$$i_t = \pm \frac{n^2 F^2}{RT} C_0^{\cdot} \frac{P}{(1+P)^2} \Delta E D_0^{\frac{1}{2}} \psi$$

$$\psi = \sum_{m=0}^{m=\infty} (-1)^m \left\{ (k_f C_Z^0)^{\frac{1}{2}} \mathrm{erf}\rho^{\frac{1}{2}} + \frac{1}{\sqrt{t+m\tau}} \exp(-\rho) \right\}$$

$$\rho = k_f C_Z^0 (t+m\tau)$$

（论文 21）

7. 交流极谱催化电流理论

$$\bar{i} = \frac{n^2 F^2}{RT} AD\Delta E C_0^{\cdot} \frac{P}{(1+P)^2} [a \cos(\omega t + \theta) - b \sin(\omega t + \theta)]$$

$$a = \left[\frac{k_f C_Z^0 + \sqrt{(k_f C_Z^0)^2 + \omega^2}}{2D} \right]^{\frac{1}{2}}$$

$$b = \left[\frac{-k_f C_Z^0 + \sqrt{(k_f C_Z^0)^2 + \omega^2}}{2D} \right]^{\frac{1}{2}}$$

$$P = \exp \frac{nF}{RT} (E - E_{\frac{1}{2}})$$

（论文 25）

8. Micka-Kao 方程式

8a
$$-n_1 F \sqrt{D_2} C_{2a} + \frac{n_1 F(\sqrt{D_1} C_{1a} + \sqrt{D_2} C_{2a})}{1+P_1} + \frac{n_2 F \sqrt{D_3} C_{3a}}{1+P_2} - 2F \sqrt{D_5} P_3^0$$

$$-\sqrt{\frac{\omega}{2}} [Q - Q_{\max} - Q_0] = \frac{\cdot \, i_0}{\sqrt{2\omega}} \sin(\omega t - \frac{\pi}{2}) + 2i_1 \sqrt{\frac{t_1}{\pi}}$$

8b
$$-\frac{dE}{dt} = \frac{i_0 \sqrt{\frac{\omega}{2}} \sin \omega t + \frac{i_1}{\sqrt{\pi t}}}{\frac{P_1 K_1}{(1+P_1)^2} + \frac{P_2 K_2}{(1+P_2)^2} + K_3 P_3^0 + \sqrt{\frac{\omega}{2}} C_d}$$

（论文 155）

8c
$$n_2 F \sqrt{2D_3 \omega} C_{3a}/(1+P_2) - 2F \sqrt{2D_5 \omega} P_3^0 - \omega(Q - \bar{Q}) = i_0 \sin(\omega t - \pi/2)$$

（论文 147）

9. 从 $\dfrac{\mathrm{d}E}{\mathrm{d}t}\sim E$ 曲线上估算 C_d 的公式

$$\mathrm{tg}\,a = \frac{\omega(E-\overline{E})RC}{V_R}$$

$$C_d = \frac{i_0 RC\cos a}{V_R}$$

（论文 136）

10. 临界电流密度理论

10a
$$i_a = \omega C_d\left(E^\circ_3 - \overline{E} - \frac{RT}{F}\right)$$

10b
$$i_b = \omega C_d\left(\overline{E} - \overline{E}_{\frac12,2} - \frac{2RT}{n_2 F}\right)$$

（论文 100）

11. 切口电位理论

$$E_i = E_{\frac12,1} - RT\sqrt{2D_1\omega}C_{1a}/2i_0 \cdot \frac{\mathrm{tg}\,\alpha_i}{\cos\alpha_i}\left[1 + \frac{4\sqrt{\omega}\,C_d}{\sqrt{2}\,K_1}\right]^2$$

（论文 97）

12. 三角波示波极谱理论

12a 单组分：切口电位与切口高度

$$t_1 = (3nFD_O^{1/2}\pi^{1/2}C_O^*/10V)^{2/3}$$

$$E_i = E_{1/2} + 0.4055RT/nF$$

$$h_i = \left(\frac{\mathrm{d}E}{\mathrm{d}t}\right)_{\max} = -3.809RTV^{2/3}/[(nF)^{5/3}\cdot D_O^{1/3}\cdot C_O^{*\,2/3}]$$

（论文 110）

12b 双组分

$$E_i = E_{1/2} + 0.113RT/n_2 F$$

$$h_i = -5.663RTV_0^{2/3}/(n_2 F)^{5/3}D_{O2}^{1/3}/C_{O2}^{*\,2/3}$$

$$t_i = \tau_1 + (1.104C_{O2}^* \times n_2 FD_{O2}^{1/2}\pi^{1/2}/V_0)^{2/3}$$

（论文 115）

12c 多组分

$$-\frac{\mathrm{d}E}{\mathrm{d}t} = \frac{i_0\pi^{-1/2}t^{-1/2} + 2V\pi^{-1/2}t^{1/2}}{\sum\limits_{i=1}^{m}K_i P_i/(1+P_i)^2}$$

$$K_i = \frac{i_0 F^2}{RT}(\sqrt{D_{Oi}}C_{Oi}^* + \sqrt{D_{Ri}}C_{Ri}^*)$$

（论文 116）

13. 高次微分示波极谱理论公式

13a 对于可逆体系，在 $\frac{\mathrm{d}E}{\mathrm{d}t} \sim E$ 曲线上切口位置附近的电位范围内，$\frac{\mathrm{d}E}{\mathrm{d}t}$ 可写为

13a
$$\frac{\mathrm{d}E}{\mathrm{d}t} = -\frac{i_0\sqrt{\omega}\cos\alpha}{\sqrt{2}\,K_1 A + C_d\sqrt{\omega}}$$

式中 $K_1 = \frac{n_1^2 F^2}{RT}(\sqrt{D_1}c_{1a} + \sqrt{D_2}c_{2a})$，$A = P_1/(1+P_1)^2$，$P_1 = \sqrt{\frac{D_1}{D_2}}\exp\left[\frac{nF}{RT}(E - E_{\frac{1}{2}})\right]$

13b
$$\frac{\mathrm{d}^2 E}{\mathrm{d}t^2} = \frac{i_0\omega\sin\alpha}{C_d}\cdot h_1 - \frac{\sqrt{2}\,BkK_1 + \sqrt{\omega}\dfrac{\mathrm{d}C_d}{\mathrm{d}E}}{C_d^3\sqrt{\omega}}\cdot i_0^2\cos^2\alpha\cdot h_1^3$$

式中
$$B = \frac{P_1(1-P_1)}{(1+P_1)^3},\, k = \frac{n_1 F}{RT}$$

二次微分示波极谱切口的灵敏度为
$$\left(\frac{\mathrm{d}h_2}{\mathrm{d}K_1}\right)_{K_1=1} = \frac{\sqrt{2}\,Bk}{\sqrt{\omega}\dfrac{\mathrm{d}C_d}{\mathrm{d}E}} - \frac{3\sqrt{2}\,A}{C_d\sqrt{\omega}}$$

13c
$$\frac{\mathrm{d}^3 E}{\mathrm{d}t^3} = \frac{i_0 h_1 \omega^2 \cos\alpha}{C_d} + \frac{i_0^3 h_1^4 \cos^3\alpha}{\sqrt{\omega}\,C_d^4}\left(\sqrt{2}\,Gk^2 K_1 + \frac{\mathrm{d}^2 C_d}{\mathrm{d}E^2}\sqrt{\omega}\right)$$

$$\left(\frac{\mathrm{d}h_3}{\mathrm{d}K_1}\right)_{K_1=0} \approx -\frac{\sqrt{2}}{\sqrt{\omega}\,C_d^4} - \frac{50.8}{\dfrac{\mathrm{d}^2 C_4}{\mathrm{d}E^2}\sqrt{\omega}}$$

（论文 114）

14. 电流反馈示波极谱理论公式

14a
$$-n_1 F\sqrt{D_2}C_{2a} + \frac{n_1 F(\sqrt{D_1}C_{1a} + \sqrt{D_2}C_{2a})}{P_1 + 1} + \frac{n_2 F\sqrt{D_3}C_{3a}}{P_2 + 1}$$

$$-2F\sqrt{D_5}P_3^0 - \sqrt{\frac{\omega}{2}}[Q - Q_{max} - K(E_{max} - E) + Q_0]$$

$$= \frac{i_0}{\sqrt{2\omega}}\sin\left(\omega t - \frac{\pi}{2}\right) + 2i_1\sqrt{\frac{i}{\pi}}$$

14b
$$-\frac{\mathrm{d}E}{\mathrm{d}t} = \frac{i_0\sqrt{\dfrac{\omega}{2}}\sin\omega t + \dfrac{i_1}{\sqrt{\pi t}}}{\dfrac{P_1 K_1}{(1+P_1)^2} + \dfrac{P_2 K_2}{(1+P_2)^2} + K_3 P_3^0 + \sqrt{\dfrac{\omega}{2}}(C_d - K)}$$

$$K_1 = \frac{n_1^2 F^2}{RT}(\sqrt{D_1}c_{1a} + \sqrt{D_2}C_{2a})$$

$$K_2 = \frac{n_2^2 F^2}{RT}(\sqrt{D_3}C_{3a});\qquad K_3 = \frac{4F^2}{RT}\sqrt{D_5}$$

（论文 155）

15. 双铂电极交流示波双电位法萤光电位线理论公式

15a $[(1 + j)/ \sqrt{2}]\{- n_1 F \sqrt{\omega D_{R_1}} C_{R_1} + [n_1 F \sqrt{\omega}/(1 + P_1)](\sqrt{D_{O_1}} C_{O_1} + \sqrt{D_{R_1}} C_{R_1})$

$- n_2 F \sqrt{\omega D_R} C_{R_2} + [n_2 F \sqrt{\omega}/(1 + P_2)](\sqrt{D_{O_2}} C_{O_2} + \sqrt{D_R} C_{R_2})\}$

$- j\omega C_d(E - \overline{E}) = i_0 \sin\omega t + K$

15b $Z_{总} = \{[(1 - j)RT(1 + P_1)^2/(n_1^2 F^2 \sqrt{2\omega} P_1(\sqrt{D_{O_1}} C_{O_1} + \sqrt{D_{R_1}} C_{R_1}))]^{-1}$

$+ [(1 - j)RT(1 + P_2)^2/(n_2^2 F^2 \sqrt{2\omega} P_2(\sqrt{D_{O_2}} C_O + \sqrt{D_{R_2}} C_{R_2}))]^{-1}$

$+ j\omega C_d\}^{-1}$

$$\varphi = \mathrm{tg} X_1/R_1$$

（论文 121）

16. 电流反馈高次微分示波极谱理论

16a $\left(\dfrac{\mathrm{d}h_2}{\mathrm{d}K_1}\right)_{K_1=0} = - \dfrac{\sqrt{2} A}{\sqrt{\omega}(C_d - K)[1 - (i_0\cos\alpha_i/(C_d - K)^2 \omega \mathrm{tg}\alpha_i) \cdot \mathrm{d}C_d/\mathrm{d}E]}$

$+ \dfrac{3A/(C_d - K)\mathrm{d}C_d/\mathrm{d}E - BK}{\sqrt{\omega/2}[\omega(C_d - K)^2 \mathrm{tg}\alpha_i/i_0\cos\alpha_i - \mathrm{d}C_d/\mathrm{d}E]}$

式中：$A = P_1/(1 + P_1)^2$

16b $\left(\dfrac{\mathrm{d}h_3}{\mathrm{d}K_1}\right)_{K_1=0} = \dfrac{- \sqrt{2} A}{\sqrt{\omega}(C_d - K)[1 + (i_0^2\cos^2 a_i/\omega^2(C_d - K)^3 \cdot \mathrm{d}^2 C_d/\mathrm{d}E^2]}$

$+ \dfrac{P_1(1 - 4P_1 + P_1^2)K^2/(1 + P_1)^4 - [4A/(C_d - K)] \cdot \mathrm{d}^2 C_d/\mathrm{d}E^2}{\sqrt{\omega/2}[\omega^2(C_d - K)^3/i_0^2\cos^2 a_i + \mathrm{d}^2 C_d/\mathrm{d}E^2]}$

（论文 142）

17. 示波频谱分析理论公式

$$E(t) = E_0 + \sum_{n=1}^{\infty}[a_n\cos 2\pi n f_0 t + b_n\sin 2\pi n f_0 t]$$

$$a_n = \frac{2}{T}\int_{-\frac{T}{2}}^{\frac{T}{2}} E(t)\cos n\, \omega_0 t \mathrm{d}T$$

$$b_n = \frac{2}{T}\int_{-\frac{T}{2}}^{\frac{T}{2}} E(t)\sin n\, \omega_0 t \mathrm{d}T$$

（示波药物分析 p. 64）

18. 零电流双电位滴定曲线理论公式

$$\Delta E = - k\log\left\{\frac{1}{1 + \dfrac{C_A \Delta V}{C_O V_O - C_A V}}\right\}$$

$$\Delta E = k\log\left\{\frac{1}{1 - \dfrac{C_A \Delta V}{C_A V - C_B V_O}}\right\}$$

$$\Delta E = - k\log K_w + k\log\left(\frac{C_A \Delta V}{2(V + V_O)}\right)^2$$

（论文 148）

19. $i_f \sim E$ 曲线理论公式

$$\Delta i_f = I\sin\omega t / (\zeta + \zeta_1 + \zeta_2 + \cdots + \zeta_n) = I\sin\omega t / (\zeta + \sum_{i=1}^{n}\zeta_i)$$

$$\zeta = \sqrt{2\omega}C_d / \{\sum_{i=1}^{n}(n_i^2 F^2/RT)[p_i/(1+p_i)^2](\sqrt{D_{O_i}}C_{O_i}^* + \sqrt{D_{R_i}}C_{R_i}^*)\}$$

$$\zeta_i = \frac{(n_i^2 F^2/RT)[p_i/(1+p_i)^2](\sqrt{D_{O_i}}C_{O_i}^* + \sqrt{D_{R_i}}C_{R_i}^*)}{\sum_{i=1}^{n}(n_i^2 F^2/RT)[p_i/(1+p_i)^2](\sqrt{D_{O_i}}C_{O_i}^* + \sqrt{D_{R_i}}C_{R_i}^*)}$$

（论文 171）

附录 3　示波分析——电分析化学的新领域

示波分析是高鸿教授首先创立的、并由他和他的研究生们发展起来的电分析化学新领域。它包括下列内容：

一、示波计时电位法

1. 示波计时电位法（使用 $dE/dt \sim E$ 曲线）
2. 高次微分示波计时电位法（使用 $d^2E/dt^2/dt^2 \sim E$ 等曲线）
3. 卷积示波计时电位法（使用 $d^{3.5}E/dt^{3.5} \sim E$ 等曲线）
4. 双极化电极示波计时电位法
5. 电流反馈示波计时电位法
6. 不使用切口的示波计时电位滴定法
   A. 电容电流示波计时电位滴定法
   B. 小法拉第电流示波计时电位滴定法

二、改进示波计时电位法

三、倒数示波计时电位法（使用 $(dE/dt)^{-1} \sim E$ 曲线）

1. 倒数示波计时电位法
2. 微分倒数示波计时电位法
3. 反对数倒数示波计时电位法

四、示波伏安法（使用 $i_f \sim E$ 曲线）

1. 单电解池示波伏安法
2. 双电解池示波伏安法
3. 简易示波伏安法

五、示波频谱分析

六、示波电位滴定法

1. 示波电位滴定法（含非 Nernst 型电位滴定法）
2. 微分示波电位滴定法
3. 示波双电位滴定法
4. 控制直流电流微分示波电位滴定法
5. 双铂电极交流示波双电位滴定法

七、示波安培滴定法

1. 一个极化电极上的示波安培滴定法
2. 两个极化电极上的示波安培滴定法

八、示波库仑滴定法

九、示波电导滴定法

十、示波动力学分析法

示波分析应用于容量分析，是第三类滴定方法，在药物分析中取得了很大成功，解决了许多分析难题。

1989 年 8 月 10 日，国际纯粹与应用化学联合会（IUPAC，International Union of Pure and Applied Chemistry）电分析化学委员会（Commission on Electroanalytical Chemistry）在瑞典 Lund 开会时，讨论了高鸿教授提出的报告：Oscillographic Titrations：Nomenclature and Classification（附录 4）。一致认为，示波滴定是一类很有用的滴定方法，应向国际分析界介绍，并对报告提出了具体的修改意见。

当时 IUPAC 电分析化学委员会的成员名单如下：

COMISSION ON ELECTROANALYTICAL CHEMISTRY （V. 5）
(Established in Its Present Form 1963)

Titular Members

Prof. M. Senda （1985~1989）
  Chairman
Dr. R. Kalvoda （1985~1989）
  Vice-Chairman
Dr. R. A. Durst （1987~1991）
  Secretary
Prof. J. Buffle （1985~1989）
Prof. M. Gross （1987~1991）
Prof. K. M. Kadish （1985~1989）
Dr. Klára Tóth （1987~1991）

Associate Members

Prof. R. P. Buck （1987~1991）
Prof. M. Filomena Camoes （1987~1992）
Dr. W. Davison （1981~1989）
Dr. A. Fogg （1987~1991）
Prof. H. Kao （1981~1989）
Prof. R. C. Kapoor （1985~1989）
Prof. Janet G. Osteryoung （1985~1989）
Prof. Sandra Rondinini Cavallari （1987~1991）
Dr. K. Štulik （1987~1991）
Prof. Y. Umezawa （1987~1991）
Dr. H. P. Van Leeuwen （1985~1989）
Prof. E. Wang （1987~1991）

National Representatives

Dr. G. E. Batley (1985~1989)	Australia
Prof. B. Gilbert (1981~1989)	Belgium
Prof. A. A. Vlček (1984~1989)	Czechoslovakia
Dr. H. B. Nielsen (1985~1989)	Denmark
Prof. K. Cammann (1987~1989)	Federal Republic of Germany
Dr. M. L'Her (1984~1989)	France
Dr. E. Lindner (1987~1989)	Hungary
Dr. G. Prabhakara Rao (1985~1989)	India

附录 4　高鸿教授在 IUPAC 会议上的报告

OSCILLOGRAPHIC TITRATIONS:
NOMENCLATURE AND CLASSIFICATION
(IUPAC PROJECT 39/87)
Commission on Electroanalytical Chemistry

Analytical Chemistry Division

International Union of Pure and Applied Chemistry

Ⅰ. INTRODUCTION

1. Necessity of developing new titrimetric methods

　　Although analytical chemistry has made very rapid progress in determination of trace constituents in a sample, it is still rather backward in determination of macro constituents. The old volumetric method using indicators is still in wide use because of its rapidity, its simplicity in instrumentation and manipulation, its visual end-point showing and its very low cost. But it has many drawbacks and the number of indicators which can be used is much limited. A great many physicochemical methods have been developed to meet requirements of analysis. However, these methods all have their weak points: the end-point is no more directly visual and a time-consuming graphical method is required to locate it. People then pay much attention to design instruments that cost $ 100000 or so to increase its rapidity. Thus physicochemical methods lose all the merits of a good volumetric method and its application is certainly limited. With so much emphasis nowadays on instrumentation, people tend to forget the speed, economy, high precision and accuracy that may be inherent in many titrimetric processes. Less attention has been paid to develop new titrimetric methods. Furthermore automatic instrumentation of physicochemical titration can not replace other methods. There are many cases where indicator methods fail but instrumental methods can not make up. Due to these reasons, volumetric analysis is still in a backward condition. For example, in the 21th revision of "The United States Pharmacopoeia" official from January 1, 1985, the old time-consuming method of Kjedahl is still used as standard method for determination of Neostigmine Methylsulfate (page 730)! Therefore volumetric analysis can not meet requirements of today. We still need new titration methods which have advantages of both indicator methods and instrumental methods and not the disadvantages of these two methods. Oscillographic titrations are just such methods.

2. Definition of oscillographic titration

　　Oscillographic titration is electrometric titration using the sudden change of an oscillograph displayed on the fluorescent screen of a cheap cathode-ray oscillograph to indicate the end-point of titration. The oscillograph is connected to the electrodes of the titration cell directly or through a simple electronic circuit. Sudden change of oscillogram includes appearance or disappearance of an incision, position shift of whole oscillogram, expansion or contraction of whole oscillogram, positon shift of a spot, lengthening or shortening of a fluorescent line and so on. These changes are usually very sharp and directly visual.

3. Advantages of oscillographic titration

　　Oscillographic titration has many advantages:

　　　　simple apparatus and manipulation,

　　　　directly visual end-point, not obscured by colored solution or precipitate present in titration cell,

　　　　no indicator required,

　　　　simple, rapid and accurate titration procedures,

　　　　very wide application, can be used in all kinds of titration: precipitation, neutralization, chelatometric and redox titrations.

　　Oscillographic titration can do many things that can not be done by ordinary indicator methods. Oscillographic titration methods are founded on more or less thoroughly studied theoretical basis (ref. 1).

II . CLASSIFICATION OF OSCILLOGRAPHIC TITRIMETRIC METHODS

Up to now oscillographic titrimetric methods may be classified in following way:

1. OSCILLOPOLAROGRAPHIC TITRATION

　　1. 1 method of Kalvoda and Macku (ref. 2)

　　1. 2 Method of Molnar (ref. 3)

　　1. 3 Method of Treindl (ref. 4)

2. OSCILLOGRAPHIC CHRONOPOTENTIOMETRIC TITRATION

　　2. 1 Method using $dE/dt \sim E$ curve

　　2. 2 Method using $d^2E/dt^2 \sim E$ or $d^3E/dt^3 \sim E$ curve

　　2. 3 Method using $dE/dt \sim E$ at 2 polarized electrodes

　　2. 4 Method using feeding back current

　　2. 5 Method using no incision

　　　　2. 5a Method using small charging current

　　　　2. 5b Method using smaller faradic current

3. OSCILLOGRAPHIC POTENTIOMETRIC TITRIMETRIC METHODS

  3. 1 Oscillographic potentiometric titration

  3. 2 Oscillographic derivative potentiometric titration

  3. 3 Controlled current (D. C.) oscillographic derivative potentiometric titration

  3. 4 Oscillographic potentiometric titration with tow indicator electrodes

  3. 5 Controlled current (A. C.) oscillographic potentiometric titration with 2 indicator electrodes

Ⅲ. OSCILLOPOLAROGRAPHIC TITRATION

    Oscillopolarography is the name recommended by IUPAC for the method which was called "Oscillographic Polarography with Alternating Current" by its discoverer, J. Heyrovsky. Oscillopolarographic titration is the titration method using oscillopolarographic curves ($dE/dt \sim E$) obtained at dropping Hg electrode, to indicate end point of titration. Oscillopolarography is not abbreviated from "oscillographic polarography" which refers to the method using $i \sim E$ curve at dropping Hg electrode.

    R. Kalvoda and L. Molnar gave the first paper on oscillopolarographic titration.

Ⅳ. OSCILLOGRAPHIC CHRONOPOTENTIOMETRIC TITRATION

<u>Definition</u>   When a stationary electrode is used as a polarized electrode in oscillopolarographic titration, the method may be called "oscillopolarographic titration" at stationary electrode. Here quotation mark should be used, because the term oscillopolarography can be used only in the case of dropping Hg electrode. Oscillopolarography is in fact cyclic derivative chronopotentiometry. D. K. Stevanovic et al. (ref. 5) suggested the name "Oscillographic chronopotentiometric titration" for "Oscillopolarographic titration" at stationary electrode. This is a better choice.

D. K. Stevanovic et al. open the field of oscillographic chronopotentiometric titration. H. Kao and his students have made systematic and extensive studies in this field both in theory and practice (ref. 1).

<u>Classification of oscillographic chronopotentiometric titrimetric methods</u>   Various techniques of oscillographic chronopotentiometric titration have been developed in recent years. The main features of these techniques and names suggested for them are listed in Table 1.

1. Method 2. 1

    (1) Method using $dE/dt \sim E$ curve at one stationary polarized electrode is a very useful method. (ref. 6, 7, 8) The apparatus used is very simple (Fig. 1). Thin film Hg electrode or micro Pt electrode is used as polarized electrode and a Hg-coated Ag electrode or W electrode usually used in potentiometric titration is used as non-polarized electrode. The titration is carried out in an open beaker. The apparatus is much simpler in this case than that used in ordinary amperometric titration with dropping Hg electrode.

Table 1　Classification of Oscillographic Chronopotentiometric Titrimetric Methods

Key no.	Method	Circuit	Oscillogram	Electrodes	End-point indication	Name of technique Used in literature	Recommend Name of technique
2.1	Method using $dE/dt \sim E$ curve		$dE/dt \sim E$	Polarized electrode(Pt or thin film Hg electrode) & non-polarized electrode	Appearance or disappearance of an incision on $dE/dt \sim E$ curve	Oscillographic polarographic titration	Oscillographic Chronopotentiometric titration
2.2	Method using $d^2E/dt^2 \sim E$ $d^3E/dt^3 \sim E$ curve	Circuit given high-order differentiation	$d^2E/dt^2 \sim E$ or $d^3E/dt^3 \sim E$	ditto	Appearance or disappearance of an incision or a peak on $d^3E/dt \sim E$ or $d^2E/dt^2 \sim E$ curve	High order differentiation oscillographic polarographic titration	High order differentiation oscillographic chronopotentiometric titration
2.3	Method using $dE/dt \sim E$ at 2 polarized electrodes	same as for 2.1 D.C. not used	$dE/dt \sim E$	2 similar micro Pt electrodes	Appearance or disappearance of incision which may not be due to redox reaction of depolarizer at electrodes	Oscillographic polarographic titration at two micro Pt electrodes	Oscillographic chronopotentiometric titration at two polarized electrodes
2.4	Method using feeding back current	Feeding back to the cell a current proportional to dE/dt to compensate partially charging current	$dE/dt \sim E$ or $d^2E/dt^2 \sim E$	3 electrodes: polarized-electrode counter-electrode reference-electrode	Appearance or disappearance of incision or peak on $dE/dt \sim E$ or $d^2E/dt^2 \sim E$	Feeding back current oscillographic polarographic titration	Feeding back current oscillographic chronopotentiometric titration
2.5a	Method using no incision	D.C. not used small charging current only	$dE/dt \sim E$	3 electrodes: Micro Pt-electrode W electrode SCE	position shift of a small circle	Oscillographic polarographic titration without incision	Oscillographic chronopotentiometric titration at two Pt electrodes under capacity current
2.5b	Method using no incision	same as 2.1 D.C. not used Current smaller than that in 2.1	$dE/dt \sim E$	2 electrodes: Micro Pt-electrode Macro Pt-electrode	expansion or contraction(with or without position shift) of whole oscillogram	ditto	Oscillographic chronopotentiometric titration at two Pt electrodes under smaller faradic current

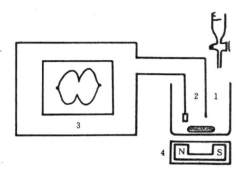

Fig. 1 Apparatus for Oscillographic Chronopotentiometric Titration

(1) indicator electrode   (2) reference electrode

(3) end-point detecting device   (4) magnet stirrer

In theoretical studies, high voltage A. C. and D. C. source are used. In practical analytical titrations, an A. C. source of 6 volts and a D. C. source of 1.5 volts are used.

Oscillographic chronopotentiometric titration utilizes the appearance or disappearance of an incision of the $dE/dt \sim E$ curve of the depolarizer to indicate the end-point of titration. The change of incision is watched visually just like the colour-change of an indicator. Furthermore, end-point detection in oscillographic chronopotentiometric titration is not interfered with by coloured substances or precipitates present in the titrate, which usually obscure the colour-change of an indicator. Ions that interfere with the titration can be precipitated beforehand and the coloured precipitates are allowed to remain in solution to be titrated. This leads to quick analytical methods.

(2) High precision and accuracy. In direct oscillographic chronopotentiometry (i. e. determination of concentration of depolarizer directly by measuring the depth of incision), one should work under controlled conditions in order to obtain stable and comparable $dE/dt \sim E$ curves. But for oscillographic chronopotentiometric titration at stationary electrode with no renewed surface, this is not necessary. Here the sudden change of oscillogram is used to indicate end-point. Two solutions of the same concentration of the same depolarizer may not give two reproducible oscillograms but they do give precise titration results. The sudden change of oscillograms occurs at the same point when equivalent amounts of titrating agent are added. One can always obtain precise results required for volumetric determination even without strictly controlled conditions.

(3) Oscillographic chronopotentiometric titrations at micro thin film Hg electrodes are very good titrimetric methods, very useful in precipitation, chelatometric and acid-base titrations. It can do many things that can not be done by ordinary indicator methods. For example, in an ammoniacal solution Cd^{2+} can be titrated with EGTA, followed by successive titration of Zn^{2+} with EDTA. End-points are indicated by the disappearance of the incisions of Cd^{2+} and Zn^{2+}, Cd^{2+} can be determined in the presence of large amounts of Zn^{2+}, even with a Zn to Cd ratio of as high as 1000! In ammoniacal so-

lution，Zn^{2+} can be titrated with EDTA in the presence of the color precipitates formed by other metals present in Zn ores with sodium diethyldithiocarbamate. Ca^{2+} can by titrated with EGTA in presence of Mg^{2+} at a 40-fold greater concentration. One can titrate, in aqueous solution, very weak acids, such as phenol and boric acid, directly with standard alkaline solution. Owing to the lack of chemical indicator, many fast quantitative reactions can not be used in indicator methods, which seriously limits the development of volumetric analysis. Oscillographic technique will certainly change this situation: for the first time, numerous reactions will come into volumetric analysis.

The chief drawback of Hg electrode is that it can not be used in redox reactions or titrations involving Fe^{3+}, Hg^{2+}, Ag^+ and so on.

(4) The chief advantage of using Pt electrodes in oscillographic chronopotentiometric titration is that Pt electrode can be used in redox titration and in titration carried out in strong oxidizing or strong acidic solution.

One drawback of Pt electrodes is the fact, that it is not easy to obtain good oscillograms with sensitive incision. Useful oscillograms are obtained only when halide ions are present in solution. The application of oscillographic titration at 1 micro Pt electrode using incision in end-point detection is limited and new techniques were developed to enlarge the field of oscillographic chronopotentiometric titration at Pt electrodes.

(5) The chief disadvantage of the above methods is that it requires an incision which should be sensitive enough to indicate the end-point. When the depolarizer (titrate, titrant or indicator added) does not give incision or the incision is not sensitive enough, titration can not be carried out.

(6) The theory of oscillographic chronopotentiometry has been restudied. Modified Micka's equations and its use in interpretation of oscillopolarogram are given (ref. 1).

2. Method 2. 2

Method using $dE^2/dt^2 \sim E$ or $dE^3/dt^3 \sim E$ curves increases the sensitivity of incision 3 to 10 times (Fig. 2). The theory, instrumentation and application of this method have been studied (ref. 9. 10).

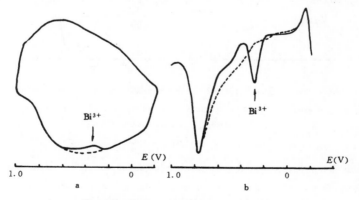

Fig. 2 Oscillogram of Bi^{3+} at Pt Electrode

a.　dE/dt　　b.　$d^2E/dt^2 \sim E$　Bi^{3+} conc. 8×10^{-6}mol/L

dotted line: 0. 04mol/L HNO_3　4×10^{-3}mol/L KBr

3. Method 2. 3

All methods discussed above are carried out in electrolytic cells with 1 polarized electrode and 1 depolarized electrode. Many organic substances such as EDTA and DDTC (diethyldithio carbamate) which do not give incision on oscillograms obtained with 1 micro Pt electrode and calomel electrode, do give distinct symmetric incisions on oscillogram obtained with 2 similar micro Pt electrodes (Fig. 3). These incisions are not due to redox reaction of EDTA and DDTC on electrodes but due to adsorption of these compounds on Pt electrodes, which hinders the process of oxygen adsorption and distorts the $E{\sim}t$ curve of each Pt electrode (ref. 11). Substances that give incisions in method 2.1 also give symmetric incisions in Method 2.3. Incisions obtained in Method 2.3 can be used to indicate end-point of chelatometric (ref. 12) and precipitation (ref. 13) titrations.

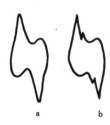

Fig. 3 Oscillograms Obtained
on 2 Micro Pt Electrodes
a. base solution HAc+NaAc+KCl
b. base+2×10⁻⁶mol/L EDTA

4. Method 2. 4

The use of feeding back current also increases sensitivity 2 to 5 times (Fig. 4). The theory, instrumentation and application of this method have been studied (ref. 14).

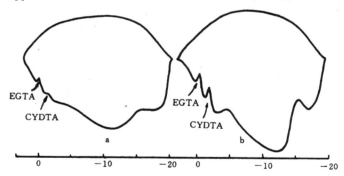

Fig. 4 Feeding Back Current Technique Increases the Sensitivity of Incision
Pt electrode f=50Hz   acetate medium (pH 4.7)   conc. 2×10⁻⁵mol/L
a. feeding back current not used
b. feeding back current used

5. Method 2. 5a

In all methods discussed above, the appearance or disappearance of an incision is used to indicate end-point. In methods discussed below, the sudden change of whole oscillogram is used for end-point indication. Incision is not required. Direct current is not used in these cases.

Method 2.5a is titration under capacity current. The current passing through the electrodes is so small that no redox reaction takes place at the electrodes; position shift of a small circle is used to indicate endpoint. The theory, instrumentation and application of this method have been discussed (ref. 15).

6. Method 2. 5b

Method 2. 5b is called oscillographic chronopotentiometric titration at two Pt electrodes under smaller faradic current. The current passing through the electrodes is smaller than that used in method 2. 1 but much larger than that used in method 2. 5a. Expansion or contraction of the whole oscillogram is used for end-point indication. When two Pt electrodes used have unequal surface area, position shift of whole oscillogram is also observed. The change of oscillogram at end-point depends on current density and frequency of the alternating current (ref. 16,17), when direct current source is not used. The theory, practice and application of this method ahve been systematically studied (ref. 18).

Ⅴ. OSCILLOGRAPHIC POTENTIOMETRIC TITRATION

Various oscillographic potentiometric titrimetric methodes have been developed (Table 2).

1. Method 3. 1

The use of oscillographic technique is not merely a change of potential indicating device. It is much nore than that. Because an electron can move without inertia, an oscillograph can closely follow the transient change of potential between two electrodes, which can not be fully observed by ordinary potential measuring devices. Oscillographic potentiometric titration can do many things that can not be done by ordinary potentiometric titration. For example, titration of Pb^{2+} with EDTA and vice versa at Pt electrode can be carried by oscillographic potentiometric titration using the transient signal to indicate the end point easily. These titration can not be done in ordinary potentiometric titration (Fig. 5) (ref. 19).

2. Method 3. 2

Most $E \sim V$ curves used in potentiometric titration are step shaped. The end-point of titration is located at the point where dE/dV equals maximum or d^2E/dV^2 equals zero. The slow manual method is too tedious while the rapid automatic technique too expensive. Here a capacitor is used to differentiate the $E \sim V$ curve and the largest jumping of fluorescent spot indicates end-point. Thus an expensive instrumental method is changed to cheap directly visual method (ref. 20).

3. Method 3. 3

Method 3. 2 is applied to all step shaped $E \sim V$ curves with a steep rise in potential at the end point. For $E \sim V$ curves with smaller slope, a very small direct current may be passed through the electrodes to increase the potential jump (Fig. 6).

4. Method 3. 4

The advantage of oscillographic titration over the ordinary methods is demonstrated again in the case of PTTIE (Potentiometric Titration with Two Indicator Electrodes). PTTIE was an old technique but its use was quite limited. Formerly, it was mainly used in redox titrations. Even in these

Table 2　Classification of Oscillographic Titrimetric Methods

Key no.	Circuit	Electrodes	end point indication	recommended name of technique
3.1	same as 3.4	1 indicator electrode 1 reference electrode	largest jumping of fluorescent spot	oscillographic potentiometric titration
3.2		ditto	largest peak or jumping of spot	oscillographic derivative potentiometric titration
3.3		2 indicator electrodes 1 reference electrode	ditto	controlled current(D.C.) oscillographic derivative potentiometric titration
3.4		2 indicator electrodes of different area	ditto	oscillographic potentiometric titration with 2 indicator electrodes
3.5		2 indicator electrodes of similar area	lengthening or shortening of a fluorescent line	controlled current(A.C.) oscillographic potentiometric titration with 2 indicator electrodes

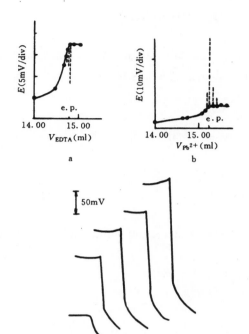

Fig. 5 Titration Curve on Pt Electrode
a. titration of Pb^{2+} with EDTA (0.004mol/L)
b. titration of EDTA with Pb^{2+} (0.04mol/L)
solid line: stable potential readings
dotted line: transient jump of spot in oscillo-
graphic titration

Fig. 6 Increase of Potential Jump of $E \sim V$ Curves
with Current Passing through Indicator Elec-
trode, Titration of Ni^{2+} with DDTC at Pt Elec-
trode

1. $i = 0$	4. $i = 2.0\mu A$
2. $i = 0.5\mu A$	5. $i = 4.0\mu A$
3. $i = 1.0\mu A$	

titrations, the best results were obtained only when a reversible couple was titrated with an irre-
versible couple. Its limitation is due to the fact that the ordinary potential measuring devices are not
sensitive enough for end-point detection in PTTIE. The potential difference of two indicator elec-
trodes produced by a drop of titrant, declines very rapidly, which can not be fully followed by ordi-
nary potential measuring devices. The titration curves recorded represent only the stable values of po-
tential but not the transient values which can be displayed only by an oscillograph. Oscillographic PT-
TIE uses the largest peak or largest jump of fluorescent spot to indicate endpoint. It is much more
sensitive than ordinary method. Now the field of PTTIE has been widely enlarged. Oscillographic PT-
TIE can be applied to all kinds of reactions (neutralization, precipitation, redox and chelatometric),
and in redox titrations, to all types of reactions (ref. 21, 22)..

Two Pt electrodes with different surface areas are used in redox titrations. Oscillographic PTTIE
with two Ag electrodes also shows much higher sensitivity in end-point detection than classical meth-
ods. When two Pt electrodes are dipped in a solution of $AgNO_3$ for sometime and then in a solution of
Na-TPB(tetraphenylborate) for some time, a thin layer of Ag-TPB is formed on the electrodes. These
Pt electrodes can be used very well for titration of TPB^- with Ag^+ (ref. 23).

This is very interesting because many precipitation reactions can be used in oscillographic PTTIE
in this way. This enlarges the field of PTTIE further.

Oscillographic potentiometric titration with two indicator electrodes can be applied advanta-
geously to neutralization titration with two metallic electrodes. But titration of very weak bases such
as aniline and pyridine with hydrochloric acid in saturated NaCl solution can not be carried out unless

a small direct current (0. 2 to 1 μA) is passed through two W electrodes.

5. Method 3. 5

The theory, technique and application of this method have been studied (ref. 24, 25) Lengthening or shortening of a fluorescent line is used to indicate end-point. The theoretical equation of the fluorescent line is

$$L_{fl} = 4|Z_T|i_o$$

Where i_0 is the amplitude of alternating current and $|Z_T|$ the total impedance which changes suddenly at the end-point of titration (ref. 25, 26).

REFERENCES

[1]   H. Kao, Oscillographic Titrations (in Chinese), A Monograph Published by Nanjing University Press (1989)

[2]   R. Kalvoda and J. Macku, Chem. Listy, 48, 378 (1954)

R. Kalvoda and J. Macku, Collection, 20, 254 (1955)

[3]   I. Molnar, Chem. Zvesti, 8, 912 (1954)

[4]   L. Treindl, Chem. Listy, 50, 543 (1956)

L. Treindl, Collection, 22, 1574 (1957)

[5]   D. Stefanovich et al. , Glass. Hem. Drus. Beggared, 33 (2~4) 327 (1968)

[6]   H. Kao, Oscillographic Polarographic Titrations (in Chinese), A Monograph Published by Jiangsu Science & Technology Press, Nanjing (1985)

[7]   H. Kao, Rev. Anal. Chem. , 7 (1, 2) 127~151 (1983)

[8]   H. Kao, TRAC, 1 (6) 143 (1982)

[9]   Z. L. Yang and H. Kao, Kexue Tongbao, 19, 1479 (1989)

[10]   Z. L. Yang et al. , J. Nanjing Univ. , 25 (1) 57 (1989)

[11]   Z. L. Yang and H. Kao, Chem. J. Chinese Univ. , 9 (5) 438 (1988)

[12]   Z. L. Yang and H. Kao, ibid, 7 (4) 305 (1986)

[13]   S. H. Xu and H. Kao, J. Nanjing Univ. , 22 (1) 68 (1986)

[14]   Z. L. Yang and H. Kao, Chem. J. Chinese Univ. , 10 (9) 1207 (1989)

[15]   S. P. Bi, S. S. Ma and H. Kao, J. Nanjing Univ. , 25 (2) 371 (1989)

[16]   S. P. Bi and H. Kao, Anal. Chem. (Chinese), 16 (10) 938 (1988)

[17]   S. P. Bi and H. Kao, ibid. , 17 (11) 1042 (1989)

[18]   W. J. Xu, S. Y. Zhang and H. Kao, Chem. J. Chinese Univ. , 8 (6) 502 (1987)

[19]   X. M. Sheng and H. Kao, Anal. Chem. (Chinese), 17 (3) 245 (1989)

[20]   X. H. Liu, W. B. Zhang and H. Kao, J. Electroanal. Chem. (Chinese), 2 (1) 63 (1988)

[21]   H. Kao, W. J. Xu and S. Y. Zhang, Anal. Chem. (Chinese), 15 (5) 401 (1987)

[22]   W. J. Xu and H. Kao, Acta Chimica Sinica, 47, 42~48 (1989)

[23]   H. Z. Bu and H. Kao, Chem. J. Chinese Univ. , 9 (4) 323 (1988)

[24]　W. J. Xu and H. Kao, Chem. J. Chinese Univ., 8 (5) 424 (1987)

[25]　W. J. Xu and H. Kao, ibid, 9 (10) 1002 (1988)

[26]　W. J. Xu and H. Kao, ibid, 10 (8) 792 (1989)

附录5 高鸿教授对一些示波分析方法中英文名称的建议

编号	英文名称	曾用中文名称	建议使用中文名称
2.1	Oscillographic chronopotentiometric titration	1.示波极谱滴定 2.单微铂电极 示波极谱滴定	示波计时电位滴定
2.2	High order differentiation oscillographic chronopotentiometric titration	高次微分示波极谱滴定	高次微分示波计时电位滴定
2.3	Oscillographic chronopotentiometric titration at two polarized electrodes	双微铂电极上的示波极谱滴定	两极化电极示波计时电位滴定
2.4	Feeding back current oscillographic chronopotentiometric titration	电流反馈示波极谱滴定	电流反馈示波计时电位滴定
2.5a	Oscillographic chronopotentiometric titration at two Pt electrodes under capacity current	不用切口的示波极谱滴定	电容电流下的示波计时电位滴定
2.5b	Oscillographic chronopotentiometric titration at two Pt electrodes under small faradic current	不用切口的示波极谱滴定	两铂电极氧化还原示波计时电位滴定
3.1	Oscillographic potentiometric titration	1.示波电位滴定 2.零电流示波电位滴定	示波电位滴定

编号	英文名称	曾用中文名称	建议使用中文名称
3.2	Oscillographic derivative potentiometric titration	微分示波电位滴定	微分示波电位滴定
3.3	Controlled current (D.C.) oscillographic derivative potentiometric titration	控制电流示波电位滴定	控制电流微分示波电位滴定
3.4	Oscillographic potentiometric titration with two indicator electrodes	1.两铂（银）电极零电流示波双电位滴定 2.示波双电位滴定	两铂（银）电极示波电位滴定
3.5	Controlled current (A.C) oscillographic potentiometric titration with two similar indicator electrodes	双铂电极交流示波双电位滴定	双铂电极交流示波电位滴定

附录6　高鸿教授年表

1918年6月26日（农历5月29日）生于陕西省泾阳县，父高季维参加辛亥革命，1919年4月被敌人杀害（事迹见《泾阳文史资料》第4辑，第1页，1988年版），年仅33岁。母刘淑铭时年仅23岁，却矢志不再嫁，决心抚养高鸿成人，母子二人靠遗产维持生活。

1930年前母子先住泾阳县西乡王桥镇，后搬家到泾阳县城内。这期间鸿母又收养娘家侄女柏青为女，改姓高。高鸿先后上过4个小学。

1931年2月从泾阳姚家巷小学毕业，考入三原省立第三中学，母亲又把家搬到三原县，住学校附近仓巷19号。当时堂叔高兰亭在南京工作，以后堂叔为了接叔母去南京，将其子及媳托鸿母照管，高健夫妇遂由书院门搬到仓巷，一同居住，两家合为一家。

1933年鸿母病逝，年仅37岁，叔父将一家人全部接到南京，高鸿由叔父母照管，先后在南京钟南中学、青年会中学上初中。

1935年考入江苏省立扬州中学高中普通科乙班学习。

1937年抗日战争爆发全家由南京搬回泾阳，高鸿在西安高级中学27级借读。

1938年高中毕业，考入重庆国立中央大学航空系，后转入化学系。

1943年大学毕业，留化学系任分析化学助教，同年与李碧霞女士订婚。

1944年考取留学，11月经印度、澳大利亚、新西兰去美国。

1945年2月开始进入美国伊利诺大学研究院，跟随著名教授 G. L. 克拉克，H. A. 莱廷纳等学习 X-射线分析、极谱分析、仪器分析等课程。

1947年2月获伊利诺大学化学博士学位，并留校任研究助理。几个月后鉴于国内形势，谢绝导师挽留，于1948年2月回到南京中央大学。

1948年开始一直在南京大学及其前身国立中央大学任教，历任化学系副教授、教授、分析化学教研室主任、环境科学研究所所长、南京大学职称评定委员会理科片召集人、南京大学工会副主席等职务，并获南京市优秀工会工作者奖状。

1948年与李碧霞女士结婚。李毕业于国立政治大学，1951年起在江苏省科协从事编辑和撰写科普资料工作，为江苏各地市提供科普宣传材料，曾编写《虚无缥缈的天堂和地狱》等一系列科普文章，她编辑的《生命、健康和阳光》一书作为礼品发给出席江苏省劳模大会的代表，江苏省卫生厅和江苏省卫生防疫站还各购买1.5万册。1981年从科协退休。在她70岁生日时，江苏省科协曾为她举办庆祝活动，并送来一个寿字条幅，上书"辛勤科协年弥望　老如松柏岁长青"，作为纪念。李在工作的同时还需料理家务和养育子女，使高鸿能集中精力从事教学与科研。生育一女二男，小时都因学习成绩优秀受到学校或报纸表扬。家庭曾被评为五好家庭。改革开放后，三个子女及其配偶都曾去国外留学或访问，五人获得硕士或博士学位。外孙及孙女现正在大学学习，最小的孙子年8岁，喜演奏钢琴与小提琴，被当地学校认定为天才儿童，除学习一般课程外，还安排学习其它课程。

1956年加入民盟，先后任民盟南京大学化学系小组长，民盟南京大学支部副主委、民盟江苏省常委、民盟中央科技委员会委员等职。

1956年《仪器分析》第1版由高教出版社出版，1966年出第2版，1986年出第3版。1992年获国家教委高等学校教材全国优秀奖。

1960年写出《分析化学研究什么特殊矛盾》一文，手稿在文革中被抄，遗失；1994年重写并发表。

1962年在北京民族饭店参加国家科学发展规划制订工作（化学组），并应邀在会上宣讲了《分析化学研究什么特殊矛盾》一文。

1977年在北京参加国家科学发展规划（化学部分）制订工作。

1978年参加全国科学大会。近代极谱分析基础理论研究成果获全国科学大会奖，同年12月在广州参加国家科委化学组成立大会。

1979年作为中国化学代表团成员出席在檀香山举行的国际化学会议并宣读论文。会后中国化学代表团应美国化学会及Seaberg教授的邀请访问了美国。

1980年当选为中国科学院学部委员（院士）。

1981～1992年当选为中国科学院化学部常委。

高鸿的其它兼职曾有：

·国家学位委员会第一、第二届学科评议组组员。

·国家自然科学基金委员会第一、第二、第三届学科评议组组员兼分析化学组组长。

·国家自然科学奖励委员会学科评议组组员。

·《高等学校化学学报》、《分析化学》、《冶金分析》等杂志编委或常委；《中国大百科全书（化学）》、《近代化学丛书》编委；《分析化学丛书》副主编。

·中国分析仪器学会副理事长，中国环境学会常委，中国化学会委员兼分析化学委员会副主任，江苏化学化工学会副理事长等。

·中国科学院电分析化学开放研究实验室副主任、长春应用化学研究所、西安化学研究所顾问等。

·江苏省政协常委。

1981～1988年任国际分析化学杂志《分析化学趋势》（Trends in Anal. Chem., TRAC）顾问编辑。

1981～1989年任国际纯粹与应用化学联合会（IUPAC）电分析化学委员会委员。

此后参加的IUPAC年会有：

1983年年会（哥本哈根），并应邀访问荷兰、法国、西德、英国。

1985年年会（里 昂）。

1987年年会（波士顿）。

1989年年会（瑞典 Lund），在电分析化学委员会会议上作了《示波滴定方法的分类及命名》的报告。

1982年《近代极谱分析基础理论和新技术新方法》的研究工作获全国自然科学三等奖。

1985年专著《示波极谱滴定》出版（江苏科技出版社）。

1986年《示波极谱滴定》的科研工作获国家教委科技进步二等奖；专著《极谱电流理论》出版（科学出版社）。

1988年《极谱电流理论》获全国优秀图书一等奖；当选中央大学校友会会长。

1989年11月1日中国科学院赠予高鸿"中国科学院荣誉章"，上刻："赠予高鸿学部委员，感谢您对中国科学事业作出的贡献"。

1990年国家教委赠予高鸿大理石石雕，上刻："老骥伏枥 志在千里 桃李不言 下自成蹊"。

1990年专著《示波滴定》出版（南京大学出版社），该书1992年获高等学校出版社优秀学术专著特等奖。

1991年中华人民共和国国务院学位委员会赠予高鸿奖章，上刻："向为建立和完善中国学位制度做出贡献的同志致以崇高的敬意"。

1992年专著《示波药物分析》出版（四川教育出版社）。

1992年南京大学授予终身教授称号。同年10月在武汉大学主持第一届国际华裔学者分析化学学术研讨会。同年11月调至西北大学任西北大学终身教授，校学位委员会主任，电分析化学研究所所长等职。

1993年南京大学化学化工学院举行大会，庆祝高鸿、傅献彩二位教授执教50周年。

1993年在长春主持第二届亚洲分析化学会议（Asianalysis Ⅱ）。

1994年在南京主持第五届中国分析化学年会。

1995年在深圳主持第二届国际华裔学者分析化学研讨会。

1995年获江苏省科技进步三等奖。